"十二五"职业教育国家规划教材

水产品加工技术

第三版

余 蕾 主编　　　吴云辉 主审

化学工业出版社

·北京·

内容简介

《水产品加工技术》是在"十二五"职业教育国家规划教材基础上修订的，基于水产品的原料种类、加工特性，结合最新水产品加工发展知识，介绍了水产品的实用加工技术，内容包括水产冷冻食品、水产干制品、水产腌制品、水产烟熏制品、鱼糜制品、水产罐头制品、水产调味料和海藻食品的加工技术，相关内容结合最新的法律法规，体现水产品加工岗位实际要求，并设置了丰富的典型水产品加工实例和实训项目，对于重难点附有视频微课，可扫描二维码学习，以提高学生的实践操作技能。教材有机融入思政与职业素养内容，体现立德树人根本任务。电子课件可从 www.cipedu.com.cn 下载参考。

《水产品加工技术》适合作为职业教育食品类、水产类及其相关专业的教材，也适合从事水产食品、海洋生物制药加工的科技人员阅读参考。

图书在版编目（CIP）数据

水产品加工技术 / 余蕾主编. -- 3 版. -- 北京：
化学工业出版社，2025. 8. --（"十二五"职业教育国
家规划教材）. -- ISBN 978-7-122-48176-4

Ⅰ. TS254. 4

中国国家版本馆 CIP 数据核字第 202531U59T 号

责任编辑：迟　蕾　李植峰　张雨璐　　　装帧设计：王晓宇
责任校对：王鹏飞

出版发行：化学工业出版社（北京市东城区青年湖南街 13 号　邮政编码 100011）
印　　装：北京云浩印刷有限责任公司
787mm×1092mm　1/16　印张 15½　字数 370 千字　2025 年 8 月北京第 3 版第 1 次印刷

购书咨询：010-64518888　　　　售后服务：010-64518899
网　　址：http://www.cip.com.cn
凡购买本书，如有缺损质量问题，本社销售中心负责调换。

定　　价：48.00 元

《水产品加工技术》（第三版）编审人员

主　编　余　蕾

副主编　孙兆敏　谢建华

编写人员　（按照姓名汉语拼音排列）

柴虹宇（辽宁农业职业技术学院）

龚菲菲（浙江药科职业大学）

孙兆敏（厦门海洋职业技术学院）

邱松林（厦门海洋职业技术学院）

王开明（黎明职业大学）

王延辉（浙江药科职业大学）

谢建华（漳州职业技术学院）

余　蕾（厦门海洋职业技术学院）

张　兰（潍坊工商职业学院）

张　雁（广东省海洋工程职业技术学校）

周　亚（重庆三峡职业学院）

主　审　吴云辉（厦门海洋职业技术学院）

前　言

在全球渔业资源可持续利用理念持续深化，以及我国水产品加工产业加速转型升级的大背景下，水产品加工技术正经历着一场意义深远的变革。本次教材修订工作，以习近平新时代中国特色社会主义思想为根本指导，深入贯彻《"十四五"全国渔业发展规划》等政策精神，紧密结合行业发展趋势与教学需求，旨在构建契合现代水产加工产业发展需求，充分展现前沿技术与实践创新成果的教材体系，助力培养适应新时代发展的专业人才。

本教材在"十二五"职业教育国家规划教材基础上，遵循"删旧推新，去繁就简，以解决生产实际问题为导向，突出技能操作的岗位适配性"原则，根据专业教学标准和课程标准的要求，对教材进行修订。修订内容主要包括以下几方面。

第一，依据国家及行业最新标准，对相关数据进行全面更新，并补充了全新内容。

第二，根据国务院《关于深化新时代学校思想政治理论课改革创新的若干意见》等文件的要求，将课程思政与职业素养等内容有机融入教材中，体现立德树人的根本任务。

第三，结合水产品加工技术省级精品课程的数字化资源优势，对于教材中的重点和难点配有微课、视频等，可扫描二维码学习，电子课件可从 www.cipedu.com.cn 下载参考。

在编写过程中将综合职业能力培养贯穿始终，着重强化技能操作的实用性，聚焦生产实践中的实际问题，旨在提升学生的岗位适应能力，着重培养综合职业素养，强化职业技能训练。

本教材既可作为高职高专、职业本科层次食品类及水产类相关专业学生的教材，也可作为从事水产品加工的企事业单位人员的参考用书。

由于编者水平有限，书中难免有不妥之处，敬请读者批评指正。

编者

2025 年 4 月

目 录
CONTENTS

学习项目三　水产干制品的加工

学习项目四　水产腌制品的加工

学习项目五　水产烟熏制品的加工

学习项目六　冷冻鱼糜和鱼糜制品的生产

学习项目七　水产罐头制品的加工

学习项目八　水产调味料的加工

学习项目九 海藻制品加工

学习项目十 水产品综合利用

参考文献

绪 论

【学习目标】

1. 了解水产品的特性与水产加工目的;
2. 掌握水产品加工的基本分类;
3. 了解目前水产品加工现状与发展方向;
4. 了解水产品加工卫生安全控制要求。

【职业素养目标】

树立大食物观,培养海洋经济意识与责任感,深刻领会海洋经济及水产品加工的重要价值,同时强化食品安全与质量意识。

基础知识

我国海域辽阔,跨越热带、亚热带和温带,大陆海岸线长达 18000 多公里。根据世界海洋法规定,中国拥有的海洋国土面积是 299.7 万平方公里,包括内水、领海及专属经济区和大陆架,海洋资源种类繁多,海洋生物资源丰富,开发潜力巨大。其中:海洋生物 2 万多种,海洋鱼类 3000 多种,深水岸线 400 多公里,深水港址 60 多处,滩涂面积 380 万公顷,水深 0~15m 的浅海面积 12.4 万平方公里。此外,在国际海底区域我国还拥有 7.5 万平方公里多金属结核矿区。

海洋蕴含着丰富的资源,海洋产业经济是我国经济的重要组成部分。党的二十大报告作出了"发展海洋经济,保护海洋生态环境,加快建设海洋强国"的战略部署。全面贯彻新发展理念,坚持陆海统筹,大力提升海洋资源节约集约利用水平,着力构建现代海洋产业体系,推动海洋经济高质量发展,是建设海洋强国的必由之路。根据《海洋及相关产业分类》(GB/T 20794—2021),我国海洋产业主要包括海洋渔业、沿海滩涂种植业、海洋水产品加工业、海洋油气业、海洋矿业、海洋盐业、海洋船舶工业、海洋工程装备制造业、海洋化工业、海洋药物和生物制品业、海洋工程建筑业、海洋电力业、海水淡化与综合利用业、海洋交通运输业和海洋旅游业 15 个大类。2023 年 4 月,自然资源部海洋战略规划与经济司发布的《2022 年中国海洋经济统计公报》显示,我国海洋传统产业中,海洋渔业、海洋水产品加工业实现平稳发展;海洋油气业、海洋船舶工业、海洋工程建筑业、海洋交通运输业以及海洋矿业均实现了 5% 以上的较快发展;海洋电力业、海洋药物和生物制品业、海水淡化等海洋新兴产业继续保持较快增长势头。作为海洋产业中的一部分,海洋水产品加工业不仅包括水产食品加工,也包括水产品的综合利用、海洋生物制药等方面的内容。《中华人民共和国国民经济和社会发展第十四个五年规划和 2035 年远景目标纲要》提出,要围绕海洋工程、海洋资源、海洋环境等领域突破一批关键核心技术,培育壮大海洋工程装备、海洋生物医药产业,推进海水淡化和海洋能规模化利用,提高海洋文化旅游开发水平。加快海洋药物与生物制品产业化进程，推进海洋药物和生物制品产业发展中心等公共服务平台建设，是加速动能转换，推动海洋经济高质量发展的重要举措，也是水产品加工今后的重点发展方向之一。

一、水产品的特性与水产加工目的

水产品是指水生经济动植物，包括海水、淡水的鱼类、甲壳类、软体动物类、腔肠动物类、棘皮动物类及海藻类中的经济品种等。水产品加工包括水产食品加工和水产品综合利用加工。水产品具有丰富的营养、医疗保健功能及特殊风味。

水产品的特性是种类繁多、渔获量不稳定、易腐败变质。因此必须对捕获的水产品迅速进行加工。水产品加工就是采用物理、化学或微生物等方法保藏新鲜水产品和对水产品进行加工，以达到保藏、保质、增值的目的。严格来说，保鲜起的是保质作用，是最大限度地保持水产品的新鲜状态，防止腐败变质，以维护其固有的营养价值和独特美味。加工则主要起保质、增值作用。利用水产品，加上其他辅助材料，加工成为品种更多、营养风味更好、更便于食用和储运销售，更具有食用和利用价值的产品。目前常提到的水产品深加工应属于具有增质和增值双重作用的加工。

二、水产品加工的分类

水产品加工包括水产食品加工和水产品综合利用加工。水产加工品分类有多种方式，根据《水产品及水产加工品分类与名称》（GB/T 41545—2022），可将水产品及水产加工品分为如下 13 大类。

视频：水产品及
水产加工品的分类

1. 活、鲜品

（1）海水鱼类　带鱼、鳀鱼、蓝圆鲹、鲐鱼、鲅鱼、海鳗、小黄鱼、金线鱼、鲳鱼、梅童鱼、鲷鱼、大黄鱼、马面鲀、石斑鱼、梭鱼、沙丁鱼、鲈鱼、牙鲆、大菱鲆、白姑鱼、玉筋鱼、鲻鱼、黄姑鱼、鳓鱼、鲵鱼、美国红鱼、鲑鱼、金枪鱼、方头鱼、卵形鲳鲹、军曹鱼、鲥鱼、竹荚鱼、绯鱼、河豚、鲽鱼、鳕鱼、鳐鱼、鲨鱼、舌鳎、六线鱼、丁香鱼、鲥鱼、釭鱼、鲛鳒、黑鲪、秋刀鱼、龙头鱼、针鱼、海龙、海马，及其他海水鱼类。

（2）海水虾类　南美白对虾、毛虾、鹰爪虾、虾蛄、斑节对虾、日本对虾、中国对虾、长毛对虾、墨吉对虾、宽沟对虾、脊尾白虾、龙虾、仿对虾、新对虾、管鞭虾、短沟对虾、磷虾，及其他海水虾类。

（3）海水蟹类　梭子蟹、青蟹、蟳、雪蟹、珍宝蟹，及其他海水蟹类。

（4）海水贝类　牡蛎、文蛤、杂色蛤、青蛤、扇贝、贻贝、蛏、鲍、毛蚶、泥蚶、魁蚶、江珧、彩虹明樱蛤、波纹巴菲蛤、四角蛤蜊、象拔蚌、寻氏肌蛤、红螺、香螺、玉螺、泥螺、荔枝螺、东风螺、青柳蛤、珍珠贝，及其他海水贝类。

（5）海水藻类　海带、江蓠、裙带菜、紫菜、羊栖菜、麒麟菜、浒苔、石花菜、马尾藻，及其他海水藻类。

（6）头足类　鱿鱼、乌贼、章鱼，及其他头足类。

（7）棘皮动物类　海参、海胆、海星，及其他棘皮动物类。

（8）其他海洋生物　海蜇、沙蚕、海肠、海葵、星虫，及其他海洋生物。

（9）淡水鱼类　草鱼、鲢鱼、鲤鱼、鳙鱼、鲫鱼、罗非鱼、鳊鱼、青鱼、乌鳢、芒鲶、黄鳝、泥鳅、黄颡鱼、河鲈、鳜鱼、鳗鲡、鲟鱼、鲑鱼、鳟鱼、银鱼、长吻鮠、鲮鱼、鲂鱼、鲇鱼、鲫鱼、鳇鱼、鮰鱼、短盖巨脂鲤、池沼公鱼、鲌、暗纹东方鲀、长颌鲚，及其他淡水鱼类。

(10) 淡水虾类　克氏原螯虾、青虾、罗氏沼虾、南美白对虾、中华新米虾、秀丽白虾、中华小长臂虾，及其他淡水虾类。

(11) 淡水蟹类　河蟹，及其他淡水蟹类。

(12) 淡水贝类　田螺、三角帆蚌、褶纹冠蚌、背角无齿蚌、河蚬，及其他淡水贝类。

(13) 淡水藻类　螺旋藻、红球藻、小球藻，及其他淡水藻类。

(14) 其他淡水动物　鳖、龟、蛙、蜗牛，及其他淡水动物。

2. 冻品

(1) 冻鱼类　冻全鱼、冻去内脏鱼、冻去头去脏鱼、冻去头去脏去皮鱼等，及冻鱼头、冻鱼片、冻鱼肉、冻鱼块、冻鱼卵、冻鱼皮等可食部位分割的产品。

(2) 冻虾类　冻全虾、冻去头虾、冻虾尾，及冻虾仁、冻带尾虾仁、冻预煮虾、冻预煮虾仁、冻裹面包屑虾等。

(3) 冻蟹类　冻整蟹、冻蟹块、冻蟹腿、冻蟹肉、冻蟹钳、冻预煮蟹等。

(4) 冻贝类　冻全贝、冻半壳贝、冻贝肉、冻贝柱、冻预煮贝肉等双壳贝类，及冻全贝、冻贝肉、冻预煮贝肉等单壳贝类。

(5) 冻头足类　冻鱿鱼、冻墨鱼、冻章鱼等，及其冻胴体、冻片（条、块）、冻圈、冻花、冻鱿鱼鳍等可食部位分割的产品。

(6) 其他冷冻水产品　冻海胆黄、冻沙蚕、冻海肠，及其他冷冻水产品及其冷冻加工品。

3. 干制品

(1) 鱼类干制品　鱼干、干鱼皮、干鱼唇、干鱼肚、干鱼鳔、干鱼鳍、明骨，及其他鱼类干制品。

(2) 虾蟹类干制品　虾干、虾米、虾皮，及其他虾蟹类干制品。

(3) 贝类干制品　干贝、牡蛎干、干鲍、淡菜、蛤蜊干、海螺干、蛏干、河蚌肉干，及其他贝类干制品。

(4) 藻类干制品　干海带、干裙带菜、干紫菜、干石花菜、干江蓠、干麒麟菜、干马尾藻、干羊栖菜、干浒苔、螺旋藻粉、红球藻粉、裂壶藻粉、小球藻粉，及其他藻类干制品。

(5) 头足类干制品　鱿鱼干、墨鱼干，及其他头足类干制品。

(6) 其他水产干制品　干海参、沙蚕干、星虫干，及其他水产干制品。

4. 腌制品

(1) 腌制鱼　咸鱼、糟鱼、醉鱼、腊鱼，及其他鱼类腌制品。

(2) 其他腌制品　鲟鱼子酱、盐渍鲱鱼子、醉泥螺、咸泥螺、醉蟹、咸蟹、盐渍裙带菜、盐渍海带、盐渍海参、盐渍海蜇皮、盐渍海蜇头、腌渍海胆黄、海胆酱、墨鱼蛋，及其他腌制品。

5. 熟制品

(1) 熟制鱼　烤鱼、烤鱼片、烤酥鱼、鱼脯、熏鱼、卤鱼、鱼松、香酥鱼排，及其他鱼类熟制品。

（2）其他熟制品　烤虾、烤鱿鱼（丝）、调味鱿鱼、即食海参、即食鲍鱼、烤紫菜、调味烤紫菜、调味海带、调味裙带菜（茎），及其他熟制品。

6. 罐头制品

（1）鱼罐头　清蒸鱼罐头、油浸鱼罐头、盐水鱼罐头、茄汁鱼罐头、豆豉鱼罐头、五香鱼罐头、熏鱼罐头、油炸鱼罐头，及其他鱼类罐头及其软包装产品。

（2）其他水产品罐头　杂色蛤罐头、贻贝罐头、扇贝罐头、海螺罐头、蟹肉罐头、虾罐头、头足类罐头、牡蛎罐头、海带罐头、裙带菜罐头、羊栖菜罐头，及其他水产品罐头。

7. 鱼糜及鱼糜制品

鱼糜；鱼香肠、鱼丸、鱼糕、鱼卷、鱼饼、鱼面、鱼豆腐、模拟蟹肉等鱼糜制品；蟹丸、虾丸、鱿鱼丸、墨鱼丸等其他水产动物肉糜制品。

8. 水产调味品

鱼露、蚝油、虾油、虾酱、蟹酱、虾调味粉（液）、贝调味粉（液）、鱼调味粉（液）、紫菜酱、海带酱，及其他水产调味品。

9. 水生生物活性物质

二十二碳六烯酸、二十碳五烯酸、鱼肝油酸钠、角鲨烯、鱼脂酸丸、胶原蛋白、鱼蛋白胨、多肽、软骨素、甲壳素、壳聚糖、氨基葡萄糖、海参多糖、岩藻多糖、贝类多糖、海藻膳食纤维、海藻多酚、褐藻黄素、虾青素、甘露醇、海参皂苷、河鲀毒素，及其他水生生物活性物质。

10. 海藻胶及制品

褐藻酸、褐藻酸钠、褐藻酸钙、褐藻酸钾、褐藻酸铵、藻酸丙二酯、琼胶、卡拉胶、海藻蜇皮、海藻胶果冻粉、海藻果冻、海藻凉粉，及其他海藻胶及制品。

11. 饲料原料

鱼粉、液体鱼蛋白、饲用鱼油、鱿鱼内脏粉、鱿鱼膏、饲用裂壶藻粉、饲用鱼肝油、虾糠、饲用磷虾粉、卤虫卵，及其他饲料原料。

12. 珍珠类

淡水珍珠、海水珍珠、珍珠粉、珍珠层粉，及其他珍珠及制品。

13. 其他水产加工品

鱼油、磷虾油、鱼肝油、藻油、龟胶、海藻碘、水产皮革，及其他水产加工品。

通常将第1~8项产品称为水产食品，将第9~13项产品称为水产品综合利用加工产品。

根据《中国渔业统计年鉴》的说明，水产加工品是指以水产品为原料，采用各种食品贮藏加工、水产综合利用技术和工艺所生产的产品，如冷冻冷藏品、腌制品、干制品、熏制品、罐头食品、各种生熟小包装食品以及鱼油、鱼肝油、多烯脂肪酸制剂、饲料鱼粉、藻胶、碘、贝壳工艺品等。

三、水产品加工行业在食品工业中的地位

1. 食品分类

根据我国市场监管总局公布的《食品生产许可分类目录》（2020），食品分为粮食加工品，食用油、油脂及其制品，调味品，肉制品，乳制品，饮料，方便食品，饼干，罐头，冷冻饮品，速冻食品，薯类和膨化食品，糖果制品，茶叶及相关制品，酒类，蔬菜制品，水果

制品，炒货食品及坚果制品，蛋制品，可可及焙烤咖啡产品，食糖，水产制品，淀粉及淀粉制品，糕点，豆制品，蜂产品，保健食品，特殊医学用途配方食品，婴幼儿配方食品，特殊膳食食品，其他食品以及食品添加剂共 32 大类。

2. 水产品在食品工业中的地位

近年的食品进出口数据显示（表 0-1），食用水产品、蔬菜及食用菌和干鲜瓜果及坚果是我国主要的出口食品，而粮食、肉类（包括杂碎）、食用水产品是主要进口食品。

表 0-1　2022 年我国主要进出口食品种类

出口				进口			
产品	价值/亿元	增长/%	占比/%	产品	价值/亿元	增长/%	占比/%
食用水产品	1502.1	7.9	29.5	粮食	5499.9	13.7	39.6
蔬菜及食用菌	829.0	4.4	16.3	肉类（包括杂碎）	2120.6	2.0	15.3
干鲜瓜果及坚果	354.7	−10.0	7.0	食用水产品	1297.9	39.7	9.4
罐头	288.4	38.7	5.7	干鲜瓜果及坚果	1037.4	5.1	7.5
酒类及饮料	215.3	25.1	4.2	乳品	926.8	3.6	6.7
茶叶	138.8	−6.5	2.7	食用植物油	606.3	−14.1	4.4
肉类（包括杂碎）	130.2	12.5	2.6	酒类及饮料	402.0	−6.3	2.9
粮食	124.9	9.5	2.5	食糖	172.6	17.0	1.2

构建多元化食物供给体系，多途径开发食物来源，"既向陆地要食物，也向海洋要食物，耕海牧渔，建设海上牧场、'蓝色粮仓'"。树立"大食物观"，向海洋要热量、要蛋白，全方位多途径开发食物资源，是端牢"中国饭碗"、保障国家粮食安全的重要要求。水产品是与畜禽肉类、蛋类并列的三大动物性食物之一，是人类获得优质蛋白的重要来源，有利于改善国民膳食结构、提高国民身体素质。我国居民人均水产品消费量，水产品已超过禽类、蛋类、牛羊肉，成为仅次于猪肉的第二大动物性食物来源。随着我国经济持续健康增长、城乡居民收入和城市化进程提高，人们对水产品的需求将持续增长，水产品在我国居民膳食结构中的比重将不断增加。

四、水产品加工现状与发展方向

我国水产食品资源丰富且种类繁多，是世界上主要的水产品生产国之一。我国水产品总产量自 1989 年起连续 30 多年位居世界第一，占世界总产量的 40% 以上。我国自主生产的可用于规模化加工的水产品原料种类众多，其中单一品种产量过万吨的有 70 余种。按品种结构来看，我国自产的水产品主要以鱼类为主。鱼、虾、贝、藻可用于生产和加工丰富多样的蓝色食品（如保健食品）、水产饲料（鱼粉）、农业用品、生物制品等，已形成完善的上下游产业链条。整体来看，自主生产的水产品产量持续稳定增加的同时，水产品进口量也持续增加，为拓展我国水产业发展空间、保障优质水产品安全供应发挥了重要作用。

《2024 中国渔业统计年鉴》数据表明，2023 年全国水产品总产量 7116.17 万吨，其中养殖产量 5809.61 万吨，捕捞产量 1306.56 万吨，养殖产品与捕捞产品的产量比例为 81.6∶18.4，海水产品产量 3585.32 万吨，淡水产品产量 3530.85 万吨，海水产品与淡水产品的产量比例为 50.4∶49.6。据海关总署统计，2023 年我国水产品进出口总量 1056.05 万吨、进出口总额 442.37 亿美元。其中，出口量 379.82 万吨，出口额 204.63 亿美元；进口量 676.23 万吨、进口额 237.74 亿美元。

水产品加工作为纽带连接水产捕捞、养殖与水产品消费，是推动渔业"三产"协调融合发展、保障水产品常年优质安全供应、实现渔业产业可持续发展的重要环节。我国已形成了覆盖冷冻/冷藏水产品、鱼糜制品、休闲食品、干制品、罐藏食品、海藻食品、水产饲料、生物制品加工的水产加工体系。截至 2023 年年底，全国有 9433 家水产加工企业和 9143 座水产冷库，2023 年全国水产加工品总量达 2199.46 万吨，同比增长 2.41%。其中，海水加工产品 1713.12 万吨，同比增长 0.23%；淡水加工产品 486.35 万吨，同比增长 10.87%。用于加工的水产品总量 2556.13 万吨，同比增长 1.33%，其中，用于加工的海水产品 1982.69 万吨，同比增长 0.32%，用于加工的淡水产品 641.02 万吨，同比增长 10.56%。

在水产食品加工方面，依据加工程度不同可以分为初级加工和精深加工等不同梯次等级。初级加工主要是对水产原料进行简单分级、清洗、去鳞、去头、去内脏、保鲜、腌渍、调理等初步加工，制品仍保留原始水产品的色、香、味、形等感官特征的产品，如冻全鱼、冻鱼块、咸鱼、鱼干等。精深加工指按一定要求改变原材料固有的形体特征或规格分布，或同时借助某些技术手段修饰改变其本体品质特征的产品，如鱼片、脱脂黄鱼、烤鳗、调理食品、水产罐头、鱼糜制品、鱼酱油等。目前我国水产食品加工领域仍面临着一些问题。一是水产品尤其是淡水鱼的加工率明显偏低。我国淡水水产品的加工率远低于海水水产品的 57.1%。由于缺乏规模化与精准化的前处理装备技术，水产食品加工较多依赖人工处理，效率低、成本高、用工难问题日益突出。二是高品质水产品供给比重偏低，符合国民消费习惯的预制加工水产品开发不足，不能很好满足水产品消费多样性需求。三是鲜活水产品流通技术的提升亟需突破瓶颈问题，如水产品的质构及鲜度保持技术、危害因子高效脱除技术、非热减菌及调理技术、智能化包装与智能化冷链物流技术以及新型保鲜剂在水产品保鲜应用中的风险评估等。四是水产品产后加工流通环节仍存在诸多技术问题亟须解决，包括适合未来消费需求的主食替代水产食品加工技术，预制菜肴类水产食品加工技术，连锁餐饮、中央厨房、食材配送中心等所需的去内脏、去鳞或分割化产品的质构调理与保鲜技术，加工副产物的绿色、低碳高效利用技术，水产品冷链流通过程中的品质实时监控技术，加工水产品活性包装和智能化包装材料与技术等。

近年来，在低值水产品或水产加工副产物的开发利用中，通过应用现代食品加工高新技术，如超临界萃取技术、挤压技术、生物定向酶解技术、微胶囊技术、超高压技术等，已经研制出一大批可以综合利用的产品，包括水解鱼蛋白、蛋白胨、甲壳素、鱼油制品、紫菜琼胶、河鲀毒素、海藻化工品、海洋生物保健品和海洋药物等。

在未来，我国水产品的加工率将大幅提升，聚焦重点水产品种，通过低温暂养、保鲜冷冻、清洗分割、分拣包装等加工处理，实现生产减损增效，聚焦国内市场需求，发展鲜活、冷冻、调理、预制、鱼糜、干制等产品生产，满足不同消费者在口味、品质、场景等方面多样化的需求。同时，大力发展水产初加工、精深加工和综合利用的梯次加工体系，推进鱼头、鱼骨、内脏、外壳等副产物集中收集存储和循环利用，发展生物制药、功能食品和生物化工等精深加工，开发新材料、新产品，提高副产物综合利用水平，推动水产品多元化开发、多层次利用、多环节增值，显著延长渔业产业链、提升渔业价值链，增强渔业可持续健康发展能力，满足水产品加工产业本身发展的需求和渔业可持续健康发展的需求。

随着水产品在膳食结构中的比重不断增加和我国水产品需求的持续增长，水产品加工产业将迎来大发展。在新的阶段，不仅需要开发和生产更加安全、卫生、味美、方便的水产食品，为居民提供更多的优质蛋白质，还应强化对水产原料中生物活性物质的开发和利用，开发出可增进健康、预防疾病的营养食品和保健食品；同时，充分发挥水产品与陆生食品资源"阴阳互补"的健康功效，满足国民健康需求，提升国民健康水平。此外，水产品加工模式也将发生重大改变，包括利用现代食品加工技术提升传统加工水产品的品质，大力发展水产品冷藏保鲜技术，研发机械化、智能化水产品前处理及精深加工关键装备，创新生物加工等绿色加工模式，建立和健全水产品加工的技术规范、操作规程和产品标准等。

✸ 单元生产　━━　水产品加工卫生安全控制　━━

为了保证水产品加工卫生安全，国家制定相关的 GB 14881—2013《食品安全国家标准 食品生产通用卫生规范》，水产品加工企业必须按此标准进行卫生安全控制。

1. 卫生管理制度

（1）应制定水产品加工人员和水产品生产卫生管理制度以及相应的考核标准，明确岗位职责，实行岗位责任制。

（2）应根据水产品的特点以及生产、贮存过程的卫生要求，建立对保证水产品安全具有显著意义的关键控制环节的监控制度，良好实施并定期检查，发现问题及时纠正。

（3）应制定针对生产环境、水产品加工人员、设备及设施等的卫生监控制度，确立内部监控的范围、对象和频率。记录并存档监控结果，定期对执行情况和效果进行检查，发现问题及时整改。

（4）应建立清洁消毒制度和清洁消毒用具管理制度。清洁消毒前后的设备和工器具应分开放置妥善保管，避免交叉污染。

2. 厂房及设施卫生管理

（1）厂房内各项设施应保持清洁，出现问题及时维修或更新；厂房地面、屋顶、天花板及墙壁有破损时，应及时修补。

（2）生产、包装、贮存等设备及工器具、生产用管道、裸露水产品接触表面等应定期清洁消毒。

3. 水产品加工人员健康管理与卫生要求

（1）水产品加工人员健康管理

① 应建立并执行水产品加工人员健康管理制度。

② 水产品加工人员每年应进行健康检查，取得健康合格证明；上岗前应接受卫生培训。

③ 水产品加工人员如患有痢疾、伤寒、甲型病毒性肝炎、戊型病毒性肝炎等消化道传染病，以及患有活动性肺结核、化脓性或渗出性皮肤病等有碍水产品安全的疾病，或有明显皮肤损伤未愈合的，应当调整到其他不影响水产品安全的工作岗位。

（2）水产品加工人员卫生要求

① 进入水产品生产场所前应整理个人卫生，防止污染水产品。

② 进入作业区域应规范穿着洁净的工作服，并按要求洗手、消毒；头发应藏于工作帽内或使用发网约束。

③ 进入作业区域不应佩戴饰物、手表，不应化妆、染指甲、喷洒香水；不得携带或存放与水产品生产无关的个人用品。

④ 使用卫生间、接触可能污染水产品的物品或从事与水产品生产无关的其他活动后，再次从事接触水产品、水产品工器具、水产品设备等与水产品生产相关的活动前应洗手消毒。

（3）来访者　非水产品加工人员不得进入水产品生产场所，特殊情况下进入时应遵守与水产品加工人员同样的卫生要求。

4. 生产过程的卫生安全控制

（1）产品污染风险控制

① 应通过危害分析方法明确生产过程中的水产品安全关键环节，并设立水产品安全关键环节的控制措施。在关键环节所在区域，应配备相关的文件以落实控制措施，如配料（投料）表、岗位操作规程等。

② 鼓励采用危害分析与关键控制点体系（HACCP）对生产过程进行水产品安全控制。

（2）生物污染的控制

① 清洁和消毒

a. 应根据原料、产品和工艺的特点，针对生产设备和环境制定有效的清洁消毒制度，降低微生物污染的风险。

b. 清洁消毒制度应包括以下内容：清洁消毒的区域、设备或器具名称；清洁消毒工作的职责；使用的洗涤、消毒剂；清洁消毒方法和频率；清洁消毒效果的验证及不符合标准的处理；清洁消毒工作及监控记录。

c. 应确保实施清洁消毒制度，如实记录；及时验证消毒效果，发现问题及时纠正。

② 水产品加工过程的微生物监控

a. 根据产品特点确定关键控制环节进行微生物监控；必要时应建立水产品加工过程的微生物监控程序，包括生产环境的微生物监控和过程产品的微生物监控。

b. 水产品加工过程的微生物监控程序应包括：微生物监控指标、取样点、监控频率、取样和检测方法、评判原则和整改措施等，具体可参照国标 GB 14881—2013 附录 A 的要求，结合生产工艺及产品特点制定。

c. 微生物监控应包括致病菌监控和指示菌监控，水产品加工过程的微生物监控结果应能反映水产品加工过程中对微生物污染的控制水平。

③ 虫害控制

a. 应保持建筑物完好、环境整洁，防止虫害侵入及滋生。

b. 应制定和执行虫害控制措施，并定期检查。生产车间及仓库应采取有效措施（如纱帘、纱网、防鼠板、防蝇灯、风幕等），防止鼠类和昆虫等侵入。若发现有虫鼠害痕迹时，应追查来源，消除隐患。

c. 应准确绘制虫害控制平面图，标明捕鼠器、粘鼠板、灭蝇灯、室外诱饵投放点、生化信息素捕杀装置等放置的位置。

d. 厂区应定期进行除虫灭害工作。

e. 采用物理、化学或生物制剂进行处理时，不应影响水产品安全和水产品应有的品质，不应污染水产品接触表面、设备、工器具及包装材料。除虫灭害工作应有相应的记录。

f. 使用各类杀虫剂或其他药剂前，应做好预防措施，避免对人身、水产品、设备工具造成污染；不慎污染时，应及时将被污染的设备、工具彻底清洁，消除污染。

（3）化学污染的控制

① 应建立防止化学污染的管理制度，分析可能的污染源和污染途径，制订适当的控制计划和控制程序。

② 应当建立水产品添加剂和水产品工业用加工助剂的使用制度，按照 GB 2760 的要求使用水产品添加剂。

③ 不得在水产品加工中添加水产品添加剂以外的非食用化学物质和其他可能危害人体健康的物质。

④ 生产设备上可能直接或间接接触水产品的活动部件若需润滑，应当使用食用油脂或能保证水产品安全要求的其他油脂。

⑤ 建立清洁剂、消毒剂等化学品的使用制度。除清洁消毒必需和工艺需要，不应在生产场所使用和存放可能污染水产品的化学制剂。

⑥ 水产品添加剂、清洁剂、消毒剂等均应采用适宜的容器妥善保存，且应明显标示、分类贮存；领用时应准确计量，做好使用记录。

⑦ 应当关注水产品在加工过程中可能产生有害物质的情况，鼓励采取有效措施降低其风险。

（4）物理污染的控制

① 应建立防止异物污染的管理制度，分析可能的污染源和污染途径，并制订相应的控制计划和控制程序。

② 应通过采取设备维护、卫生管理、现场管理、外来人员管理及加工过程监督等措施，最大限度地降低水产品受玻璃、金属、塑胶等异物污染的风险。

③ 应采取设置筛网、捕集器、磁铁、金属检查器等有效措施降低金属或其他异物污染水产品的风险。

④ 当进行现场维修、维护及施工等工作时，应采取适当措施避免异物、异味、碎屑等污染水产品。

（5）包装

① 食品包装应能在正常的贮存、运输、销售条件下最大限度地保护食品的安全性和食品品质。

② 使用包装材料时应核对标识，避免误用；应如实记录包装材料的使用情况。

（6）贮存和运输

① 根据食品的特点和卫生需要选择适宜的贮存和运输条件，必要时应配备保温、冷藏、保鲜等设施。不得将食品与有毒、有害或有异味的物品一同贮存运输。

② 应建立和执行适当的仓储制度，发现异常应及时处理。

③ 贮存、运输和装卸食品的容器、工器具和设备应当安全、无害，保持清洁，降低食品污染的风险。

📖 实训项目 ━━━ **规范进入水产食品加工车间** ━━━

【实训目标】

通过进入水产食品加工车间或者仿真水产食品加工车间的实训，了解到水产食品加工车间的基本要求，增强卫生意识。

【实训要求】

水产食品加工车间是水产食品加工的重要场所，卫生要求很高，学生应了解、掌握水产食品加工车间的基本要求，特别在学校设立模拟水产加工车间，并将企业的规范要求进行公示，方便今后进入企业能尽快适应水产食品加工厂的氛围。具体要求如下。

（1）所有人员（包括参观人员）进入生产领域时必须按照标准程序进行更衣，并着装规范，戴好发网，头发不允许外露，口罩应遮住口、鼻。

（2）工作服要干净、整洁、无破损，冬季两天一换洗，夏天一天一换洗。

（3）所有进入生产区域的人员要按照标准程序进行洗手消毒（包括中途外出），洗手消毒液配制的浓度要准确，每天必须按时更换。

（4）所有进入生产区域的人员要对雨鞋消毒，洗脚消毒液配制的浓度要准确，每天必须按时更换。

（5）所有进入生产区域的人员要通过风淋通道进入车间。

（6）在生产领域内不允许进食、喝水（指定可饮水区域除外）、酗酒、吸烟。

（7）手及指甲要干净，不允许涂抹指甲油，指甲长度不允许太长。

（8）任何人在车间内不得使用手机（指定区域除外）。

（9）工作服及工作鞋要严格按照更衣程序进行更换，不可穿出生产领域，不允许穿裙子、短裤、拖鞋进入车间。

（10）手部如有破损或包扎，应调换到与食品没有直接接触的岗位，并戴上完好的医用手套。

（11）操作人员在车间内，手部接触非食品后，要重新清洗消毒。

（12）在生产区域内不允许化妆和戴手表、项链、戒指等首饰。

（13）所有进入生产区域的人员，要按规定的人行通道出入车间，以防交叉污染。

（14）更衣室要安排专人打扫，定时对更衣室进行灭虫灭菌消毒并做好记录。

（15）操作人员在作业过程中，需每隔 2h 用 75％酒精或配好的消毒水对手部进行再消毒。

（16）任何人不得坐、站、躺在原料、工作台、容器、产品或垫板上。

【实训材料与用具】

水产食品加工车间、更衣室、风淋间、洗手池、工作衣、工作帽、雨鞋、洗手液等。

【实训方法与步骤】

按照车间的容量进行分组，分别按要求进行戴工作帽、穿工作服装、穿雨鞋、洗手消毒、洗脚、进风淋间等环节，并顺向参观加工车间一般布局，了解和掌握进入水产食品车间的一般要求，见图 0-1。

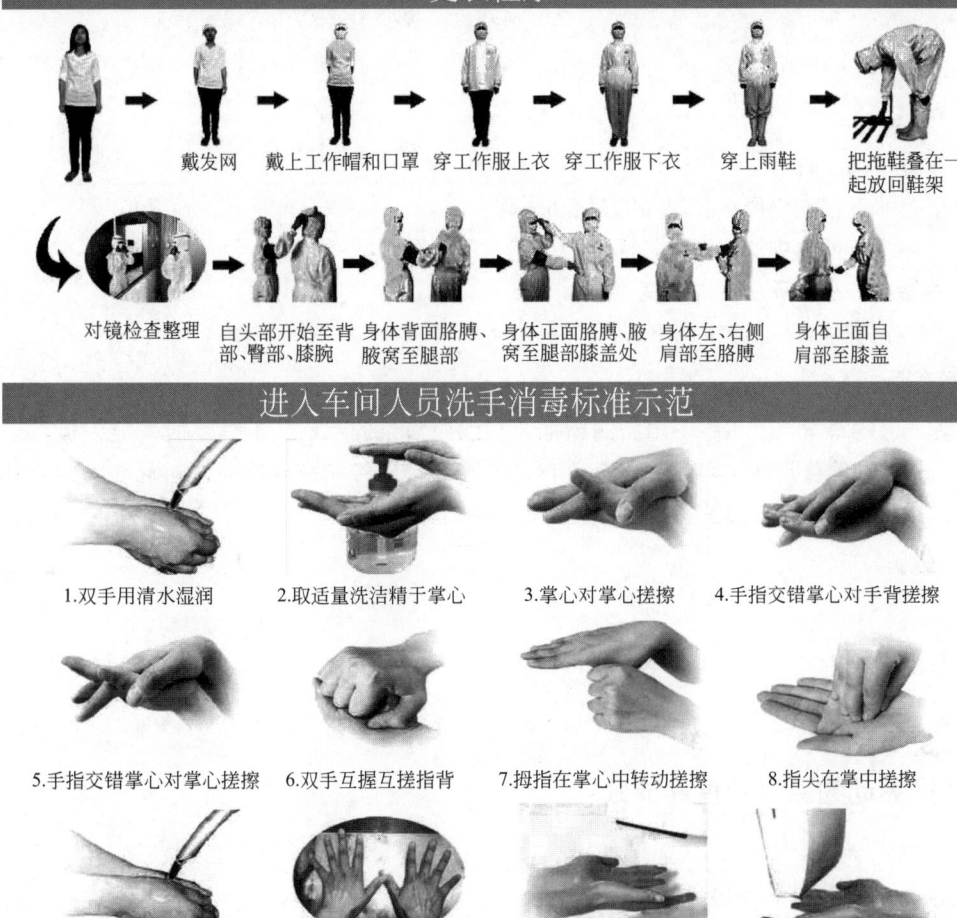

图 0-1　进入车间人员更衣及洗手消毒标准程序

【编写实训报告书】

根据实训过程，写出实训具体要求的做法，以及对于食品卫生有何影响、有何体会。

复习思考题

1. 什么是水产品？水产品有哪些特性？
2. 水产品加工的目的是什么？
3. 水产加工品种类有哪几类？
4. 水产品在食品工业中的地位如何？
5. 通过查找资料和调查，试述目前水产品加工现状与发展方向。
6. 进入水产品加工车间有哪些要求？

学习项目一　水产品原料及鲜度判断

【学习目标】

1. 掌握鱼体的肌肉组织结构；
2. 熟悉水产品动物原料及海藻的营养成分；
3. 了解水产原料中的主要生物活性物质和有毒物质；
4. 掌握鱼、贝类死后发生的变化；
5. 通过实训项目，掌握简单的水产品鲜度鉴别技术。

【职业素养目标】

　　培养严谨的科学态度和勇于创新的精神，在面对复杂的水产知识体系时，能积极主动地去探索和研究；在鲜度判断和实训操作等环节培养职业责任感和敬业精神，理解准确判断鲜度对保证水产品质量与安全、维护消费者的健康和利益的关键作用。

 基础知识

一、水产品动物原料的营养成分

　　水产品动物原料在水产品加工业中占有较大的比重，主要包括鱼类、甲壳类、软体动物、棘皮动物、腔肠动物等，其中以鱼类为主，经济鱼类约有 300 种。一般鱼、贝类的含水量为 60%～85%，蛋白质 20% 左右，脂肪 0.2%～20%，糖类 0.5%～1%，灰分 1%～2%。从营养成分看，蛋白质含量较高，脂肪含量变动幅度较大。原料中的肌肉及其他可食部分不仅含有丰富的营养物，而且易于消化和吸收，是较好的食物来源。

1. 鱼贝类的肌肉组织

　　鱼类的可食部分主要是肌肉，也是水产食品加工利用的主要部分，其重量比随鱼的种类、大小、季节和性别等因素而有所不同，但大部分成鱼的肌肉重量约占全鱼总重量的 50%～60%。其他不可直接食用部分，如鱼骨、鱼皮、鱼鳞等副产品是水产综合利用开发的重要原料。

视频：红肉
与白肉

　　鱼体的肌肉根据其所含的色素不同可分为两类，在背侧肌和腹侧肌的接合处附近，肌肉颜色较深，富含血红蛋白和肌红蛋白等，叫红色肉、血合肉，或称暗色肉，其余大部分则为淡色肌肉，叫做普通肉或称白色肉。我们平时食用的或加工的鱼肉大多为普通肉，其中所含的少量血红肉很少引起人们的注意，但有的鱼类如金枪鱼、鲨鱼等全身都是红色肉（见图 1-1）。在食用价值和加工贮藏性能方面，红色肉低于白色肉。

　　鱼类肌肉属于横纹肌，与其他哺乳动物的横纹肌相似，不同的是鱼类肌肉由多数肌隔膜分开的肌节重叠而成，每种鱼的肌节数几乎是一定的，加热后肌节凝固变厚，肌隔膜变成柔

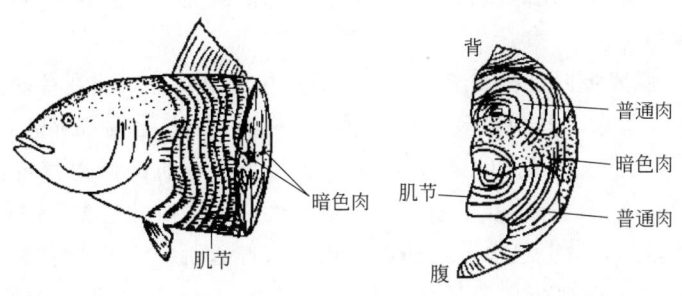

图 1-1 鱼肉的组织

软的明胶质，所以肌节容易脱落。肌节是肌纤维的集合体，肌纤维是构成肌肉的基本单位，它相当于一个组织细胞，长度约几毫米到十几毫米，比陆产动物肌肉短而粗。肌纤维是一个多核细胞，其内部由许多平行排列的肌原纤维组成，肌原纤维的间隙充满了肌浆，还带有一些线粒体，每根肌纤维的最外层是一层肌纤维膜（见图 1-2）。

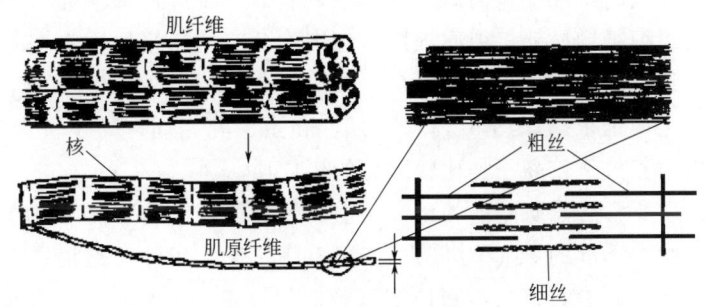

图 1-2 横纹肌纤维结构

虾、蟹等的肌肉也是横纹肌，软体动物的肌肉可分为横纹肌、斜纹肌、平滑肌（螺旋平滑肌和副肌球平滑肌）等，乌贼的外套膜、牡蛎的闭壳肌主要是由斜纹肌构成的。

2. 鱼贝类的蛋白质

(1) 鱼贝类的蛋白质组成

上述（图 1-3）的鱼肉蛋白质中，硬骨鱼类普通肉肌原纤维蛋白含量最高，其比例高达 60%～75%，其次是肌浆蛋白占 20%～35%，肌基质蛋白占 2%～5%，软骨鱼类的肌基质蛋白相对于硬骨鱼要高一些，比例为 10%左右。

- 鱼肉蛋白质
  - 细胞内蛋白质
    - 肌原纤维蛋白（盐溶性蛋白质）
    - 肌浆蛋白（水溶性蛋白质）
  - 细胞外蛋白质
    - 肌基质蛋白（结缔组织蛋白质、不溶性蛋白质）
    - 异质组织蛋白（血管、神经等蛋白质）

图 1-3 鱼肉蛋白质结构

① 肌原纤维蛋白 肌原纤维蛋白是由肌球蛋白、肌动蛋白以及称为调节蛋白的原肌球蛋白与肌钙蛋白所组成。肌球蛋白和肌动蛋白是肌原纤维蛋白的主要成分，两者在腺苷三磷酸（ATP）的存在下形成肌动球蛋白，与肌肉的收缩和死后僵硬有关。肌球蛋白的重要生物活性之一是分解 ATP 酶活性，当肌球蛋白在冻藏、加热过程中产生变性时，会导致 ATP

酶活性降低或消失。同时，肌球蛋白在盐类溶液中的溶解度降低。这两种性质是用于判断肌肉蛋白变性的重要指标。

② 肌浆蛋白　肌浆蛋白是存在于肌肉细胞肌浆中的水溶性（或在稀盐类溶液中可溶的）蛋白质的总称，种类复杂，其中很多是与代谢有关的酶蛋白。各种肌浆蛋白的分子量一般在 $(1.0 \sim 3.0) \times 10^4$。在低温贮藏和加热处理中，肌浆蛋白较肌肉蛋白稳定，热凝温度较高。此外，色素蛋白的肌红蛋白亦存在于肌浆中。运动性强的洄游性鱼类和海兽等暗色肌或红色肌中的肌红蛋白含量高，这是区分暗色肌与白色肌（普通肌）的主要标志。

③ 肌基质蛋白　肌基质蛋白包括胶原和弹性蛋白，是构成结缔组织的主要成分。两者均不溶于水和盐类溶液，在一般鱼肉结缔组织中的含量前者高于后者 4～5 倍。胶原是由多个原胶原分子组成的纤维状物质，当胶原纤维在水中加热至 70℃ 以上时，构成原胶原分子的 3 条多肽链之间的交链结构被破坏而成为溶解于水的明胶。肉类加热或鳞皮等熬胶的过程中，胶原被溶出的同时，肌肉结缔组织被破坏，使肌肉组织变得软烂和易于咀嚼。此外，在鱼肉细胞中还存在一种称为结缔蛋白的弹性蛋白，都同样是与胶原近似的蛋白质。

（2）鱼贝类蛋白质的特性　鱼肉肌纤维较短，肌节易脱落，肌基质蛋白少，肌原纤维蛋白多，所以蛋白质组织结构松软，肉质细嫩。鱼肉中含有的粗蛋白质为 15%～22%，与虾、蟹类蛋白质含量大致相同，贝类蛋白质含量为 8%～15%，总的来说蛋白质含量都很高。另一特点是蛋白质消化率也很高，达 97%～99%，和蛋、乳相同，高于畜产肉类，容易被人体消化吸收，所以营养价值较高，是比较理想的蛋白质。

鱼贝类等蛋白质所含必需氨基酸的量和比值均一平衡，比较适合人体的需要。以食物蛋白质必需氨基酸化学分析的数值为依据，1973 年 FAO/WHO 提出了氨基酸计分模式（AAS），对各种鱼类和虾、蟹、贝类蛋白质营养值的评定结果显示，多数鱼类的 AAS 值均为 100，和猪肉、鸡肉、禽蛋相同，而高于牛肉和牛乳。部分鱼类以及部分虾、蟹、贝类的 AAS 值低于 100，在 76～95 的范围内。鱼类蛋白质的赖氨酸含量特别高，因此，对于米、面粉等第一限制氨基酸为赖氨酸的食品，可以通过互补作用，有效地改善食物蛋白的营养。

3. 鱼贝类的脂质

（1）鱼贝类的脂质含量　鱼类脂肪含量一般为 1%～10%，多数为 1%～3%（但鳊鱼和鲥鱼脂肪含量较高）。脂质含量受环境条件（水温、生栖深度、生栖场所等）、生理条件（年龄、性别、性成熟度）、食饵状态（饵料的种类、摄取量）等因素的影响而变动。一般来讲，洄游性鱼类高于底栖鱼类；生殖季节，产卵前含脂高，产卵后含脂低；红色肉的脂肪含量高于白色肉；腹部的脂肪含量高于背部。

根据肌肉中脂质含量的多少，鱼类大致分为三种，即多脂鱼、中脂鱼和少脂鱼。含脂量在 5%～15% 的称为多脂鱼，如鲥鱼、鳗鲡、金枪鱼等；含脂量在 1%～5% 之间的称为中脂鱼，主要是中上层的洄游鱼类，如大黄鱼、鲣鱼、鲐鱼、白鲢鱼等；含脂量小于 1% 的称为少脂鱼，主要是一些底栖性鱼类，如鳕鱼、鳎鱼、马面鱼、银鱼等。需要注意的是，由于鱼类脂质含量变化较大，即使是同一种属也因渔场和渔汛不同而有较大的差异，所以上述划分标准不是一成不变的。

（2）鱼贝类脂质的组成　鱼类的脂肪可简单分成极性脂肪与非极性脂肪。

① 甘油酯　是甘油和脂肪酸结合的脂类，包括甘油三酯（TG）、甘油二酯（DG）、甘油一酯（MG），是中性脂质。甘油三酯是积蓄脂肪的主要成分，一般积存在皮下、内脏器

官，是运动时能量的来源。鱼贝类脂质的特征是富含 n-3 系的多不饱和脂肪酸，如 EPA、DHA，其中海水鱼贝类比淡水鱼贝类含量高。

② 磷脂质　含有磷脂酰胆碱（PC）、磷脂酰乙醇胺（PE）、磷脂酰丝氨酸（PS）、磷脂酰肌醇（PI）、鞘磷脂（SM）等。磷脂质主要是细胞膜的构成成分，占总脂的 30%。鱼虾类磷脂含量较低，贝类略高。

③ 蜡酯　由脂肪酸和高级一元醇形成的。某些鱼类和甲壳类，以蜡酯取代甘油三酯作为主要的贮藏脂质，以 C16：0、C18：1、C20：1 为多。

④ 固醇类　鱼类的主要固醇类为胆固醇及胆固醇脂肪酸酯。鱼贝类中，鱼子含量最高，为 $300 \sim 500 \mathrm{mg}/100\mathrm{g}$，其次是头足类、虾类、贝类。

(3) 脂质的其他特性

① 产油脂与陆产动物的特异性　海产动物的脂质在低温下具有流动性，并富含多不饱和脂肪酸和特别的烃类、蜡酯等，与陆上动物的脂质有较大的差异。

鱼贝类脂肪中，除含有畜产品或农产品中所含的饱和脂肪酸及油酸（C18：1）、亚油酸（C18：2）、亚麻酸（C18：3）等不饱和脂肪酸之外，还含有 $20 \sim 22$ 个碳原子、$4 \sim 6$ 个双键的高度不饱和脂肪酸。

海产鱼油中所含的硬脂酸、油酸、亚油酸等都少于陆上哺乳动物，而二十碳五烯酸（EPA）和二十二碳六烯酸（DHA）的含量则较高，其他陆生动物几乎不含有这两种成分。

② 海水鱼与淡水鱼的特异性　一烯酸类的 C20：1 和 C22：1 海水鱼中含量高，C16：1 淡水鱼中含量高。多烯酸类的 EPA（C20：5）和 DHA（C22：6）海水鱼中含量高，而亚油酸（C18：2）和亚麻酸（C18：3）淡水鱼中含量高。淡水鱼的脂肪酸组成介于陆上哺乳动物与海产鱼之间。

③ 天然鱼与养殖鱼的差别　同一种鱼，养殖的风味往往略逊于天然成长者，这可能与饲喂的饵料有关。如香鱼的脂肪酸组成，天然鱼 C14：0、C16：1、C18：4 含量高，而养殖鱼则 C16：0、C18：1、C18：2、C22：6 含量高。

4. 鱼贝类的糖类

鱼贝类体内含有多种碳水化合物，但主要是糖原和黏多糖，也有单糖、二糖。

(1) 鱼贝类的糖原　鱼贝类体内最常见的糖类，即是糖原。和高等动物一样，鱼贝类的糖原贮存于肌肉或肝脏中，是能量的重要来源。其含量同脂肪一样因鱼种生长阶段、营养状态、饵料（饲料）组成等而不同。

鱼类组织中糖原和脂肪共同作为能量来源贮存。但与成鱼的个体水平比较来看，糖原含量比脂肪含量低，这是因为脂肪作为贮藏能量的形式优于糖原。鱼类肌肉糖原的含量还与鱼的致死方式密切相关，活杀时其含量为 0.3%～1.0%，这与哺乳动物肌肉中的含量几乎相同。但如挣扎疲劳死亡的鱼类，由于体内糖原的消耗，而使其含量降低。而如鲣鱼这类运动活泼的洄游性鱼类，糖原含量较高，有报道鲐背肌糖原含量高达 2.5%。

贝类特别是双壳贝的主要能源贮藏形式是糖原，因此其含量往往比鱼类高 10 倍，而且贝类糖原的代谢产物也与鱼类不同，其代谢产物为琥珀酸。值得注意的是，贝类的糖原含量有显著的季节性变化。一般贝类的糖原含量在产卵期最低，产卵后急剧增加，糖原在贝类的呈味上有间接的相关性。

(2) 鱼贝类的其他糖类　除了糖原之外，鱼贝类中含量较高的多糖类还有黏多糖。甲壳类的壳和乌贼骨中所含的甲壳素就是最常见的黏多糖，它是由 N-乙酰基-D-葡萄糖胺通过 β-1,4-糖苷键相结合的多糖，也称为中性黏多糖。其他常见的还有以己糖胺和糖醛酸形成的二糖为基本单位的酸性黏多糖，按硫酸基的有无又可分为硫酸化多糖和非硫酸化多糖，前者有硫酸软骨素、硫酸乙酰肝素、乙酰肝素、多硫酸皮肤素和硫酸角质素，后者有透明质酸和软骨素。

黏多糖一般与蛋白质以共价键形成一定的架桥结构，以蛋白多糖的形式存在，作为动物的细胞外间质成分广泛分布于软骨、皮、结缔组织等处，同组织的支撑和柔软性有关。

5. 鱼贝类的维生素

鱼类的可食部分含有多种人体营养所需的维生素，包括脂溶性的维生素 A、维生素 D、维生素 E 和水溶性的 B 族维生素、维生素 C 等。其含量分布因鱼贝类的部位和种类而异。一般来说肝脏中含量最高，皮肤次之，肌肉最低。红肉鱼多于白肉鱼，多脂鱼高于少脂鱼。

（1）脂溶性维生素 主要有维生素 A、维生素 D、维生素 E。

① 维生素 A 亦称为视黄醇。一般包括维生素 A_1（视黄素）和维生素 A_2（3-脱氢视黄醇），主要存在于水产品的肝脏中，肌肉中一般较少，但也有的鱼类肌肉中维生素 A 含量较高，如八目鳗、河鳗、银鳕等。

② 维生素 D 已知的维生素 D 包含维生素 $D_2 \sim D_7$，生物活性较高的主要是维生素 D_2 和维生素 D_3，前者可由麦角固醇经紫外线照射后转变而成，后者是 7-脱氢胆固醇经紫外线照射后的产物。含维生素 D 较多的鱼类有沙丁鱼、鲱鱼、鲑鱼等；贝类中的贻贝、牡蛎等含量也较高。维生素 D 与维生素 A 一样，在鱼类肝脏中含量高，肌肉中含量低。但在软骨鱼肝脏中含量也低，在远东的鲣鱼、秋刀鱼、鲐鱼等红肉鱼肌肉中含量较高。

③ 维生素 E 又名生育酚，已知有 8 种不同的生育酚具有维生素 E 的活性，其中 α-生育酚活性最强，海产鱼、贝类的 α-生育酚含量较高。水产品中梭子蟹、中华绒螯蟹、对虾、沼虾、扇贝、贻贝、红螺、虹鳟等均含有较多的维生素 E。

（2）水溶性维生素 主要有维生素 B_1、维生素 B_2、维生素 B_3 和维生素 C。

① 维生素 B_1 又称硫胺素，鱼类中除八目鳗、河鳗、鲫、鲣等少数鱼肉中其含量为 $0.4 \sim 0.9$ mg/100g 之外，多数鱼类在 $0.10 \sim 0.40$ mg/100g 范围内，一般来说暗色肉比普通肉含量高，肝脏中的含量与暗色肉相同或略高。

② 维生素 B_2 又称核黄素。鱼类除八目鳗、泥鳅、鲐等其含量在 0.5 mg/100g 以上外，远东拟沙丁鱼、马鲛鱼、马面鲀、大马哈鱼、虹鳟、小黄鱼、罗非鱼、鲤等多数鱼类以及牡蛎、蛤蜊等其含量在 $0.15 \sim 0.49$ mg/100g 范围内，一般红肉鱼其含量高于白肉鱼，肝脏、暗色肉其含量高于普通肉 $5 \sim 20$ 倍。

③ 维生素 B_3 又称烟酸或尼克酸，鱼类中金枪鱼、鲐、马鲛等肌肉中其含量在 9mg/100g 以上，远东拟沙丁鱼、日本鳀鱼、鲹、大马哈鱼、虹鳟等在 $3 \sim 5.9$ mg/100g 范围内，鲷、海鳗、鳕、鲫及多数鱼类、乌贼等为 $1 \sim 2.9$ mg/100g，同其他 B 族维生素不同的是，普通肉的含量高于暗色肉和肝脏。而且是维生素中最稳定的一种，不被光、空气及热破坏，对碱也较稳定。

④ 维生素 C 又称抗坏血酸，卵巢和脑中的含量高达 $16.7 \sim 53.6$ mg/100g，肌肉和肝脏中一般含量低。维生素 C 不稳定，遇空气、热、光、碱、氧化酶以及少量的 Cu、Fe 均会加快其氧化破坏速度，蒸煮时易被破坏，碱性更甚。

6. 鱼贝类的矿物质

鱼贝类体内约含有 40 种元素，除 C、H、O、N 之外，其他元素无论是形成有机化合物的还是形成无机化合物的，一律称之为矿物质。在矿物质的分类中，较大量存在的 Na、K、Ca、Mg、Cl、P、S 7 种元素称为常量元素或广量元素，而其他的为人体生理所必需的元素，如 Mn、Co、Cr、I、Mo、Se、Zn、Cu 等称为微量元素。

鱼贝类的矿物质含量因动物种类及体内组织而有很大差异。骨、鳞、甲壳、贝壳等硬组织中含量高，特别是贝壳中高达 80%～99%，而肌肉中相对含量低，为 1%～2%。此外，体液的矿物质主要以离子形式存在，与渗透压调节和酸碱平衡相关，是维持鱼贝类生命的必需成分。

鱼贝类肌肉中存在的 Na、K、Ca、Mg、Cl、P、S 7 种主要矿物质占总矿物质的 60%～80%。

鱼的骨、鳞、齿，虾、蟹的壳，贝壳、珊瑚和海绵的骨架，其硬组织是由以 Ca 的碳酸盐和磷酸盐为主体的大量矿物质，胶质蛋白、贝壳硬蛋白等蛋白质，及甲壳素等多糖类所构成的。

日本利用鱼骨、珊瑚礁、扇贝壳、珍珠贝开发鱼骨粉、扇贝壳、珊瑚末、珍珠钙等产品。鱼骨粉在日本国内市场需求为 80t/年，扇贝壳为 1000t/年，珊瑚末为 150t/年，珍珠钙是采用高压均微粉碎机得到平均粒子直径为 $2.2\mu m$ 的微粒粉末，含 38% $CaCO_3$，为日本健康营养食品学会认定的食用珍珠层粉。这些产品可作为补钙剂或营养强化食品。我国也有利用牡蛎壳生产活性钙，但在食品工业上的应用有待进一步开拓。

7. 鱼贝类浸出物

鱼贝类的浸出物是除蛋白质、多糖、色素、维生素、矿物质以外，能用水从鱼贝类组织中抽提出的各种水溶性有机成分的总称。广义上的浸出物是指除去高分子物质的水溶性成分，而一般将只除去蛋白质和脂肪的抽提液称为提取物，所以其中液含有维生素、矿物质等。

视频：浸出物

鱼贝类浸出物成分分两大类：一类为含氮成分，也称为非蛋白氮，是浸出物的主要组成成分；另一类为非含氮成分。含氮成分包含的种类较多，主要有游离氨基酸、低聚肽、核苷酸及其关联化合物、甜菜碱类、胍基化合物、尿素、氧化三甲胺等。非含氮成分主要是有机酸和糖类。有机酸包括乳酸、琥珀酸、醋酸、丙酮酸、苹果酸、柠檬酸、草酸等，糖类有游离糖和磷酸糖等。

浸出物种类繁多，成分复杂，在代谢方面起重要作用，与呈味、鲜度、腐败物有关，在水产品加工方面要多加注意，使其发挥正面作用，避免带来负面影响。

二、海藻的营养成分

藻类体型差异较大，小的只有 $1\mu m$ 长，如鞭毛藻，而大型褐藻可长达 60m。为了讲述方便，本节从形态大小的角度，介绍常见的大型海藻和目前在国内外大量培养、利用前景较好的微藻。

1. 常见的大型藻类

这里所说的大型藻类是相对的，即不用借助显微镜，肉眼可见的常见海藻。如海带、裙带菜、紫菜、江蓠、麒麟菜、羊栖菜、孔石莼、条浒苔等，都有悠久的食用历史和大量的加工产品。

（1）海藻的一般营养成分　海藻的一般营养成分是指海藻干物质中所含的蛋白质、脂质、碳水化合物、灰分等物质。

海藻中的主要成分是多糖类物质（占海藻干物质的 $40\%\sim60\%$），脂质为 $0.1\%\sim0.8\%$（褐藻脂质含量稍高），灰分在藻种间的含量变化较大，一般为 $20\%\sim40\%$，蛋白质含量一般在 20% 以下。影响海藻中一般成分含量的因素有：生长环境的水温、营养盐等理化因素，日照、季节的变化，生存场所，藻体部位等。其中季节的变化影响最大：海带中褐藻酸含量在 $4\sim5$ 月份含量最高，7 月份后降低；甘露醇的季节变化与褐藻酸含量变化呈相反趋势，即 $6\sim7$ 含量高，7 月后增加，9 月最高。粗蛋白质含量在 $3\sim5$ 月份高，$6\sim7$ 月份较低。

海带不同部位成分含量有变化：根部、基部的总氮含量比顶叶部高；基部的褐藻酸中的古罗糖醛酸含量高于叶部；根部的灰分含量也比顶叶高；一般情况下，野生海带含碘量比养殖海带高。

（2）海藻生物多糖

① 红藻

a. 琼胶　分布在石花菜、江蓠、鸡毛菜、紫菜等藻类中。琼胶不溶于冷水和无机、有机溶剂中，在适当加热条件下，可溶于热水和某些溶剂中。琼胶溶于热水后冷却至一定温度就形成凝胶。琼胶的主要成分有 D-半乳糖、L-半乳糖、硫酸基和无机物等。

b. 卡拉胶　主要是从卡帕藻和麒麟菜两属的各种藻类中提取，还可使用角叉菜、杉藻、银杏藻、叉红藻、育叶藻属的各种藻，外观为无臭、无味的白色至浅褐黄色粉末，能形成半固体状凝胶。在水中，κ-卡拉胶有凝固性，当将它们加水加热溶解后，放冷时能形成透明的半固体状凝胶，且形成凝胶时必须有阳离子存在（与琼胶不同）。卡拉胶是一种无毒而不被人体消化的植物纤维，为天然食品添加剂；在啤酒的制造中，加入卡拉胶除去蛋白质沉淀，起到澄清啤酒的作用，也可以用此原理除去废水中的蛋白质。

c. 其他红藻多糖　其他还有红藻淀粉、木聚糖、甘露聚糖以及低分子碳水化合物红藻糖苷、甘露糖苷、多糖苷与糖醇等。

② 褐藻

a. 褐藻胶　褐藻胶是一种嵌段共聚物，由 D-甘露糖醛酸（M）和 L-古罗糖醛酸（G）组成。褐藻胶属于非均匀的聚合物。不同海藻和同一海藻的不同部位褐藻胶 M/G 值不同。M/G 值不同，褐藻胶的理化性质也有差异。

b. 其他褐藻多糖　还有褐藻糖胶、海带淀粉、海藻纤维素、甘露醇和糖苷（低分子碳水化合物）等。

2. 微藻类

微藻不是分类学上的名称，是指形态的微小，平均大约只有 $5\mu m$，需在显微镜下才能辨别的藻类群。对于大型藻，人类研究得比较多，开发也比较充分，而对于微藻，人类认识它们的价值基本不超过 100 年。微藻与其他藻类不同的是蛋白质含量特别高，富含多种营养成分，具有增强机体免疫力、防治癌症、抗辐射、延缓衰老等多种生理功能。

（1）螺旋藻

① 螺旋藻的营养组成

a. 蛋白质　螺旋藻的蛋白质含量为 $56\%\sim77\%$，而大豆的蛋白质含量为 $34\%\sim40\%$，乳粉为 12%～22%，可以说是目前各种食物中蛋白质含量最高的。人和动物体内不能自身合成的 8 种氨基酸，在螺旋藻中的含量也十分丰富。而且各种氨基酸含量比例非常接近人体需要的比例，利用率高。

b. 维生素　螺旋藻的维生素含量很丰富，1kg 螺旋藻含维生素 B_1 55mg、维生素 B_2 40mg、维生素 B_6 3mg、维生素 B_{12} 2mg、泛酸 11mg、叶酸 0.5mg、烟酸 113mg、肌醇 350mg、生物素 0.4mg、维生素 E 190mg、胡萝卜素 4000mg（其中 β-胡萝卜素 1700mg），其中胡萝卜素含量为胡萝卜的 15 倍，为菠菜的 40～60 倍。

c. 矿物质　矿物质含量因所用水质和培养机构不同而异。一般 1kg 螺旋藻含铁量为 580～646mg，锰 23～25mg，镁 2915～3811mg，硒 0.4mg；钙、钾和磷都在 1000～3000mg 或更高。

d. 脂肪　螺旋藻中总脂肪含量约 7%，脂肪酸为 5.7%，大多为不饱和脂肪酸。其中亚油酸高达 13784mg/kg，γ-亚麻酸为 11980mg/kg。这在其他天然植物性食物中是很少见的。

e. 碳水化合物　螺旋藻中碳水化合物的含量为 16.5%，含有丰富的多糖。已有报道用螺旋藻提取的葡聚糖进行抗癌研究。

② 螺旋藻的应用

a. 用作保健食品　螺旋藻含丰富的优质蛋白质、多种维生素、矿物质及多种生物活性物质，且其细胞壁由多糖构成，容易被人体消化吸收（消化率为 86%），堪称最佳天然绿色保健食品。

b. 用于辅助治疗

（a）抗辐射损伤；

（b）可用作癌症放、化疗的辅助用药；

（c）能有效降低血脂，螺旋藻内所含的一种生物活性物质——螺旋藻多糖和 γ-亚麻酸，均具有调节人体血脂的功能，防止动脉粥样硬化，并作为冠心病的辅助治疗；

（d）能有效增强机体免疫力；

（e）其他作用：螺旋藻还能有效防治肿瘤的发生，同时对糖尿病、高血压、脂肪肝、缺铁性贫血、胰腺炎、应激性溃疡、抑制肾损害都有良好的疗效。

综上所述，螺旋藻被认为是迄今为止所发现的营养丰富、均衡的物种之一。在营养方面比大多数动物性、植物性食物都全面、有效。联合国粮农组织把螺旋藻推荐为"21 世纪最理想的食品"，世界卫生组织则称其为"21 世纪人类最佳的保健品"。

（2）小球藻

① 小球藻的营养组成

a. 蛋白质　小球藻的蛋白质含量为 50%～65%，与螺旋藻类似，也是高蛋白物质，超过牛肉、大豆等的蛋白含量。小球藻中含有 17 种氨基酸，组成合理，能迅速补充营养、恢复体能。

b. 维生素　小球藻含有多种天然高效的维生素，每 100g 小球藻含维生素 A 14000IU、β-胡萝卜素 26mg、维生素 B_1 1～3mg、维生素 B_2 3～6mg、维生素 B_6 1～1.3mg、维生素 C 20～50mg、维生素 D 19000IU、维生素 E 12～30mg，还含有叶酸 0.8～2mg、烟酸（尼克酸）10～30mg、胆碱 60～160mg、肌醇 6～20mg 等，是食物和保健品中重要的原料来源。

c. 矿物质 小球藻中矿物质总量占 5%～7%，其中每 100g 小球藻含钙 2.3mg、铁 86mg、锌 4mg、镁 243mg、钾 1200mg，其中铁质含量是葡萄干的 50 倍、猪肝的 16 倍，钙含量是牛乳的 2 倍。

小球藻中还含有碳水化合物 10%～20%、叶绿素 2%～4%、纤维素 2%～5%，以及小球藻生长因子（CGF）、亚油酸、γ-亚麻酸等。

② 小球藻的生理功效

a. 活化人体细胞，预防细胞过早老化，加速伤口愈合。

b. 诱发干扰素，激活人体免疫组织中巨噬细胞、淋巴细胞的吞噬功能，使白细胞、血小板水平趋向正常。

c. 识别并抑制变异细胞的生长，修复受损基因，抵抗病毒入侵。

d. 排除残留在体内的铅、砷、汞等重金属和大气污染及装修污染，以及电脑、手机、电视使用时产生的电磁波辐射等；增强治疗效果并减轻长期服药所产生的毒副作用；恢复肝、脾、肾的解毒功能。

e. 通过提高免疫力，帮助平复高血压、高血糖、高血脂。

f. 预防胃、肠道疾病，调节肠道内菌群；改善心、肺功能。

总之，小球藻是一种很好的天然营养健康食品，全世界微藻产业中产量最多，广泛应用于食品、医疗保健品、美容等各个领域。

三、鱼贝类的呈色物质和呈味物质

1. 鱼贝类的呈色物质

视频：类胡萝卜素

鱼贝类色彩鲜明，颜色各异，是因为其含有多种色素，这些色素主要存在于体表、肌肉、血液和内脏，包括肌红蛋白、血红蛋白、β-胡萝卜素、黑色素、胆汁色素等。也与干涉光有关，例如，肉的切面和鳞的光泽，从不同的角度看，其色泽不同，这正是由于光线反射的缘故。色泽的不同除了与种类有关外，也受环境、年龄、性别、营养等因素的影响。

（1）肌红蛋白、血红蛋白 鱼肉的颜色一般由肌细胞的肌红蛋白（Mb）所形成的，也与毛细血管中的血红蛋白（Hb）有一定关系。肌红蛋白和血红蛋白都是由血红素和部分珠蛋白构成的色素蛋白质。

（2）类胡萝卜素 鱼贝类的体表中一般都含有类胡萝卜素，由于胡萝卜素的多种衍生物的存在而构成多彩的体色。

鱼类最具代表性的色素是虾青素，呈鲜红色，是由于两个酮基的存在而产生的。它不仅是真鲷鱼类、红色鱼类及虾、蟹类体表的重要色素，而且还是鲑鳟鱼类的红色肌肉色素（一般鱼肉的红色都是由 Mb 所构成的）。除虾青素之外，金枪鱼黄质广泛分布于鳙、鲐、飞鱼等许多海水鱼体内。分布在鱼皮的色素还有叶黄素和玉米黄质，都是黄色类胡萝卜素，所不同的是两端紫罗兰酮环上双键的位置不同。

贝类肌肉中的类胡萝卜素因种类而异，极其多样，蝾螺中以 β-胡萝卜素和叶黄素为主，盘鲍中则为玉米黄质。此外，作为主要的类胡萝卜素，在双壳贝的魁蚶中检出扇贝黄酮和扇贝黄质。在贻贝中检出扇贝黄质和贻贝黄质，在蛤仔和中国蛤蜊中，检出岩藻黄醇。

甲壳类的壳有各种颜色，而虾青素是其主要颜色，虾青素的一部分同蛋白质结合，呈现黄、红、橙、褐、绿、青、紫等各种颜色，对虾、龙虾、梭子蟹等壳的绿、蓝、紫等颜色就是很好的例子。

(3) 胆汁色素　脊椎动物的胆汁中含有黄褐色的胆红素和绿色的胆绿素等主要色素。

(4) 血蓝蛋白　虾、蟹等甲壳类、乌贼、章鱼、腹足类等软体动物含有蓝色色素蛋白——血蓝蛋白，是具有运送氧功能的呼吸色素蛋白质，由 2 个铜原子和 1 个氧分子可逆结合，没有结合氧的血蓝蛋白无色，结合氧后呈蓝色。捕捞后，缺氧状态的乌贼、蟹的体液为无色，死后逐渐吸收空气中的氧而带有蓝色。

(5) 黑色素　黑色素是自然界广泛分布的褐色乃至黑色的色素，溶于浓硫酸或浓碱，不溶于一般溶剂，是非常稳定的高分子物质。

鱼皮中的黑色素起吸收过量光线的作用。栖息在较深水域的真鲷，如放在浅水域内养殖，皮内就会合成大量的黑色素，其作用是防止强烈的阳光照射。养殖真鲷比天然真鲷黑的原因就在于此。过剩的黑色素沉积在肌肉毛细血管壁上，使养殖的真鲷肌肉也变黑。

(6) 眼色素　头足类的皮肤含有一种称为眼色素的色素。眼色素不是肌肉色素，呈黄、橙、红、褐及紫褐色，是一种类似于黑色素的色素。

2. 鱼贝类的呈味物质

鱼贝类的呈味物质主要有游离氨基酸、低分子肽及其核苷酸关联化合物、有机盐基化合物、有机酸等。其中鱼类呈鲜味的物质正是谷氨酸（Glu）和肌苷酸（IMP），无脊椎动物的鲜味主要来源于谷氨酸和腺苷酸（AMP）。鲣鱼有鲣鱼的呈味特征，而文蛤有文蛤的特征，是因为其各自的呈味成分组成不同，对鲜味所起的作用不同而形成的。如贝类有高含量的琥珀酸，同贝类的鲜味有十分重要的关系。此外，甲壳类肌肉多呈甘味，这也是同其富含甘氨酸、丙氨酸、甜菜碱等甘味成分相关的。

除了上述呈鲜味、呈甘味物质之外，无机离子如 Na^+、Cl^- 等对味的呈现也是必需的。此外，蛋白质、脂质、糖原等高分子成分虽然大都无味，但对食物的质构，如舌感、咀嚼感、黏弹性以及味的综合感觉起着非常重要的作用，特别是鱼肉的鲜味同脂肪含量关系密切。如金枪鱼含脂高的腹侧肉比含脂低的背肌肉更为美味，两者呈味成分的分布并无本质上的不同，只是在脂质含量上有差异。此外，蚝油因含有较多的糖原，而使得鲜味更加浓醇并具有味的持久性。

(1) 鱼类　鱼类呈味的主体是游离氨基酸（Glu、Asp 等）、低肽、核苷酸（AMP、IMP 等）、有机酸（乳酸）等，由于其组成的不同而使鱼肉的味具有多样性。一般而言，红肉鱼类味浓厚，白肉鱼类味淡。鲣节浸出物中含有大量的组氨酸、乳酸及磷酸钾，是加强鲣汁缓冲作用、强化呈味作用的主要因素。鼠鲨肌肉的合成抽出物，由于鹅肌肽的作用使味变得浓厚，而鳁鲸中的鲸肌肽可使鲜味增强，特别是味变得浓厚。组氨酸、鹅肌肽均带有咪唑环，一般称为咪唑化合物，推测它们与味的浓厚感有关。

在鱼露的呈味成分中，除 Glu、Asp 等氨基酸是鱼露鲜味的主要成分之外，酸性肽如 Glu-Asp、Thr-Glu、Glu-Ser、Glu-Glu、Glu-Asp-Glu、Asp-Glu-Ser、Glu-Gly-Ser、Ser-Glu-Glu 等亦具有类似谷氨酸钠的鲜味，而且同鱼露味的浓厚感有关。

此外，鱼类的美味季节往往与鱼的脂质积蓄时期一致，可以想象脂质对鱼肉的味有很大影响，但这一方面的研究报告甚为少见。

（2）甲壳类 虾蟹肉中特有的甘味性食感是因为其肌肉中含有较多的丙氨酸、脯氨酸、甘氨酸、甜菜碱等甘味成分的缘故，其主体在于甘氨酸的作用。此外，虾肉中水溶性蛋白质含量高，使味得到增强，并带有一定的黏稠性。经加热之后，虾味道变差，被认为是水溶性蛋白质变性凝固的缘故。

（3）贝类 琥珀酸及其钠盐均有鲜味。琥珀酸在贝类中含量最高，如干贝含 0.37%，砚、蛤蜊含 0.14%，螺含 0.07%，牡蛎含 0.05% 等。虽然对琥珀酸在贝类中的呈味性尚有争议，但近年的研究结果表明，谷氨酸、甘氨酸、精氨酸、牛磺酸、AMP、琥珀酸、Na^+、K^+、Cl^- 为其呈味的有效成分。

扇贝闭壳肌中甘氨酸、谷氨酸、丙氨酸、精氨酸、AMP、Na^+、K^+、Cl^- 为呈味有效成分。盘鲍肌肉中谷氨酸、甘氨酸、甜菜碱、AMP 是美味的主要成分，其中谷氨酸和 AMP 与鲍类特有鲜味有关，甘氨酸和甜菜碱与甘味和鲜味有关。糖原则具有调和浸出物味道，增强浓厚感，并使之产生鱼贝类特有风味的作用。

（4）其他水产品 海胆的主要呈味成分是由甘氨酸、丙氨酸、缬氨酸、谷氨酸、蛋氨酸、腺苷酸及鸟苷酸等所构成的。甘氨酸、丙氨酸呈现的海胆甘味、缬氨酸呈现特有的苦味，谷氨酸、腺苷酸、鸟苷酸呈现的则是鲜味。蛋氨酸与海胆特异的呈味有关，不可缺少。糖原与海胆的呈味虽然没有直接关系，但对其整体呈味具有调和作用。

3. 鱼贝类的气味

一般而言，刚捕获的鱼贝类大多不带气味，但随着鲜度下降，产生特有的腥臭味，这种死后产生的鱼臭味，同鱼贝类的鲜度下降及品质变化密切相关。从另一角度而言，鱼腥味可作为判定鱼类鲜度的一个指标。但是也有如香鱼和胡瓜鱼这类一捕获就具有独特香气的鱼种，还有一些受环境污染物质影响的异臭鱼等。

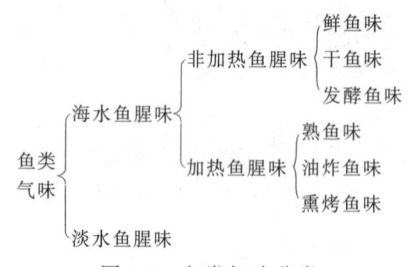

图 1-4 鱼类气味分类

鱼腥味大致可分为海水鱼腥味和淡水鱼腥味，海水鱼腥味又分为非加热鱼腥味和加热鱼腥味等，见图 1-4。迄今为止，已知的鱼腥成分有胺类、挥发性含硫化合物、挥发性低级脂肪酸、挥发性羰基化合物等，这些挥发性成分的不同组合，构成了鱼类的各种气味。

（1）新鲜鱼的气味 一般人都认为所有的鱼类产品都具有鱼腥气味，但非常新鲜的活鱼和生鱼片具有优美的芳香味，而一部分特殊的鱼类，如香鱼、胡瓜鱼更是具有类似青瓜或香瓜的芳香气味。Josephson、平野等人的研究表明这类新鲜气味和芳香气味成分是 C_6、C_8、C_9 的羰基化合物和醇类，这类物质被认为是通过鱼体内酶促氧化反应途径产生的。

当鱼的新鲜度稍差时，其嗅感增强，呈现一种极为特殊的气味。这是由鱼体表面的腥气和由鱼肌肉、脂肪所产生的气味（其成分有三甲胺、挥发性酸等）共同组成的一种臭气味，以腥气为主。鱼腥气的特征成分是由存在于鱼皮黏液内的 δ-氨基戊酸、δ-氨基戊醛和六氢吡啶类化合物共同形成的。在鱼的血液内也含有氨基戊醛。在淡水鱼中，六氢吡啶类化合物所占的比重比海鱼大。这些腥气特征化合物的前体物质主要是碱性氨基酸。

此外，鱼体内含有的氧化三甲胺也会在微生物和酶的作用下降解生成三甲胺和二甲胺。纯净的三甲胺仅有氨味，在很新鲜的鱼中并不存在。当它与上述不新鲜鱼的 δ-氨基戊酸、六氢吡啶类化合物等成分共同存在时则增强了鱼腥的嗅感。由于海鱼中含有大量的氧化三甲胺，故一般海鱼的腥臭气比淡水鱼更为强烈。在被称为氧化鱼油般的鱼腥气味中，其成分还有部分来自不饱和脂肪酸自动氧化而生成的羰基化合物，如 2,4-癸二烯醛、2,4,7-癸三烯醛等。

当鱼的新鲜度继续降低时，最后会产生令人厌恶的腐败臭气。这是由于鱼表皮黏液和体内含有的各种蛋白质、脂质等在微生物的繁殖作用下，生成了硫化氢、氨、甲硫醇、腐胺、尸胺、吲哚、四氢吡咯、六氢吡啶等化合物而导致的。

（2）贮藏过程中的臭气　在鱼的贮藏过程中，由于脂肪酸的自动氧化，往往还会生成一些臭气成分。此外，沙丁鱼和鲐鱼等多脂性红肉鱼在冷冻贮藏中也发现伴随着油烧的发生，乙醛、丙醛、n-丁醛、n-戊醛等 $C_2 \sim C_5$ 的醛类显著增加。

（3）加热香气　和鲜鱼相比，熟鱼的嗅感成分中，挥发性酸、含氮化合物和羰基化合物的含量都有所增加，产生了熟肉的诱人香气。熟鱼香气物质形成的途径与畜禽肉类受热后的变化类似，主要通过美拉德反应、氨基酸热降解、脂肪的热氧化降解以及维生素 B_1（硫胺素）的热降解等反应途径而生成。由于香气成分及含量上的差别，组成了各种鱼产品的香气特征。

南极磷虾加热时产生的气味成分主要有戊醛、己醛、顺 4-庚烯醛、辛甲醛、苯乙醛、2-戊酮、2-庚酮、2-壬酮、2-癸酮、3,5-二烯-2-酮等。

煮青虾的特征香气成分有乙酸、异丁酸、三甲胺、氨、乙（丙）醛、正（异）丁醛、异戊醛和硫化氢等。

烤紫菜的香气成分有 40 种以上，其中最重要的有羰基化合物、硫化物和含氮化合物。

四、水产原料中的生物活性物质

所谓生物活性物质，是指来自生物体内的对生命现象具有影响的微量或少量物质。水产品的生物活性物质种类繁多，有多肽、氨基酸、脂类、糖类、甾醇类、生物碱、挥发油等。这些化合物的特殊结构，使其具有奇妙的生理功能。

1. 活性肽

由数个氨基酸结合而成的低肽，比氨基酸更容易消化吸收，其营养效果更为优越。目前已从天然蛋白质中获得多种功能性肽，如促钙吸收肽、降血压肽、降血脂肽、免疫调节肽等。功能肽的制备涉及酶的选择性、活力、酶解终点、酶解液中肽类的确认、混合物的近代分离技术，最终是其功能性评价。

视频：生物活性肽

（1）降血压肽　正常人体血压受很多因素调节，其中肾素-血管紧张素调节系统（RAS）和激肽释放酶-肌肽系统（KKS）是重要的调节系统，前者使血压升高，后者使血压降低，血管紧张素转化酶（ACE）是以上两个调节系统中起关键作用的酶，降血压肽正是通过抑制 ACE 的活性，起到降血压作用的。

鱼贝类中已被证实具有降血脂功能的活性肽有：来自沙丁鱼的 C_8 肽和 C_{11} 肽；从南极磷虾脱脂蛋白中分离得到的 C_3 肽；从金枪鱼中得到的 C_8 肽等。

（2）天然存在的活性肽　天然存在于鱼贝类组织中的肽类只有三肽的谷胱甘肽和二肽的肌肽、鹅肌肽、鲸肌肽等。谷胱甘肽是一种非常特殊的氨基酸衍生物，又是含有巯基的三肽，在生物体内有着重要的生理功能。

① 作为解毒剂，可用于丙烯腈、氟化物、CO、重金属及有机溶剂的解毒。

② 作为自由基清除剂，可保护细胞膜，使之免遭氧化性破坏，防止红细胞溶血及促进高铁血红蛋白的还原。

③ 对放射性药物、放射线或肿瘤药物所引起的白细胞减少等症状能起到保护作用。

④ 能够纠正乙酰胆碱、胆碱酯酶的失衡，起到抗过敏作用。

⑤ 对缺氧血症、恶心以及肝脏疾病所引起的不适具有缓解作用。

⑥ 可防止皮肤老化及色素沉着，减少黑色素的形成，改善皮肤抗氧化能力并使皮肤产生光泽。

⑦ 治疗眼角膜病。

⑧ 改善性功能。

近年来，从黑斑海兔等数种海产腹足类分离出具有诱发产卵活性的 $C_7 \sim C_9$ 肽及 $C_{27} \sim C_{34}$ 肽；并从海兔、海绵等中分离出具有强力抗肿瘤活性的肽（截尾海兔肽、膜海鞘素等）；从海绵中提取的 70 多种肽类均具有显著的抗菌、抗癌活性，其中大部分为环肽与脂肪，分子富含特殊的氨基酸，从藻类中也发现了一些具有抗菌、抗癌活性的环肽、C_{18} 肽等。

2. 牛磺酸

牛磺酸是一种特殊的氨基酸，是人体必不可少的一种营养元素，又称氨基乙磺酸，最早由牛黄中分离出来，其分子式为 $C_2H_7NO_3S$，相对分子质量为 125，熔点为 305～310℃；纯品为无色或白色结晶，无臭；化学性质稳定，易溶于水，不溶于乙醇、乙醚等有机溶剂，是一种含硫的非蛋白氨基酸，在体内以游离状态存在，不参与体内蛋白质的生物合成。

视频：牛磺酸

（1）牛磺酸的生理功能　人体内合成牛磺酸的半胱氨酸亚硫酸羧酶（CSAD）活性较低，主要依靠摄取食物中的牛磺酸来满足机体需要。牛磺酸对维持人体正常的生理功能具有以下主要作用。

① 促进婴幼儿脑组织和智力发育；

② 提高神经传导和视觉功能；

③ 预防心血管病；

④ 改善内分泌状态，增强人体免疫力；

⑤ 其他：牛磺酸还是人体肠道内双歧杆菌的促生长因子，优化肠道内菌群结构，还具有抗氧化作用。

（2）牛磺酸在海洋生物中的分布及应用　牛磺酸几乎存在于所有的生物之中，海洋生物中牛磺酸含量较丰富的是贝类、海鱼、甲壳类、紫菜等，如贝类的牡蛎、海螺、蛤蜊等。鱼类中的青花鱼、竹荚鱼、沙丁鱼等牛磺酸含量也很丰富。在鱼背发黑部位牛磺酸含量较高，是其他白色部分的 5～10 倍。紫菜中含有天然牛磺酸则是最近几年发现的，紫菜中的牛磺酸含量为干紫菜总量的 1% 左右，这个量甚至高于某些海洋动物体内的牛磺酸含量。

虽然鱿鱼、章鱼、虾蟹类胆固醇含量较高，但是牛磺酸具有降低低密度脂蛋白（LDL）、增加高密度脂蛋白（HDL）和中性脂肪的作用，从而防止动脉硬化，起到降低血压的作用。临床上应用于病毒性肝炎和功能性子宫出血；日本用牡蛎肉提取物粉末治疗精神分裂症患者。在老年保健方面，海洋生物中富含的牛磺酸又作为一种抗智力衰退、抗疲劳的有效成分而被使用。

目前牛磺酸作为一种营养强化剂已被广泛用于婴幼儿食品以及功能性饮料中，且全球市场需求逐年增加。尽管牛磺酸广泛存在于海洋生物中，但通过提取法生产远远无法满足市场需求，加上牛磺酸化学结构较为简单，所以化学合成已经成为全球牛磺酸的主要来源。除了日本等国有少量生产之外，牛磺酸的主要生产在我国，有全球最大的牛磺酸生产基地，具有5.8万 t/年的生产能力。

3. 鲎试剂及其鲎素

鲎属于节肢动物，栖息于海洋，种类很少。现存的只有3个属5个种，其中美洲鲎属只有美洲鲎一种；东方鲎属有3种：东方鲎（中国鲎）、南方鲎、黄鲎；蝎鲎属仅有一种圆尾鲎。其血液能提取鲎试剂，还可分离得到抗革兰阴性及阳性菌、真菌、口腔疱疹病毒、1型人类免疫缺陷病毒（HIV-1）的鲎素类抗菌肽。鲎是有待于进一步开发的珍贵海洋药用动物资源。

(1) 鲎试剂 鲎试剂就是鲎变形细胞溶解物，是用无菌法采集鲎血，离心分离血细胞和血浆，去掉血浆，低渗破裂血细胞，最终添加辅助剂而得。

① 原理 把待检物加入一定量鲎试剂，这种鲎变形细胞溶解物遇内毒素能迅速形成凝胶，根据鲎试剂产生凝胶与否来检测待检物中内毒素存在与否。

② 特点 灵敏、快速、简便、经济、重复性好。

③ 生产规模 美国食品药品管理局（FDA）于1973年11月将鲎试剂列为许可生物制品。目前，我国厦门、湛江等地已建有专门生产鲎试剂的工厂。

④ 分布 鲎血细胞含两种颗粒，即体积大而电镜下密度较小的大颗粒和体积小而电镜下密度大的小颗粒，鲎试剂成分主要存在于大颗粒上。鲎试剂主要成分包括凝固酶原、凝固酶、凝固蛋白质、抗脂多糖因子、激活因子C、激活因子B、激活因子G等多种蛋白质、多肽。

⑤ 内毒素与鲎试剂的基本凝固反应机制 内毒素与激活因子C作用，启动整个凝集反应。

(2) 鲎素 鲎素是一种从亚洲鲎血细胞碎屑中用酸提取法得到的阳离子抗菌肽。

① 分布 鲎素存在于鲎血淋巴颗粒细胞中。

② 功能 鲎素有抗凝血作用，对真菌有抗性，对流感病毒、口腔疱疹病毒有抗性，对艾滋病毒（HIV）有抑制作用。

③ 特点 在低pH高温下是相当稳定的。

4. 多不饱和脂肪酸

具有2个及以上双键的脂肪酸称为多不饱和脂肪酸。多不饱和脂肪酸主要有 n-6 和 n-3 两大类，其中从碳链甲基端第3个碳原子上开始出现第一个双键的多不饱和脂肪酸为 n-3 多不饱和脂肪酸，主要包括EPA（二十碳五烯酸）、DHA（二十二碳六烯酸）、DPA（二十二碳五烯酸）等，它们具有防治心血管疾病、抗炎、抑癌、增强记忆力等功能。

(1) EPA、DHA的生理活性

① 防治心血管疾病 EPA具有升高高密度脂蛋白（HDL）和降低低密度脂蛋白（LDL）的作用，具有抗血栓及扩张血管的活性。

② 抗炎 补充鱼油食品可减轻胶原所致关节炎症状，减少前列腺素类的合成和巨噬细胞脂质氧化酶产物，调节细胞多种活性因子；鱼油有显著的抗皮炎作用，使银屑病的发病率

降低。

③ 抑癌作用　EPA 和 DHA 促进细胞代谢和修复，阻止肿瘤细胞的异常增生，从而起到抑癌作用。

④ 神经系统　DHA 是构成脑磷脂的必要脂肪酸，它与脑细胞的功能密切相关。DHA 能增强记忆力，在防止阿尔茨海默病方面得到应用。

（2）EPA、DHA 在鱼贝类中的分布　EPA、DHA 在低温下呈液体状，一般冷水性鱼贝类中其含量较高。

（3）EPA、DHA 在食品中的应用　因 EPA、DHA 双键多，在光、热、氧化剂作用下，极易氧化，因此将其添加到食品中时，首先必须防止其氧化，一般常用的方法是加入天然抗氧化剂维生素 E 和儿茶素或充氮气等。直接添加到食品的有鱼糜制品、鱼罐头、婴儿奶粉等。作为保健品一般以胶囊或微胶囊的形式上市。

5. 甲壳质及其衍生物

甲壳质，又称几丁质、甲壳素等，是甲壳类、昆虫类等的甲壳及真菌类的细胞壁的主要成分，是一种天然多糖；甲壳胺，也叫水溶性甲壳素、壳聚糖，是甲壳质的脱乙酰衍生物。

视频：甲壳素、
壳聚糖、
壳寡糖及氨糖

（1）结构及化学性质　甲壳质是以 N-乙酰-D-葡萄糖胺为单体，以糖苷键结合的多聚糖，分子式为 $(C_8H_{13}O_5N)_n$。其学名为 β-(1,4)-2-乙酰氨基-D-葡聚糖，是直链状的高分子化合物。

甲壳胺是甲壳质的脱乙酰产物，脱乙酰度在 80％以上。即将甲壳质放入浓度 40％～60％的 NaOH 或 KOH 溶液中，加热到 100～180℃，脱去乙酰基得到甲壳胺。

甲壳质的化学性质如下。

① 稳定性　不溶于水、稀酸、稀碱及醇、醚等有机溶剂，且对氧化剂也比较稳定。

② 主链的水解　HCl 溶液 100℃→葡萄糖胺盐酸盐。

③ 脱乙酰基反应　甲壳质＋40％～60％NaOH 溶液（100～180℃）→甲壳胺。

④ 酰化反应　与羧基化合物反应，其 C_3 和 C_6 上的羟基（以酯键结合）酰化，可制备许多有用的衍生物。

⑤ 羧甲基化反应　在碱性溶液中与一氯乙酸进行羧甲基化反应，得可溶性衍生物，反应点在 C_6 上。

⑥ 羟乙基化反应　在碱性溶液中和环氧乙烷反应得羟乙基甲壳质，可溶于水。

⑦ 硫酸酯化反应　甲壳质的羟基被取代生成硫酸酯，具有凝血作用。

此外，还有醛化、硝化、丙烯腈化、烷基化、脱氨等反应，其利用前景广阔。

（2）甲壳质的分布及其生理功能

① 分布　水产动物的虾、蟹壳中甲壳质含量较高。一般虾、蟹壳中含 25％～35％蛋白质、40％～45％ $CaCO_3$ 和 15％～20％甲壳质。

② 生理功能

a. 降低胆固醇　使 HDL 增加，LDL 减少。

b. 调节肠内代谢　肠内细菌所产生的腐败物质中如粪便中的 NH_3、苯酚、吲哚等是肝癌、膀胱癌及皮肤癌等癌症的催化剂，摄入甲壳胺后，这些腐败物质明显减少。

c. 调节血压。

d. 抗菌性　甲壳胺具有较强的抗真菌性，当甲壳胺浓度达到 $100\mu g/mL$ 时，即可表现出抗真菌性，且抗真菌性与甲壳胺颗粒的大小成反比。聚合度降低，则甲壳胺所能抑制的真菌种类减少，但抑制的程度增强。

e. 其他　甲壳素或甲壳胺的完全水解物 D-葡萄糖胺盐酸盐，可作为抗菌消炎药物以及治疗骨关节病的药物等。

6. 抗肿瘤活性物质

(1) 藻类　从分离的鞭毛藻的培养基中，分离得到的大环内酯物对 L1210 白血病细胞显示出最强的细胞毒性；褐藻的海带、马尾藻、铜藻、半叶马尾藻提取的硫酸多糖或从绿藻的刺核藻中提取的葡萄糖醛硫酸对固形肿瘤及欧立希癌的腹水等移植癌有抑制效果。

(2) 海绵动物　海绵是最低等的多细胞动物，结构简单，没有器官的分化，只有个别细胞存在功能上的差异。在海绵动物中发现了许多具有抗肿瘤作用的活性物质。

此外，腔肠动物、软体及外肛动物、环节形动物及原索动物中也分离出抗肿瘤活性物质。

其他生理活性物质，还有抗炎症活性物质、抗心血管病活性物质、提高机体免疫力活性物质等，很多领域都在进行积极的探索和开发。

五、水产原料中的有毒物质

水产品中绝大多数种类均可食用，很多肉质肥嫩，鲜美可口，营养丰富。但少数种类存在的自然毒素对人也有一定危害。海藻生物毒素是水产品化学危害的主要成分，有些赤潮生物产生毒素，这些毒素可以通过贝类、鱼类或藻类等中间传递链，引起人类中毒。

1. 河鲀毒素（TTX）

(1) 河鲀毒素的分布　河鲀毒素除存在于河豚外，还广泛存在于其他动物物种中，如蝾螈等。河豚中毒素含量比较丰富的器官与组织主要是卵巢、肝脏、血液。

(2) 河鲀毒素的性质　TTX 为无色、无味、无臭的针状结晶。TTX 只溶于酸性水或醇溶液。TTX 是一种生物碱，在弱酸中相对稳定，在强酸性溶液中则易分解，在碱性溶液中则全部分解。TTX 对紫外线和阳光有强抵抗能力，经紫外线照射 48h 后，其毒性无变化，自然界阳光照射 1 年，也无毒性变化。在胰蛋白酶、胃蛋白酶、淀粉酶等的作用下不被分解。TTX 对盐类稳定，用 30% 的盐腌制 1 个月，卵巢中仍含有毒素。在中性和酸性条件下对热稳定，能耐高温。

(3) TTX 的提取分离与分析测定　利用 TTX 的弱碱性质，将河豚干燥内脏用稀酸提取，并加热除蛋白后得到 TTX 粗品，再进一步纯化制备精品。提取工艺较多，常用的有活性炭柱色谱法、离子交换树脂-活性炭柱吸附色谱法、苦味酸盐纯制法等。

2. 贝类毒素

贝类通过滤食作用，将能产生毒素的单细胞藻及微生物等浓缩积累，因此，贝类是水产品原料中中毒率较高的海洋生物，主要有麻痹性贝毒、腹泻性贝毒、神经性贝毒等。常见的中毒食品有蛤类、螺类、鲍类等。

(1) 麻痹性贝毒　麻痹性贝毒是一类烃基氢化嘌呤化合物。这种毒素溶于水；不被人的消化酶所破坏；对酸稳定，在碱性条件下容易分解失活；对热稳定，一般加热不会使其毒性失活。其毒性与河鲀毒素相当，是世界范围内分布广、危害大的一类毒素。一般进食 1h 发作，症状包括刺痛、麻木、失语、皮疹、发热等，轻微的可康复，严重的发生呼吸困难，24h 内能导致死亡。

（2）腹泻性贝毒 腹泻性贝毒的化学结构是聚醚或大环内酯化合物，是一种脂溶性物质。腹泻是此类毒素中毒的主要症状，有的也会产生其他症状。其中毒症状与麻痹性贝毒不同，进食 30min 内到消化后几小时，会产生反胃、呕吐、腹部疼痛、腹泻等症状。中毒症状可能会持续 3d，但一般不会留下后遗症或致命。

其他毒素还有遗忘性贝毒、神经性贝毒、螺类毒素、西加毒素、鲍鱼毒素、海兔毒素、海葵毒素等，在食用和加工时也要多加注意。

✖ 单元生产 ━━━ **鱼、贝类死后的变化和鲜度的判断** ━━━

一、鱼、贝类死后的变化

水产动物的一般特点是结缔组织少，水分含量高，肉质柔软，所以相对于其他陆生动物更容易死亡和腐败。了解鱼、贝类死亡后发生了什么变化、影响变化的因素有哪些以及如何保持、如何判断原料的鲜度，对于水产品加工质量有着重要的意义。

一般将水产动物死后变化分成三个阶段，即死后僵硬阶段、自溶阶段、腐败阶段。

1. 死后僵硬阶段

（1）鱼贝类死后僵硬的机理 活着或刚死的鱼，色泽明亮，肌肉富有弹性，鱼体可自然弯曲。放置一段时间后，肌肉硬化、有不透明感，这种现象称为死后僵硬。

① 主要生化变化 鱼、贝类死亡后很快僵硬，其发生的主要生物化学变化是肌肉中的磷酸肌酸（CrP）以及糖原含量减少，ATP 含量下降所致。

磷酸肌酸是一种高能磷酸化合物，在肌肉中含量较高，在磷酸肌酸激酶的催化下，将由 ATP 产生的 ADP 再变成 ATP。同时，通过腺苷酸激酶的催化作用，由 2mol 的 ADP 产生 1mol 的 ATP 和 1mol 的 AMP。其反应有：

$$ATP + H_2O \longrightarrow ADP + Pi（磷酸）$$
$$ADP + CrP \longrightarrow ATP + Cr（肌酸）$$
$$2ADP \longrightarrow ATP + AMP$$

糖原是作为能量存储在肌肉中的，鱼、贝类死亡后，在无氧的条件也能酵解，分解产物是乳酸，这一过程有效产生能量的同时每摩尔葡萄糖产生 2mol 的 ATP。

由上述可见，即使动物死亡，在短时间内仍能维持 ATP 含量不变，但磷酸肌酸和糖原不久便消失，ATP 的含量开始下降，下降到一定程度，肌肉开始变硬。

糖原和 ATP 分解产生乳酸、磷酸，使得肌肉组织 pH 值下降，酸性增强。一般活鱼肌肉的 pH 在 7.2～7.4，洄游性的红肉鱼因糖原含量较高（0.4%～1.0%），死后最低 pH 可达到 5.6～6.0，而底栖性白肉鱼糖原含量较低（0.4% 以下），最低 pH 为 6.0～6.4。pH 下降的同时，还产生大量热量（如 ATP 脱去 1mol 磷酸就产生超过 7000Cal 热量），从而使鱼、贝类体温上升，促进组织水解酶的作用和微生物的繁殖。因此，当鱼类捕获后，如不马上进行冷却，抑制其生化反应热，就不能有效及时地使以上反应延缓下来。

② 肌肉组织的变化　肌肉的表现特征是收缩变硬，失去弹性和伸展性。主要是因为活体肌肉细胞中的 Ca^{2+} 浓度为 $10^{-6} mol/L$ 时就发生了收缩，死后 Ca^{2+} 从肌小胞体和线粒体中泄出，浓度上升，可达到 $10^{-4} mol/L$。ATP 分解时，肌动蛋白纤维向肌球蛋白滑动，并凝聚成僵硬的肌动球蛋白。由于肌动蛋白和肌球蛋白的纤维重叠交叉，导致肌肉中的肌节增厚短缩，于是肌肉失去伸展性而变得僵硬。此现象类似活体的肌肉收缩，不同的是死后的肌肉收缩缓慢，而且是不可逆的。

(2) 影响死后僵硬的因素　肌肉出现僵硬的时间与肌肉中发生的各种生物化学反应速度有关，也受到动物种类、贮藏温度、营养状态、疲劳程度、渔获方法等各种条件的影响，一般死后几分钟至几十小时开始僵硬，其持续时间为 5～22h，总的说来是较短的。主要影响因素有以下几种。

① 鱼的种类及生理营养状况　上层洄游性鱼类，因其所含酶类的活性较强，死后僵硬开始得早，僵硬期较短；底层鱼类则一般死后僵硬开始得迟，僵硬期也较长。一般肥壮的鱼比瘦弱的鱼僵硬强度大，僵硬期也长。

② 捕捞及致死的条件　经长时间挣扎窒息而死的鱼，较捕捞后立即杀死的鱼，肌肉中糖原或 ATP 的含量较低，乳酸或氨的含量较高，因此，死后僵硬开始时间较早，僵硬强度较小，僵硬期亦较短。

③ 鱼体保存的温度　鱼体死后保存温度越低，僵硬开始得越迟，僵硬持期时间越长。一般在夏季高温中，僵硬期不超过数小时，在冬天或尽快冰藏条件下，则可维持数天。在僵硬期原料的鲜度基本保持不变。

2. 自溶阶段

自然条件下鱼体保持一段僵硬期后，开始逐渐软化，这种现象称为自溶作用。这同活体时的肌肉放松不一样，因为活体时肌肉放松是由于肌动球蛋白重新解离为肌动蛋白和肌球蛋白，而死后形成的肌动球蛋白是按原体保存下来，只是与肌节脱开，于是使肌肉松弛变软，促进自溶作用。

(1) 自溶作用的机理　自溶作用是指鱼体自行分解（溶解）的过程，主要是水解酶积极活动的结果。水解酶包括蛋白酶、脂肪酶、淀粉酶等。

经过僵硬阶段的鱼体，由于组织中水解酶（特别是蛋白酶）的作用，使蛋白质逐渐分解为氨基酸以及较多的低分子碱性物质，所以鱼体在开始时由于乳酸和磷酸的积累而成酸性，但随后又转向中性，鱼体进入自溶阶段，肌肉组织逐渐变软，失去固有弹性。

自溶作用的本身不是腐败分解，因为自溶作用并非无限制地进行，在使部分蛋白质分解成氨基酸和可溶性含氮物后即达平衡状态，不易分解到最终产物。但由于鱼肉组织中蛋白质越来越多地变成氨基酸类物质，则为腐败微生物的繁殖提供了有利条件，从而加速腐败进程。因此自溶阶段的鱼类鲜度已在下降。

(2) 影响自溶作用的因素　研究表明，鱼肉自溶作用过程中，达到平衡状态所需的时间，以及达到平衡状态时其蛋白质、氨基酸及可溶性氮等成分的含量比率不仅随动物的种类而异，且随温度的高低、氢离子的浓度及盐类的存在与否而异。

传统的鱼露生产就是利用高浓度食盐来抑制微生物生长，使其自溶缓慢进行，而加温则可加快自溶反应速度。

① 种类的影响　一般认为冷血动物自溶作用速度大于温血动物，其原因乃前者的酶活

性大于后者之故。在鱼肉中，远洋洄游性的中上层鱼类的自溶作用速度一般比底层鱼类快，这是由于前者体内为适应其旺盛的新陈代谢需要而含有多量活性强的酶类。如鲐、鲹、鲣等鱼类一般自溶速度比黑鲷、鳕、鲽等鱼类为快。甲壳类的自溶作用速度比鱼类快。

② pH 值的影响   自溶作用受 pH 值的影响较大，经试验发现鱼的自溶作用在 pH 值 4.5 时强度最大，分解蛋白质所产生的可溶性氮、多肽氮和氨基酸含量最高，而高于或低于此 pH 值时，自溶作用均受到一定的限制。而虾类的研究则表明其自溶的最适 pH 值在 7 附近。

③ 盐类的影响   当添加多量食盐时，可以阻碍其自溶作用的进行速度，但即使鱼肉是浸泡在饱和盐水中，其自溶作用仍能缓慢进行。各种盐类对鱼肉自溶作用的影响情况是不同的，当 NaCl、KCl、MnCl$_2$、MgCl$_2$ 等盐类微量存在时，可以促进自溶作用的进行，但当其大量存在时，则起阻碍作用，而 CaCl$_2$、BaCl$_2$、CaSO$_4$、ZnSO$_4$ 等盐类只要微量存在也能阻碍自溶作用。虾类自溶反应时，NaCl 起较大的激活酶的作用。

④ 温度变化的影响   鱼肉自溶作用在一定的适温范围内，温度每升高 10℃，其分解速度也增加一定的倍率。

⑤ 紫外线照射的影响   紫外线照射时间同自溶反应密切相关，适当的照射时间，则对自溶反应起促进作用，反之则效果不佳或起抑制作用。

3. 腐败阶段

由于自溶作用，体内组织蛋白酶把蛋白质分解为氨基酸和低分子的含氮化合物，为细菌的生长繁殖创造了有利条件。由于细菌的大量繁殖加速了鱼体腐败的进程，因此自溶阶段鱼类的鲜度已经开始下降。鱼类在微生物的作用下，鱼体中的蛋白质、氨基酸及其他含氮物质被分解为氨、三甲胺、吲哚、组胺、硫化氢等低级产物，使鱼体产生具有腐败特征的臭味，这种过程称为腐败。

(1) 食品成分的分解   随着微生物的增殖，通过微生物所产生的各种酶的作用，食品成分逐渐被分解，分解过程极为复杂，主要有以下几大类：蛋白质的分解、氨基酸的分解、尿素的分解、脂肪的分解。含脂量高的食品，放置时间一长，脂肪便自动氧化和分解，产生令人不愉快的臭气和味道，这种脂肪的劣化（酸败）除了受到空气、阳光、加热、混入金属等的影响自动地进行之外，还受到食品以及微生物酶作用的促进，但关于微生物对此的影响程度还不清楚。霉菌中含有分解油脂的脂肪酶和氧化不饱和脂肪酸的脂氧化酶。

(2) 影响鱼类腐败速度的因素   影响鱼类腐败速度的因素较多，既有鱼类本身方面的因素，又有外界环境方面的因素。

① 鱼的种类   在外界条件相同的情况下，不同的鱼类其腐败速度也是不同的。例如，鲐、鲣等鱼类其腐败开始的时间以及开始腐败以后的分解速度都比鲷、鲆等鱼类快一些，这是由于不同种类的鱼，其化学组成，尤其是含氮浸出物的种类和数量的不同以及酶活性之间的差别所致。

② 温度的影响   温度对于腐败速度的影响很大，在一定的温度范围内，温度增高，腐败速度加快，而温度降低则腐败速度变慢，这是由于细菌的增殖和各种酶类的活性在低温下受到抑制之故。尽管海水鱼和淡水鱼自溶作用的最适温度有很大的差别，但其腐败的最适温度几乎都在 25℃ 左右，此现象可归因于附着在这些鱼体上的大部分细菌的适温范围都在 25℃ 左右，许多海水细菌在此温度条件下其对数期持续时间较短。

③ pH 值的影响　附着于鱼体表面的细菌生长发育的最适 pH 范围，大致在 6.5～7.5，一般认为 pH 值低于 5.2 或高于 8.0 的时候，细菌的发育受到很大的影响，而鱼体 pH 值的变动是由鱼类死后僵硬及代谢产物的积累所造成的，死后僵硬阶段鱼肉的 pH 值常可下降至 5.0～5.5，此 pH 值范围不适合一般细菌的生长，大部分细菌被抑制，总的菌数增加较慢。此外，当腐败达到后期时，由于蛋白质中的氨基酸脱氨作用产生碱性物质的结果，使鱼肉的 pH 值上升，常可达到 8.0 以上，使细菌的生长又受到了抑制，并逐步死亡。

④ 最初细菌负荷的影响　鱼体上附着的细菌数量对于鱼类的腐败速度影响很大，由于鱼体的营养有一定的限制，所以细菌生长发育到一定的阶段要被它自身的代谢产物所抑制，也就是细菌增殖到一定阶段后，基菌数是一相对恒定值。当鱼体最初细菌数较高而其他条件相同时，达到此值的时间较短，而最初细菌数较低时则时间较长。原料的运输及处理过程中污染的菌数较多，则腐败速度大大加快，因此，保持渔轮、渔箱（盘）、工具、场地等的卫生，防止微生物污染，对于延缓鱼类的腐败变质是有重要意义的。

二、鱼、贝类鲜度的判断

鲜度是指鱼、贝类原料死后肉质的变化程度，鲜度变化对产品质量有很大的影响。目前，判别测定水产品鲜度的方法很多，归纳起来有感官鉴定法、物理鉴定法、化学鉴定法、微生物鉴定法等。

1. 感官鉴定法

感官鉴定法是比较常用的一种方法，即是通过人的感觉器官（主要是视觉、嗅觉、触觉、味觉）对水产品鲜度进行评判，如观察鲜活程度、体表形态、色泽、气味、肌肉弹性及有无污染等方面。感官检验对检验人员的要求较高，除了具备一定的水产品基本知识外，还应身体健康，不偏食，不色盲，无不良嗜好，有鉴定和综合评定的能力。其优点简便、快捷，但易受主观因素影响。

(1) 鱼类　主要根据眼球、体表、鳞、鳃、肌肉五个项目综合评价出四个等级的鲜度，如表 1-1 所示。

表 1-1　鱼类鲜度感官鉴定指标

项目	一级	二级	三级	四级
体表	具有鲜鱼固有的鲜明本色与光泽，黏液透明	色较暗淡，光泽差，黏液透明度较差	色暗淡无光，黏液浑浊	色全晦暗，黏液污秽
鳞	鳞完整或稍有花鳞，但紧贴鱼体，不易剥落	鳞不完整，较易剥落	鳞不完整，松弛易脱落	鳞脱落
鳃	鳃盖紧合，鳃丝鲜红、清晰，黏液透明有清腥味	鳃盖较松，鳃丝呈紫色或紫红色、淡红色或暗红色，腥味较重	鳃盖松弛，鳃丝黏结，呈淡红、暗红色或灰红色，有显著腥臭味	鳃丝黏结，黏液脓样，有腐败臭味
眼球	眼球饱满，角膜光亮透明	眼球平坦或稍凹陷，角膜暗淡或微浑浊	眼球凹陷，角膜浑浊或发糊	眼球完全凹陷，角膜模糊或呈脓样封闭
肌肉	肌肉坚实或富有弹性，肌纤维清晰，有光泽	肌肉组织紧密，有弹性，压出凹陷能很快复平，肌纤维光泽较差	肌肉松弛，弹性差，压出凹陷复平较慢，肌纤维无光泽，有异味但无腐败臭味	肌纤维模糊，有腐败臭味

（2）虾类 新鲜和较新鲜的虾类，虾体完整，胸节和腹节连接紧密，有一定的弯曲度；外壳有光泽，呈半透明状，紧附着虾体，虾体肉质坚实；体表呈青绿、青黑或青白色，色素斑点明显；用手按虾体感到硬而有弹性，触之有干燥感，体形保持死亡时的伸张或卷曲的固有状态，用外力改变，即立即恢复原状；气味正常。

不新鲜的虾类，胸节和腹节易离开或脱落，不能保持原来的弯曲度；外壳失去光泽，甲壳易与虾体分离；甲壳黑变较多，体色变红；虾肉组织松软，无弹性；有陈腐气味或氨臭味。

（3）蟹类 新鲜和较新鲜的蟹类，体色鲜亮，外壳呈青绿色或黄绿色，腹面色泽洁白；蟹体肥壮，蟹足与躯体连接牢固；鳃洁净，鳃丝清晰，白色或稍带黄褐色。

不新鲜的蟹类，色泽暗淡，外壳呈暗红色，腹面出现灰褐色斑点或斑块；体轻，蟹腿容易脱落，蟹肉松软，腿肉空松瘦小，螯足下垂；鳃丝开始腐败而黏结，发出腐臭味。

（4）贝类 新鲜和较新鲜的贝类，贝壳紧闭，两壳相碰时，发出实响；贝类色泽正常；肌肉坚实，富有弹性，手摸有滑溜感。

不新鲜的贝类，贝壳易张开，两贝壳相碰时发出空响；贝肉色泽减退；肌肉较松软，弹性差，手摸有黏滞感；有酸臭味。

2. 化学鉴定法

为了进一步确定鱼的鲜度，或验证感官鉴定的正确性，或对鱼的品质鉴定有特殊需要时，可以用化学鉴定法，但它又必须建立在感官鉴定的基础上。鱼体鲜度的化学测定法大致可分为两种：一种是以鱼贝类鲜活时在肌肉中几乎或完全不存在，但随着鲜度下降而产生或增加的物质为指标；另一种是以蛋白质的变性为指标，其中前者以判定鱼贝类一般鲜度为目的，而后者用于判定鱼类肌肉用作鱼糜制品的加工适应性。现以鱼肉成分分解产物为指标的方法进行介绍。

（1）K 值 它是以核苷酸的分解物作为指标的判定方法，这种方法能从数量上反映出鱼的鲜度，换句话说是"鲜活的程度"，这是该法的特征。

鱼肉的 ATP 是循 ATP（三磷酸腺苷）→ADP（二磷酸腺苷）→AMP（磷酸腺苷）→IMP（次黄嘌呤核苷酸）→H_XR（次黄嘌呤核苷）→H_X（次黄嘌呤）的途径而分解的，随着鲜度的下降，反应向右进行，但这些与 ATP 有关的化合物的总量几乎是一定的，以 H_XR、H_X 占核苷酸及其关联化合物总量的百分率作为鱼肉的鲜度指标，称为 K 值。

$$K \text{ 值} = \frac{H_X R + H_X}{ATP + ADP + AMP + IMP + H_X R + H_X} \times 100\%$$

即杀鱼：K 值在 10% 左右。生鱼片≤20%。新鲜鱼≤40%。初期腐败鱼 K 值 60%～80%。

K 值的大小，实际上是反映鱼体在僵硬至自溶阶段的不同鲜度。因为鱼死后至僵硬这段时间，ATP 迅速分解，K 值增加很快。因此 K 值比挥发性盐基氮更能准确地反映出鱼体的鲜度，因为在这段时间蛋白质分解速度是缓慢的。如果鱼体处于腐败阶段，再去测 K 值或以 K 值来表示"鲜度"，则显然失去意义。

（2）挥发性盐基氮（VBN） 来源于氨、三甲胺（TMA）、二甲胺（DMA）等的挥发性盐基氮（VBN）随着鲜度的下降而增加。VBN 的增加，在鱼体死后的前期，主要是由于 AMP 的脱氨反应而产生的氨造成的，接着通过氧化三甲胺（TMAO）的分解产生 TMA 和

DMA，再加上通过氨基酸等含氮化合物的分解产生的氨或各种氨基。

VBN 判断标准为：海水鱼虾≤30mg/100g

海蟹≤25mg/100g

淡水鱼虾≤20mg/100g

冷冻贝类≤15mg/100g

这种方法广泛用于判定鲜、冻动物性水产品的鲜度，但不适用于活体水产品。

(3) pH 值　一般活鱼肌肉的 pH 值为 7.2～7.4，鱼死后随着酵解反应的进行，pH 值逐渐下降，达到最低后，随着鲜度下降，由于碱性物质的产生而再回升。因此，根据此原理可通过 pH 值判断鲜度，pH 值的测定也可用玻璃电极简单而正确地进行，这是其优点。但由于鱼种和鱼体部位不同，pH 值变化的进程也不同，所以得到一个判定鲜度的共同临界值是较困难的。对于有限的试样来说，再结合其他鲜度判定法作出判断常常是有效的。

3. 物理鉴定法

水产食品原料的物理鉴定法主要是根据原料肌肉的弹性、鱼肉或浸出液的导电率、鱼肉浸出物的折射率等物理参数来判别原料鲜度的一种鉴定方法。随着鱼体鲜度下降，上述这些物理参数也随之发生变化。常用的物理学的鲜度指标有以下两种。

(1) 鱼肉的弹性　新鲜鱼的肌肉有一定的弹性，随着鲜度的降低，鱼肉弹性也下降。一般鱼肉的弹性可以采用弹性仪进行测定，当用弹性仪在鱼体肌肉上按压时，鱼肉产生一定形变的压力值，可由指示仪表给出，根据指示的弹性值即可直接确定被测鱼的鲜度等级或由标准曲线查得鲜度等级。

(2) 鱼肉的导电率　鱼体在死后僵硬的过程中，随着糖原的降解及乳酸的生成，其氢离子浓度也发生变化。鱼体肌肉的氢离子浓度与其导电率有密切关系，采用鱼肉导电率这种物理学指标来判别鱼体进入腐败阶段之前的商品质量是一种简便有效的方法，设备简单，可以立即获得结果。

4. 微生物鉴定法

它主要是测出鱼体肌肉的细菌数，因为细菌数反映了鱼体污染程度。鱼体在僵硬阶段，细菌繁殖慢，到自溶后期，由于含氮物分解增多，细菌繁殖很快。因此测出的细菌数多少，大致反映了鱼体鲜度，一般细菌总数小于 10^4 CFU/g 则为新鲜鱼；大于 10^6 CFU/g 则为腐败开始。用鱼肉中细菌总数作为微生物学质量指标来判断鱼体鲜度，其结果与感官质量指标和化学质量指标是一致的。

利用细菌总数来判别鱼、贝类原料的鲜度时，常因种类、捕捞海域污染程度、贮藏温度和贮藏条件等而使测定值变动，同时还因进行微生物学检验时采样部位、采样方法、所用培养基成分、培养时间、培养温度、培养基 pH 值等条件而使结果出现波动，故应按国家标准所列的方法进行测定，若条件改变时必须另出报告或加以说明。

鱼、贝类等死亡后，先是僵硬，之后个体变得柔软，高分子化合物蛋白质、脂肪和糖原等逐渐降解成易被微生物利用的低分子化合物，然后很容易进入腐败阶段产生不良风味。这一系列的变化过程是连续的，而且比较复杂，仅凭单一判断或测定方法来确定鲜度难免会产生偏差，所以最好是综合几种方法进行评定。

实训项目 ━━ 水产品鲜度的感官鉴定 ━━

【实训目的】

明确水产品鲜度鉴定的意义，掌握水产品鲜度等级的划分及感官鉴定水产品鲜度的方法，获得评价水产品鲜度的感性知识。

【实训原理】

水产品死后，尤其是鱼类，随着放置时间的延长，鲜度会逐渐下降。水产品鲜度下降是由于水产品体内的生化变化及外界生物和理化因子综合作用的结果，这些结果往往又会表现在眼球塌陷、肌肉弹性下降、鳞片暗淡无光泽、肛门突出等感官指标上，通过这些感官指标进行合判断，就可以定性评定出水产品的鲜度。

【实训材料与用具】

各种不同鲜度的水产品（鱼类）、砧板、手术刀等。

【实训方法与步骤】

1. 鲜度划分标准

供试验的采购的水产品如不能立即进行鉴定，根据水产品的鲜度要求，须暂时贮藏在 0～3℃ 的低温条件下，若是想观察不新鲜状态的水产品，也可人为进行处理，在较高温条件下，放置数天即可。鉴定时按表 1-2 观测要点顺序进行，并进行记录。此处所列的实训项目是鱼的鲜度判断，也可以根据以上说明，分别用虾、蟹、贝类为原料进行鲜度判断训练。

表 1-2　感官评定鲜度的要点

项目	部位	鉴定		
		新鲜	新鲜较差	不新鲜
外观	眼球	眼球透明饱满，有弹性	眼角膜起皱并稍变浑浊，有时由于内溢血而发红	眼球塌陷或干瘪，角膜白色浑浊
	鳃部	鳃色鲜红，无黏液，无异味	鳃盖较松，鳃丝粘连，呈淡红色、暗红色或灰红色，有腥臭味	鳃色呈褐色、灰白色，有浑浊黏液，有腥臭味或腐败味
	体表	体表光泽，黏液透明，鳞片完整紧贴鱼体，腹部正常，肛孔紧缩凹陷	体表黏液增加，不透明，有酸味，鳞光泽稍差并易脱落，肛孔稍突出	鱼鳞暗淡无光且易与外皮脱离，表面附有污秽黏液并有腐臭味，腹部膨胀或下陷，肛孔鼓出
	肌肉	坚实弹性，手压后凹陷立即消失，无异味	肌肉松软，手指压后凹陷不能立即消失，稍有酸味，肌肉横断面无光泽，脊骨处有红色圆圈	松软，手压后凹陷不易消失，有酸臭味，肌肉易与骨骼脱离

2. 感官鉴定分级标准

水产品鲜度感官鉴定的评价标准，一般采用 0～10 分的分级标准对样品进行质量估价。

一级：7～10 分；二级：4～6 分；三级：1～3 分；变质、腐败为 0 分。

【编写实训报告书】

要求写出各种不同鲜度水产品的感官评定结果报告。

复习思考题

1. 简述鱼、贝类营养成分的组成及特点。

2. 海藻的一般成分有哪些？

3. 举例说明鱼、贝类色、香、味的构成。

4. 什么是海洋活性物质？

5. 简述 EPA、DHA 的生理活性。

6. 简述鱼、贝类死后发生的变化。

7. 分析影响自溶作用的因素。

8. 如何判定鱼贝类原料死后的鲜度？

9. 什么是 K 值？

10. 简述 VBN 的判断原理和标准。

学习项目二　水产品冷冻制品加工

 基础知识

一、水产品低温加工原理

食品的腐败变质主要是由于微生物作用、酶的作用和非酶化学作用引起的。但这三种作用的强弱都与温度有着密切关系。其主要原因是由于微生物的生命活动、酶的催化作用和其他的化学反应，都需要在一定的温度和水分情况下进行。如果降低贮藏温度，微生物的生长、繁殖就会减慢，酶的活性也会减弱，就可以延长食品的贮藏期。此外，低温下微生物新陈代谢会被破坏，其细胞内积累的有毒物质及其他过氧化物能导致微生物死亡。当食品的温度降至－18℃以下时，食品中90％以上的水分都会变成冰，所形成的冰晶还可以以机械方式破坏微生物细胞，细胞失去养料或因部分原生质凝固或因细胞脱水等，都会造成微生物死亡。因此，对于水产品来说，低温是最有效、应用最广泛的一种贮藏方法，它可以更长期地保持食品原有的品质。

对于水产等动物性食品，在贮藏时，因物体细胞都已死亡，本身不能控制引起食品变质的酶的作用，也无法抵抗微生物的侵袭。因此，贮藏动物性食品时，最好是在其冻结点以下的温度保藏，以抑制微生物的繁殖、酶的作用并减慢食品内的化学变化，食品就可以较长时间地维持它的品质。

1. 水产品冷冻加工主要方法

水产品冷冻加工是利用低温保藏食品和加工食品的方法，主要包括水产品的冷却、冻结、冷藏、解冻的方法。

（1）水产品的冷却　冷却是指将水产品的温度降低到某一指定温度，但不低于食品汁液的冻结点。冷却温度通常在10℃以下，其下限为－2～

视频：为什么是－18℃？

4℃。食品的冷却贮藏，可延长它的贮藏期，并能保持其新鲜状态。但由于在冷却温度下，细菌、霉菌等微生物仍能生长繁殖，而冷却的动物性食品只能作短期贮藏。

（2）水产品的冻结　冻结是指将水产品的温度降低到食品汁液的冻结点以下，使食品中的水分大部分冻结成冰。冻结温度带国际上推荐为−18℃以下。冻结食品中微生物的生命活动及酶的生化作用均受到抑制，水分活度下降，因此可进行长期贮藏。

（3）水产品的冷藏　冷藏是指水产品保持在冷却或冻结终了温度的条件下，将水产品低温贮藏一定时间。根据食品冷却或冻结加工温度的不同，冷藏又可分为冷却物冷藏和冻结物冷藏两种。冷却物冷藏温度一般在0℃以上，冻结物冷藏温度一般为−18℃以下。对一些多脂鱼类，欧美国家建议冷藏温度为−30～−25℃，以获得较高的品质和延长贮藏期。

（4）水产品的解冻　解冻是指将冻结水产品中的冰晶融化成水，恢复到冻结前的新鲜状态。解冻也是冻结的逆过程，对于作为加工原料的冻结品，一般只需升温至半解冻状态即可。

2. 低温对微生物的影响

食品中的微生物主要包括细菌、霉菌、酵母菌等，任何微生物都有一定的正常生长和繁殖温度范围。温度对其生长繁殖影响很大，温度越低，它们的活动能力也越弱。根据微生物对温度的耐受程度，可将微生物分为嗜冷微生物、嗜温微生物、嗜热微生物三种类型，每一类型的微生物都有其最适生长温度和最高生长温度（表2-1）。水产品上附着的微生物主要是嗜冷菌，它们在适宜的环境下就能生长繁殖，分泌出各种酶类，使水产品中的蛋白质、脂肪等营养成分迅速分解，并产生三甲胺、四氢化吡咯、硫化氢、氨等难闻的气味和有毒物质，使其失去营养价值。

表 2-1　微生物的适应生长温度　　　　　　　　　　　　　　单位：℃

类群	最低温度	最适温度	最高温度	举　　例
嗜冷微生物	−10	10～20	40	水和冷库中的微生物
嗜温微生物	10	25～40	50	腐败菌、病原菌
嗜热微生物	40	55～75	80	温泉、堆肥中的微生物

低温抑制微生物的主要原因是：一方面低温导致微生物细胞内酶的活性随之下降，使得物质代谢过程中各种生化反应速度减慢，因而微生物的繁殖速度也随之减慢。在正常情况下，微生物细胞内的各种生化反应总是相互协调一致的。但在降温时，各种生化反应按照其各自的温度系数（Q_{10}）减慢，破坏了各种生化反应的协调一致性，从而破坏了微生物细胞内的新陈代谢。另一方面食品冻结时，冰晶体的形成会使得微生物细胞内的原生质或胶体脱水，细胞内溶质浓度的增加常会促使蛋白质变性。同时，冰晶体的形成还会使微生物受到机械性破坏。

因此，低温可抑制食品中所有微生物的生长，延长食品的贮藏期。低温影响微生物活性的因素有以下几点。

（1）温度　贮藏温度在冰点或冰点以上时，部分能适应低温的微生物会逐渐生长繁殖。由于各种微生物生物学特性的差异，温度对于各种微生物生长的影响程度是不同的。冻结温度对微生物的杀伤性很大，尤其是−5～−2℃的温度范围对微生物的杀伤性最大。但是当温度下降到−25～−20℃时，微生物的死亡速率反而缓慢得多，因为在此温度范围，微生物细胞内的生化反应几乎完全停止。

（2）降温速度　在冻结温度以上时，降温速度越快，微生物的死亡速率也越大。这是因为在降温过程中，微生物细胞内新陈代谢所需的各种生化反应的协调一致性被迅速破坏。食品冻结以后的情况恰恰相反，缓冻会导致大量微生物死亡，而速冻则相反。因为缓冻时形成了量少粒大的冰晶体，不仅对微生物细胞产生机械破坏作用，还能促进蛋白质变性。

（3）水分存在状态　结合水较多时，水分不易冻结，形成的冰晶小而少，对微生物细胞的损伤也小；反之，游离水分多时，形成的冰晶大，对细胞的损伤也大。细菌和霉菌芽孢中的水分含量较低，其中结合水分含量较高，在冷却时较易进入过冷状态，而不形成冰晶体，这就有利于保持细胞内胶质体的稳定性，菌体不易死亡。

（4）介质　高水分和低 pH 值的介质会加速微生物的死亡，而食品中所含的糖、盐、蛋白质、脂肪等物质对微生物有一定的保护作用，使温度对微生物的影响减弱。

3. 低温对酶的影响

酶的活性与温度密切相关，低温处理虽然会使酶的活性下降，但不能破坏酶的活性。因此，在低温条件下酶仍然会进行缓慢的催化反应，在长期冷藏中，酶的作用仍可以使食品变质。一般来说，温度降到 $-18℃$ 时，才能有效抑制酶的活性。但即使温度低于 $-18℃$ 时，酶的催化作用也未停止，只是进行较缓慢而已。当水产品解冻后，随着温度的升高，酶的活性，甚至比活性更高，会加速水产品的变质。

4. 低温对非酶化学反应的影响

引起水产品腐败变质的因素除了微生物和酶促反应外，还有其他一些因素，如油脂氧化等。水产品中含有不饱和脂肪酸，易发生氧化反应，生成醛、酮、酸、酯、醚等物质，并且使油脂黏度增加，产生令人不愉快的"哈喇"味。一般来说，温度越低，反应速度越慢，所以低温保藏对生化反应有一定的抑制作用。

从以上介绍可看出，低温可抑制微生物生长繁殖、酶的活性和生化反应的进行，但并不能完全抑制它们的作用。所以食品（包括水产品）大都要求在 $-18℃$ 以下冷冻贮藏。若进一步考虑到一些低温酶在 $-18℃$ 还能有作用，对高档水产品则要求贮藏在 $-35℃$ 以下，甚至有些产品要求低温保藏在 $-70～-60℃$，才能使酶的作用得到较完全的控制。

二、水产冷冻食品加工原理

1. 水产品冻结保藏原理

将食品中所含的水分，部分或全部转变为冰的过程，称为食品的冻结。冻结贮藏是利用低温将水产品的中心温度降至 $-15℃$ 以下，体内组织水分绝大部分冻结，然后再于 $-18℃$ 以下进行贮藏和流通的低温保藏方法。食品冻结贮藏原理就是将食品的温度降低到其冻结点以下，使微生物无法进行生长繁殖，并抑制各种酶的生物化学反应速度，达到使食品能在低温下长期贮藏的目的。

（1）水产品的主要冻结性质

① 冰点　鱼肉的冰点是指鱼肉在冷却时，最初结冰的温度。鱼肉中的水不是纯水，而是处于溶液状态，故其冰点一定低于 $0℃$。一般海产鱼类的冰点在 $-2.6～-0.6℃$，淡水鱼类的冰点在 $-0.7～-0.2℃$ 的范围内。当鱼肉温度达到其冰点时，鱼肉中的水分并没有全部结冰。这是因为当鱼肉中的部分水分开始结冰后，所余残液的浓度将逐渐提高，冰点也随之

下降，当鱼肉中的水分全部结冰时，即达到共晶点。

② 比热容　鱼肉的比热容在未冻结前为 3.35～3.77kJ/(kg·K)，冻结后，鱼肉的比热容要变小，鱼肉的比热容与其新鲜程度无关，而大致上与其含水量成正比。通常用以下两式计算冰点以上和冰点以下的比热容：温度在冰点以上时的比热容 $C=41.86(a+0.4b)[J/(kg·K)]$；温度在冰点以下时的比热容 $C=41.86(0.5a+0.4b)[J/(kg·K)]$。其中 a 表示鱼肉中水分的百分数；b 表示鱼肉中固体物质的百分数。也有人将鱼肉在冰点以上的比热容简单地视为 3.35kJ/(kg·K)。

③ 结冰潜热　鱼肉的结冰潜热远小于水，鱼肉的结冰潜热与鱼的种类有关，大体上与鱼肉中的含水量成正比。鱼的结冰潜热随其所含水分而异，约等于鱼的含水率与水的结冰潜热的乘积。例如鱼的含水率为 68% 时，其结冰潜热约为 228kJ/kg。

④ 热导率　鱼肉的热导率与鱼的种类有关，主要是受各种鱼体化学成分的影响，特别是脂肪含量的高低影响较大。另外，鱼肉的热导率还受到鱼肉冻结和解冻的影响。冻结鱼肉的热导率比未冻结的要大一些，冻结的温度越低，热导率越大。解冻后鱼肉的热导率较冻结鱼肉小得多，但较冻结前的鱼肉要大一些。鱼在未冻结时的热导率为 0.46～0.49W/(m·K)，随着水分的冻结，热导率增大，整个冻结过程的平均热导率为 1.16～1.39W/(m·K)。

(2) 水产品的冻结参数

① 冻结点　为食品中水分开始结冰的温度。由于食品内细胞间的水分中还溶有各种成分，并不是像纯水那样达到 0℃ 以后就全部结冰，而是根据鱼种、组织、捕获季节、年龄等的不同分别在 -2.2～-0.5℃ 之间开始冻结。一般讲，淡水鱼在 -0.5℃ 开始冻结，海水鱼、贝类为 -1.5℃，海藻类为 -2.0℃。

② 冻结率　为在任意冻结温度下，食品中水分被冻结成冰的比率。由于水产品中水分溶解有无机盐、糖类、酸类等溶质，当温度降低到冻结点时，只有部分水分结冰，且由于剩余未被冻结的水中溶质浓度增加，需进一步降温才可使剩余水分冻结。一般要到 -60℃ 附近（此时温度称为共晶点）才认为食品中的水分基本完全冻结。

③ 冻结曲线　是水产食品冻结时，记录物品温度随着冷冻时间的变化而变化的曲线。一般以横坐标为时间、纵坐标为温度作图，如图 2-1 所示。

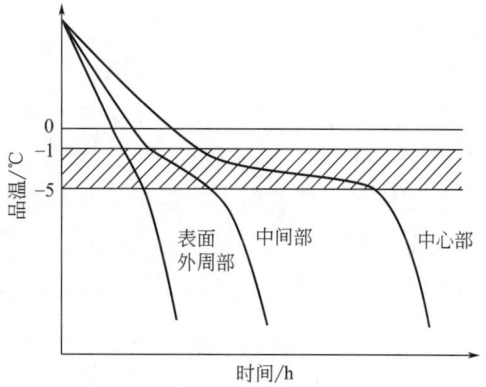

图 2-1　鱼体的冻结曲线示意

冻结曲线大致可分为 3 个阶段。第一阶段是水产品温度从初温降至冻结点，放出的是显热，此热量与全部放出的热量相比其值较小，故降温快，曲线较陡。第二阶段是最大冰晶生成带。在此温度范围内，水产品中大部分水分冻结成冰，由于冰的潜热大于显热 50～60 倍，整个冻结过程中绝大部分热量在此阶段放出，故降温慢，曲线平坦。为保证速冻水产品具有较高的品质，应尽快通过最大冰晶生成带。第三阶段是水产品温度继续下降，直到终温。此阶段放出的热量，一部分是冰的继续降温，另一部分是残留水分的冻结。水变成冰后，比热显著减小，但因为还有残留水分冻结，其放出热量较大，所以，曲线不及第一阶段陡峭。

④ **最大冰晶生成带**　在图 2-1 中，在冻结过程中，食品的中心温度从 −1℃降低至 −5℃的过程中产生了约 80%的冰结晶，故将此温度带称为最大冰晶生成带。鱼体此时外观上已呈现冻结状态。由于此时产生大量的结冰潜热，需要更多的冷量，所以，此时冻结曲线呈现较平缓的区域范围。若快速冻结，则此段时间可缩短。由于这段变化对食品的品质影响显著，要求尽快通过此温度段，以提高食品的品质。

视频：最大冰晶
生成带

⑤ **冻结速度**　1972 年国际制冷学会将冻结速度定义为：某个食品的冻结速度，是指食品表面与中心温度点间的最短距离，与食品表面达到 0℃以后食品中心温度降到比食品冻结点低 10℃所需的时间之比。而对于冻结速度快慢的划分，现通用方法有以时间来划分和以距离来划分两种。以时间划分是食品的中心温度从 −1℃下降至 −5℃所需时间（即通过最大冰晶生成带所需的时间），在 30min 以内的称为快速冻结，超过 30min 的称为慢冻结。以距离划分可用单位时间内 −5℃的冻结层从食品表面延向内部的距离来判断。将食品的初温 T_a 降到 T_b 所需要时间称有效冻结时间。将到达食品的温度中心点（温度下降的最迟点）的厚度设为 R（cm），有效冻结时间为 H（h），则有效冻结速度 V 表示为：

$$V = \frac{R}{H}$$

式中　V——表示有效冻结速度，cm/h；

R——到达食品的温度中心点的厚度，cm；

H——有效冻结时间，h。

当 $V = 5\sim20$cm/h 时，称为快速冻结；

当 $V = 1\sim5$cm/h 时，称为中速冻结；

当 $V = 0.1\sim1$cm/h 时，称为缓慢冻结。

有效冻结速度因食品的种类和性状而异，只要达到冻结速度在 $0.5\sim5$cm/h 以上就能得到满足实际需要的品质。

众所周知，冻结速度快，冻品质量好，这是因为组织内结冰层推进的速度大于水分移动的速度，冰结晶的分布接近于组织中原有液态水的分布状态，并且冰结晶微细，呈针状晶体，数量多，均匀，故对水产品的组织结构无明显损伤。特别是采用快速、深温冻结，水产品快速到达冻结终温，使体内 90%的水分在冻结过程中来不及移动，就在原位置变成微细的冰晶，并在 −18℃以下、稳定而变动小的温度下贮藏，冰结晶的变化小，从而使冻品的质量得到保证。

视频：速冻与缓冻

2. 水产品冻结方法和冻结装置

水产品的冻结方法很多，一般有空气冻结、接触式冻结和浸渍或淋渍冻结三种。而目前多采用空气冻结法。

(1) 空气冻结法　空气冻结法是利用空气作为介质冻结水产品，在冻结过程中，冷空气以自然对流或强制对流的方式与水产品换热。由于空气的导热性差，与食品间的换热系数小，故所需的冻结时间较长。但是，空气资源丰富，无任何毒副作用，机械化较容易，因此，用空气作介质进行冻结仍是目前应用最广泛的一种冻结方法。

① 隧道式吹风冻结装置　它是我国目前陆上水产品冻结使用最多的冻结装置，可参见图 2-2。由蒸发器和风机组成的冷风机安装在冻结室的一侧，鱼盘放在鱼笼上，并由轨道送入冻结室。冻结时，风机使空气强制流动，冷空气流经鱼盘，吸收鱼品冻结时放出的热量，吸热后由风机吸入蒸发器冷却降温，如此反复不断循环。

在隧道式吹风冻结装置中，提高风速，增大水产品表面放热系数，可缩短冻结时间，提高冻结水产品的质量，但是，当风速很高时，继续增大风速，冻结时间的变化很小。另外，冻结无包装的产品时，在冻结过程中因蒸气压

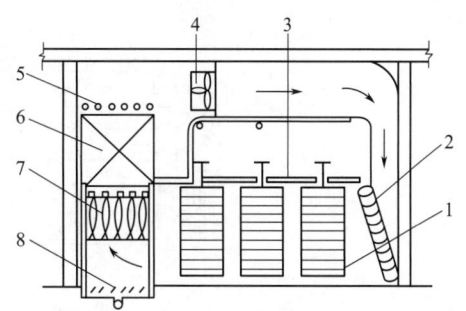

图 2-2　隧道式吹风冻结装置示意

1—鱼笼；2—导风板；3—吊栅；4—风机鱼盘；5—冲霜水管；6—蒸发器；7—大型鱼类；8—消结板

不同，产品表面的水分不断向空气中蒸发，引起冻品干耗。风速增高，通常干耗也增大。所以，风速的选择应适当，一般宜控制在 3～5m/s。此法是间歇式操作，它的优点是水产品在吊轨上传送，劳动强度小，冻结速度较快；其缺点是冻结不均匀，干耗大，电耗也较大。

② 螺旋带式连续冻结装置　螺旋带式连续冻结装置是 20 世纪 70 年代初发展起来的冻结设备，其结构图如图 2-3 所示。这种装置由转筒、蒸发器、风机、传送带及一些附属设备等组成，适用于冻结单体不大的食品，如油炸水产品、鱼饼、鱼丸、鱼排、对虾等。其优点是可连续冻结；进料、冻结等在一条生产线上连续作业，自动化程度高；并且冻结速度快，冻品质量好，干耗亦小；占地面积小。

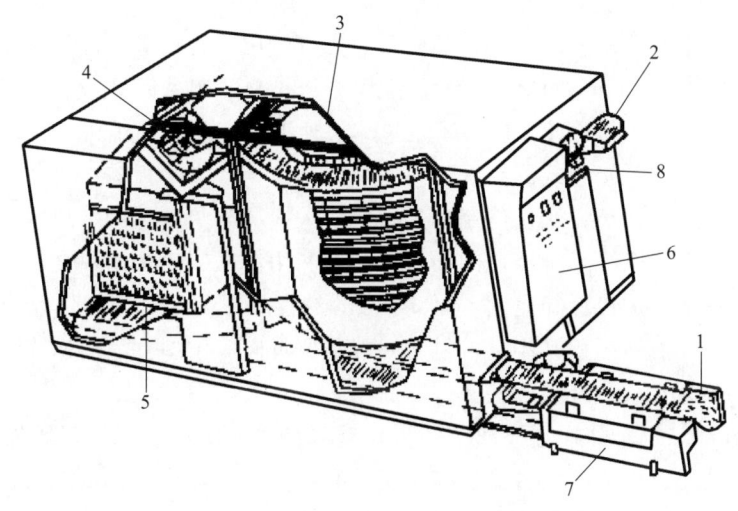

图 2-3　螺旋带式连续冻结装置示意

1—进冻；2—出冻；3—转筒；4—风机；5—蒸发机组；6—电控制版；7—清洗器；8—频率转换器

③ 流态化冻结装置　流态化冻结装置如图 2-4 所示，是小颗粒产品以流化作用方式被温度甚低的冷风自下往上强吹成在悬浮搅动中进行冻结的机械设备。流化作用是固态颗粒在上升气流（或液流）中保持浮动的一种方法。流态化冻结装置通常由一个冻结隧道和一个多孔网带组成。当物料从进料口到冻结器网带后，就会被自下往上的冷风吹起，在冷气流的包围下互不黏结地进行单体快速冻结（IQF），产品不会成堆，而是自动地向前移动，从装置

另一端的出口处流出，实现连续化生产。

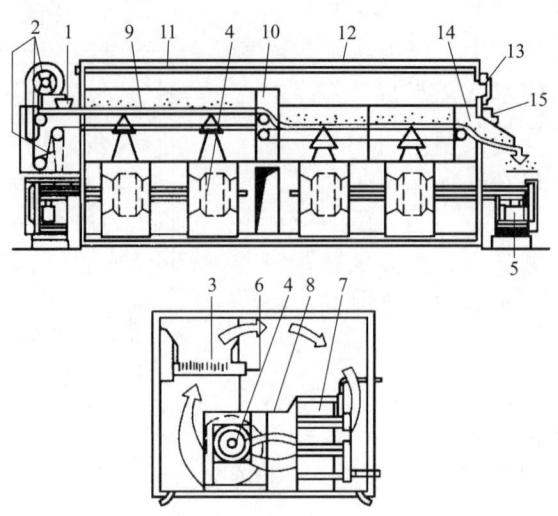

图 2-4　流态化冻结装置

1—进料斗；2—自动装置；3—传送带网孔；4—风机；5—电机；6,13—窗口；7—导风板；8—检查口；
9—被冻品；10—转换台；11—融霜管；12—隔热层；14—出料口；15—齿轮

　　水产品在带式流态化冻结装置内的冻结过程分为两个阶段进行。第一阶段为外壳冻结阶段，要求在很短时间内，使食品的外壳先冻结，这样不会使颗粒间相互黏结。在这个阶段风速大、压头高，一般采用离心风机。第二阶段为最终冻结阶段，要求食品的中心温度冻结到 $-18℃$。

　　流态化冻结装置可用来冻结小虾、熟虾仁、熟碎蟹肉、牡蛎等，冻结速度快，冻品质量好。蒸发温度为 $-40℃$ 以下，垂直向上风速为 $6\sim8m/s$，冻品间风速为 $1.5\sim5m/s$，$5\sim10min$ 之内被冻品即可达到 $-18℃$。由于是单体快速冻结产品，其销售、食用十分方便。

　　（2）接触式冻结法　接触式冻结法又称平板冻结法，是借平板冻结机的冻结平板同水产品直接接触换热的一种冻结方法。将制冷剂直接注入金属制的中空的平坦容器中，使之冷却到 $-40\sim-25℃$，在这个平坦容器之间插入食品，利用液压装置使两块金属板相互紧贴，食品两面接触冷金属板，加快冷却速度，厚 $6\sim8cm$ 的食品在 $2\sim4h$ 内即可完成冻结，冻结食品的形状扁平整齐，占地面积又小，常见于对虾类、贝肉等小型食品的速冻。

　　平板冻结机分为立式和卧式两种。

　　① 卧式平板冻结机　卧式平板冻结装置示意如图 2-5 所示。由包括压缩机在内的制冷系统和液压升降装置所组成。每台平板冻结机设有数块或十多块的冻结平板，也就是制冷系统中的蒸发器，平板后方或两侧装有供液和供气总管各一根，各块平板是用橡皮软管或不锈钢管连接，以便平板能上下移动。冻结时间为 $4\sim5h$。

　　② 立式平板冻结机　其结构与卧式平板冻结机基本相似，但其平板是直立平行的，冻结时不采用鱼盘，而是散装倒入的。

　　平板冻结法的优点是冻结速度快；缺点是卧式平板冻结机劳动强度大，还不能冻结大型鱼，立式平板冻结机虽能减轻劳动强度，但由于散装，水产品容易变形，影响外观。

　　（3）浸渍冻结法　浸渍冻结法也称为浸泡冻结法，是将食品用容器密封包装再浸渍到低

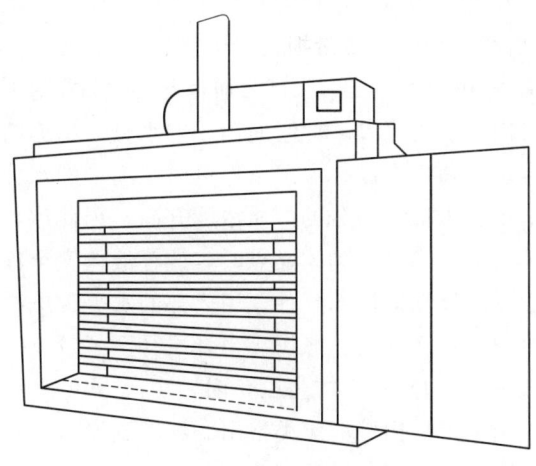

图 2-5　卧式平板冻结装置示意

温液态介质中进行冻结。这种液态介质应当无毒、无异味、无外来色素、无腐蚀和漂白作用。常用氯化钠、氯化钙、丙二醇等。

水产品的浸渍冻结分为直接接触冻结和间接接触冻结两种。

① 直接接触冻结法　将水产品浸在盐水里或向水产品喷淋盐水进行冻结。所用盐水是饱和氯化钠溶液，冻前将其温度降至－18℃，待水产品中心温度降至－15℃时，冻结完毕。然后将水产品移出，迅速用清水洗淋，进行包装、冻藏。如采用浸在盐水里的冻结方法，则盐水是流动的，冻前应将水产品进行预冷。此法的优点是冻结速度快；缺点是容易损伤水产品的皮肤、鳞片，外观不佳，肉质偏咸，贮藏时脂肪加速氧化，与盐水接触的设备易腐蚀，盐水受血液、碎肉等的污染需经常更换。

② 间接接触冻结法　所用的盐水是氯化钙水溶液，通过搅拌器（循环泵）的强制作用，盐水在池内不断循环流动，并经过蒸发器被冷却，从而使池内盐水均处于低温状态，被冻的水产品，经洗涤装入桶内（冰桶），并浸于盐水池（切勿使盐水进入鱼桶）中进行冻结。因氯化钙盐水共晶点（－59℃）低，通常将其降至－30～－20℃下进行冻结，冻结水产品时间为 6～8h。此法优点是冻结速度比空气冻结快，又避免了盐分渗入水产品；缺点是盐水接触的所有容器、设备都易被腐蚀。

（4）淋渍冻结法　又称为超低温制冷剂冷冻法，是将液态氮（沸点－195.8℃）和液态二氧化碳（沸点－79℃）制冷剂直接喷射于食品，使之迅速冻结的方法。该法冷冻速度快，操作简单，比平板冻结法还快5～6倍。食品冷冻无干耗，不易发生氧化变化。特别适用于小型的单体急速冻结食品（即 IQF 食品）。

视频：液氮速冻

3. 食品在冻结和冷藏过程中的变化

通过冻结冻藏措施降低水产品的温度和水分活度，从而抑制了微生物和酶的作用，降低了生物组织的物理化学反应速度，但是冻结冻藏措施并没有使这些作用和反应停止，因此，水产品在冻结冻藏过程中仍然会发生一系列品质变化。这些变化受冻结速度和冻藏条件的影响，贮藏时间越长，其品质变化越大。

（1）水产品在冻结冻藏过程中的物理变化　水产品在冻结冻藏过程中的物理变化主要

有：水分冻结、体积膨胀和产生内压；比热容和热导率的变化；冰结晶的形成；冰结晶的长大及对肌肉组织的损伤（汁液流失）；质量损失（干耗）等。

① 水分冻结、体积膨胀和产生内压　水产品肌肉冷却到0℃附近时，肉质不会发生太大的变化，但温度再下降时肉质变得坚硬，此时肌肉中的水分开始冻结。一般来讲，鱼、贝类肌肉的冰点以$-1\sim2$℃居多。鱼肉在冻结温度下保鲜时，肉中的水分逐渐冻结成冰晶，肌肉中的一部分水因结冰而析出，未冻结部分的溶质浓度升高，因此冰点下降。如果鱼体继续冷却使水析出，则冰点继续下降，直至达到冰晶点时，残存液体完全冻结。水产品冻结时，首先是表面水分冻结，然后冰层逐渐向内部延伸。当内部的水分因冻结而体积膨胀时，会受到外部冻结层的阻碍，产生内压称作冻结膨胀压。当外层受不了较大的内压时就会破裂，内压逐渐消失。例如：采用-196℃的液氮冻结金枪鱼时，由于厚度较大，冻品会发生龟裂，即为内压造成的，在内压作用下可使内脏的酶类挤出、红细胞崩溃、脂肪向表层移动等，并因血细胞膜破坏，血红蛋白流出，加速了肉的变色。日本为了防止因冻结内压引起冻品表面的龟裂，在用-40℃的氯化钙盐水浸渍或喷淋冻结金枪鱼时，采用均温处理的两端冻结方式，先将鱼体降温至中心温度接近冻结点，取出放入-15℃的空气或盐水中使鱼体各部位温度趋于均匀，然后再用-40℃的氯化钙盐水浸渍或喷淋冻结至终点，可防止鱼体表面龟裂现象的发生。另外，冻结过程中水变成冰晶后，体积膨胀使体液中溶解的气体从液相中游离出来，加大了食品内部的压力。冻结鳍鱼肉的海绵化，就是由于鳍鱼肉的体液中含有较多的氮气，随着水分冻结的进行成为游离的氮气，其体积迅速膨胀产生的压力将未冻结的水分挤出细胞外，在细胞外形成冰结晶所致。这种细胞外的冻结，使细胞内的蛋白质变性而失去保水能力，解冻后不能复原，成为富含水分并具有很多小孔的海绵状肉质，严重的时候，用刀子切开的肉的断面像蜂巢，食味变淡。

② 比热容和热导率的变化　在一定压力下水的比热容为4.18kJ/(kg·K)，冰的比热容为2.0kJ/(kg·K)。冰的比热容约是水的1/2。食品的比热容随含水量而异，含水量多的食品比热容大，含脂量多的食品比热容小。对一定含水量的食品，冻结点以上的比热容大于冻结点以下的比热容。比热容大的食品在冷却和冻结时需要的冷量大，解冻时需要的热量也多。水的热导率为0.6W/(m·℃)，冰的热导率为2.21W/(m·℃)，约为水的热导率的4倍。其他成分的热导率基本上是一定的，但因为水在食品中的含量是很高的，当温度下降，食品中的水分开始结冰的同时，热导率变大，食品的冻结速度加快。另外，冻结食品解冻时，冰层由外向内逐渐融化成水，热导率减小，热量的移动受到抑制，解冻速度就慢。此外，食品的热导率还受到含脂量的影响，含脂量高则热导率小。热导率还与热流方向有关，当热的移动方向与肌肉组织垂直时热导率小，平行时则大。

③ 冰结晶的形成　水产品肌肉中生成的冰晶形状、大小受冷却温度、速度的影响。一般冷却速度快时，肌纤维内形成的冰晶数多，形状小而圆，在肌纤维外形成大棒状或树叶状冰晶，数量很少；冷却速度慢，形成的冰晶数少，形状大而呈棒状、叶片状等，多数在肌纤维间生成。冰晶形成的状态与冷却温度有关，冷却温度高时，生成的结晶核少，结晶核成长速度慢，故形成的冰晶数量少而形状大；而冷却温度低时，生成的结晶核很多，其成长速度快，形成的冰晶数量多而细小。

④ 冰结晶的长大及对肌肉组织的损伤　在冻结贮藏过程中，如果冻藏温度经常波动，冻结食品中微细的冰结晶量会逐渐减少、消失，大的冰结晶逐渐生长，变得更大，整个冰结

晶数量大大减少，这种现象称为冰结晶的长大。冰结晶的长大是由于存在蒸气压差，冰结晶周围的水或水蒸气向冰结晶移动，附着并冻结在它上面的结果。冻结组织损伤的程度依组织内生成的冰晶大小、数量和分布的不同而不同。肌纤维有很大的弹性，在快速冻结中生成的小冰晶对肌肉组织没有损伤，而慢速冻结中生成的大冰晶或者由于温度波动造成的冰结晶长大，使肌肉组织局部受压膨胀，损伤肌肉组织，从而加剧了冻结过程中蛋白质的变性，使得肌肉变硬。大冰结晶破坏肌肉组织，使肌肉组织在解冻时失去吸水能力，浸出物和水分一起流失而使组织粗糙、风味变差，营养价值下降。为了减少冻藏过程中因冰结晶的长大给冻品的品质带来不良影响，可以采取两种措施加以防止：一是采用快速深温冻结方式，使形成细而小的冰晶，提高冻结率；二是冻结贮藏室的温度要尽量低，并保持稳定，特别避免−18℃以上的温度波动。

⑤　干耗　干耗是食品冷冻加工和贮藏过程中的主要问题之一。它是由于冷冻加工和贮藏过程中水产品表面水分蒸汽压和室内空气蒸汽压之间存在差值，引起水产品表面水分蒸发，从而导致水产品干耗，即质量损失。水产品在冷冻贮藏过程中发生的干耗，除了经济上的损失之外，更重要的是引起水产品品质和质量的下降。一般采用镀冰衣、包装和降低冻藏温度等方法来减少干耗。另外，水产品进入冻藏间之前，预先要有计划，应保

视频：干耗

证冻藏间内装满，因为干耗与冻品表面以及冻藏间内留下的空间容积有关，余留空间容积越大，干耗也越大。

(2) 水产品在冻结冻藏过程中的生化变化　水产品在冻结冻藏过程中的生化变化主要有蛋白质变性和脂肪的劣变。

①　蛋白质变性　水产品在冻结冻藏过程中，低温使肌肉中的蛋白质的空间构象被改变，从而导致其理化性质的改变和生物活性的丧失，如失去柔性、保水性降低、溶解度下降等。

②　脂肪的劣变　水产品在冷冻和冻藏过程中的脂肪劣变主要为酶水解和自动氧化。水产品尤其是海产品中含有大量的不饱和脂肪酸，脂肪氧化是其风味和品质变差的主要原因之一。脂肪氧化后，水产品产生不愉快的刺激性臭味、涩味和酸味，统称为酸败。随着酸败的加剧，制品的脂质和部分肉质往往产生褐变，这种变色称为油烧。油烧是由于不饱和脂质的氧化而生成的各种羰基化合物与氨、三甲胺、各种氨基酸、蛋白质等含氮化合物相互作用而引起的。另一方面，水产品在低温贮藏时，虽然脂质的氧化有所抑制，但某些水解酶在低温下仍然有一定的活性，也可以引起脂质的水解和品质劣变，故也称为冻结烧。

水产品肌肉和内脏器官中含有脂肪水解酶和磷脂水解酶，在冷冻和冻藏过程中这些酶的活性虽然有所抑制，但仍有一定的活性，可以缓慢水解脂质，使甘油三酸酯变成甘油二酸酯或甘油一酸酯和游离脂肪酸，使磷脂变成溶血磷脂、磷脂酸、碱基化合物、游离脂肪等。脂质水解后造成水产品品质的下降，所生成的游离脂肪酸能够促进蛋白质的变性，并且它与氧结合的速度大于氧与甘油酯中脂肪酸结合的速度，加速不饱和脂肪酸的自动氧化，使水产品的色、香、味及营养劣化。

在水产品的贮藏过程中，只要酶没有被钝化或失活，脂肪的水解反应就会发生。为防止或减少水产品的油脂氧化和水解，保持原有品质，可以采取以下行之有效的方法：避光保存、减少光线引发游离基产生的机会；加热钝化脂肪水解酶和磷脂水解酶，消除水解反应带来的影响；镀冰衣、密封包装或真空包装，以阻断与氧气的接触，防止脂肪的自动氧化；降

低冻藏温度；冻藏时防止氨泄漏；添加脂溶性抗氧化剂，如抗坏血酸、茶多酚等，延缓或减慢油脂自动氧化。

（3）水产品在冻结冻藏过程中的颜色变化 水产品在冻结冻藏过程中的颜色变化主要有褐变、黑变和退色等现象。水产品变色的原因包括自然色泽的分解和产生新的变色物质两方面，自然色泽被破坏如红色鱼皮的退色、冷冻金枪鱼的变色等；产生新的变色物质如虾类的黑变、鳕鱼肉的褐变等。变色不但使水产品的外观变差，有时还会产生异味，影响冻品质量。

① 脂肪的变色 多脂鱼类在冻藏过程中因脂肪氧化会发生氧化酸败，严重时还会发黏，产生异味，表面发生黄褐变，丧失商品价值。

② 红色鱼肉的褐变 最具代表性的是金枪鱼肉的褐变。金枪鱼肉在$-20℃$下冻藏 2 个月以上，其肉色由红色向暗红色、红褐色转变，商品价值下降。这种现象是由于肌肉中的肌红蛋白被氧化，生成氧化肌红蛋白的缘故。金枪鱼是红色鱼类，肌肉中含有大量的肌红蛋白，当鱼死后，因肌肉中供氧终止，肌红蛋白与氧分离成还原性状态，呈暗红色。如果把鱼肉切开放在空气中，还原性肌红蛋白就从切断面获得氧气，并与氧结合生成氧合肌红蛋白，呈鲜红色。如果继续长时间放置，含有二价铁离子的氧合肌红蛋白和还原性肌红蛋白都会自动氧化，生成含有三价铁离子的氧化肌红蛋白，呈褐色。金枪鱼肉的变色程度取决于氧化肌红蛋白生成率的高低。冻结金枪鱼肉在冻藏中的变色，与冻藏温度有很大的关系。冻藏温度越低，氧化肌红蛋白的生成率就越低，色泽保持时间长。金枪鱼肉的冻结冻藏温度至少要在$-35℃$以下，如果采用$-60℃$以下的超级低温，保色效果更佳。

③ 虾类的黑变 虾类在冻结贮藏中，其头、胸、足、关节及尾部常会发生黑变，出现黑的斑点或黑箍，使产品价值下降。产生黑变的原因主要是氧化酶（酚酶或酚氧化酶）使酪氨酸氧化，生成黑色素所致。黑变的发生与虾的新鲜度有很大关系。新鲜的虾冻结后，因酚酶无活性，在冻藏中不会发生黑变。而不新鲜的虾其氧化酶活性化，在冻结贮藏中就会发生黑变。防止方法是煮熟后冻结，使氧化酶失去活性；摘除酪氨酸含量高、氧化酶活性强的内脏、头、外壳，洗去血液后冻结。由于引起虾黑变的酶类属于需氧性脱氢酶类，故采用真空包装是有效的。另外，用水溶性抗氧化剂浸渍后冻结，冻后再用此溶液镀冰衣，冻藏中也可取得较好的保色效果。

④ 鱼肉的褐变 鳕鱼肉在冻结贮藏中会发生褐变，这是还原糖与羰基化合物的反应，即美拉德反应造成的。鳕鱼死后，鱼肉中的核酸系物质反应生成核糖，然后与氨基化合物反应，以 N-配糖体、紫外光吸收物质、荧光物质作为中间体，最终聚合生成褐色的类黑精，使鳕鱼肉发生褐变。$-30℃$以下的低温贮藏可防止核酸系物质分解生成核酸，也可防止美拉德反应的发生。此外，鱼的鲜度对褐变有很大的影响，一般应选择鲜度好、死后僵硬前的鳕鱼进行冻结。

⑤ 箭鱼肉的绿变 冻结箭鱼的肉呈淡红色，在冻结贮藏中其一部分肉会变成绿色，称为绿色肉。这种绿色肉在白皮、黑皮的鳕鱼类也能看到，通常出现在鱼体沿脊骨切成两片的内面。绿色肉发酸，或有异臭味，严重时出现阴沟臭似的恶臭味。绿变现象的发生，是由于鱼的鲜度下降，因细菌作用生成的硫化氢与血液中的血红蛋白或肌红蛋白反应，生成绿色的硫血红蛋白或硫肌红蛋白而造成的。此现象目前除注意冻结前的鲜度保持外，别无他法防止。

⑥ 红色鱼的退色 含有红色表皮色素的鱼类，在冻结贮藏过程中常可见到退色现象。

这种退色受光的影响很大，紫外线350~360nm照射时，退色现象特别显著。红色鱼的退色是由于鱼皮红色色素的主要成分类胡萝卜素被空气氧化的结果。当有脂类共存时，其色素氧化与脂类氧化还有相互促进作用。降低冻藏温度可推迟红色鱼的退色。以红娘鱼为例，－3℃下，35天退色；－18℃下，50天退色；－30℃下，75天退色。此外，用不透紫外光的玻璃纸包装；用0.1%~0.5%的抗坏血酸钠或山梨酸钠溶液浸渍后冻结，并用此溶液镀冰衣，对防止红色鱼的退色均有效果。

综上所述，食品在冻藏中发生变色的机制是各不相同的，要采用不同的方法加以防止。但是在冻藏温度这一点上有共同之处，即降低温度可使引起食品变色的化学反应速度减慢，如果降至－60℃左右，红色鱼肉的变色几乎完全停止。因此为了更好地保持冻结食品的品质，特别是防止冻结水产品的变色，国际上水产品的冻藏温度更趋于低温化。

视频：T.T.T理论

4. 水产冷冻食品质量保持

（1）T.T.T概念　冷冻食品的贮藏期限与冷冻食品的质量、冷冻时间和冷冻温度这三者有关。这种将冻结食品品质保持所容许的时间和品温之间存在的关系称为冷冻食品的T.T.T关系［即Time（时间）、Temperature（品温）、Tolerance（容许、容忍）］。将这三者关系作图就称为T.T.T线图，参见图2-6。

图2-6可以说明，对于每一种冻结食品来说，在一定的冷藏温度下，食品所发生的质量下降与所需时间存在着一种确定关系。在整个贮运过程中，由冷藏和运输过程（在不同的温度条件下）所引起的质量变化是积累性的，并且是不可逆的，冻结食品的温度越低，贮藏期就越长，但不是永远不会变坏的。因此，冷冻食品贮存要考虑这几种关系，在食品的保存期前尽快销售该种冷冻食品，以免造成不应有的损失。表2-2为各类冻结肉食品贮藏在三种温度下的贮藏期限。

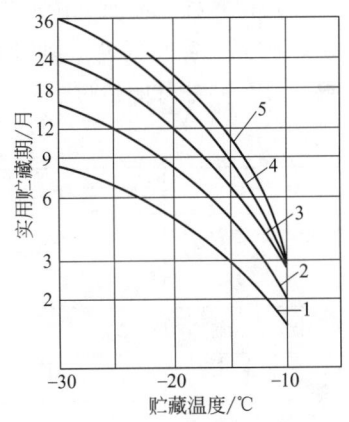

图2-6　食品的T.T.T线图

1—多脂鱼；2—少脂鱼；3—四季豆和汤菜；4—青豆和草莓；5—木莓

表2-2　各类冻结肉食品贮藏在三种温度下的贮藏期　　　　单位：月

品名	冻藏温度		
	－12.2℃	－18℃	－23.3℃
多脂鱼	4	6~8	10~12
少脂鱼	6	10~12	14~16
龙虾	3~4	8~10	10~12
虾	6	12	16~18
牛肉	6~8	16~18	18~24
羊肉	14~16	14~16	16~18
猪肉	4	8~10	12~15
家畜肉	4	8~10	12~15

（2）品质下降率　对于冷冻食品的品质，从外观上很难判断，但可以从贮藏中的状况和流通过程中判断其品质。如图 2-6 所示 1 线为多脂鱼的 T. T. T 线图。假设将此种鱼在 −25℃保藏，用 P 点表示，240d 以内品质处于优良状态，超过 240d 则不能保证品质。将 240d 作为品质下降率 100% 考虑的话，120d 则品质下降率为 50%。将前者称 T. T. T 为 100%，后者的 T. T. T 为 50%，依此类推考虑，要计算 1d 内品质的下降率为：

$$1 \div 240 \times 100\% = 0.417\%$$

即这种鱼在 −25℃贮藏中，每天平均品质下降率为 0.417%。在图 2-6 的 1 线，可计算出这种冷冻鱼在不同的贮藏温度的品质下降率曲线。

（3）T. T. T 的计算　冷冻品在冷库贮藏时，即使在相当低的温度下贮藏，也一定会使品质下降。在流通过程中也会发生品质下降问题。这就要考虑 T. T. T 的计算。如前所述，T. T. T 在 100% 以内，品质在保证期内，则品质处于良好状态。现在，将图 2-6 中的冷冻鱼，按表 2-3 所示那样，从生产者到消费者手中经过 7 个阶段，将天数乘以每天品质下降率，分别计算各自品质下降率的综合数。从表 2-3 中显示，从生产者的冷库出货时，T. T. T 为 41.700%，品质优良，但到消费者手中时 T. T. T 已达 74%，若在流通阶段，保管的期限和温度过高，都可能超过 100%，超过了品质的容许限度。

表 2-3　T. T. T 的计算例

阶　　段	品温/℃	1d 品质下降率/%	日数/d	品质下降率合计/%
①生产者保管中	−30	0.278	150	41.700
②运输中	−25	0.417	2	0.834
③批发商保管	−25	0.417	30	12.510
④分送	−20	0.769	1	0.769
⑤零售商保管	−18	0.833	10	8.330
⑥搬运中	−15	2.500	1/24	0.104
⑦消费者保存	−18	0.833	12	9.996
合计			205.04	74.243

（4）冷藏链与 T. T. T　为了防止水产冷冻食品质量变差，水产冷冻食品必须建立完善的贮藏、运输、批发、销售，以至消费者的各个环节间的低温冻结流通体系。这种从生产到消费之间的由连续的低温环节组成的流通体系，称为冷藏链。

根据水产品贮藏的温度不同，水产冷藏链可分为"冰鲜冷链"（0~2℃）、低温冷链（−25~−15℃）、活体运输冷链（−4~16℃）和"超低温冷链"（−45℃以下）。对水产品来说，低温冷链常由以下环节组成：渔船、陆上加工厂、冷藏库、冷藏运输工具（车、船等）、调剂冷藏库、冷藏或保温车、商场冷藏展示柜、家用冰箱。

在水产冷冻食品的冷藏链中，时间最长的环节是贮藏。根据 T. T. T 概念，影响冷冻食品品质的最主要因素是温度，因此对贮藏温度的管理十分重要。国际上水产冷冻食品的贮藏温度趋向于低温化，并要求稳定、少变动。运输环节可看作是贮藏的延长，虽然时间较短，但还是要尽量避免因温度变动而给水产冷冻食品带来的品质影响。因此，水产冷冻食品在冷藏运输过程中要严格管理温度，使冷冻食品的品温保持在 −18℃以下。在销售环节中，水产冷冻食品必须放在−18℃的低温冷藏柜中出售。水产冷冻食品的流通期虽然不能预先确定，但作为商品一般要求保持6个月到1年的商品价值。冷冻食品的流通期越长，每天所容许的品质降低量应该越少。因此，加强对水产冷冻食品在贮藏和运输过程中温度的管理是非常重要的。

5. 解冻

(1) 解冻过程　冻结的水产品在利用之前一定要经过解冻。解冻是使冻品融化恢复到冻前的新鲜状态。解冻过程是冻品中的冰晶还原成溶解水的过程，可以看做是冻结的逆过程。但由于在0℃时水的热导率仅是冰的热导率的1/4左右，因此在解冻过程中热量不能充分通过解冻层传入冻品内部。此外，为避免表面首先解冻的水产品被微生物污染和变质，解冻所用的温度梯度也远小于冻结所用的温度梯度。因此，解冻所用的时间远大于冻结所用的时间。

解冻状态可分为半解冻和完全解冻，视解冻后的用途而定。但无论是半解冻还是完全解冻，都应尽量使水产品在解冻过程中品质下降最小，使解冻后的水产品质量尽量接近于冻结前的质量。水产品在解冻过程中常出现的主要问题是汁液流失，其次是微生物繁殖和酶促或非酶促反应。

造成汁液流失的原因与水产品的切分程度、冻结方式、冻藏条件以及解冻方式相关。切分得越细小，解冻后表面流失的汁液就越多。如果在冻结与冻藏中冰晶对细胞组织和蛋白质的破坏很小，那么，在合理解冻后，部分融化的冰晶也会缓慢重新渗入细胞内，在蛋白质颗粒周围重新形成水化层，使汁液流失减少，保持了原有营养成分和风味。

微生物繁殖和水产品本身的生化反应速度随着解冻升温速度的增加而加速。关于解冻速度对其品质的影响存在两种观点：一种认为快速解冻使汁液没有充足的时间进入细胞内；另一种观点认为快速解冻可以减轻浓溶液对产品质量的影响，同时缩短了微生物繁殖与生化反应的时间。因此，解冻速度多快为最好是一个有待研究的问题。一般情况下，经过热加工处理的虾仁、蟹肉等，多用高温快速解冻法，而大中型鱼类常用低温慢速解冻法。

(2) 解冻方法　目前国内外用到的解冻方法有5种类型，但对于某个冻品采用什么解冻方法，可根据冻品的性质、大小、形状、解冻后的用途、解冻时间、能源消耗等多种因素而定。如鱼段、鱼片的块状冻品，不应用流水法解冻；相反整鱼的块状冻品应先用流水解冻使其散后，立即改为空气解冻的方法为好；表皮呈蓝色的秋刀鱼、鲐鱼以及墨鱼等采用海水或水解冻，这样可以保持其颜色和光泽；虾类以喷淋解冻法较为适宜；方形的冷冻鱼糜采用接触解冻或微波、高频解冻。

① 空气解冻　空气解冻是一种最简便最经济的解冻方法，适用于多数冻品解冻。空气解冻依靠空气把热量传递给冻品，使冻品升温、解冻。但由于空气热导率低，解冻速度慢；解冻时间常受空气温度、湿度、流速和食品与空气之间的温差等的影响；且受空气中灰尘、蚊蝇、微生物污染的机会较多。常在固定的装置中进行。通过改变空气温度、相对湿度、风速、风向达到不同的解冻工艺要求。一般空气温度为14～15℃，相对湿度为95%～98%，风速2m/s以下。风向有水平送风、垂直送风或可换向送风。

② 水解冻　由于水热导率远大于空气，故把冻品放在水中解冻速度快，解冻时间明显缩短，为空气解冻时间的1/5～1/4（若使其流动，甚至达1/10），而且避免了质量损失。但存在的问题有：a.食品中的可溶性物质流失；b.食品吸水后膨胀；c.被解冻水中的微生污

染等。因此，本法适用于有包装的食品、冻鱼的解冻。水解冻包括静水解冻、流水解冻、淋水解冻和盐水解冻等，水温一般不超过 20℃。

③ 真空解冻　该方法的原理是水的沸点随着压力的下降而下降，处于真空状态的水在低温下沸腾，冰也可直接升华变成水汽，沸腾或升华的水蒸气在冻品表面凝结成水珠，放出的凝结热被冻品吸收而使冰晶体融化，从而达到解冻的目的。其优点是：a. 水产品表面不受高温介质影响，而且解冻时间短，比空气解冻法提高效率 2～3 倍；b. 由于氧气浓度极低，解冻中减少或避免了水产品的氧化变质，解冻后产品品质提高；c. 因湿度很高，食品解冻后汁液流失少。其缺点是：对设备和真空泵的密封性要求苛刻，解冻装置成本高，而且解冻产品外观不佳。

④ 电解冻　电解冻包括高压静电解冻和不同频率的电解冻。不同频率的电解冻包括低频（50～60Hz）解冻、高频（1～50MHz）解冻和微波（915MHz 或 2450MHz）解冻。低频解冻是将冻结水产品视为电阻，利用电流通过电阻时产生的焦耳热，使冰融化达到解冻目的。由于冰结水产品是电路中的一部分，因此，要求水产品表面平整，内部成分均匀，否则会出现接触不良或局部过热现象。这种解冻方法要比水解冻和空气解冻快 2～3 倍。高频解冻和微波解冻是在交变电场作用下，利用冻结水产品中的极性基团作用，尤其是极性的水分子随交变电场变化而旋转的性质，相互碰撞，产生摩擦热使食品解冻。该方法的优点是解冻时间短，一般只需真空解冻时间的 20%；水产品表面与电极不接触，减少细菌数量，降低酶的作用，减少水分和汁液流失，保持产品的鲜度和色泽，产品质量好；处理效率高，耗能低，占地面积小，改善了劳动条件和环境卫生。其缺点是冻品受热不均匀，不适合完全解冻，特别是像鱼这种厚薄不均、形态复杂的水产品，其突出的部分和有角的部分温度上升很快，在其他部位尚未解冻之前，这些部位就会过热，甚至有煮熟的危险；装置成本较高，而且解冻不好控制。

⑤ 组合解冻　每一种解冻方法都有其自身的优缺点。如采用组合解冻，则可集中各种解冻方法的优点而避免其缺点，以达到冻品的最适解冻目的。组合解冻基本上是以电解冻为核心，再加以空气或水解冻。例如，首先利用空气解冻或水解冻，使冻结水产品表面温度升高到 -10℃ 左右，然后再利用低频解冻。

总之，要做到正确解冻，应包括选定品质上等的冷冻鱼，选择适当的方法急速（1～2h）解冻，解冻终温控制在 10℃ 以下，可能的话控制在 5℃ 以下更佳，即做到低温又急速的矛盾统一，努力提高冻品质量。

单元生产　水产品低温保鲜与冷冻加工工艺与操作

一、水产品保鲜技术

水产品的保鲜方法可分为水产品保活保鲜、低温保鲜、化学保鲜、气调保鲜和辐射保鲜等。本单元主要介绍水产品低温保鲜技术。

1. 冰藏保鲜

冰藏保鲜技术（又称冰冷却保鲜技术）是指以冰为介质，将水产品的温度降低至接近冰的熔点，并在该温度下进行保藏的技术。冰藏保鲜的温度为 0～3℃，保鲜期为 7～12d。其特点是冷却速度快，成本低，操作简单，鱼体表面湿润、光泽，且无干耗。所以冰藏保鲜是一种广泛应用于水产动物的保鲜方法。

水产品冰藏保鲜使用的冰有淡水冰和海水冰两种，但必须是清洁、无污染的。淡水冰又可分为透明冰和不透明冰。透明冰轧碎后，接触空气面小，不透明冰中含有许多微小的空气气泡，接触的空气面大，其单位体积释放的冷量低于透明冰。海水冰的特点是熔点低，冰与鱼体的含盐量接近，能抑制酵解作用，使鱼体放热减少，因而可减少冰的融化和消耗量；用海水冰保鲜，还能保持海水鱼原有的色泽和硬度，保持鳃的颜色和眼球的透明度；但其缺点是海水对机械设备有腐蚀性。对于冰的选用，一般认为，淡水鱼可用淡水冰，也可用海水冰，而海水鱼最好用海水冰。但我国渔业生产上广泛应用的是淡水冰。

冰藏保鲜的用冰量通常包括两个方面：一是鱼体冷却到接近 0℃所需的耗冷量；二是冰藏过程中维持低温所需的耗冷量。冰藏过程中维持鱼体低温所需的用冰量，取决于外界气温的高低、车船有无降温设备、装载容器的隔热程度、贮藏运输时间的长短等各种因素。由于冰鲜鱼最接近活鲜鱼的生物特性，各国至今仍把这个传统的保鲜方法放在极其重要的地位。水产品冰藏保鲜的方法又可分为撒冰保鲜法和水冰保鲜法两种。

(1) 撒冰保鲜法　撒冰保鲜法是将碎冰直接撒到水产品表面的保鲜法。根据加冰的方法不同又可分为层冰层鱼法和拌冰法两种，层冰层鱼法是使其形成一层冰一层鱼的样式，适用于大鱼冷却；而拌冰法是将碎冰与鱼混拌在一起，适用于中小鱼类。

撒冰保鲜法如图 2-7 所示。具体操作方法如下：先在容器的底部撒上碎冰，称为垫冰；在容器壁上垒起冰，称为堆冰；把小型鱼整条放入，紧密地排列在冰层上，鱼背向下或向上，并略倾斜；在鱼层上均匀地撒上一层冰，称为添冰；然后一层鱼一层冰，在最上部撒一层较厚的碎冰，称为盖冰。容器的底部要开孔，让融冰水流出。金枪鱼之类的大型鱼类冰藏时，要除去鳃和内脏，并在该处装碎冰，称为抱冰。撒冰保鲜的效果主要取决于冰与水产品的接触面积和用冰量。冰粒越小，则冰与食品的接触面越大，冷却速度越快。如果撒冰装箱时鱼层很厚，就会大大延长鱼体冷却所需的时间。

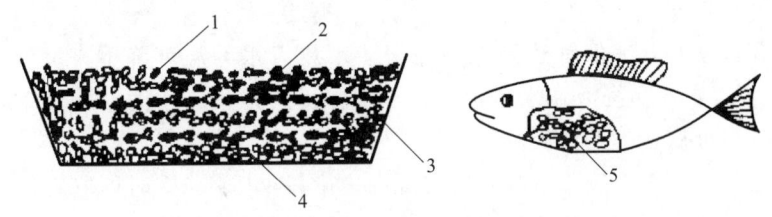

图 2-7　撒冰保鲜法
1—盖冰；2—添冰；3—堆冰；4—垫冰；5—抱冰

撒冰保鲜法的优点是方法简便，融冰水又可洗净鱼体表面，除去细菌和黏液，还可以防止鱼体表面氧化干燥。鱼体的冷却速度与鱼体的大小、初始温度、冰的比表面积以及用冰量有关。而产品保鲜长短主要取决于用冰量是否充足；用冰是否及时；碎冰大小以及撒布是否均匀；船舱（或车厢）有无隔热设备和制冷设备；卫生条件是否良好；鱼的种类和用冰前鱼的鲜度等。一般淡水鱼的贮藏期为 8～10d，海水鱼为 10～15d，若冰中添加防腐剂可延长贮藏期。但为了保证冰鲜鱼的质量，应注意以下事项。

①　在鱼捕获后，应尽快用清洁的淡水冲洗鱼体，无条件时也可用清洁的海水。必要时，将鱼去鳃、剖腹、去除内脏，洗净血迹和污物，注意防止细菌污染。

②　处理鱼时要及时迅速　按品种大小分类，选出压坏、破腹、损伤的鱼，剔出不能食用和有毒的鱼。将易变质的鱼先做处理，避免长时间在高温环境中停留。

③　尽快加冰装箱　用冰量要充足，冰粒要细，撒冰均匀，层冰层鱼，不可脱冰，最上部还要加一层盖冰。

④　鱼货不应过量堆积　因为鱼货仅是冷却状态，鱼体是软的，堆积过高，下面的鱼就会压烂。散舱最好用活动搁板堆鱼。如果不用，最多只能堆三层，再往上堆要搭搁架。箱子堆积时可堆 7 层左右。

⑤　控制好舱温　进货前应预先冷却鱼舱，保鲜时舱底和舱壁要多撒几层冰。舱温控制在 $-3\sim1℃$。

⑥　鱼类冷却后融化的冰水会流到下面的鱼体上污染鱼的表面，如果不排出，则可使鱼体膨胀，从而产生不良影响。因此，每层鱼箱之间可用塑料纸隔开，并要切实保证融化水能从容器和鱼舱中排出。同时注意随时观察融化水的温度，不应超过 $3℃$，若超过该温度，则需要加冰。对融化水的颜色和味道也要注意，当带有腐败的臭味时，表明存在着局部冷却不充分的地方，必须进行检查。

⑦　冰藏鱼在鱼舱内进行保藏时，空气温度不可降到 $0℃$ 以下，应保持在 $2℃$ 左右，并需经常敲打容器和鱼舱，以破坏局部形成的冰桥。若空气低于 $0℃$，接触鱼的冰不能很好融化，鱼体就有冷却不下来的可能。这时融化的冰水就会重新冻结，并架起冰桥，造成鱼体和冰之间产生空隙。由于鱼体和冰接触不良，冷却不充分，容易发生冰烧现象，甚至会导致变色和恶臭。

⑧　鱼舱、鱼箱等装载工具必须洗刷干净或进行消毒。

⑨　不同鲜度的鱼应分开装箱装舱，以免相互影响。

⑩　尽量减少中转环节，在流通过程中应始终保持低温，注意清洁卫生，避免日晒、雨淋等造成质量下降。

撒冰保鲜法适用于几乎所有的鱼类、虾类、贝类及藻类的保鲜。

（2）水冰保鲜法　水冰保鲜法是先用冰把淡水或海水的温度降下来（淡水 $0℃$，海水 $-1℃$），然后再将水产品浸泡在水冰中进行冷却保鲜的方法。其优点是冷却速度较快，适用于死后僵硬快或捕获量大的鱼类的保鲜。

水冰保鲜法一般用于迅速降低渔获物的温度，待其冷却到 $0℃$ 时即取出，再改用撒冰保鲜法保藏，并不是整个保鲜过程都用水冰保鲜法。因为在水冰混合物中浸泡时间过长，水产品的肉质会吸水膨胀，容易变质。而采用水冰保鲜法时应注意以下事项。

①　海水或淡水要预先冷却。

②　水舱或水池要防止摇动，避免鱼体擦伤。

③　用冰量要足，水面要被冰覆盖。

④　鱼体洗净后才可放入，避免冰水污染，若被污染，则需及时更换和消毒。

⑤　鱼体温度冷却到 $0℃$ 时即取出，然后采用撒冰保鲜法保藏。

水冰保鲜法适用于除淡水鱼外的鱼类、虾类、贝类及藻类的保鲜。由于淡水鱼组织较海水鱼柔软，更易变质，因此在有其他方法可选择的情况下尽量不用此法保鲜。

2. 冷却海水保鲜

冷却海水保鲜技术，是指将渔获物浸渍在温度为 $-1 \sim 0℃$ 的冷却海水中，从而达到贮藏保鲜目的的技术。冷海水保鲜的保鲜期一般为 $10 \sim 14d$，比冰藏保鲜延长 5d 左右。冷海水保鲜法主要应用于渔船或罐头工厂，其适用于海水鱼类、虾类、贝类及藻类的保鲜。淡水水产品在海水或盐水中会发生变色等不良反应，因此不适宜用此法保鲜。

冷海水的冷却方式根据冷源的不同可分为制冷机制冷冷却、制冷机和碎冰结合冷却两种。渔船用冷海水保鲜装置采用制冷机和碎冰相结合的供冷方式较为适宜。因为冰有较大的融解潜热，借助它可快速冷却刚入舱的渔获物；而在鱼舱内的保冷阶段，每天用较小的冷量即可补偿外界传入鱼舱的耗冷量，可选用小型制冷机组，从而减小了渔船动力消耗和安装面积。但这部分用冰量需在渔船出海时备足，同时携带相当于冰量 3.5% 的食盐，避免因淡水冰加入引起海水浓度的降低。生产时鱼与海水的比例一般为 7:3。渔船上冷海水保鲜的具体操作工艺如下：

① 预先向鱼舱中装入所需的海水量，并用制冷机组冷却至 $-1℃$ 左右备用；

② 渔获时，边向冷海水舱中装鱼，边加入已拌好的冰盐，直到满舱为止；

③ 加舱盖，然后注入海水，使之充满舱间空隙；

④ 开动循环泵，使冷海水循环流动，促进冰盐溶化和鱼体的冷却；

⑤ 当冰盐全部溶化，海水温度达 $-1℃$ 后，即停止海水循环泵；

⑥ 随时检查舱中的水温，根据水温回升情况，开动制冷机组和循环泵，使水温继续保持 $-1℃$ 左右；

⑦ 海水中血污多时，应排出部分血污海水，补充新的冷海水。

冷却海水保鲜法特别适合于品种单一、渔获量高度集中的围网捕获的中、上层鱼类。这些鱼类大多数是红肉鱼类，活动能力强，入舱后剧烈挣扎，很难做到层冰层鱼；另外，中上层洄游性鱼类血液多，组织酶活性强，胃内容物充满易腐败的饵料，如果不立即冷却降温，会造成鲜度迅速下降。

冷却海水保鲜法的最大优点是冷却速度快，操作简单，可及时处理大批量鱼货，渔获物新鲜度好。缺点是鱼体在冷海水中浸泡而膨胀，鱼肉略带咸味，表面稍有变色，鱼肉蛋白也容易损失，在以后的流通环节中会提早腐烂；另外，船体的摇晃会使鱼体损伤或脱鳞；血水多时海水产生泡沫造成污染，鱼体鲜度下降速度比同温度的冰藏鱼快；加上冷却海水保鲜需要一定的设备，船舱的制作要求高等原因，在一定程度上影响了冷却海水保鲜技术的推广和应用。国外冷却海水保鲜方法主要应用于围网渔船中、上层鱼类的保鲜和拖网渔船鱼类冻结前的预冷。中、上层鱼类的保鲜也有两种：一种是把鱼体温度冷却至 0℃ 左右，取出后改为撒冰贮藏；另一种是在冷却海水中冷却贮藏，但贮藏时间为 $3 \sim 5d$，或者更短。

近年来，国外研究了在冷海水中通入 CO_2 来贮藏渔获物已取得一定的成效。当冷海水中通入 CO_2 后，海水的 pH 值降低到 4.2，可抑制细菌的生长，延长渔获物的保鲜期。据报道，用通入 CO_2 的冷海水贮藏虾类，6d 无黑变，保持了原有的色泽和风味。但是，通入 CO_2 的冷海水保鲜方法，必须克服对金属的腐蚀作用，才能推广应用。在日本有些渔船的冷海水舱底部装有液氮管，当通入的液氮汽化鼓泡时，可加快鱼货的冷却速度，并能赶走海水中的氧气，使多脂鱼不易氧化变质。

3. 微冻保鲜

随着人们生活水平的提高，消费者对水产品质量的要求也在不断提高，微冻冷藏是近年来迅速崛起的水产品冷加工新方法。它是一种将水产品贮藏温度降至略低于其细胞质液的冻结点（-3℃左右），并在该温度下进行贮藏的一种保鲜方法，也称为过冷却或轻度冷冻。

在该温度下，鱼体内部分水分发生冻结，能达到对微生物生命活动的抑制作用，使鱼体能在较长时间内保持其鲜度，不发生腐败变质。鱼类的微冻温度因鱼的种类、微冻方法不同而略有不同，根据淡水鱼的冻结点在-0.7～-0.2℃、淡海水鱼在-0.75℃、洄游性海水鱼在-1.5℃、底栖性海水鱼在-2℃这些特点，微冻温度范围一般在-3～-2℃。微冻保鲜的基本原理是利用低温来抑制微生物的繁殖及酶的活力。在微冻状态下，鱼体内的部分水分发生冻结，微生物体内的部分水分也发生冻结，这样就改变了微生物细胞的生理生化反应，某些细菌开始死亡，其他一些细菌虽未死亡，但其活动也受到了抑制，几乎不能繁殖，于是就能使鱼体在较长时间内保持鲜度而不发生腐败变质。与冰藏保鲜相比较，微冻保鲜能延长保鲜期 1.5～2 倍，即 20～27d。

（1）常见微冻保鲜方法

① 加冰或加盐混合微冻　冰盐混合物是一种最常见的简易制冷剂，它们在短时间内能吸收大量的热量，从而使渔获物降温。冰和盐都是对水产品无毒无害的物质，价格低，使用安全、方便。尤其是两者混合在一起时，不仅冰融化需要吸收热，盐的溶解也要吸收热。冰中加入的盐越多，所得温度就越低，但盐加入过多，易渗透到鱼体中，影响鱼的口味。要使渔获物达到-3℃的微冻温度，一般在冰中加入 3% 食盐。

② 吹风冷却微冻　指用制冷机冷却的风吹向渔获物，使鱼体表面的温度达到-3℃。吹风冷却的时间与空气温度、鱼体大小和品种有关，当鱼体表面微冻层达 5～10mm 厚时即可停止吹风冷却，此时鱼体内部一般在-2～-1℃，然后在-3℃的舱温中保藏，保藏时间最长的可达 20d。采用吹风冷却微冻保鲜，其最大优点是能较理想地实现水产品冷冻工艺条件要求和装置的可靠性，但也存在鱼体表面容易干燥和需配备制冷机等问题。

③ 低温盐水微冻　低温盐水与空气相比具有冷却速度快的优点，通常冷却使用的温度为-5～-3℃，盐的浓度控制在 10% 左右，这两点与前面提及的冷却海水保鲜不同。其具体操作是：先将盐放入海水中，配成约 10% 的浓度，然后开启制冷机，使盐水降温到-5℃，把渔获物装入盐水中冷却到体表温度-5℃时（此时鱼体内温度为-3～-2℃），再转移到预先冷却到-3℃的保温舱中保藏。

盐水浓度是此项技术的关键所在，浸泡时间、盐水冷却温度也应考虑。如果盐水浓度很大，则-5℃不会结成冰，利于传热冷却。但是如果盐水浓度太大就会增大盐对鱼体的渗透压，使鱼偏咸，并且一些盐溶性肌球蛋白质也会析出。从水产品加工角度来看，盐水的浓度不宜太高，盐水冷却温度不宜过低，浸泡时间也不宜过长。若采用低浓度盐水浸泡，则要求温度不能降得太低，而冷却时间就要相对延长。综合考虑三者的相关性，并结合降温设备和食盐成本等因素之后，从经验得知，三者的最佳条件为盐水浓度 10%，盐水冷却温度-5℃，浸泡时间 3～4h。

（2）微冻保鲜的优缺点及存在问题

① 微冻保鲜的优缺点　微冻保鲜的优点在于：所需设备简单，费用低，且能有效地抑制细菌繁殖，减缓脂肪氧化，延长保鲜期，并且解冻时汁液流失少，鱼体表面色泽好，所需

降温耗能少等。其缺点是：操作的技术性要求高，特别是对温度的控制要求严格，稍有不慎就会引起冰晶对细胞的损伤。

② 存在问题　关于微冻保鲜引起的蛋白质变性问题，有两种不同观点。德国食品研究所认为微冻将引起蛋白质严重变性，而日本水产研究所则认为微冻不会引起蛋白质变性，相反，与-10℃相比，蛋白质变性减轻。这个问题目前尚存争议。

微冻保鲜抑制微生物增殖的效果肯定优于0℃保鲜，但解冻后带来了新的问题。微冻温度带来的最大难题就是容易生成冰晶，这种影响表现在微冻保鲜鱼解冻之后更容易腐败。鲜鱼直接贮于0℃达到腐败的时限是15d，-20℃冻结鱼解冻后贮于0℃达到腐败的时限是20d。微冻鱼在贮藏中，尽管活菌数的减少情况与-20℃的相同，但解冻贮藏后，只需几天就腐败了。用显微镜观察微冻鱼和冻藏鱼肌肉组织的形态，发现-20℃鱼肌肉组织因冰晶长成而造成细胞脱水并缩小；但在微冻鱼肌肉中，冰晶破坏了一部分组织，并使一部分汁液流失。解冻后，微冻鱼与-20℃贮藏的鱼相比较，微冻鱼组织复原的情况很差，细胞吸水不充分，肌肉组织破损很严重，更易于细菌的侵入和增殖，因而推断出这是微冻鱼更容易腐败的原因。

4. 冰温保鲜

冰温保鲜也是近年来水产品冷加工的新方法。它是指从0℃开始到生物体冻结温度为止的温阈，在这一温阈保存贮藏农产品、水产品等，可以使其保持刚刚摘取的新鲜度，因此，成为仅次于冷藏、冷冻的第3种保鲜技术而引人注目。

冰温保鲜原理主要是由于大多数的生物组织冰点都低于0℃，当温度处于冰点以上的温度时，组织细胞中含有许多糖类、无机盐、可溶性蛋白质等成分，而各种天然高分子物质以空间网状结构存在，使水分子之间的移动在某种程度上受到一定阻碍而产生冻结回避现象，因而细胞液与纯水存在差异。冰温的机理一般包括两个方面。

① 将食品的温度控制在冰温的范围内，使组织细胞处于活动状态。

② 当食品的冰点较高时，可以向其中加一些相应的有机物或无机物来降低食品的冰点，使冰温带加宽。食品是一个生物活动状态体，在一定条件下经过冷却处理后，生物组织会自动分泌出无机盐、可溶性蛋白质等以保持组织细胞的生存状态，此过程在生物学上称为"生物体防御反应"。当冷却温度临近冻结点时，贮藏食品达到一种休眠状况，从而使产品在"休眠"状态下保存，这个时候组织细胞的新陈代谢率最小，所消耗的能量也最小，因此可以有效地贮藏食品。

冰温技术是一项全新的贮藏保鲜技术，具有不破坏细胞也不流失成分，最大限度地抑制有害微生物活动等优点。如研究表明，鱼介类的松叶蟹利用冰温进行生鲜保存，时间可达150d，而且重量也不减少。但冰温贮藏技术自诞生之后却没有得到广泛应用，这是因为，冰温保鲜要求较高的技术，可利用的温度范围狭小，一般在-2~-0.5℃，方法不易控制，一旦失误会造成很大的经济损失。此外，适合该技术的配套器材的研究与开发滞后也限制了该技术的推广应用。近年来，冰温贮藏技术在日本、美国、韩国等国家和我国台湾地区迅速发展。因此，学习和借鉴其成功的经验，对我国水产保鲜将具有十分重要的意义。

二、水产品冷冻加工工艺

冷冻水产食品是指以水产品为原料，经适当的清洗、去壳、去内脏、挑选、修整或加热等处理，并急速冻结、妥善包装，并在－18℃以下低温贮运和销售的水产食品。与一般未加工处理的新鲜鱼虾等水产冻结品不同，它需要具备以下四方面的条件：一是选择优质原料，并经过适当的前处理；二是采用快速深温冻结；三是在贮藏流通过程中保持－18℃以下的品温；四是产品有良好的包装，符合相应的卫生要求。冷冻水产食品按原料处理方式的不同可分为生鲜冷冻水产食品和调理冷冻水产食品两类，具体工艺如下所述。

冷冻水产食品有生鲜的初级加工品和调味半成品，也有调理加工品。冷冻水产食品的生产工艺因水产品的种类、形态、大小、产品形状、包装等不同而有所差异，但一般都要经过冻结前处理、冻结、冻结后处理等过程。由于冷冻水产食品提供给消费者时，只需简单的烹调或加热即可食用，因此冻结前原料的前处理是非常重要的，也是生产工艺的主体。

1. 工艺流程

（1）生鲜冷冻水产食品的加工工艺流程如下。

原料 → 鲜度的选择 → 前处理 → 冻结 → 后处理 → 包装 → 冷藏贮运 → 销售

（2）调理冷冻水产食品的加工工艺流程如下。

原料 → 鲜度的选择 → 前处理 → 调理加工 → 冻结 → 后处理 → 包装 → 冷藏贮运 → 销售

2. 操作要点

（1）原料鲜度的选择   水产原料的最初质量对冷冻水产食品品质的稳定性有很大影响。如果原料鱼在冷冻加工前因其他原因引起鲜度下降，则加工出来的冷冻水产食品质量就差，而且冷冻贮藏中质量下降速度也快，贮藏寿命缩短。因此，加工冷冻水产食品必须选择鲜度高的水产品作为原料。水产品鲜度好的，可用于加工冻鱼、冻虾等；鲜度较好的，可用于加工冻鱼片、冻虾仁等；鲜度较差的，不能用于加工冷冻水产食品。

如果以冷冻鱼作为冷冻水产食品原料时，首先要判定冷冻鱼的鲜度质量，然后再进行解冻，以保证加工冷冻水产食品的质量。冷冻鱼鲜度质量判定方法有化学方法（测定 K 值和 TVB-N 值）、微生物学方法（测定细菌总数）、物理方法（用显微镜观察组织或者测定液汁损失量）、感官方法等。最简单的是感官方法，就是用锋利的刀具将冷冻鱼切断，观察其断面（使用放大镜更好），在切断面上如能看到冰结晶则鲜度质量不好；如看到表面致密，具有鱼肉特有的光泽，则冷冻鱼的鲜度质量好。另外，切出薄的鱼肉片，放水中融化后再用手指掐一下，如果水分溢出很多，则说明鱼肉的保水性差，说明其鲜度不好；如果将鱼肉薄片放入口中咀嚼，感觉到具有生鱼肉那样的质地，这说明该冷冻鱼鲜度质量较好。

冷冻鱼的解冻以进行到半解冻状态为宜，便于调理。解冻后的终温必须保持在 5℃以下。解冻后鱼品质的劣化速度与新鲜鱼相比显著加快，因此要迅速进行前处理工序，绝对避免解冻品的保存。

（2）前处理   冷冻水产食品加工的前处理一般是指把水产品从捕捞后至冻结前的一系列加工处理过程。前处理必须在低温、清洁的环境下妥善进行。另外，由于水产品的肌肉组织柔软脆弱，极易腐败，因此水产品捕获致死后，必须迅速处理，缩短加工时间，防止其腐败变质。前处理是一个系统过程，每一个操作环节都会对产品质量产生影响。原料的前处理是冷冻水产食品制造的主要工序。由于水产品的种类、产品形式和要求不同，其前处理的操作工艺有所差异，但仍有不少共同之处。

① 原料选择   捕捞的鱼卸货后，首先按种类和大小分类、分级，然后根据用途处理。

② 冰藏　如果进货量较小，原料则不必进行冰藏；如果一次进货量较大，不能及时加工，就必须对剩余鱼货进行冰藏，以防腐败，但是冰藏的鱼货也必须尽快完成加工，否则新鲜度会下降，造成产品质量和贮藏性能下降。

③ 水洗、脱水　鲜鱼首先要用清洁的冷水洗干净，海水鱼可使用1％食盐水清洗，以防止鱼体退色和眼球白浊。特别是乌贼，使用2％～3％食盐水保色效果更好。洗涤方法有两种：浸没式洗涤，将鱼体浸没在装有水的水槽或大桶里，洗涤好后将水排出把鱼取出；喷淋式洗涤，将鱼放在船甲板上或加工场地，用水喷淋洗涤。

④ 形态处理　小型海水鱼类一般都整条冻结，也有剖腹、去内脏后冻结的；淡水鱼则必须去内脏，因为淡水鱼鱼胆极易破裂，会造成鱼体发绿、变苦的"印胆"现象。大型鱼类一般都要经过形态处理，去头、去内脏、洗涤、放血。

大型鱼类或中等鱼类还可用手工也可用机械将鱼肉根据冻结制品的要求，加工成鱼片、鱼块和鱼段等，处理的刀具必须清洁、锋利，防止污染。"全背鱼片"是沿鱼背脊、腹鳍后到尾部取下的半片肉片，每条鱼可加工成两片。鱼片分为带皮和去皮两种。"蝶形鱼片"是两片全背鱼片之间由腹部鱼片连接在一起，形似蝶形片。鱼片加工时间最好在鱼僵硬后，此时鱼体变软适于切片和以后处理，也能防止以后收缩。但是在僵硬状态下切片，切片困难，造成成品率下降。僵硬前切片，切下的鱼皮如不迅速冻结，经过僵硬过程就要收缩。因为此时鱼的肌肉组织不再由骨骼支撑，收缩剧烈，容易破碎而影响成品率。鱼片的成品率在20％～67％。鱼段、鱼块加工：大型鱼去鳞去内脏去皮（有的不去皮）后切成鱼段；鱼块是将处理好的鱼切成20～25mm厚的平块，每块重100～200g。

鲜度好的虾，可以简单清洗后生产冻全虾；鲜度较好的，可以生产冻去头虾或冻虾仁。另外，还可以将虾加工成各种形状的产品，如生蝴蝶虾、开背生虾仁、生凤尾虾、生易开背虾、生虾串等。蟹有在盐水中煮熟后带壳冻结的，也有除壳单冻蟹肉的。乌贼有整只冻的，也有除去内脏，切成片、丝后冻的。

⑤ 水洗、脱水　经过形态处理的水产品，还必须经过再次洗涤，主要洗去形态处理过程中黏附在产品表面的污物等。

⑥ 挑选、分级　水产品经过前面一系列加工工序后，按照鲜度品质和商品规格要求进行挑选分级。

⑦ 抗氧化处理　为防止水产品在冻藏过程中的品质下降，有些品种还要进行必要的物理处理和化学添加剂处理，如抗氧化处理、盐渍处理、加盐脱水处理、加糖处理等。特别是对于多脂鱼类，由于其肌肉组织中的脂肪和脂类物质含有较多的不饱和脂肪酸，容易氧化酸败，造成变色变味，必须采取一些保护措施，如采用适当的包装材料或向鱼产品中加入适量的食品抗氧化剂。

⑧ 称量、装盘、包装、冻结　在操作顺序上，各个品种也有不同。采用块状冻结方式，一般都是冻前包装，或者把一定重量的原料装入内衬聚乙烯薄膜的冷冻盘内进行冻结；如果采用连续式的单体快速冻结（Individual Quick Freezing，简称IQF），则分级和包装都在冻结后进行。

产品在称量时应注意添加适量的水，一般为鱼品质量的2％～5％，这是因为产品在冻结和冻藏过程中存在干耗，添加适量的水可以保证产品解冻后的净重符合规定要求。

鱼产品称量后应立即摆盘。由于鱼产品种类繁多，其摆盘方式也不尽相同。但总体要求摆盘时水产品要摆放平整、外形美观，每盘产品鲜度质量和大小规格均匀一致，这样可使速冻后冻块外观平整光滑，色泽、组织形态均匀整齐。同时在摆盘过程中还应该注意轻拿轻放，尽量不要损伤水产品外形和表皮，并随时剔除不合要求的产品。冻盘要求由不锈钢材料制作，大小规格统一，底部平整光滑，在使用前冲洗干净并进行消毒处理，并在盘底和摆盘后的表层各放一枚标签，上面标明产品名称、等级、生产日期和厂家。

摆盘后应立即进行冻结或送到冻结准备间（0℃）暂存一段时间，在搬运过程中要注意平拿平放，防止冻结盘倾斜、滑倒或上下盘积压，损伤鱼体。

（3）调理加工　调理冷冻水产食品加工工艺流程与普通的冷冻水产食品不同，在冻结前它必须有一系列调理加工工序。调理加工是冻结调理食品所特有的。冻结水产食品品种繁多，每种产品都有各自特殊的生产工艺流程和要求。水产品的调理加工包括调味、裹面、成型、加热、冷却等工序。其中的加热方式有油炸、水煮、蒸煮、焙烤等，采用其中任意一种或组合的方法来进行加热，使产品通过加热处理使得生鲜食品变成熟制品。

冻结调理水产食品的辅助材料种类很多，包括香辛料调味剂、防腐剂、抗氧化剂、弹性增强剂等。它们各自具有调味、增强营养、杀菌防腐、抑制蛋白质变性和增强制品弹性的作用。这些辅助材料必须符合国家规定的卫生质量标准，并且按规定的要求进行贮藏、保管和使用，如果使用不当，保管不善，它们又会成为调理食品腐败变质的促进因素。这些辅助材料是相对于水产品原料而言的，虽然它们不是必不可少的，但在改善食品的特性、口味、外观、营养和贮藏期等方面与原料具有同样重要的作用。

冻结调理水产食品的外观组织形态应完整端正、大小均匀一致、表面形态良好，有自然光泽，呈现鲜嫩态，质构特性良好，不能有水产品原有的腥味和油烧味、新鲜鱼肉的加热腥味、焙烤制品和油炸制品的焦味等不良味道，口感良好。此外，防止冻结调理水产食品中混入任何夹杂物，如碎贝壳、沙粒等异物。

目前市场上的该类产品主要有面包鱼片、蒸煮鱼片、炸鱼排、凤尾面包虾、蝴蝶面包虾、调味虾等。下面以调味冷冻水产食品炸鱼排为例，简单介绍其制作方法。先将原料鱼除去不可食部分，所得的鱼肉片加入食盐、调味料等配料后装入冷冻盘内，用平板冻结机加压冻结或采用单体冻结成厚板状的冻鱼肉块，然后用带锯分割成条状的鱼肉棒，再切成 1cm 厚的片状鱼排。接着，迅速在鱼排外面裹上黄油浆，蘸面包糠，然后放到油温 160～180℃ 的油锅中油炸，待快速冷却后即装盒速冻。

（4）冻结　水产品原料经过前处理和调理加工后，进入冻结工序。具体方法根据产品特性和要求进行选择。

（5）冻结后处理　冻结后处理是指冷冻水产食品从冻结装置中出来，在送往冷藏库进行长期的冻藏前，需要进行一些处理，主要包括脱盘、镀冰衣和包装等操作工序。冻结后处理的目的是防止长期冻藏中冷冻水产食品的品质变化和商品价值的降低。冻结后处理也必须在低温、清洁环境中迅速进行，它直接影响到冻品的质量，尤其是镀冰衣。

① 脱盘　采用盘装的水产品在冻结完毕后依次移出冻结室，在冻结准备室中立即进行脱盘。脱盘可用手工，也可采用机械脱盘。一般从鱼车或运输带上取下鱼盘后，反转鱼盘，并将鱼盘一端在操作台上轻敲几下，冻鱼块即脱落出来滑到操作台上。如敲击盘仍难以脱出冻块，则可将鱼盘浮在水槽中，借水温融化脱盘，或盘底朝上，用自来水（10～20℃）向盘底冲淋一下使其稍微解冻，冻鱼块即可脱出。

② 镀冰衣　镀冰衣就是将水产品浸渍在冷冻的饮用水中或将水喷淋在产品的表面形成一层薄冰层，其目的使水产品和空气隔绝，防止空气的氧化作用，也可以防止冻藏期间的干耗，同时水产品表面的冰衣可使产品外观更加平整光滑，光泽感强。镀冰衣过程需要仔细操作，以便在水产品的表面形成一层完整的厚薄均匀的冰衣，冰衣的质量可占水产品净重的 5%～12%。适当的冰衣取决于镀冰衣时间、水产品的温度、水温、产品大小和形状等诸多因素。镀冰衣的水必须清洁卫生，符合饮用水标准，可以是淡水也可以是海水，水温控制在 0～4℃。

视频：镀冰衣

镀冰衣的方法有浸渍式和喷淋式两种。浸渍式是将刚脱盘的冻结水产品浸入低温水中，利用其自身的低温使周围水变成冰层附着在冻结水产品表层而形成冰衣。镀冰衣浸水时间第一次 8s 左右。有时连续进行二道镀冰，在第一次镀冰衣后应将冻品移出水面半分钟等冻品上的附着水分冻成冰后，即进行第二次镀冰衣，第二次时间 5s 左右。镀冰衣重量可占冻品净重的 5%～12%。喷淋式镀冰衣是连续机械化操作，上下两面喷淋。占冻品净重的 2%～5%。

在采用清水给水产品镀冰衣时，常常出现下列问题：附着量少、附着力弱；有时出现龟裂而剥落；冻藏中冰衣升华消失快，要每隔 2～3 个月再镀一次冰衣，很费力。为了克服以上问题，可在镀冰衣的清水中加入食品增稠剂（羧甲基纤维素等）；对多脂鱼，还应加入抗氧化剂等。

③ 包装　包装的目的是保持产品良好的感官品质；不受污染；防止冻结表面干燥和氧化作用；不使产品感染其他气味和色泽；维护产品原有的质量；方便贮运；提高水产品的商品价值。包装材料要求清洁卫生、无毒；不串味，防止灰尘和细菌污染；耐低温、气密性好、透湿率低、透光性好。目前国内外普遍使用的包装有收缩包装、充气包装、真空包装和无菌包装等。包装时需要注意：a. 必须在低温下进行，包装前包装材料要预冷到 0℃ 以下；b. 每种冻品单独包装，同时与外包装的标示规格一致；c. 每一箱总质量控制在 25kg，便于流通搬运；d. 外包装材料上应明显标有产品的商标，并注明品名、产地、等级、批号、厂代号、毛重、净重及其他规定要求；e. 出口商品还应用英文或进口商所要求的某国文字作相应的标示；f. 包装后应迅速进入冻藏间，防止品温回升。

(6) 冻藏　冻结后的水产品要想长期保持其鲜度，还要在较低温度下贮藏，即冻藏。冻藏温度对冻品品质的影响非常大，温度越低品质越好，贮藏时间越长，但考虑到设备的耐受性和经济性以及冻品所要求的保鲜期，一般冷库的冻藏温度设置在 −30～−18℃。我国的水产冷库库温一般保持在 −18℃ 以下，有些发达国家则为 −30℃。另外，温度的波动幅度、包装材料、湿度、堆放方式等对其冻品品质也有重要的影响。在冻藏期间如果不注意这些细节，将会给冻品品质造成很大的危害。因此，要严格控制库房温度、防止波动，在 −18℃ 以下冻藏时允许有 3℃ 的波动。其次要减少开门次数、进入人数和开灯时间。

三、注意事项

水产品低温加工是利用低温来抑制微生物生长，从而延长食品的保质期。为了保证食品的安全，除加工过程中按人员、环境等方面的要求实施外，关键是做好加工及贮运过程中的温度控制。加工车间的温度不应高于 21℃（加热工序除外）。产品经冷冻后进行包装时，包装间的温度应控制在 10℃ 以内。预冷库、速冻库、冷藏库和原料库的温度符合工艺要求，配有温度计及自动温度记录装置，并定期校准。预冷库（或保鲜库）的温度应控制在 0～4℃；冷藏库温度应控制 -18℃ 以下；速冻库温度应控制 -28℃ 以下。库内保持清洁，定期消毒、除霜、除异味，有防霉、防鼠、防虫设施。贮存物品与地面、墙壁和屋顶的距离必须符合冷库贮存规定。

加工实例 ══════ 常见冷冻水产食品加工 ▬▬▬▬▬

一、冷冻水产食品加工

严格来说，应该是生鲜冷冻水产食品，与调理冷冻水产食品相区别。生鲜冷冻水产食品依不同的形态处理方法又分为全鱼、半处理、全处理、纵切片（鱼片）、横切片（鱼段）和大块肉等。全鱼为保持鱼体原状不作处理，大型鱼要去鳃。半处理为去除鱼鳃及内脏或虾去头而已。全处理则包括去头、内脏及鳍，虾去壳，有些鱼还去皮。纵切片（鱼片）的三片法是沿着鱼体背脊纵向切出鱼肉，分上、中、下三片，中间为骨头，两片为鱼肉。鱼段则是刀与鱼背脊垂直切下，厚度约为 1.5cm。

根据目前国内状态，介绍以下几种有代表性的冷冻水产食品的加工工艺，即冷冻鳕鱼片、冷冻鱿鱼块、冷冻对虾等。

1. 冷冻鳕鱼片加工

(1) 概述　国内市场常见的鳕鱼是鳕科中的狭鳕，即明太鱼，属白肉少脂鱼，是制造鱼糜的主要原料。近年来我国对外贸易逐步发展，有大量狭鳕进口，并将其加工成冷冻鳕鱼片返销国际市场。现将冷冻鳕鱼片的生产工艺介绍如下。

(2) 原料　采用优质冷冻鳕鱼作原料。

(3) 加工工艺

① 工艺流程

原料 → 解冻 → 清洗 → 消毒 → 去皮 → 冲洗 → 开片 → 修整 → 摸刺 → 灯检 → 复验 → 消毒 → 漂洗、沥水 → 过磅称重 → 摆盘 → 速冻 → 脱模 → 称重 → 检验 → 包装入库

② 操作要点

a. 解冻　原料出库后即放入不锈钢池子或其他容器中，用自来水进行解冻，水温 20℃ 左右为宜，解冻时间为 15～20h（视原料及气温而定），以刚化冻为宜。若完全解冻，鱼体柔软黏滑，既不易处理，又会因液滴流失过多而影响肉质及出肉率。

b. 消毒　将解冻原料用清水冲洗干净后，再用 20mg/kg 次氯酸钠溶液浸泡消毒，时间 3～5min。次氯酸钠母液的浓度须及时调整，以保证消毒效果。

c. 去皮　将消毒好的鳕鱼逐条平放在去皮机上，去净鱼皮。去皮机刀口的锋利程度要掌握好，以免影响鱼品的质量和出成率。要求操作人员一定要戴手套，防止发生意外事故。

d. 开片　将去皮后的鳕鱼用水冲洗后，按鱼体纵向用切鱼刀剖成两半，剔除鱼的脊椎骨、肩骨、大的肋骨、内脏、皮、鳍、鱼腹黑膜等。此工序极为重要，对产品的出成率影响很大，所以，要求加工前一定要磨好刀，以免切破、切碎鱼体而影响出成率。

e. 修整　将开片鱼片装入带孔塑料筐中，用流水冲洗一下，然后修整。注意去除鱼片上的残余鱼鳍、鱼腹黑膜等，以免影响产品美观。修整时应特别注意产品的出成率。

f. 摸刺　要求对修整后的鱼片逐片检查，用手沿着鱼片从头到尾方向慢慢摸遍，去掉残余的鱼刺等。

g. 灯检　将鱼片逐片放在特制的灯光检验台上，用小镊子除去鱼片上附着的寄生虫。常见的寄生虫有线虫、绦虫和孢子虫。

h. 复验　要求操作人员细心地逐片检查，去掉残余的鱼皮、鱼刺、鱼肉、鱼腹黑膜及寄生虫等。

i. 消毒　将经过复验后的鱼片平摆入带孔塑料筐中，先用清水冲洗一遍，然后放在 5mg/kg 次氯酸钠水溶液中浸泡 3～5s，迅速取出后控水 5min。

j. 漂洗、沥水　将经过消毒控水后的鱼片放入已配制好的多聚磷酸钠和焦磷酸钠混合溶液中漂洗，时间 3～5s，溶液浓度为 3％左右，温度 5℃左右，漂洗后的鱼片应充分沥水，时间 15～20min。

k. 过磅称重　标准冻鱼块重 7.48kg，考虑让水量 3％～4％，一般称重 7.75kg，原料不同，此称重也不同。对每批鱼可先做试验，定出一恰当称重，要求过磅务必准确，以免影响成品质量及出成率。

l. 摆盘　称重后的鱼片应马上摆盘，不得积压，将鱼片按大小、头尾整理好，整齐地摆入特别的铝合金模子内，模子内先套上纸盒包装，要求摆盘后的鱼块上下及四周均平整光滑。操作人员应每小时用消毒水洗一次手，以免黄色葡萄球菌污染鱼体。

m. 速冻　鱼片摆盘后应及时放入平板速冻机中进行速冻，积压时间不得超过 1h，速冻温度要求在 -30℃以下，平板压力 4.9～5.4MPa，速冻时间约 3h。

n. 脱模、称重　速冻好的鱼块应及时用脱模机进行脱模，然后称重，鱼块质量要求在 7.61～7.84kg。

o. 检验　每天都要对成品进行质量检验，并填写检验报告单，并每天进行两次卫生标准检验。

p. 包装、入库　称重合格的鱼块按每箱 4 块包装好，及时入库，库温要求不得高于 -23℃，温度变化不宜超过 2℃，以免影响产品品质。

2. 冷冻鱿鱼块加工

(1) 概述　鱿鱼学名柔鱼，是重要的海洋经济头足类，广泛分布于大西洋、印度洋和太平洋各海区。近年来我国远洋光诱鱿钓渔业有很大发展，鱿鱼的渔获量日益增加，除鲜销外，将鱿鱼加工成冷冻鱿鱼块出口或供应国内市场，均可取得较好的经济效益。现介绍冷冻鱿鱼块的加工工艺。

(2) 原料　应选用品质好、鲜度好、无损伤、有色泽的鱿鱼作原料，要求肉质结实，并且具有新鲜味。

(3) 加工工艺

① 工艺流程

原料验收 → 洗涤 → 剖割 → 去内脏、软骨、表皮 → 清洗 → 称重 → 装盘 → 速冻 → 脱盘 → 包装 → 冷藏

② 操作要点

a. 洗涤　用筐装适量鱿鱼并在海水中搅拌，去掉鱿鱼体外的污物。

b. 剖割　剖割鱿鱼时将其腹朝上，用刀顺腹腔正中间剖割至尾部，使两边肉对称。对来不及加工的鱿鱼应加入适量冰块降温，以保持其鲜度和质量。

c. 去内脏、软骨、表皮　将鱿鱼剖开后小心摘除其墨囊，不使囊内的墨汁流出，以免影响外观。接着清除内脏、软骨，剥去鱿鱼的表皮，留眼、嘴，要求外观完整洁白。

d. 清洗　用清水浸洗鱿鱼体，水中加入少量冰，除去原料残存的内脏、杂物等后，重新用清水（加少量冰）再漂洗干净，沥水 5～10min，以滴水为准，转入装盘。如来不及装盘应暂放入加有冰块的水中冷却，但时间不宜长。

e. 称量　每块成品 1kg 的干耗率为 2%，称重时每盘装 1.02kg。

f. 装盘　把鱿鱼头尾错开平放入盘中。

g. 速冻　将摆好盘后的鱿鱼及时送进速冻间排列在搁架管上，每层盘之间用竹片垫架，以利垫放和冷冻。8h 内，鱿鱼块中心温度达到 −15℃ 即完成速冻。

h. 脱盘　采用水浸式脱盘，将鱿鱼冻盘依次放入清洁的水中 3～5s 捞出，倒置在包装台上轻轻一磕，鱿鱼块即脱盘，同时镀上冰衣。

i. 包装　每一冻鱿鱼块外套透明塑料袋，每两块装入纸箱中，用胶带贴封箱口。包装上需标明品名、规格、净重、日期、出口国及公司名称、产地、批号。

j. 冷藏　包装好的产品应及时进入冷藏库中贮藏，冷藏温度应稳定在 −18℃，少波动。

3. 冷冻对虾加工

(1) 概述　近年我国的对虾养殖业有较大的发展，其出口量迅速增加，加工品种很多，主要有冻有头对虾、冻去头对虾、冻带尾虾仁、冻对虾虾仁和冻对虾球等。其中绝大部分是以块冻无头对虾的形式供应国际市场。

(2) 加工工艺

① 工艺流程

对虾原料→前处理→冲洗→去头→洗涤（冰水）→分级→控水→称重→盘中清洗→摆盘→灌冰水→控水→半成品检验→冻结→制作冰被→脱盘→镀冰衣→包装检验→冷藏

冻有头对虾的加工除去去头工序外，其他工序相同。冻带尾虾仁、冻对虾仁和冻对虾球等品种加工若用新鲜原料，则去头工序后需加上去皮、去肠腺等工序；若采用复冻原料，则需先解冻后去皮，其余工序同上。

② 操作要点

a. 前处理　用于冷加工的原料对虾应新鲜、清洁、无污染和未使用任何添加剂，其感观、理化和细菌指标应符合《对虾卫生标准》要求。因此应注意原料对虾的收获、保鲜运输工作，要按照适时捕获、及时加冰、及时运输的原则进行，对先捕获的虾应先运送。运输虾的工具要求清洁卫生、无异味，在冷藏运输过程中，要防止外界环境对原料的污染和虾体品温的过分回升，以确保原料虾的质量。前处理过程需在低温条件下进行，原料清洗用水的水温不超过 10℃，水质符合卫生要求，可用淡水或海水，冲洗要干净，除去虾体上附着的泥沙、杂草及其他外来杂质。冲洗时要不断地翻动虾体，以免箱底部的虾冲洗不净，但翻动时不得损伤虾体。冲洗干净后的虾应立即加冰送下一工序加工。

b. 分级、称重　将洗净后的对虾置于操作台上，先按照加工品种的感官质量标准进行分级。目前，各加工品种的品质标准一般参照国内出口冻虾行业标准或进口国家有关对虾进口的标准。国内行业标准分为海捕对虾和养殖对虾两类，出口产品以养殖对虾为主。品质分级时按相关标准应剔除各种不符合质量要求的对虾。

挑选时以每个规格的中间对虾大小为准，不得混入过大或过小的虾，做到不串级、混级。挑选过程中要快速准确不积压，并添加直径 2～3cm 的冰块进行保鲜。

分级后的虾按不同规格置于控水筛内进行控水。控水时间一般为：去头或带头虾 5min 左右，虾仁 10min 左右，控至虾体呈自然附着水分为宜。控水时虾不应堆放太厚，以免控水不净。控水后的各种规格的虾立即进行称重。称重要准确、迅速，一般出口对虾每盘净重 2kg。称重时应加上一定的让水量，让水量的幅度根据虾的鲜度、加工品种不同，一般掌握在 1%～3%，保证解冻后虾的净重不少于规定标准，允许误差范围在 1% 以内。单体冻结对虾称重后可直接进入冻结工序。

c. 摆盘　将已称重过的对虾放入盛有冰水的冻结盘内，进行摆盘操作。摆盘的目的主要是使成品整齐、美观、平整和均匀。同时，在摆盘过程中进一步剔除不符合品质和规格要求的虾，进一步清洗虾体和去杂质。

摆盘方法：各种冻虾成品所要求的摆盘方法不一样，主要有以下几种。

Ⅰ. 有头对虾　直身顺摆，层层排列，头向外，尾交叉，下层背向下，上层背向上。要求表面平整，排列均匀，雌雄不得混块，规格、标签上下各一枚，标签正面朝外。

Ⅱ. 去头对虾　分层横摆，每磅（约 454g）含虾只数在 30 只内的分层摆，虾颈向外，尾交叉，上下层背朝外，虾仁体稍带倾斜。每磅 31～110 只的只摆上下层，摆法同上。表面平整美观，雌雄虾不得混块，雄虾可以混箱装。菱形规格标签上下层各一个（面朝外），两尖压入虾体，要压平。

Ⅲ. 对虾仁　横摆，虾体平铺，略呈弯形，每磅（454g）含虾只数 40 只以内的摆上下两层，40 只不摆盘，放好标签。

Ⅳ. 对虾球　按大（每磅 50 只）、中（每磅 51～100 只）、小（每磅 ≥101 只）分别装盘，整平，不摆盘，放好规格标签。

在摆盘过程中要遵守以下几项要求。

Ⅰ. 冻结虾盘使用前需洗刷干净，并用 0.5%～1% 有效氯（漂白粉）溶液消毒 10min，并且保证冻结虾盘不漏水、不变形，盘底无积水。

Ⅱ. 摆洗　摆盘前将称重好的对虾放入盘内，加入冰水边摆边洗一次，以进一步除掉杂质。洗涤时不能挤压虾体，不合格的要及时更换，更换的虾规格、等级、重量均应与原来的相同。

Ⅲ. 平整、均匀　摆盘后，上下表面平整，密度均匀，达到商品包装的要求。

Ⅳ. 灌水与控水　已摆好盘的对虾，每 4～5 盘为一组，盘盘叠放，最上面一只空盘，注满冰水或温度较低的清水，水质清洁卫生，水温为 0～4℃，以进一步降低虾体温度和清洗虾体。然后翻盘控水，有头对虾和去头对虾控水 5min，对虾仁和对虾球控水 10min，以消除"红底虾"和"混底虾"。

Ⅴ. 整形　入库冻结前用竹刀或马口铁插板沿铁盘内壁四周划缝，使其整形，防止虾身或虾尾抬起。划缝时，要平拿轻放，以防空隙堵塞。

Ⅵ. 附签　摆盘时，虾盘底表两面各附规格标签一枚，标签正面向外。标签上注明商标、品名、等级、规格和生产日期，然后入库冻结。

d. 冻结　摆盘后的对虾半成品经检验合格后，及时入库冻结。要求在冻结过程中必须尽快通过最大冰晶生成带，在最短的时间内其中心温度必须达到−15℃以下，一般不超过8h。有头对虾或去头对虾冻块厚度原则上不超过6.8cm，虾仁和虾球冻块厚度不超过5.8cm。冻结室温度一般要求在−28℃以下。

对虾冻结设备常采用吹风管架式冻结装置和平板冻结装置，单体对虾冻结则一般采用液氮冻结和流态化冻结。

在对虾块冻结过程中要适时加水制作冰被。所谓冰被，是指对虾冻结至适当温度时，加一定量的水，等冻结完成后在虾体周围所形成的一层厚厚的冰膜。冰被具有保护虾体的作用，防止虾体风干和氧化。所加的水要符合生活用水标准。制作冰被的方法一般采用二次加水法，但加水时间和操作方法我国南北方不一样。北方第一次加水是在当虾体冻结至−6℃左右时，加水量为虾厚度的2/3；第二次在产品出库前2h加水，水量以刚遮住虾体背部为宜，这次加水主要用来制作上层冰被。南方第一次加水是在冻结以前，水温为0~4℃，加水量以略低于虾体为宜，避免虾体漂浮；第二次是在虾体中心温度降为−8℃时加水，水温为0~4℃，加水量以刚没过虾体背部为宜，不可过多或过少，以防止"蜂窝"或"冰雹"出现，然后冻结至中心温度符合出库温度为止。这两种二次加水法各有其特点：前者具有冻结快、不易产生"混底"等特点，但由于是先冻结后加水，而且无盖板，表层虾体有轻微风干，有时产生漂虾现象，使冰被过厚，影响外观和包装质量；后者具有块形整齐规范、表层虾不易风干的特点，但由于是在冻前加水，冻块易于产生"混底"，冰被色泽发暗，影响冻块外观与虾的质量。不论采用哪种方法，都要求冰被平整美观、透明度好、无裂纹、无蜂窝、清晰可见、符合卫生标准。出口对虾中心温度在−18℃以下，或者按照销售商所要求的最终温度。中心温度达到要求后就可以出库进入下一个工序。

e. 脱盘和镀冰衣　对虾冻品中心温度达到规定终温（一般−15℃以下）时应及时出库脱盘，脱盘在脱盘间进行，脱盘间温度一般控制在0~4℃。

脱盘的方法有水浸式和水淋式两种，无论哪种脱盘方法，用水必须清洁卫生，符合饮用水标准，水温不超过20℃。水浸式脱盘就是将冻结虾盘正面向上，浮在水槽内，并保证冻品表面不接触槽内的水，借水温作用使冻结虾盘底部和四周温度上升，融化部分与冻结虾盘接触的冰，操作时间不宜过长，以刚好能使冻块脱出冻结虾盘为宜，防止冰被融化。这种方法脱盘时间短，但是对冻块温度影响较大，不卫生，冻块表面容易受槽内水的污染。现在大都不采用这种方法，而采用水淋法脱盘。将冻结虾盘用传送带送到脱盘器上，将冻结虾盘反放，朝盘底和四周壁面喷淋水，操作速度要快，时间不宜过长，防止冰被融化，同时，在操作过程中要轻拿轻放，应避免损伤冻块冰被。

脱盘后的冻块或刚冻结好的单体速冻对虾都应立即镀冰衣。镀冰衣的方法有过水法和淋水法，以过水法为好。镀冰衣时水温为0~4℃，浸水时间为3~5s，使冻块或单体对虾表面镀上一层完整均匀的冰衣。为了保证镀冰衣的厚度和完整性，应连续操作2次以上。第一次镀完冰衣后应让冻块或单体虾在空气中停留片刻，使虾体表面的水完全结冰后再镀第二次冰衣。

镀冰衣用水应清洁卫生，无杂质，符合饮用水标准。水中的冰碴要及时清除，以保证冰衣透明和冻块的整洁、光亮。冻块冰被不良、断块或有"红底""混底"等缺陷的产品，在镀冰衣前必须认真检查挑出，经重新处理，合格后方可镀冰衣，进入下一个工序。

f. 包装检验　冻块包装前，应对冻块进行检验，检查冻品外观和内在质量是否符合标准，标签与冻品是否一致，两枚标签的品名、等级、规格是否一致，经检验合格的方可进行包装。

冻品的包装材料和容器应清洁卫生、无毒、无霉、无异味。与产品直接接触的包装用纸、标签等不得含有荧光物质，塑料袋必须是无毒塑料制品，禁用聚氯乙烯塑料袋。包装设计尺寸要合理，大小适中。包装材料和容器在包装使用前需进行预冷，预冷温度以不超过−10℃为宜。冻品包装在−10℃低温间内进行，包装时先套小塑料袋，再装小纸盒，最后装大箱。出口对虾每块净重 2kg，每箱装 6 块，净重 12kg。塑料袋要扎紧，排出袋内的空气，小纸盒要叠紧盖严，放入包装箱内，其图案方向向上，摆放应一致。纸箱底部和上部用黏合剂粘牢并用胶带封口，或在箱外用塑腰箍紧，力求包装完整、清洁、坚固，适合于搬运。

包装的标志必须符合《食品标签通用标准》的规定。使用专用纸箱的，其标记、号码统一印制，若不是专用纸箱，必须在纸箱的正面空白处，印刷字迹清晰的中英文品名、等级、公司名称和产品商标，在纸箱的两堵头加刷中英文规格、净重、毛重、批号、厂代号和生产日期等标记。标志印刷中印色必须无毒，字迹必须清晰、美观，字体大小必须符合标准要求，如纸箱的两堵头印刷的标记中，其字母高 3cm、宽 2.5cm，阿拉伯数字高 1.5cm、宽 1.25cm。

g. 冷藏　冷藏要求与前述相同。一般在−18℃下对虾可保藏 3～4 个月，在−30℃以下则保藏时间延长 1 倍多，而且品质比−18℃下贮藏优良。要注意防止干耗、变色等对对虾质量的影响。

二、调理冷冻水产食品加工

所谓调理冷冻水产食品，是指经过烹调、预制的冷冻水产食品。它以新鲜水产品为主要原料，再适当配以其他蔬菜、调味汁等烹调成菜肴后冻结的食品。如冷冻烤鳗、冷冻煮蟹肉、冷冻虾肉丸、冷冻香酥虾饼、冷冻文蛤肉串、冷冻虾饺、冷冻鱼面等。

以下重点介绍冷冻烤鳗、冷冻煮蟹肉和冷冻香酥虾饼。

1. 冷冻烤鳗加工

冷冻烤鳗主要出口日本。福建省目前成为全国的主要生产基地，主要生产长烧鳗或串烧鳗。现将加工工艺介绍如下。

(1) 工艺流程

收购→吊养→选别→冰镇→剖杀→鳗肉挑选→切片→打串→烘烤→预冷→急速冻结→包装

(2) 操作要点

① 收购活鳗原料　要检查重量、鳗鱼规格、残留药物、病鳗、泥臭味、胃中残饵量及其他不良鳗等，收购鳗场为在商检局注册登记的，并附用药登记表。若不符合质量要求，会影响产品的价格。

② 吊养　将验收合格的鳗鱼放养于吊养池中，吊养 24h 左右，至鳗鱼腹中无铒为宜。吊养水中细菌数不得高于 1.0×10^2 个/mL，且大肠杆菌为阴性为宜。并注意及时捞出死鳗。

③ 选别　要注意按规格选别、分级，而且要把不良原料鳗剔除。

④ 冰镇　将选别后的鳗鱼倒入碎冰水中冰镇（冰冷），冰镇温度应在 4℃以下才能使鳗

鱼冰昏（鳗鱼在水温 8℃ 以下冬眠），冰镇时间约为 30min。完成后，装入圆形小桶中，再加入适量碎冰，送入杀鳗室。

⑤ 剖杀　分两种方式：一是去头、放血、开背、取骨及血拔；二是不去头，开腹、取骨。我国出口多采用第一种。具体操作如下。

a. 左手提住鳗鱼，下腹处朝外，平放在砧板上，右手持刀呈 30°～40° 倾斜往下切。

b. 切头时于鳗耳前方 0.5～1.5cm 处下刀，切头以背椎骨切断后至肉的 2/3 深处。

c. 将放血后的鳗鱼，用钢针插入头 1cm 处固定于砧板上，以左手拇指放在刀尖，中指及无名指第一节同时压住鳗鱼，将背部切开，左手拇指将背部掀开，拇指、食指、中指将内脏向外拉至腹部 2/3 处，左右手同时动作将内脏割取。

d. 取骨时，左手压于血胆后 2cm 处，用刀刃操作，骨取至 3cm 时，将刀柄在前，刀尖在后，以倾斜 30° 进行操作。外围细骨，用刀尖划痕后再将细骨取掉。

e. 将肉片放入血拔机中，除血至预定程度。

剖杀时注意事项：应注意刀的锐利，砧板、水的卫生。砧板应有两套，每 2 周换一套，换洗的一套应于洗净后在日光下晒 4h，收藏好以备换取。鳗鱼血清呈美丽的绿色，血液中含有一种毒素，如进入眼睛则引起结膜炎，沾到人体伤口则易引起轻度发炎。但毒素作用甚弱，加热或腐败后即破坏，有了这种毒素才有鳗鱼的独特风味，故有的日本客户要求带血的或只血拔到 50% 左右的鳗鱼。手套最少 2h 换一双。光线在砧板面应有 200W 烛光，否则会影响剖杀作业的效率。剖杀后，应将鳗鱼肉装于容器内，切勿直接放置在地面上。

⑥ 鳗肉挑选　对于长烧鳗，剖杀后即区分成 2～8 尾/kg（也有分成 S、M、L 三种规格的），分别装入不同容器，并以记号标志之。对于串烧鳗，则切片后再选别、分规格。

⑦ 切片　对于串烧鳗必须经过切片，一般一尾鳗鱼肉，短者切成 3 片，长者切成 4 片。三段组合时，要求附片（由尾部组成）需长于主片（由胸、腹部片组成）2cm。四段组合时附片需长于主片 1.5cm。

⑧ 打串　分手工打串和机械打串两种，各有各的标准。

a. 手工打串作业标准　串鳗片时，要求用左手拇指、食指、中指用力按住鳗片，右手持竹签由鳗片的左边开始串起，由左而右，先串附片，再串主片，利用手掌及手指的力量向前推延。串好后左手按住鳗片，右手轻动竹签，鳗片平行紧密即可。

b. 机械打串作业标准　排鳗片作业员将鳗片放在机台盘面上，附片放在主片底部，左右手同时将鳗片移动至盘面定点处打串。机串完成后，另一人收串鳗，用右手拿一支签，将鳗翻转至皮面，左右手同时拿竹签，用力将附片挤向主片，使之成平行紧密排列。串好的鳗片、串鳗应平行紧密，不得有串到皮部、浮串、歪串等不良形态。

⑨ 烘烤　烘烤有两种标准，即白烧烤鳗（未加调料）和蒲烧烤鳗（加调料）。

a. 白烧烘烤作业标准　将鳗片皮朝上，肉面朝下，整齐排列于输送带上，以第一台烤鳗机先烤皮面。排鳗时肉片不能重叠，竹签尖的部分朝前，要对准竹签后半段有效空间排满，使后半段竹签被另一串鳗片覆盖，不致被烤焦成黑色。然后将皮面已烤熟鳗片翻转，并进行剪鳍，长烧者则同时要剪耳朵，经第二台烤鳗机烘烤，在出口处再将鳗鳍及内脏残留物以夹子除净。

b. 蒲烧烘烤作业标准　经白烧后的鳗片，肉面烤熟后再进入蒸鳗机内蒸煮，在蒸煮机出口处再做耳部、鳗鳍及内脏残留物之去除工作。蒸煮后将鳗鱼腹部水分吹干。然后进行第一段调整：将肉面向上进入酱油槽后再烘烤，烤出后色泽必须呈金黄色，色泽均匀后再进行第二段调理烘烤。经四次烘烤后蘸酱油溶液，产品成金黄色，再烘烤后将成品成倾斜状，竹尖或头部朝前进入预冷。烘烤作业在整个烤鳗工程中是一关键性的作业。烘烤后鳗片的中心温度不得低于 70℃，烤焦程度以不超过 3% 为佳，要特别注意卫生，烘烤工作人员必须戴上口罩，且口罩应盖上鼻孔。

⑩ 预冷　将烘烤后的鳗片放到预冷箱或预冷室预冷，预冷后鳗片品温能达 10℃ 以下为理想。

⑪ 急速冻结　可分别采用传统的平板式冻结、螺旋式冻结或液态氮冻结方式生产。

a. 用平板式冻结机进行单体快速冻结（IQF）　将预冷后的鳗片排列整齐，勿重叠进入平板式冻结机实施冻结。鳗片的排列量要配合冷冻机的冻结能力，要求在 30min 内使鳗片中心温度达到 −18℃ 以下。

b. 用螺旋式冻结机进行单体快速冻结　长烧的排列方式是外侧与钢带平行直排，内侧与钢带成 30°～40° 倾斜排列。串烧则内外侧均倾斜排列进入冻结室。冻结量同样要考虑制冷能力，一般工作线一线选每小时 700kg 足够。

c. 液态氮冻结　若输送带宽度能容纳横排，则全部采用横排，否则采用 30° 倾斜排列。

以上冻结要求均是在 30min 内使产品品温达到 −18℃ 以下。

⑫ 包装　将速冻的鳗片，利用自动称量选别机加以选别并分别包装于内盒，内盒在包装前应先铺塑胶纸，然后用塑胶纸再盖上鳗片，务必完全盖住，内盒包装完成后另由专人盖上规格章，标明规格、尾数、串数或重量。然后装入外箱后打包，进入冻藏。

2. 冷冻煮蟹肉加工

(1) 概述　冷冻煮蟹肉是我国沿海出口水产品之一。近年来，由于美国加强了对进口熟制品的管理，外商对蟹肉的质量提出了更高的要求，即质优、菌低，微生物指标必须符合FDA 标准，因而我国传统的冷冻煮蟹加工方法受到限制。现介绍一种采用热力杀菌方式加工低菌优质冷冻煮蟹肉的加工方法。

(2) 原料　要求选用活鲜蟹作原料，其鲜度、肥满度良好，色泽正常，腹面甲壳和中央沟色泽洁白有光泽，脐上无胃印，蟹足内壁洁白，严禁使用不新鲜的原料。同时应加强对原料的保鲜，收购后要立即加工，否则应置于 7～10℃ 温度下冷藏。

(3) 加工工艺

① 工艺流程

原料验收→洗涤→蒸煮→取肉→挑选→漂洗→沥水→称重→装盒→封口→杀菌→冷却→速冻→包装→冷藏

② 操作要点

a. 洗涤　用水冲洗并用刷子刷洗蟹体，洗净在捕捞和运输过程中其所夹带的泥沙和各种污物。洗涤时要采用流动水。

b. 蒸煮　可用蒸汽蒸或水煮。用水煮时要注意保持一定的水量，防止水分蒸发过多造成焦锅现象。蒸煮 20min，待蟹壳变黄，蟹肉的蛋白质凝固，能将肉和壳分开时即可出锅。出锅后自然冷却。

c. 取肉　先去蟹壳盖，用不锈钢刀去浮鳃、嘴脐等，用水冲洗，洗净内脏，将蟹身对半砍断，去内壳，取出体肉和肩肉，最后取出腿肉。取肉时应尽量保持蟹肉的完整。

d. 挑选　把蟹肉放在清洁卫生的不锈钢操作台上，挑出鲜度差的肉和内骨、蟹壳粒、触角等和其他杂质。

e. 漂洗、沥水　把盛有蟹肉的筛子浸在 3～4℃ 的清洁水中，用手轻轻搅抖，以除去泥沙及没有去净的内脏等，使蟹肉保持固有的色泽。盛蟹肉时不宜太满，以一半为宜。漂洗后把盛有蟹肉的筛子放到铁架上，使之保持一定的倾斜度，沥水至间滴水时即可称重。

f. 称重、装盒、封口　称重时应选用经过校对的衡器，并添足让水量。2kg 装，让水8％。塑料所用材料要符合卫生要求，且能耐热耐低温，装盒时应尽量避免蟹肉粘贴在盒子边缘上，每盒净重 1kg 或 2kg。采用热封口。封口要平整、无皱纹和死折。

g. 杀菌　在杀菌锅内直接用蒸汽进行热力杀菌。1kg 或 2kg 塑料盒装蟹肉，厚度为4cm 的产品采用的杀菌条件为：升温排气 3min，在 105℃ 的温度下杀菌 12min，然后反压冷却 2min 即可出锅。

h. 冷却、速冻　抽自然风进行冷却。为缩短冷却时间，可辅以冰降温，待产品冷却至37℃ 左右时即可速冻。速冻时采用平板冻结机或空气冻结法。当冻品中心温度达 −15℃ 时即可出冻。用空气进行冻结时，冻结间温度应在 −25℃ 以下，冻品中心温度达到 −15℃ 时所需时间不能超过 14h。

i. 包装、冷藏　用纸箱包装。包装要牢固、完好和清洁，适合长途运输。箱外要标明商品名称、厂名、质量、产期、批号和唛头。然后将产品贮存在温度低于 −18℃ 的冷库中，库温要稳定，波动不能太大。

(4) 注意事项　原料的鲜度是产品质量高低的前提。因此，要切实加强对原料的验收把关及对原料的保鲜。

控制杀菌前的污染，加强对运输器具的卫生管理，洗涤时应注意用流动水，加强对加工人员的卫生教育和工作服、鞋、帽等的消毒，加工器具的消毒，增加消毒次数，以每隔 1h 消毒 1 次为宜，加强对加工散水、加冰的检验，并及时添加消毒剂，以达到 3mg/kg为宜。

加工时间和车间温度对蟹肉质量及杀菌效果均有着很大的影响。要改进加工工艺，缩短加工时间，以从取肉到杀菌不超过 4h、从装盒至杀菌不超过 0.5h 为宜。加工车间要安装空调，温度调节为 18～20℃。加工过程中蟹肉要加冰保鲜，使其温度在 3℃ 以下。

杀菌工艺的确定主要是杀菌温度和时间的选择，它取决于杀菌前细菌的污染程度，蟹肉的厚度、导热性、耐热性等因素，因此，应通过试验来确定最佳杀菌工艺。

杀菌后经冷却的蟹肉应及时速冻，否则细菌会繁殖，导致产品不合格。但蟹肉在杀菌出锅后也不能立即速冻，因为温度的剧变会破坏蟹肉的组织形态，使蟹肉呈糊状，故在进入速冻工序时，蟹肉温度以控制在 38～40℃ 为宜。

(5) 质量标准

a. 基本保持传统出口冷冻煮蟹肉的色、香、味和组织形态。

b. 微生物指标必须符合 FDA 的卫生标准。抽查的 10 个样本中埃希菌、葡萄球菌和沙门菌均不得检出。

3. 冷冻香酥虾饼加工

(1) 概述　冷冻香酥虾饼是以冷冻鱼糜为原料，配以辅料、调味料加工而成的冷冻方便食品。该产品不经解冻即可油炸，表面呈金黄色，外酥里嫩，具有虾的鲜味，营养丰富，很受欢迎。

（2）原料　冷冻鱼糜、蛋清、味精、白糖、精盐、淀粉、虾肉、虾香精、虾色素、虾味素、猪油、蒜泥、水各适量。

（3）加工工艺

① 工艺流程

冷冻鱼糜→自然解冻→称量→擂溃→成型→沾面包屑→装盘→速冻→装盒包装→冷藏

② 操作要点

a. 冷冻鱼糜解冻　冷冻鱼糜的解冻可在解冻装置中进行或在空气中自然解冻，但需根据各季节不同的气温情况，提前一段时间将冷冻鱼糜从冷库中取出，再从瓦楞纸中取出，在原装的聚乙烯薄膜袋里于室温条件下解冻至半解冻状态。

b. 擂溃　把半解冻的鱼糜按配方要求称量放进擂溃机，加入绞碎的虾肉、虾色素、虾香精、虾味素和适量冰水擂溃 3～5min，用手捏鱼糜没有冰晶感后加入精盐，擂溃 20～25min，加入猪油（炸蒜炸出香味的）、蛋清、淀粉及其他配料擂溃 5～8min 即可。擂溃时注意温度控制在 8℃以下。

c. 成型　将擂溃好的鱼浆装入成型机内，根据要求的质量调好成型后的虾饼的厚度，将鱼浆加工成圆形或椭圆形的虾饼。

d. 沾面包屑　将成型后的虾饼放进盛有面包屑的盆里，人工把虾饼两面都沾上面包屑。

e. 装盘　把沾上面包屑的虾饼整齐地放在冻鱼盘内，放满一层后盖上聚乙烯薄膜；再放一层虾饼，盖上聚乙烯薄膜。根据盘的深度可放 3～4 层虾饼，最上层虾饼也要盖上聚乙烯薄膜。

f. 速冻　将成型后装盘的虾饼放入平板速冻机（－35℃）速冻，使虾饼中心温度达到－25℃，然后取出包装。

g. 包装、冷藏　速冻后的虾饼应快速按包装盒规定的个数装盒、装箱，然后送入库温为－18℃以下的冷藏库内贮存。

实训项目　　冷冻鱼片加工

【实训目的】

通过冷冻鱼片的加工实训过程，了解和掌握冷冻水产加工的一般过程。也可以通过参观相关的水产食品加工车间，达到了解和掌握冷冻鱼片加工的目的。

【实训原理】

通过冷冻低温处理，使水产品得到较好的保鲜，产品安全性也好。

【实训材料与用具】

冷冻加工车间、剖鱼操作台、剥皮机、若干食品使用级的容器、冻库、冷藏库。

【实训方法与步骤】

1. 工艺流程

原料鱼→冲洗→前处理→洗净→剥皮→割片→整形→挑刺修补→冻前检验→浸液→装盘→速冻→镀冰衣→包装→冷藏

2. 操作要点

可以采用罗非鱼，或者鱼肉较多的鱼原料。

（1）前处理　先将鱼放入 3～5℃的冰水中冷却 3～4h。其目的是使鱼处于休克昏迷状态，便于剖杀。然后去鳞、头、内脏等，洗净血污、黑膜。

（2）剥皮　一般可使用剥皮机，但要掌握好刀片的刃口，刀片太快鱼皮被割断，太钝则鱼皮剥不下来。

（3）割片　鱼肉用手工切片，根据原料鱼品种不同，采用合适的切割方法。

（4）整形　将切割好的鱼片在带网格的塑料筐中漂洗后再进行整形，切去鱼片上的残存鱼鳍，除去鱼片中的骨刺、黑膜、鱼皮、血痕等杂物。

（5）冻前检验　将鱼片进行灯光检查，挑出寄生虫。常见的寄生虫有线虫、绦虫和孢子虫等。

（6）浸液　浸渍液一般采用多聚磷酸盐复合溶液（如含 12％氯化钠和 0.2％三聚磷酸钠的溶液）。

（7）装盘　将沥完水的鱼片按规定摊放在盘内，上下放平整。

（8）速冻　将盘送速冻装置中快速冻结，待鱼片温度达到−18℃时即可出冻脱盘。

（9）包装　将出冻后的鱼片镀冰衣后装入聚乙烯薄膜袋内。

（10）冻藏　于−18℃以下冷库中冷藏。

【编写实训报告书】

要求写出具体的冷冻鱼片的制作工艺操作过程报告。

复习思考题

1. 名词解释

水产品的冷却　水产品的冷藏　水产品的冻结　水产品的解冻　冻结食品的 T.T.T

2. 水产品的低温保鲜方法有哪些？

3. 简述低温加工原理。

4. 简述水产品冻结冻藏过程中发生的变化。

5. 试说明冻结贮藏食品的原理。

6. 解冻食品的方法有哪些？

7. 目前主要的冻结方法有哪些？

8. 简述冷冻水产食品的加工工艺。

【学习目标】

1. 了解食品干制保藏的原理及常用的干燥方法；
2. 掌握常见水产干制品加工工艺及操作要点；
3. 掌握水产干制品加工及贮藏过程中品质劣变影响因素及防止措施。

【职业素养目标】

干制作为传统食品保藏方法在我国历史悠久，随着技术发展，新的干燥技术和机械设备不断涌现。通过本项目的学习，培养对传统文化的尊重与传承意识，鼓励在传统基础上不断探索创新，推动水产干制品行业发展，同时培养环保意识和可持续发展观念，促使其在未来工作中选择更环保、可持续的加工方式。

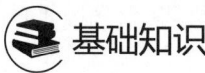 基础知识

一、水产干制品概况

为了使水产品达到长期保藏的目的，古人采用了多种方法。其中，干制作为一种传统的食品保藏方法，在我国有着悠久的历史，早在北魏时期贾思勰在《齐民要术》中就有将食品干制后保藏的记载。目前，干制已成为水产品保藏的重要手段之一，水产干制品行业也成为鲜活水产品深加工的标志性产业，在一些沿海城市的经济发展中占据重要地位。

水产品干制加工是指将水产品原料直接或经过盐渍、预煮后在自然或人工条件下干燥脱水，使其水分降低到足以防止腐败变质的水平并始终保持低水分的过程。水产品干制加工后保藏期延长、重量减轻、体积小、便于贮藏运输。此外，干制水产品由于种类多，风味各异，可加工成各种休闲食品，携带方便，因而深受消费者的欢迎。

近年来，随着消费者对干制品的品质及品种要求日益提高，以及我国水产品总产量不断增加，新的水产品干燥技术和机械不断涌现。因此，生产企业在原来的基础上引进并开发了许多人工干燥设备，不仅使生产的产品种类多样化，而且使产品的质量和稳定性均有了很大的改善。

二、干制保藏原理

水产品干制保藏即在天然条件和人工控制条件下，尽可能地除去水产品原料中的大部分水分，或除去一定的水分再加入添加物，以限制微生物活动、酶的活力以及生物化学反应的进行，从而达到长期保藏的目的。

干制后水产品和微生物同时脱水，微生物长期处于休眠状态，保藏过程中微生物总数也会稳步下降，但干制并不能将微生物全部杀死，只能抑制其活动，一旦环境条件适宜，其又

会重新吸湿恢复活动。由于病原菌能忍受不良环境，应在干制前设法将其杀灭。

此外，水产品干制后水分减少，酶的活性也就下降，生物化学反应得到延缓，但在低水分干制品中酶仍会缓慢活动。因此，为了控制干制品中酶的活性，可以在干制之前对原料进行湿热或化学钝化处理。

三、A_w 与干制水产品保藏性的关系

长期以来人们已经知道水产品的腐败变质与其水分含量有密切的关系，水分含量越高的水产品往往越易腐败变质，但仅仅知道水产品中的水分含量还不足以预测其保藏性，水分含量相同的水产品，其腐败变质的情况却明显不同，如淡干水产品和盐干水产品，在相同的水分含量下，其保藏性却有较大差异。因此干制水产品的保藏性，不仅与水分含量有关，而且取决于水能否被微生物酶或化学反应所利用的存在形式。水产品中水分存在形式主要有以下三种。

① 自由水　这种水存在于毛细管中，具有水的全部性质，易流动、容易结冰，也能溶解溶质。在水产品中以液体和蒸汽两种形式移动，在干燥时很容易释出，也叫游离水。

② 结合水　是由被物质吸附结合、吸收渗透的水组成。结合水不易自由流动、不易结冰（−40℃），不能作为溶剂，一般不参加化学反应，几乎不被微生物利用。其含量因水产品种类而异，脱掉它需要消耗一定的能量。

③ 化学结合水　这种水以严格的比例组成物质的分子，只有在高温或发生化学反应时这种水才能逸出。一般在干燥时这种水不能脱除，一旦脱除，物质的结构会遭受破坏。

1. 水产品中水分活度的概念

水产品中的游离水和结合水受束缚的程度可用水分子的逃逸趋势（逃逸度）来反映，把水产品中水的逃逸度（f）与纯水的逃逸度（f_0）之比称为水分活度（A_w）。

水分逃逸的趋势通常可以近似地用水的蒸汽压来表示，在常压（低压）或室温时，f/f_0 和 p/p_0 之差非常小（<1%），故用 p/p_0 来定义 A_w 是合理的。

水产品中的 A_w 在数值上就是水产品中水的蒸汽压和同温度下纯水的饱和蒸汽压之比，即

$$A_w = p/p_0$$

式中　p——水产品中水的蒸汽分压；

$\quad p_0$——纯水的蒸汽压（相同温度下纯水的饱和蒸汽压）；

$\quad A_w$——水产品中水分被束缚的程度，是水产品原料中能影响微生物、酶及生化反应的那部分水。水产品中结合水的含量越高，水产品中的 A_w 就越低。两个水分含量相同的水产品会因水与水产品中其他成分结合的程度不同而具有不同的 A_w。

2. A_w 与微生物的关系

(1) A_w 与微生物的发育　A_w 是决定水产品稳定性的重要因素之一。一般情况下，A_w 值下降，微生物的生长率也下降，且每种微生物均有其最适的 A_w 和最低的 A_w，他们取决于微生物的种类、水产品的种类、温度、pH 以及是否存在润湿剂等因素。研究表明，A_w 还可以下降到微生物停止生长的水平，几种常见微生物生长所需的最低 A_w 见表 3-1。

表 3-1　常见微生物生长所需的最低 A_w

微生物种类	最低 A_w
败坏食品的细菌	0.90
败坏食品的酵母	0.88
败坏食品的霉菌	0.80
嗜盐细菌	0.75
嗜旱霉菌	0.61
耐高渗酵母	0.61
假单胞菌	0.97
金黄色葡萄球菌	0.86
大肠杆菌	0.96

如表 3-1 所示，与细菌和酵母菌相比，霉菌能够忍受更低的 A_w，因而是干制品中常见的腐败菌。所以，为了抑制微生物的生长，延长干制品的贮藏期，必须将其 A_w 降到 0.7 以下。

（2）A_w 与微生物的耐热性　微生物的耐热性与其所处环境的 A_w 有一定的关系。比如将嗜热脂肪芽孢梭菌的冻结干燥芽孢放在不同的相对湿度下的空气中加热，可以观察到该菌的耐热性以 A_w 在 0.2～0.4 之间为最高，而在 A_w 为 0.4～0.8 的区间内，随 A_w 的降低，耐热性将逐渐增强。不过饶有意味的是，在 A_w 为 0.8～1.0 时，其耐热性将随 A_w 的降低而减弱。另外，对霉菌孢子的耐热性实验表明，其耐热性随 A_w 的降低而呈增强的趋势。

（3）A_w 与细菌芽孢的形成和毒素的产生　水产品中存在的腐败菌和中毒菌有相当部分是芽孢形成菌。而芽孢的形成一般需要比营养细胞发育更高的 A_w。例如，用蔗糖和食盐来调节培养基的 A_w，可观察到突破芽孢梭菌发芽发育的最低 A_w 大约为 0.96，而要形成完全的芽孢，在相同的培养基中，则 A_w 必须高于 0.98。中毒菌的毒素产生量一般随 A_w 的降低而减少。当 A_w 低于某个值时，尽管它们的生长并没有受到很大的影响，但毒素的产生量却急剧下降，甚至不产生毒素。

3. A_w 与酶的关系

（1）A_w 与酶活性的关系　酶作用的大小或者说酶活性的高低受 A_w 的影响非常显著。当 A_w 降低到单分子吸附水所对应的值（0.2～0.3）以下时，酶基本无活性。当 A_w 高于该值之后，则酶活性随 A_w 增加而缓慢增强。但当 A_w 超过多层水所对应的值后，酶的活性显著增强。这就说明在低水分干制品中酶仍会缓慢活动，只有在水分降低到 1% 以下时，酶的活性才会完全消失。当水产品中含有较多的自由水时，酶可借助溶剂水与底物充分接触，从而表现出较高的活性。

（2）酶的热稳定性与 A_w 的关系　实验表明，酶的热稳定性与 A_w 之间存在一定的关系，酶在较高的 A_w 环境中更容易发生热失活。这说明干制水产品中的酶并未完全失活，这也是造成干制水产品在贮藏过程中质量变化的重要原因之一。

4. A_w 与其他变质因素的关系

（1）A_w 与脂质氧化的关系　A_w 是影响水产品中脂肪氧化的重要因素之一，即使在 A_w 低于单分子层水分以下（0.2～0.3）也很容易氧化酸败。而随着 A_w 增大到 0.3～0.4，脂肪自动氧化速度和量却减少，如图 3-1 所示。此后，随着 A_w 增大，氧化速度也增加，直到中湿食品状态，再到稳定状态（此时 A_w 超过 0.75）。

（2）A_w 与非酶褐变的关系　如图 3-2 所示，A_w 在 0.7 左右时，非酶褐变反应速度达到极大值；A_w 小于或大于 0.7 时，非酶褐变反应速度减小；$A_w = 0$ 或 $A_w = 1.0$ 时，非酶褐变反应基本上不发生。

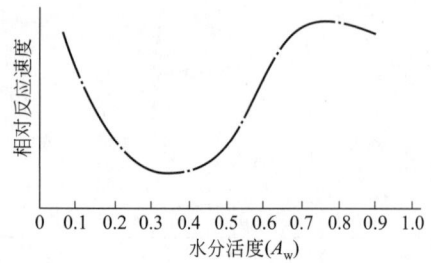

图 3-1　A_w 与脂质氧化速度的关系

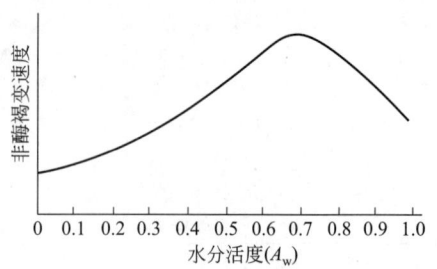

图 3-2　A_w 与非酶褐变速度的关系

此外，降低 A_w 还可以延缓干制水产品中维生素的降解、蛋白质的变性及色素的分解。

综上所述，A_w 是影响干制水产品贮藏稳定性的最重要因素之一。降低干制品的 A_w，就可抑制微生物的生长发育、酶促反应、氧化作用及非酶褐变等变质现象，从而使干制水产品的贮藏稳定性增加。

四、水产品脱水干制的基本过程

干燥过程是湿热传递过程：表面水分扩散到空气中，内部水分转移到表面；而热则从表面传递到水产品内部。

当待干燥水产品从外界吸收热量使其温度升高到蒸发温度后，其表层水分将由液态变成气态并向外界转移，结果造成水产品表面与内部之间出现水分梯度。在水分梯度的作用下，水产品内部的水分不断向表面扩散和向外界转移，从而使水产品的含水量逐渐降低。因此，整个湿热传递过程实际上包括水分从水产品表面向外界蒸发转移和内部水分向表面扩散转移两个过程，前者称作给湿过程，后者称作导湿过程。

1. 给湿过程

当环境空气处于不饱和状态时，给湿过程即存在。水产品表层在水分向外界蒸发后又被源源不断的内部水分所湿润，当待干水产品中含有大量水分时，这种情形与自由液面的水分蒸发相似，因此，给湿过程是恒速干燥过程。

在恒速干燥阶段，影响水产品表面水分蒸发强度的因素有空气的温度、相对湿度、流速及待干水产品蒸发面积和形状等。

2. 导湿过程

给湿过程的进行导致待干水产品内部与表层之间形成水分梯度，在它的作用下，内部水分将以液体或蒸汽形式向表层迁移，这就是所谓的导湿过程，也称导湿性。

在普通的干燥加热条件下，水产品中不仅存在水分梯度，而且还存在温度梯度：水产品在热空气中，水产品表面受热，则温度高于它的中心，因而在物料内部会建立一定的温度差，即温度梯度。温度梯度将促使水分（无论是液态还是气态）从高温向低温处转移，这种现象称为导湿温性。因此，水分会在水分梯度的作用下迁移，也会在温度梯度的作用下扩散。后者被称作热湿传导现象或雷科夫效应。

通常在实际干燥时，温度梯度和湿度梯度的方向相反，而且温度梯度起着阻碍水分由内部向表层扩散的作用。但是在对流干燥的降速干燥阶段，往往会出现热湿传导现象占主导地位的情形。此时水产品表面的水分就会向它的内部迁移，由于其表面蒸发作用仍在进行，导致其表面迅速干燥，温度上升。只有当水产品内部因水分蒸发而建立起足够高的压力时，才能改变水分传递的方向，使水分重新扩散到表面蒸发。这种情形不仅延长了干燥时间，而且会导致水产品表面硬化。

3. 水产品干燥过程的特征

水产品干燥过程的特征可以用干燥曲线、干燥速度曲线及干燥温度曲线等来进行分析和描述。

(1) 干燥曲线　如图 3-3 所示。从干燥曲线图中可以看出，在干燥开始后的很短时间内，水产品的含水量几乎不变。这个阶段持续时间的长短取决于水产品的厚度。随后，水产品的含水量直线下降。在某个含水量（第 I 临界含水量）以下时，水产品含水量的下降速度将放慢，最后达到其平衡含水量，干燥过程即停止。

(2) 干燥速度曲线　干燥速度曲线是表示干燥过程中任何时间的干燥速度与该时间的水产品绝对水分之间关系的曲线。典型的干燥速度曲线如图 3-4 所示。它实际上是根据干燥曲线用图线微分法画成的，因为干燥曲线上任何一点的切线倾角之正切即为该含水量时的水产品干燥速度。该曲线表明，在水产品含水量仅有较小变化时，干燥速度即由零增加到最大值，并在随后的干燥过程中保持不变。这个阶段称作恒速干燥期。当水产品含水量降低到第 I 临界点时，干燥速度开始下降，进入所谓的降速干燥期。由于在降速干燥期内干燥速度的变化与水产品的结构、大小、水分与水产品的结合形式及水分迁移的机理等因素有关，因此，不同的水产品具有不同的干燥速度曲线。

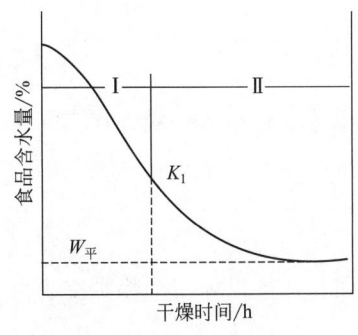

图 3-3　干燥曲线

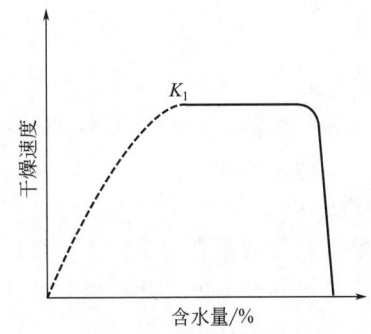

图 3-4　干燥速度曲线

(3) 干燥温度曲线　温度曲线是表示干燥过程中水产品温度与其含水量之间关系的曲线，是由雷科夫提出来的。典型的温度曲线如图 3-5 所示。由图中可以看出，在干燥的起始阶段，水产品的表面温度很快达到湿球温度。在整个恒速干燥期内，水产品的表面均保持该温度不变，此时水产品吸收的全部热量都消耗于水分的蒸发。从第 I 临界点开始，由于水分扩散的速度低于水分蒸发速

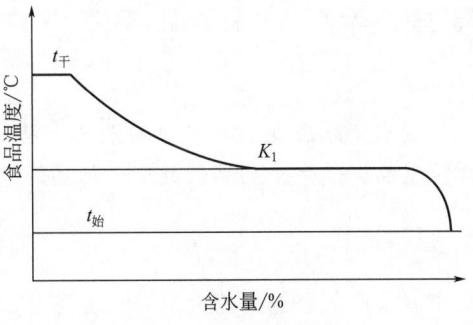

图 3-5　典型的温度曲线

度，水产品吸收的热量不仅用于水分蒸发，而且使水产品的温度升高。当水产品含水量达到平衡含水量时，水产品的温度等于加热空气的温度（干球温度）。

五、影响湿热传递的因素

水产品在干燥过程中湿热传递的速度除了受其比热容、导热系数及导温系数等内在因素的影响以外，还要受水产品表面积、干燥工艺参数等外部条件的影响。

1. 水产品表面积

显然，水产品表面积的增大将使湿热传递的速度加快。这是因为水产品表面积增大后，它与加热介质的接触面增大，水分蒸发外逸的面积也增大，所以水产品的传热和传质速度将同时加快。另外，相同容积的水产品，如果表面积增大，就意味着传热和传质的距离缩短，这也将使湿热传递的速度加快。

2. 干燥介质的温度

水产品的初温一定时，如果干燥介质温度越高，也就是传热温差越大，则传热速度越快。然而，当干燥介质为空气时，则温度所起的作用有限。此时空气的相对湿度和空气流动速度的影响非常显著。

3. 空气流速

以空气作为传热介质时，空气流速将成为影响湿热传递速度的重要因素。这是因为空气流速的加快，不仅能够使对流换热系数增大，而且能够增加干燥空气与水产品接触的频率，从而能够吸收和带走更多的水分，防止在水产品表面形成饱和空气层。

4. 空气的相对湿度

空气的相对湿度越低，则水产品表面与干燥空气之间的水蒸气压差越大，传热速度也就随之加快。

空气的相对湿度除了能够影响湿热传递的速度以外，还决定了水产品的干燥速度。因为水产品干燥后所能达到的最小水分含量与干燥空气的相对湿度相对应。在选择干燥工艺条件时必须注意这个问题。

5. 真空度

如果水产品处于真空条件下干燥时，水分就会在比较低的温度下蒸发。如果在保持温度恒定的同时提高真空度，就可以加快水分蒸发的速度。因此，可以采用加热真空容器的方法使水产品中的水分获得快速蒸发。

✺ 单元生产 ━━━ 干制水产品加工工艺与操作 ━━━

干制水产品按其干燥之前的处理方法和干燥工艺的不同可分为生干品、盐干品、煮干品、冻干品、焙烤干制品和调味干制品等。基本生产工艺如下。

一、原料选择

干制水产品所选用的鱼、虾、贝类及头足类水产品原料应新鲜、无异味、无腐败变质现象。鲜度差的原料，即使加工方法再好，也不可能生产出优质的干制品。因此，生产企业应根据日生产加工能力确定相应原料量。对于季节性较强的水产品原料，如当天来不及加工，则应及时冷藏或进行蒸煮处理。

此外，根据不同原料的特点，选择不同的加工方法。例如，一些体型小、肉质薄、易于迅速干燥的水产品如墨鱼、鱿鱼、鱼卵、鱼肚（鱼胶）、小杂鱼虾等，宜加工成生干品；一些含酶较多，或肌肉组织紧密、内部水分不易扩散，或在干制前需要去壳的水产品如海参、鲍鱼、鱼翅、虾类、贝类等，宜加工成煮干品；一些中上层鱼类、海产软体动物或鲜销不太受欢迎的低值鱼类，宜加工成调味干制品；而一些不适宜或来不及进行生干或熟干的鱼类如沙丁鱼、鲐鱼、秋刀鱼、棱子鱼、鳗鱼等不能及时进行煮干的小杂鱼，可制成盐干品。

二、干燥前处理

前处理是水产品干制加工的一道重要工序，不同种类的干制品，都必须经过洗涤，以除去体表或多或少附着的黏液，降低原料微生物数量，防止原料在干燥和贮藏过程中的腐败变质，同时通过洗涤除去污染物和废弃物，并根据原料的大小进行分级，以利干燥。其他的前处理，则随加工方法的不同而不同。对于生干品原料，应剖开去掉内脏、鱼鳃、血液、黏液等易腐部分；对于煮干品原料，应进行蒸煮，同时根据不同的种类采用不同的蒸煮温度和时间；对于调味干制品原料，除应和生干品原料一样进行前处理外，还应根据不同的品种，配制不同的调味液进行腌渍，以赋予产品特色；对于盐干品，原料经盐渍处理后，在干燥前一般要进行表面脱盐处理，尤其是对重盐品来说，不脱盐则将延长干燥时间，且干制品质量也会受到一定的影响。

三、干制

水产品干制有天然干燥和人工干燥两大类（图 3-6）。

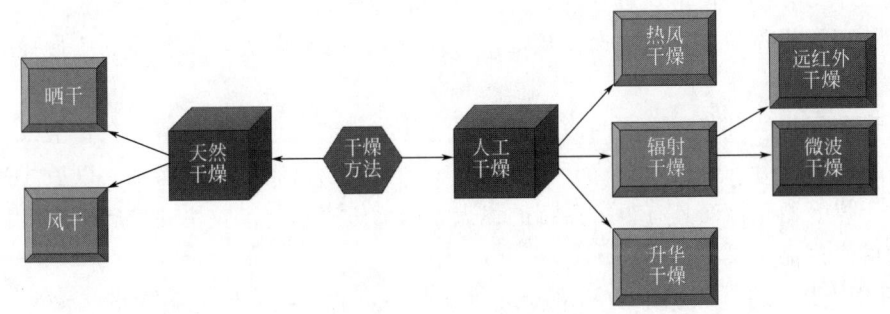

图 3-6　目前常用的几种干燥方法

1. 天然干燥

天然干燥通常有日晒和风干两种。

（1）日晒（也称晒干）　日晒是将水产品原料经过前处理后整齐摆放在塑料网或竹席上直接在阳光下暴晒，利用太阳辐射能促使原料中的水分蒸发，同时利用风力把原料周围的水蒸气不断带走以达到干燥目的。

（2）风干　风干是在无太阳直接照射的情况下，主要利用自然风力使空气不断掠过原料周围时，带走原料蒸发的水分，并补充水分蒸发所需的热量而达到干燥的目的。

天然干燥的特点是设备简单、操作简便、节省能耗、费用低廉，仍然是目前水产品特别是某些传统制品干燥中常用的方法。然而，天然干燥由于受气候条件的限制，存在不少难以控制的因素（如温度、风速等），难以制成品质优良的产品。同时还需要大面积的晒场和大量的劳动力，劳动生产率低。此外，水产品在晒干和风干的过程中容易遭受灰尘、杂质、昆虫等污染及鸟类、啮齿类动物的侵袭，产生损耗且不卫生，因而逐渐被人工干燥所取代。

2. 人工干燥

人工干燥则是利用特殊的装置来调节干燥工艺条件，使水产品中的水分脱除的干燥方法。与天然干燥相比，人工干燥需要建设烘房等设备，耗费燃料，投资和成本较高，加工数量也受到设备能力大小的限制，但其不受气候条件限制，干燥效率高，制品质量优良，目前已广泛应用于水产品的干制加工。人工干燥依热交换方式或水分除去方式的不同，又可分成常压热风干燥、升华干燥、辐射干燥等。下面介绍几种常用的人工干燥。

（1）热风干燥

① 箱式干燥　其工作过程是：把水产品放在托盘中，再置于多层框架上，热空气在风机的作用下流过水产品，将热量传给水产品的同时带走水蒸气，从而使水产品干燥。该法操作简单，用作小批量生产时，易控制干燥条件。但是操作费用较高，干燥不均匀，生产效率较低，不适宜大规模生产。

② 隧道式干燥　其干燥过程是：将干燥水产品放在料盘中，再置于料车上，料车在矩形的干燥通道中运动，并与流动着的热空气接触，进行热湿交换而获得干燥。

该法的效果主要取决于料车与热空气的相对流动方向。料车与热空气之间有顺流和逆流两种方向。顺流是指料车与热空气的流动方向相同，逆流是指两者的流动方向相反。顺流干燥的特点前期干燥强烈，后期干燥缓慢，且制品最终的水分含量较高，一般不低于 10%。逆流干燥的特点是前期干燥缓慢，后期干燥强烈，制品最终含水量也较低，可达 5% 以下。此外，在逆流干燥时，装载量不要超过设备的额定量，否则在干燥前期水产品不但不脱水，反而会吸收水分，从而使干燥过程延长，更重要的是可能引起水产品的变质。

隧道式干燥操作简便，干燥速度较快，干燥量大，干燥均匀，干制品的质量良好，适用范围广。

（2）升华干燥　升华干燥也叫冷冻干燥，它是将水产品预先冻结后，在真空条件下通过升华的方式除去水分的干燥方法。升华干燥最初用于生物材料的脱水保藏，以后才逐渐用于水产品的干燥。由于该法具有很多独特的优点，因而近来获得了较快的发展，成为目前最有发展潜力的水产品干燥方法之一。

① 升华干燥原理　根据水的相平衡关系，在一定的温度和压力条件下，水的三种相态之间可以相互转化。当水的温度和压力与其三相点的温度和压力相等时，水就可以同时表现出三种相态。而在压力低于三相压力时，或在温度低于三相点温度时，改变温度或压力，就可以使冰直接升华成水蒸气，这就是升华干燥的原理。

② 升华干燥过程　升华干燥包含冻结和升华两个过程。冻结的目的是使水产品具有合适的形状与结构，以利于升华过程的进行。升华过程是水产品吸热升华成水蒸气，通过冷凝系统而除去的过程。

冻结方法有自冻法和预冻法两种。自冻法是利用水产品在真空下闪蒸吸收汽化潜热，使水产品的温度降到冰点以下而自行冻结的方法。如能迅速造成高真空度，则水分就会在瞬间大量蒸发而吸收大量的热量，使水产品很快完成冻结过程。不过自冻法常出现水产品变形或发泡现象，因此不适合于外观和形态要求较高的水产品，一般仅用于粉末状干制品的冷冻。

视频：冷冻干燥

预冻法是预先将水产品冻结成一定形状的方法。该法可较好地控制水产品的形状及冰晶的状态，因此适合大多数水产品的冻结。

冻结过程对水产品的升华干燥效果会产生一定的影响。当冻结过程较快时，水产品内部形成的冰晶较小，冰晶升华后留下的空隙也较小，这将影响内部水蒸气的外逸，从而降低升华干燥的速度。但是，由于水产品组织所受损伤较轻，所以干制品的质量较好。如果冻结过程较慢，则情况与上述相反。不过，冻结过程对水产品升华干燥效果究竟有何影响，目前尚存争议。一方面，在许多情况下，决定升华干燥速度的因素是传热速度而非水分扩散速度，另一方面冻结速度对冻干制品质量的影响因水产品种类而异。

水产品冻结后即在干燥室内升华干燥。冰晶升华时要吸收升华热，因此，干燥室内需有加热装置提供这部分热量。加热的方法有板式加热、红外线加热及微波加热等。

板式加热是将预冻好的水产品放在两块加热板之间，进行接触换热而获得干燥。为了加强换热效果，一般都有液压传动装置将加热板紧紧压在水产品上。加热板的温度由内部循环的热蒸汽或液体介质来维持或调节，以保证既满足水产品内冰晶升华所需热量，又防止其温度上升到引起解冻的程度，通常在 38～66℃。此外，加热板与水产品紧密接触，虽然可以加快传热过程，但冰晶升华后的水蒸气外逸受到阻碍。这不仅不利于水产品的干燥，而且还会造成水产品内部压力升高，甚至超过三相点压力，引起冰晶的溶解。因此，加热板与水产品之间常放置扩张性金属网格板，以保留蒸汽外逸的通路。这样既可加强传热效果，又可加快水蒸气的除去速度，从而加快升华干燥过程。

在采用板式加热时，由于冰晶不断升华而使充满了水蒸气和空气等不凝性气体的多孔层逐渐增长，将对传热和水蒸气外逸产生越来越大的阻力，使之成为干燥速度的主要限制因素。采用红外线加热和微波加热即可克服此种缺陷。这两种加热方式常与板式加热联合使用，进行升华干燥的中后期干燥，既可克服多孔已干层的传热阻力，加快升华干燥的速度，又可降低升华干燥的成本。

③升华干燥的特点　升华干燥具有许多显著优点，主要是：a. 整个干燥过程处于低温和基本无氧状态，因此，干燥品的色、香、味及各种营养素的保存率较高，非常适合热敏和易氧化的水产品干燥；b. 由于水产品在升华之前先被冻结，形成了稳定的骨架，因而干制品能够保持原有的结构及形状，且能形成多孔状结构，具有极佳的快速复水性；c. 由于冻结对水产品的溶质产生固定作用，因此在冰晶升华以后，溶质将留在原处，避免了一般干燥法中因溶质迁移而造成的表面硬化现象；d. 升华干燥制品的最终水分极低，具有极好的贮藏稳定性，在有良好包装的情况下，贮藏期可达 2～3 年；e. 升华干燥过程所需要的加热温度较低，干燥室通常不必加热，热损耗少。

其缺点主要是成本高，干制品极易吸潮和氧化，对包装有很高的防潮和透氧率的要求。

目前升华干燥已在肉类、水产品、禽蛋类、速溶咖啡、速溶茶、水果粉、香辛料等产品的干燥中获得了广泛的应用，在某些特殊水产品如军需水产品、登山水产品、宇航水产品、保健水产品、旅游水产品及婴儿水产品等的应用潜力也很大。

(3) 辐射干燥　辐射干燥法是利用电磁波作为热源使水产品脱水的方法。根据使用的电磁波的频率，辐射干燥可分为红外线干燥和微波干燥两种方法。

① 红外线干燥 该法是利用红外线作为热源，直接照射到水产品上，使其温度升高，引起水分蒸发而获得干燥的方法。红外线因波长不同而有近红外线与远红外线之分，但它们加热干燥的本质完全相同，都是因为它们被水产品吸收后，引起水产品分子、原子的振动和转动，使电能转变成热能，水分便吸热而蒸发。

红外线干燥装置虽然型式有多种，但其差别主要表现在红外线辐射元件上。红外线辐射元件有两种常见型式，即灯泡式辐射器和金属或陶瓷式辐射器。灯泡式辐射器可采用普通照明灯泡或专用灯泡来发射红外线，其优点是没有热惯性，且操作简单安全，缺点是电能消耗大。金属或陶瓷式辐射器由金属或陶瓷的基体、基体表面发射远红外线的涂层以及使基体涂层发热的热源组成。由热源产生的热量通过基体传到涂层，使涂层发射出远红外线。这种红外线辐射器的优点是对不同原料的干燥效果不同，操作控制灵活，能量消耗较少。缺点是结构较复杂，有热惯性。

图 3-7 是远红外干燥器的示意图。待干燥的水产品依次通过预热装置，第一、第二干燥室，不断吸收红外线而获得干燥。

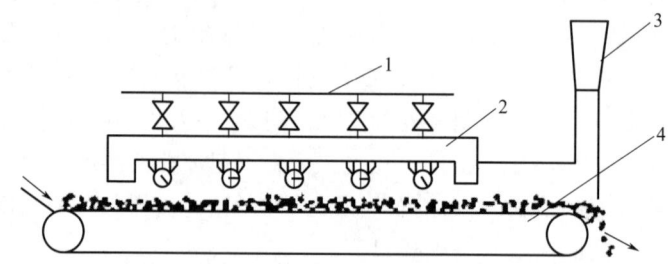

图 3-7 远红外干燥器的示意
1—预热装置；2—第一干燥室；3—第二干燥室；4—红外加热元件

远红外干燥器其主要特点是干燥速度快，干燥时间仅为热风干燥的 $10\%\sim20\%$，因此生产效率较高。由于水产品表层和内部同时吸收红外线，因而干燥较均匀，干制品质量较好。设备结构简单，体积较小，成本也较低。

② 微波干燥 微波是一种频率在 $300\sim3000\mathrm{MHz}$ 之间的电磁波，是以水产品的介电性质为基础进行加热干燥的。根据德拜理论，介质中的偶极子在没有外界电场的情况下，因布朗运动而杂乱无章地取向，总偶极矩为零。当有外加电场后，偶极子将克服周围偶极子的摩擦阻力而呈外加电场方向的取向。由于外加电场是微波产生的，因而电场方向将发生周期性的改变。在微波频率区间内，偶极子极化强度的变化将滞后于电场强度的变化，因此一部分电能将用于克服偶极子之间的摩擦而转变成热量。这种现象也称作介质的松弛损耗，是微波加热的本质。

微波干燥器的类型很多，按其工作特性和适用的水产品可将其分成谐振腔型、波导型、辐射型及漫波型四种类型，如图 3-8 所示。

小型谐振腔型微波加热干燥器也叫微波炉，大型的可做成隧道式，通常由矩形谐振腔微波发生器、反射板、搅拌器及载物台或水产品传送带等部分组成。水产品放在载物台或传送带上，吸收微波而获得大量热量，水分即迅速蒸发而被干燥。在波导型加热干燥器中，微波从波导型加热器的一端输入，另一端连接吸收多余能量的水负载，微波在波导内无反射地从

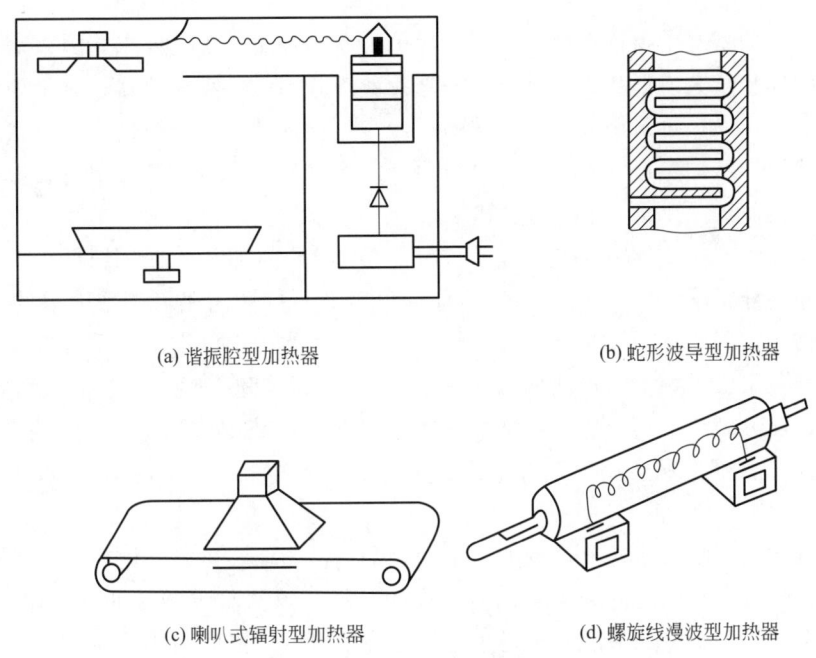

(a) 谐振腔型加热器　　　　　　　　　　(b) 蛇形波导型加热器

(c) 喇叭式辐射型加热器　　　　　　　　(d) 螺旋线漫波型加热器

图 3-8　微波干燥器的示意

输入端向水负载一端馈送。水产品从波导内通过而获得均匀加热。辐射型加热干燥器主要由喇叭式微波发生器和传送带等部分组成。水产品置于传送带上，在喇叭式微波发生器下通过，吸收微波能而获得干燥。漫波型加热干燥器由柱形谐振腔、微波发生器、传送带等部分组成。水产品置于传送带上通过柱形谐振腔，吸收大量的微波能而迅速干燥。

　　在实际的干燥过程中，如何选择合适的微波加热器是一个很重要的问题。选择微波加热器主要从两方面考虑，即微波频率和加热器的型式。

　　频率是影响微波加热的重要因素。频率越高，微波产生的热量越大，加热速度就越快。但选择频率时，必须考虑到两个限制条件：一是在水产品工业生产中（食品加工中也如此）仅允许使用 915MHz 和 2450MHz 两种频率的微波；二是微波频率与其穿透能力有着密切关系。微波的穿透能力可用穿透深度 D 来表示，它有两种表示法：一种是半功率穿透深度（D_{50}），是指当微波入射能被水产品吸收一半时所能穿透的距离；另一种是 e 功率穿透深度（D_e），为微波能衰减到入射能的 $1/e$ 时所穿透的距离。穿透深度与微波频率成反比，也即频率为 2450MHz 的微波，其穿透深度要小于频率为 915MHz 的微波。由于微波加热主要依靠微波穿透到水产品内部引起偶极子的摆动而产生热效应，因此，必须使所选频率的微波具有与水产品大小相适应的穿透能力。

　　此外，选择频率时还应考虑设备的功率及体积等因素。因为从频率为 915MHz 的磁控管可获得 30kW 或更高的功率，而从频率为 2450MHz 的磁控管只能获得 5kW 左右的功率。另外，915MHz 磁控管的工作效率一般要比 2450MHz 的高 10%～20%。因此，在干燥大批水产品或干燥初期烘干大量水分时，应选用 915MHz 的微波，而在干燥小批量水产品或水产品干燥后期时，应选择 2450MHz 的微波。这样不但效率较高，而且总成本也较低。微波加热器的体积大体上与频率成反比，因此，要选择体积小的设备，就要选择 2450MHz 的微波加热器。

微波加热器的型式主要依据待干燥水产品的形状、数量及工艺要求等因素来选择。当待干燥水产品的体积较大或形状较复杂时，应选用隧道式谐振腔型加热器；对于如鱼片之类的薄片状水产品的干燥，可采用波导型加热器或漫波型加热器；对于液体或浆质状水产品的干燥，可用管状波导型加热器；而对于小批量生产或实验性的干燥，则可用微波炉。

微波干燥的优点是：a. 干燥速度极快。一般只需常规干燥法 $1/100 \sim 1/10$ 的时间。b. 水产品加热均匀，制品质量好。微波干燥时，水产品内部及表面同时吸收微波而发热，无表面硬化和内外干燥不均匀现象。c. 具有自动热平衡特性。在水产品中水的介质损耗因子远大于干物质。因此在干燥时，微波能将自动集中于水分上，而干物质所吸收的微波能极少，这样就避免了已干物质因过热而被烧焦。d. 容易调节和控制。微波加热可迅速达到所要求的温度，而且微波加热的功率、温度等都可以在一定范围内随意调节，自动化程度高。e. 热效率高。微波遇金属会反射，遇空气、玻璃、塑料薄膜等则透过而不被吸收，故热损失很少，热效率高达 80%。

微波干燥的主要缺点是耗电量较大，干燥成本高。为此，可以采用热风干燥水产品与微波干燥相结合的方法，以降低干燥费用。即先用热风干燥法将水产品的含水量干燥到 30% 左右，再用微波干燥法完成最后的干燥过程。如此既可使干燥时间比单纯用热风干燥时缩短 $3/4$，又可使能耗比单独用微波干燥时减少 $3/4$。另外，微波加热时，热量易向角及边处集中，产生所谓的尖角效应，也是其主要缺点之一。

四、包装

水产品干燥完成后应及时冷却包装，包装材料应洁净、无毒、无异味、坚固，符合国家食品包装材料相应的标准要求，并能在正常的贮存、运输、销售条件下最大限度地保护食品的安全性和食品品质。

五、金属探测

包装后的产品应经金属探测器进行金属探测。

六、贮存运输

经检验合格的产品应贮存于成品库，成品码放时与地面、墙壁保持一定距离，便于通风，库内配备保温、冷藏、保鲜及防鼠、防虫等设施，并定期清扫、消毒，保持库内卫生，严禁与有毒、有害或有异味的物品一同贮存运输。

七、注意事项

1. 干制过程中的注意事项

水产品干制过程中除因高温季节当天未干或因干燥前期掌握不当易发生腐败变质外，其品质变化的主要原因是：①干制过程中因受加热和脱水双重作用以及环境中氧气的影响，将发生显著的物理变化、化学变化和组织学变化；②干制品在贮藏过程中，如保管不善或密封不严，制品将会吸收环境中的水分，提高制品中的 A_w 值，促进脂肪进一步氧化、酶促反应和非酶反应，导致制品发霉、油烧、变色、变味等品质劣变现象，以至降低甚至失去商品价值。

(1) 物理变化　水产品干制过程中的物理变化主要表现在重量减轻、干缩、表面硬化、溶质迁移、质地改变等。

① 干缩　水产品在干燥时，因水分被除去而导致体积缩小，肌肉组织细胞的弹性部分或全部丧失的现象称作干缩。干缩的程度与水产品的种类、干燥方法及条件等因素有关。一般情况下，含水量高、组织脆嫩者干缩程度大，而含水量低、纤维质水产品的干缩程度较轻。与常规干燥制品相比，冷冻干燥制品几乎不发生干缩。在热风干燥时，高温干燥比低温干燥所引起的干缩更严重；缓慢干燥比快速干燥引起的干缩更严重。

干缩有两种情形，即均匀干缩和非均匀干缩。有充分弹性的细胞组织在均匀而缓慢地失水时，就产生了均匀干缩，否则就会发生非均匀干缩。干缩之后细胞组织的弹性都会或多或少地丧失掉，非均匀干缩还容易使干制品变得奇形怪状，影响外观。

干缩之后有可能产生所谓的多孔性结构。当快速干燥时，由于水产品表面的干燥速度比内部水分迁移速度快得多，因而迅速干燥硬化。在内部继续干燥收缩时，内部应力将使组织与表层脱开，干制品中就会出现大量的裂缝和孔隙，形成所谓的多孔性结构。

多孔性结构的形成有利于干制品的复水和减少干制品的松密度。但是，多孔性结构的形成使氧化速度加快，不利于干制品的贮藏。

② 表面硬化　表面硬化是指干制品外表干燥而内部仍然软湿的现象。有两种原因会造成表面硬化：一是水产品干燥时，其内部的溶质随水分不断向表面迁移和积累而在表面形成结晶所造成的；二是由于水产品表面干燥过于强烈，内部水分向表面迁移的速度滞后于表面干燥，从而使表层形成一层干硬膜。前者常见于含糖或含盐多的水产品的干燥，比如盐干品。后者与干燥条件有关，是可以调控的，比如可以通过降低干燥温度和提高相对湿度或减小风速来控制。表面硬化除延长了干燥过程外，还会影响水产品的外观质量。

③ 溶质迁移　水产品在干燥过程中，其内部除了水分会向表层迁移外，溶解在水中的溶质也会迁移。溶质的迁移有两种趋势：一种是由于水产品干燥时表层收缩使内层受到压缩，导致组织中的溶液穿过孔穴、裂缝和毛细管向外流动，迁移到表层的溶液蒸发后，浓度将逐渐增大；另一种是在表层与内层溶液浓度差的作用下出现的溶质由表层向内层迁移。上述两种方向相反的溶质迁移的结果是不同的，前者使水产品内部的溶质分布均匀，后者则使溶质分布均匀化。干制品内部溶质的分布是否均匀，最终取决于干燥速度，也即取决于干燥的工艺条件。

(2) 化学变化　众所周知，干制品在复水和烹煮后，显得较为老韧和缺乏汁液，与新鲜水产品相比存在明显的差别。究其原因，主要是水产品干制过程中发生了各种化学变化。

① 蛋白质脱水变性　含蛋白质较多的干制品在复水后，其外观、含水量及硬度等均不能回到新鲜时的状态，这主要是由于蛋白质脱水变性而导致的。蛋白质在干燥过程中的变化程度主要取决于干燥温度、时间、A_w、pH、脂肪含量及干燥方法等因素。

干燥温度对蛋白质在干制过程中的变化起着重要作用。一般情况下，干燥温度越高，蛋白质变性速度越快。另外，有实验证明，干燥温度升高，氨基酸的损失也增加。

干燥时间也是影响蛋白质变性的主要因素之一。一般情况下，干燥初期蛋白质的变性速度较慢，而后期较快。但是，蛋白质在冻结干燥过程中的变性与此相反，呈初期快后期慢的模式。比如，冻干鲤鱼的肌原纤维蛋白 Ca-ATPase 活性在开始冻干的 2h 内迅速下降，而在随后的冻干过程中基本不变。

关于脂质与蛋白质变性之间的关系，通常认为脂质对蛋白质的稳定有一定的保护作用，但脂质氧化的产物将促进蛋白质的变性。

干燥方法对蛋白质的变性有明显影响。与普通干燥法相比，冷冻干燥法引起的蛋白质变性要轻微得多。

蛋白质在干燥过程中的变性机理包含两个方面：一是热变性，即在热的作用下，维持蛋白质空间结构稳定的氢键、二硫键等被破坏，改变了蛋白质分子的空间结构而导致变性；二是由于脱水作用使组织中溶液的盐浓度增大，蛋白质因盐析作用而变性。另外，氨基酸在干燥过程中的损失也有两种机制：一种是通过与脂肪自动氧化的产物发生反应而损失氨基酸；另一种则通过参与美拉德反应而损失氨基酸。

② 干燥过程中的脂质氧化　水产品脂肪与陆上动物脂肪相比较，因其不饱和程度高，在干燥过程中容易发生脂质氧化现象，使制品产生特有的苦涩味和令人不愉快的臭味，颜色似烧烤后的橙色或褐色，影响制品外观和食用的质量。研究表明，脂肪含量高的中上层鱼类在干制加工中容易迅速发生氧化，一般鱼类在腹部脂肪多的部位也易氧化而发黄。这是因为干燥脱水会造成水产品形态结构的变化，水产品干燥后形成多孔状组织，增加了表面积，从而增大了与氧气接触的机会，尤其在高温干燥时脂质氧化更为严重，干燥前添加抗氧化剂能有效地抑制脂质氧化。

(3) 组织学变化　干制品在复水后，其口感、多汁性及凝胶形成能力等组织特性均与生鲜水产品存在较大差异。这是由于水产品中蛋白质因干燥变性及肌肉组织纤维的排列及纤维构造因脱水而发生了变化，降低了蛋白质的持水力，增加了组织纤维的韧性，导致干制品复水性变差，复水后的口感较为老韧，缺乏汁液。

水产品干制过程中组织特性的变化主要取决于干燥方法。以不同干燥方法干燥的鳕鱼肉的组织切片为例，复水后的常压空气干燥鳕鱼肉的组织呈黏着而紧密的结构，仅有较少的纤维空隙，且分布不均匀，其组织特性与鲜鳕鱼肉的组织特性相差甚大，因而在复水时速度极慢且程度较小，故口感干硬如嚼橡胶，凝胶形成能力基本丧失。真空干燥法干燥的鱼肉复水后，纤维的聚集程度较常压干燥的鱼肉低，且纤维间的空隙较大。因此，其组织特性要优于前者。而采用真空冻干法干燥的鳕鱼肉在复水后，基本保持了冻结时所形成的组织结构，与鲜鱼肉的组织结构相比较，冻干鳕鱼肉的组织纤维排列更紧密，纤维间的空隙更大些，但两者的差别并不十分明显。因此，冻干鳕鱼肉的复水速度快且程度高，口感较为柔软多汁，且有一定的凝胶形成能力。

2. 贮藏运输过程中的注意事项

(1) 吸湿　干制水产品如放在潮湿的环境中，将产生吸湿现象，使干制水产品的水分含量或 A_w 升高。尤其是在高湿度的环境中，如果包装不良或贮藏不好，会很快吸湿。因此，采用真空包装或充入惰性气体密封能有效预防干制品吸湿。然而，对于不能完全隔绝干制水产品与空气接触的包装，在贮藏中，必须尽可能使制品周围的空气与制品 A_w 对应的相对湿度接近，避免制品周围空气温度偏高并采用较低的贮藏湿度。

(2) 发霉　干制水产品的发霉一般是由于加工时干燥不够完全或者是干燥完全的干制品在贮藏过程中吸湿而引起的品质劣变现象。因为在干制过程中，即使采取了高温或辐射的方式也不能将制品中的微生物和酶全部杀灭，当制品吸湿而水分增加后组织开始回软，使微生物又有了繁殖环境和条件，从而引起制品褐变、退色、产生异味、发霉、发黏和发红等现象，严重影响制品质量和缩短保藏期。

防止发霉的方法是：①对干制品的水分含量和 A_w 建立严格的规格标准和检验制度，不符合规定的干制品，不包装进库；②干制品仓库应有较好的防潮条件，尽可能保持低而稳定的仓库温度和湿度，定期检查温、湿度记录和库存制品质量状况，发现问题及时处理；③应采用防潮性能较好的包装材料进行包装，必要时放入去湿剂保存。

(3) 脂质氧化　虽然水产品干制后 A_w 较低，脂酶及脂肪氧化酶的活性受到抑制，但是由于缺乏水分的保护作用，因而极易发生脂质的自动氧化，导致干制品的变质。

大量研究结果表明，脂质的氧化速度受到干制品种类、温度、相对湿度、脂质的不饱和度、氧的分压、紫外线、金属离子、血红素等多种因素的影响。一般情况下，含脂量越高且不饱和度越高，贮藏温度越高，氧分压越高，与紫外线接触以及存在铜、铁等金属离子和血红素，将促进脂质的氧化。另外，需要特别注意的是相对湿度的影响。

Maninez 等研究了 37℃下贮藏的冻干大马哈鱼的脂质氧化与相对湿度之间的关系后指出，低于单分子层吸附水的相对湿度将促使脂质氧化快速进行，而较高的相对湿度将对脂质起一定的保护作用。当然，相对湿度对脂质氧化的影响还与温度、氧气分压等因素有关，并非一成不变。

脂质氧化不仅会影响干制品的色泽、风味，而且还会促进蛋白质的变性，使干制品的营养价值和食用价值降低甚至完全丧失，因此应采取适当措施予以防止。这些措施包括降低贮藏温度、采用适当的相对湿度、真空包装以及使用脂溶性抗氧化剂等。

(4) 变色　水产品干制后会因所含色素物质如类胡萝卜素、花青素、肌红素、叶绿素等的变化而出现各种颜色的变化，比如变黄、变褐、变黑等。其中最常见的变色是褐变。

引起褐变的原因有两种：一是多酚类物质如单宁、酪氨酸等在组织内酚氧化酶的作用下生成褐色的化合物——类黑素而引起的褐变；二是非酶褐变。在干制品中引起褐变的原因主要是后者。非酶褐变包括两种情形：一种是美拉德褐变，即还原糖与氨基酸反应引起的褐变；另一种是由脂质氧化产物与蛋白质反应引起的褐变。后者主要包括以下步骤：①脂质过氧化物的形成；②过氧化物与蛋白质活性基团及羰基过氧化物的分解产物与蛋白质活性基团的相互作用产生无色或有轻微颜色的褐色色素前体；③色素前体转变成褐色色素。事实上，上述两种非酶褐变之间并无本质的区别，都是羰基与氨基之间的复杂反应。

非酶褐变受到温度、A_w、pH 及脂质氧化等因素的影响。贮藏温度越高，非酶褐变速度越快；中等 A_w 时非酶褐变较快，过高或过低的 A_w 均不利于非酶褐变；在 pH 为中性或酸性时，非酶褐变将受到抑制，而偏碱性的 pH 有利于非酶褐变。脂质氧化程度较大时，由于产生的羰基化合物较多，非酶褐变速度也较快。

非酶褐变将引起干制品的有效赖氨酸量降低，影响蛋白质和脂质在体内和体外的消化率，从而降低其生物学价值。如果非酶褐变非常严重，那么就会产生毒性产物如前类黑精等。因此，非酶褐变是干制品贮藏中不希望出现的现象。维持较低的 A_w、降低贮藏温度、使用天然抗氧化剂（如茶多酚、竹叶抗氧化物）、真空包装等，都是防止或减缓非酶褐变的有效手段。

(5) 虫害　水产干制品在贮藏中容易受到蛀虫类的侵害。防止虫害最有效的方法是将干制水产品放在不适合害虫生活和活动的环境下贮藏。例如，大多数的害虫在环境温度 10～

15℃以下几乎停止活动，所以利用冷藏很有效。此外，害虫在没有氧气的条件下不能生存，故对干制品采用真空包装及充入惰性气体密封也是有效的。

⚙ **加工实例** ━━━ **常见水产干制品加工** ━━━

一、生干品加工

生干品又称淡干制品，是指原料不经盐渍、调味或煮熟等处理而直接干燥的制品。生干品的优点是原料的组成、结构、性质变化小，水溶性营养成分流失少，复水性好；缺点是鱼体微生物和组织中的酶类仍有活性，在干燥、贮藏过程中可能引起色泽及风味的变化。目前市场上销售的生干水产品主要有墨鱼干、鱿鱼干、小杂鱼干、银鱼干等。下面以墨鱼干为例介绍生干品的加工工艺。

墨鱼，本名乌鲗，又称花枝、墨斗鱼或乌贼，是软体动物门头足纲乌贼目的动物。其干品是我国东南沿海群众经常食用的水产品之一。墨鱼干加工如下。

（1）工艺流程

原料→前处理→剖腹→去内脏→洗涤→干燥→整形→罨蒸和发花→包装→贮藏

（2）操作要点

① 原料　选择新鲜的墨鱼原料，要求色泽鲜亮洁白、无异味、无黏液、肉质富有弹性。

② 剖腹　剖腹前先按大小、鲜度进行分类，以利于干燥与成品分级包装。剖腹时用左手托握鱼背，腹部朝上，头向前，稍捏紧，使腹部突起，胴腔张开，右手持不锈钢小刀，自腹腔上端中插入，将胴体挑割至尾部腺孔前为止（如割到尾端，晒制时易卷缩和脱骨），挑割时，刀要紧贴胴体，不要深扎，以免刺破墨囊（墨汁流出后，能严重污染鱼体和其他内脏），影响成品质量。腹腔剖开后，再回转刀，由喷水漏斗的正中劈向头部，深度约为头部的2/3，把头分开，再用刀尖将两眼刺破，放出眼内液体（眼球中的积水在晒制过程中难以干燥，易使头部变质，并且污染鱼体）。

③ 去内脏　剖割好的墨鱼在海水中轻轻漂洗，洗去腹腔中的墨汁，使内脏显露清楚。去脏时，先摘除墨囊，用手指捏住囊管上提一下，再往下拉即可摘除，再逐一摘下生殖腺（雌性的缠卵腺和卵巢，雄性的精囊），分别存放，有待进行副产品加工。

④ 洗涤　将去内脏的鲜墨鱼片放在宽敞的海水中逐个洗刷干净，洗净沥水后即可出晒，洗刷墨鱼最好用海水，因海水能很快洗净墨污和黏液，使肌肉洁白无瑕，这主要是海水中的氯化钠起了重要作用。而用淡水洗刷则既费力又难以达到理想的效果。

⑤ 干燥　将洗净的鲜墨鱼片沥水后，逐个腹面向上，平摆在塑料网或竹帘上（腹面向上便于整形，并可观察到肉片洗刷得是否洁净）。摆放时，一手拿住鱼片的尾部，另一只手托直头颈部，两手同时平放，并将头部腕爪理清摆正，经4h左右，当腹部的表面肌肉干燥到结成一层薄膜时，再行翻转，傍晚要把塑料网或竹帘折起，将鱼片盖住，防露水润湿，第二天重新摆晒。

⑥ 整形　出晒后的第2天，在摆晒过程中进行初次整形。用两手的拇指和食指拉抻墨鱼片，使肌肉松软伸展，但是不能用力过猛，以免骨和肉质裂断。在伸展肉片的同时，要把

头部的腕爪理直，当晒到七成干左右时，用木槌捶击打平，打时用力斜趋外方，肉质厚处应小心往外打，腹部两边都要打到。

⑦　罨蒸和发花　当墨鱼片晒至八成干左右时，收起来入库堆垛平压，称作罨蒸，罨蒸的目的不仅能使其扩散水分和平正，而且还能使墨鱼体内磷蛋白中的卵磷脂分解为胆碱，再进一步分解为甜菜碱析出，这是一种非蛋白的碱性化合物，具有甜味，干燥后成白粉状，附着于表面，增加了墨鱼干的鲜美滋味，此过程称之为发花，发花时间一般为 3～5d，经过发花，再出晒至充分干燥时，即可包装入库。

⑧　包装　墨鱼干充分干燥后，应立即包装或散装入库密封。包装物可采用竹筐、条筐或木箱等，装时筐或箱的底部同周围先铺上一层草片，墨鱼干要按一定规格依次环形或方形排列，底层背部朝下，头向筐心或箱中，上部两层应背部朝上，以减少受潮影响，装满时，再盖上一层草片，加盖密封。

⑨　贮藏　墨鱼干的贮藏环境要保持干燥，防潮，防虫，尤其在气温较高或空气湿度较大的季节，要尽量使其干燥和密封。

(3)　成品质量要求　质量好的墨鱼干应体大，个头均匀，体态平展，肉腕条理完整，肉厚洁净，无污染，色淡黄，表面附有一层白霜，具墨鱼干固有的清香味，干燥均匀，含水量一般在 15%左右。腕爪卷缩或残缺，体态不平展，肉质松软，色暗或微红，气味不纯正者，质量则较差。墨鱼干的出成率一般在 19%左右，春汛前期可达 21%左右，夏秋季仅为 18%左右。

二、煮干品加工

煮干品又称熟干品，是指用新鲜原料经煮熟后进行干燥的产品。煮干品是比盐干品更进一步的加工方法。由于经过煮熟的过程，使蛋白质凝固脱水和肌肉组织收缩疏松，同时杀灭大部分微生物并破坏鱼体组织中酶类的活性，水分在干燥过程中加速扩散，从而使干制品在贮藏中不易变质，更易长期保藏，同时口味也比盐干品好。煮干品在南方潮湿地区干制加工中占有重要地位。下面以虾皮和干贝为例进行煮干品加工介绍。

1. 虾皮加工

虾皮是毛虾的干制品，有生干品和熟干品两种。用中国毛虾生产的虾皮上乘。毛虾体小，壳薄，干燥后很容易使人感到只是一张皮，虾皮一名即由此而来。

虾皮的营养价值高，在水产品中属价格比较低廉的大众化海产品。经化验每 100g 虾皮中含蛋白质 39.3g，脂肪 3g，糖类 8.6g，钙 2000mg，磷 1005mg，铁 5.5mg，硫胺素（维生素 B_1）0.03mg，核黄素（维生素 B_2）0.07mg，烟酸 2.5mg。虾皮中钙和磷的含量在水产品中最为可观，儿童适当食用虾皮，对其生长发育大为有益。

(1)　工艺流程

原料处理→水煮→出晒→包装

(2)　操作要点

①　原料处理　毛虾在加工前要按鲜度分等，分别加工，以免好坏混在一起，降低成品质量。原料鲜度好，无泥沙等杂质，可直接水煮。如果有泥沙和其他杂质则需洗净或拣出。可用竹筐筛选，其方法是先在筐中装虾 5～8kg，然后放进盛有清洁海水的大缸或木桶中进行洗涤。洗时，一手把住筐边在水中左右摆动，一手轻轻翻动筐中的虾，使泥沙从筐孔流出沉入水底，并随时将小杂鱼和其他杂质拣出，洗净后将筐提出沥水。

② 水煮　向锅中注入适量淡水，按水的重量加入 6% 的盐，水沸腾后把原料虾投入锅中（虾与水的比例为 1∶4），沸后即可捞出沥水。煮虾过程中要及时清除锅中的浮沫。每煮一锅都要适当加盐，以保持盐水的浓度。当煮 8 锅左右，汤水已很浑浊，应立即更换新水。沥水冷却期间，不可摇动虾筐，否则虾体之间松散，将影响沥水效果，并能加速半成品的质变，尤其在阴雨天加工，更应注意。

③ 出晒　煮好后的虾经过充分沥水冷却后，方可出晒。晒虾前，先摇动虾筐，使其松散，把虾均匀地撒在席子上。晒到四成干时，用木耙翻扒，翻动要均匀，以免干燥不一，引起变质。天气干燥时，半天左右即可晒好。当晒至六七成干时，收堆起来存放 2d，然后出晒至九成干即可包装。恰当地掌握虾皮的干湿度是很关键的问题，太干易碎，而且味道也不鲜美；太湿易引起变质，不能久藏。出成品率一般在 25% 左右。

④ 包装　虾皮晒好后，要适当过筛，去掉碎糠末。包装应便于运输和不易破碎，包装时要垫防潮物，防止虾皮吸潮变质。

(3) 成品质量要求　成品颜色呈黄白色为佳，虾粒大小均匀，完整，干度适宜（用手抓一把，张开手后虾皮能自动散开，把虾皮撒在地板上时，虾皮可以弹起），无杂质，咸淡适中，具有鲜美的口感。

2. 干贝加工

干贝，又名江珧柱，是以扇贝、江珧等的闭壳肌经过干制加工而成。其色白中微黄，状若圆柱体，有弹性，味极甘美，富含蛋白质、脂肪及碘、铁等矿物质。不仅是高级宴席中不可多得的海味珍品，而且是上等的滋补品。

(1) 工艺流程

原料处理→脱壳、取闭壳肌→洗涤→水煮→干燥→包装

(2) 操作要点

① 原料处理　加工干贝要以鲜活贝为原料，起捕后应及时加工，放置时间长会使贝类消瘦，降低鲜度，影响质量和出成率。扇贝的最好生产季节是春末夏初，或者秋末冬初，因这两个季节的扇贝肥壮，加工的干贝质量好，出成率高。

② 脱壳、取闭壳肌　将鲜活贝表面的泥沙等污物用海水洗刷干净，用圆头刀插入壳缝，贴壳壁之一边，把贝柱（闭壳肌）的一端切下，去掉一面壳，摘下内脏团和外套膜（即贝边），留作副产品处理。再用刀沿另一面壳的内壁将贝柱完整地切下来。

③ 洗涤　将贝柱用清洁的海水洗净，沥干水分即行水煮。

④ 水煮　用海水煮不需加盐，用淡水煮可加盐 3%，原料与水的比例为 1∶4。先把水烧开，再将洗净的贝柱盛在竹筐中放入锅内，进行转动，使之受热均匀。当沸腾时，除去浮沫，2min 后即将筐端出（煮久易碎）。用海水或 3% 的盐水洗去污沫，沥水后晒干。

⑤ 干燥　将煮好洗净的原料放在竹筐中架晒，或在洁净的席子上摊晒，贝柱不要相互叠压或紧靠，每日轻轻翻动 2 次，中午前后须移至阴凉通风处，以免烈日晒裂。晒至全干后入库，半个月左右再出风一次即可包装。出成率一般为鲜贝的 3% 左右。

⑥ 包装　干燥后的干贝，用人工检出杂质，根据一定的包装规格进行称量并用聚乙烯无毒塑料薄膜袋进行包装封口。

(3) 成品质量要求

① 一级品　每粒重 1g 以上，色泽淡黄，微带白霜，粒坚实、整齐，味道鲜美，破碎率

在 5% 以下。

② 二级品 每粒重 1g 以上，色泽暗黄，微带白霜，粒坚实，味道鲜美，破碎率在 10% 以下。

③ 三级品 大小不够均匀，色泽暗红或紫红，鲜度较差，但无异味，破碎率不超过 20%。

三、调味干制品加工

调味干制品是指原料经调味料拌和或浸渍后干燥的制品，也可以是先将原料干燥至半干后浸调味料再干燥的。主要制品有调味马面鱼片、五香烤鱼、美味鱼松、珍味鱿鱼丝、香甜鱿（墨）鱼干、龙虾片等。调味干制品有一定的保藏性，产品大部分可直接食用、携带方便，且加工工艺较简单，设备投资少，见效快，是一类很有发展前途的水产加工食品。

1. 调味鱼片干加工

国内生产的调味鱼片干的主要原料是马面鱼，是以冰鲜或冷冻的马面鲀鱼、鳕鱼为原料经剖片、漂洗、调味、烘干等工序制成的调味鱼片干。

(1) 工艺流程

原料鱼→三去（去皮、去头、去内脏）→开片→检片→漂洗→沥水→调味→渗透→摊片→烘干→鱼片回潮→烘烤→鱼片轧松→检验包装→贮藏

(2) 操作要点

① 原料鱼 调味鱼片干的质量一般受原料鱼新鲜度的直接影响，即原料鱼新鲜，可制得味美质优的鱼干片，因此，应以捕获的鲜的或冷冻鱼为原料。要求鱼体完整，气味、色泽正常，肉质紧有弹性，原料鱼的大小一般选用 0.5kg 以上的鱼。

② 三去（去皮、去头、去内脏） 先用手撕掉鱼皮，接着沿胸鳍根部切去头部，然后用不锈钢刀切去鱼体上的鱼鳍和内脏，并将鱼体内壁清洗干净。

③ 开片 在操作台上边冲水边用不锈钢小刀将鱼体上下 2 片鱼肉削下来。要求形态完整、不破碎为好。操作时要将刀子靠近中间鱼骨处削平。因马面鱼仅中间一根骨，操作时刀子要保持平稳，用力均匀。削下的鱼片存放在洁净的不锈钢盘内。

④ 检片 将开片时带有的大骨刺、红肉、黑膜、杂质等检出并去除，保持鱼片洁净。

⑤ 漂洗 漂洗是提高鱼片质量的关键。将削好的鱼片倒入水槽内用流动水漂洗，直至使鱼片上的黏膜及污物、脂肪等物质随水漂洗干净，漂洗的鱼片洁白有光泽，肉质较好。

⑥ 沥水 将漂洗干净的鱼片从水槽中捞出来沥水 10～15min，称量。

⑦ 调味、渗透 将沥干水的鱼片加入调味料在容器内进行调味，并进行人工拌匀，然后常温浸渍 1～2h，也可在 10℃ 以下低温腌渍过夜，使调味料充分被鱼肉内层吸收。待鱼片基本入味后即可取出上筛初烘。调味料的配方如表 3-2 所示。

表 3-2 鱼片干调味料配方

调味料	占比
白砂糖（纯度在 99% 以上）	4%～6%
精制食盐（NaCl 含量在 99.3% 以上）	1.5%～2.0%

续表

调味料	占比
味精（谷氨酸钠含量在99%以上）	1.5%～2.5%
黄酒或白酒	1%～2%
胡椒粉	0.1%
姜汁	0.5%

注：以上比例按鱼肉的重量计算。

⑧ 摊片　将调味腌渍后的鱼片摊在无毒网筛上，并使形态尽量完整成片，将个别小片碎块鱼肉拼成较完整的片状形态。片与片之间距要紧密，片张要整齐抹平，再将鱼片（大小片及碎片配合）摆放，如鱼片3～4片相接，鱼肉纤维纹要基本相似，使鱼片成型平整美观。

⑨ 烘干　将塑料网筛一层层推进烘车上，再送进热风烘房内进行第一次初烘。一般第一阶段1～2h内先控制温度为45～50℃，第二阶段为50～60℃，初烘时间共8～10h，使烘出的鱼片含水分20%～22%。这一工序是加工鱼片的关键工序，要使烘房温度均匀稳定，这样烘出的鱼片才能达到理想的效果。温度忽高忽低使鱼片内部水分不易蒸发出来，难以取得较好的质量。

⑩ 鱼片回潮　将烘干的鱼片从网筛上揭下，即得生鱼片。为了便于烘烤鱼干，不使产品在最后烘烤时烤焦，先在半成品鱼干片上喷一些水分，使鱼片吸潮到含水量24%～25%，这一工作可以用喷雾器完成，但要注意，多少鱼片用多少水回潮，要经过用水量的计算，以免使水分过多或过少而达不到理想的要求。

⑪ 烘烤　这一工序是该产品较关键的操作步骤，将直接关系到产品的重量及消耗定额的完成。因此，首先要将回软的鱼干片均匀摊放在隧道式烤箱的网带上再经过170～190℃温度3min左右时间的高温烘烤。烘烤出来的鱼片应呈金黄色、有纤维感，并具有马面鱼烤鱼片应有的香味及鲜美的滋味。此外，在烘烤过程中要注意烤箱的温度波动，经常检查成品的色泽，若发现烘焦或温度偏高要立即调整，反之成品带生味，亦要采取适当调高温度和延长烘烤时间等措施来取得理想的效果。烘烤出来的成品鱼干要经过严格的挑选，将烤焦的鱼干剔出去另外处理。

⑫ 鱼片轧松　烘烤后的鱼片经碾片机碾压拉松即得熟鱼片，碾压时要在鱼肉纤维的垂直方向（即横向）碾压才可拉松，一般需经两次轧松，使鱼片肌肉纤维组织疏松均匀，面积延伸增大。

⑬ 检验包装　拉松后的鱼片，人工捡出剩留骨刺等杂质，根据一定的包装规格进行称量并用聚乙烯无毒塑料薄膜袋进行封口包装，然后采用牢固、清洁、干燥、无霉变的单瓦楞纸箱装箱。

⑭ 贮藏　鱼片的成品应放置于清洁、干燥、阴凉通风的场所，底层仓库内堆放成品时应用木板垫起，堆放高度以纸箱受压不变形为宜。

（3）产品质量要求

① 感官指标　色泽要求黄白色，边沿允许略带焦黄色。鱼片形态要平整，片形基本完好。组织要求肉质疏松，有嚼劲，无僵片。滋味及气味要求：滋味鲜美，咸甜适宜，具有调味鱼干片的特有香味，无异味。鱼片内不允许存在杂质。

② 理化指标　水分含量在20%～22%，重金属含量符合国家相关标准规定。

③ 微生物指标　致病菌（指肠道致病菌及致病性球菌）不得检出。

2. 鱿鱼丝加工

鱿鱼肌肉结构和鱼不同，其胴体肉是由与体轴成垂直方向排列的极细肌纤维为主构成的。这些肌纤维不像鱼肉那样由结缔组织结合而是各自单独存在，加热不会软化或溶解、裂开成小块，适合加工成丝状干制品。

（1）工艺流程

原料处理→脱皮→第一次调味→排片烘干→揭片→烘烤→轧松→撕丝→第二次调味→烘干→称量包装

（2）操作要点

① 原料处理　采用鲜度好的鱿鱼原料进行去头，用不锈钢小刀由鱼腹中间向尾部剖割开去，把鱿鱼片两边的鳍肉切除（鳍肉可加工成鱿鱼片），用流动水将内脏漂洗干净。

② 脱皮　将洗净的鱿鱼放进温度 $45\sim50℃$、含乙酸钠 $2\%\sim2.5\%$ 的水溶液磨皮机中，浸液时间 $2\sim5min$，捞起去皮漂洗干净。

③ 第一次调味　将去皮洗净后的鱿鱼片从水中捞出来沥干水后，按比例称量放进容器中，以鱼肉重量的百分比计加入配料（见表3-3）。

表 3-3　珍味鱿鱼丝调味配方

项　　　目	含　　　量
白砂糖(纯度在 99% 以上)	$4\%\sim6\%$
精制食盐(NaCl 含量在 99.3% 以上)	$1.8\%\sim2.0\%$
味精(谷氨酸钠含量在 99% 以上)	$0.5\%\sim0.8\%$
柠檬酸(食品级)	$0.1\%\sim0.12\%$
山梨酸钾(食品级)	0.1%
三聚磷酸钠(食品级)	$0.05\%\sim0.1\%$(以 PO_4^{3-} 计)
焦磷酸钠(食品级)	$0.05\%\sim0.1\%$(以 PO_4^{3-} 计)

注：三聚磷酸钠和焦磷酸钠添加量之和不得超过 0.1%。

调味时先将各种调味料和添加剂混合均匀，再慢慢均匀地撒入鱿鱼片进行干拌，使鱿鱼片和配料、食品添加剂拌和均匀。注意调味渗透时的温度不要超过 $15℃$，渗透时间为 $5\sim7h$。

④ 排片烘干　将调好味的鱿鱼片平整地摊放在无毒塑料网筛上，排满后放在烘车上，烘车放满后推进热风烘道进行干燥。热风温度控制在 $45℃$ 左右，干燥时间为 $4\sim6h$，鱿鱼片烘干后的水分含量控制在 40% 左右。

⑤ 揭片　将鱼片从网筛上揭下，放进无毒塑料袋密封装箱入冷库贮藏备用，或直接经烘烤加工成鱿鱼丝产品。

⑥ 烘烤　将烘干后的鱿鱼片均匀地摆放在红外线烘烤机的传送带上，根据鱼片的厚薄及大小，调整传送带的运行速度和烘烤温度。烘烤温度为 $130℃$，烘烤时间为 $6min$，使鱼片烘烤熟有香味但不烤焦为准。

⑦ 轧松　根据鱼片的厚薄，调整好轧松机两滚筒的间隙，将烤熟后的鱿鱼片趁热纵向通过滚筒式轧松机压轧两次，使鱿鱼片纤维组织松散。

⑧ 撕丝　将轧松的鱿鱼片用人工或设备，顺鱿鱼片的纤维撕成 $0.3\sim0.5cm$ 宽的鱿鱼丝，称重。

⑨ 第二次调味　将称好重量的鱿鱼丝置于不锈钢调味桶中，按鱿鱼丝的重量百分比加入葡萄糖 $3\%\sim4\%$、山梨糖粉 $8\%\sim10\%$、辣椒粉 0.1%（或不加）、胡椒粉 $0.1\%\sim0.2\%$。

先将各种调味料混合均匀，再慢慢加入鱿鱼丝中拌均匀，装入容器内密封 1～2d，使鱿鱼丝内外水分扩散均匀。

⑩ 烘干　将经过两次调味的鱿鱼丝均匀地摆放在红外线烘烤机的传送带上，调整烘箱温度（50℃）和传送带的运行速度（10～15min），使鱿鱼丝最终水分含量控制在 25％以下，冷却即为鱿鱼丝产品。

⑪ 称量包装　根据分装要求称量后采用厚度 80～100mm 的无毒聚丙烯或聚乙烯复合薄膜袋进行装填并封口，封口时要注意密封。

（3）产品质量要求

① 感官指标　色泽呈白色或金黄色，外观为条丝状，具有鱿鱼干经高温烘烤后应有的滋味及气味，食用时柔软度好，有纤维感，口味香甜稍辣，无褐变。

② 理化指标　水分含量要求在 25％以下，重金属符合国家相关标准规定。

③ 微生物指标　致病菌不得检出，常温保存半年不发霉。

3. 鱼松加工

鱼松是用鱼类肌肉制成的金黄色绒毛状调味干制品，其味咸甜，松软鲜香，入口即化。鱼松的营养丰富，所含蛋白质易被人体消化吸收，且含多种磷脂，是一种强身、健脑的良好食品，尤其对病人的营养摄取及 10 个月以上婴儿的大脑发育大有裨益。

（1）工艺流程

原料选择→前处理→熟化→采肉→压榨搓松→调味炒干→称量包装

（2）操作要点

① 原料选择　鱼类的肌纤维长短不同，原料肉色泽、风味等都有一定差异，制成的鱼松状态、色泽及风味各不相同。大多数鱼类都可以加工成鱼松，以白肉鱼类制成的鱼松质量较好。目前生产中主要以带鱼、鲱鱼、鲐鱼、黄鱼、鲨鱼、马面鲀等为原料，近年来也有许多厂家采用鲈鱼、鲢鱼等为原料生产鱼松。鱼松加工的原料要求鲜度在二级以上，决不能用变质鱼生产鱼松。

② 前处理　原料鱼先经水洗，除去鳞、鳍、内脏、头、尾等不可食部分，再用水漂洗去血污杂质，沥干备用。

③ 熟化　将处理后的原料鱼放入蒸煮锅中，蒸煮锅底上要铺上湿纱布，防止鱼皮、肉黏着和脱落到锅中，锅中放清水（约为锅容量的 1/3），然后加热，等水煮沸 15min，使鱼肉容易与骨刺、鱼皮分离，即可将鱼出锅。

④ 采肉　将调味熟化的鱼趁热去皮拣骨、鳍、筋等，留下鱼肉，放入清洁白瓷盘内，在通风处晾干，并随时将肉撕碎。

⑤ 压榨搓松　将鱼肉先行压榨脱水，再放入炒松机中捣碎，搓散，用文火炒至鱼肉捏在手上能自动散开为止。

⑥ 调味炒干　把适量油放入炒锅加热，将鱼松微热后拌入盐、糖、味精、五香粉、酱油（五种调味料事先混匀）收至汤尽，肉色微黄，用振荡筛除去小骨刺等杂质。可用上述炒松机进行炒拌，压松，炒干后用搓松机搓松，至毛绒状为止。

调味料配方：按原料鱼重计，葱 0.2％，姜 0.25％，黄酒 0.6％，盐 1％，糖 0.7％，醋 0.3％，味精 0.3％，五香粉 0.015％，酱油 1％，油适量。

⑦ 包装　将搓好的鱼松取出，放在瓷盘或不锈钢盘中，冷却后即行包装，包装袋最好

采用复合薄膜或罐头装。

(3) 成品质量要求　成品呈细绒状，肉丝疏松，色泽白色略带黄色，无潮团，口味正常，无焦味及异味，成品水分含量在 $12\%\sim16\%$。

四、盐干品加工

盐干品是指将鲜鱼腌咸，然后再干燥的一种加工制品，可整体盐干，也可剖开腹部或背后腌制成"鱼鲞"。盐干品的优点是保藏期长，适合于高温、阴雨季节加工；缺点是味道咸、肉质干硬、复水性差、易"油烧"。咸鱼干的加工如下。

(1) 工艺流程

原料处理→水洗→腌制→去盐→干燥→包装贮藏→成品

(2) 操作要点

① 原料处理　腌制鱼筒的原料鱼从鳃部直接去除内脏，或者剖开腹部去除内脏；腌制鱼鲞的原料鱼通常从背部剖开，并且连同头部一起剖开。

② 水洗　原料鱼在流动水中冲洗，去除附着于原料表面的血污、黏液，要尽量去除腹部的血污。污血对产品颜色和光泽有特别影响，所以清除必须十分彻底。

③ 腌制　水洗、沥干后进行腌制。腌制的方法有把鱼浸渍在食盐水中的浸渍法、固体食盐撒在鱼体上或者涂在鱼体中的拌盐法，还有浮在浓盐水中腌鱼的半浸渍法等。腌制鱼具有适宜的咸味和特有的食味，延长保存时间。

根据原料鱼的种类、大小，对产品的要求（盐分含量和干燥度）等，相应采取适当方法和条件进行腌制。一般来讲，咸干鱼适用于拌盐法，鲜咸干鱼用浸渍法。撒盐法用盐量为鱼体重量的 $10\%\sim20\%$，浸渍法食盐水浓度应为 $5\%\sim15\%$，腌制温度和时间应保持均衡。

④ 去盐　腌制过的原料鱼，直接浸在清水中或者在流动水冲洗，去除盐分，注意不能在清水中过分冲洗，表面盐分冲去即可。去盐处理后进行干燥时，为了防止鱼体表层的盐分浓度过高，防止产品色泽变劣，所以对用浸渍法腌咸的和半浸渍法腌咸的鱼，在干燥前应作水洗处理。

⑤ 干燥　干燥方法有日晒法和机械法，每种方法都有长处和短处，最近机械法应用广泛，故也有两者适当并用的。

一般初期干燥可用热风机械法或者日晒法，而在后期干燥过程采用冷风干燥法进行干燥。

对大型鱼进行干燥时，如果连续进行干燥，往往造成表面已经干燥，而内部仍未干燥的现象，如果认为鱼已全部干燥就会造成因鱼体内部水分偏高而引起腐败，遇到这种情况时，应停止干燥处理，在自然条件下放置一段时间，使鱼体内部的水分向外部扩散后再进行干燥，这样就可防止鱼体干燥程度不同的问题。

⑥ 包装贮藏　产品可包装成各种适宜的规格，根据产品的干燥度、盐分浓度等，可以将产品进行冷藏乃至冻结贮藏和销售。

(3) 成品质量要求　外观应形状整齐，表面清洁，无霉斑，无异臭味，肌肉坚实，具有正常的色泽。水分含量为 $30\%\sim38\%$，酸价 $\leqslant40\sim60$mg KOH/g，过氧化值 $\leqslant200\sim350$mmol/kg。

📖 实训项目 ━━━ **调味烤鱼片和鱼肉松的加工** ━━━

一、调味烤鱼片的加工

【实训目的】

掌握水产品干制保藏的原理和方法，以及调味烤鱼片的加工技术。

【实训原理】

通过水分的控制和糖分的控制，既可达到保藏目的，又使产品味美。

【实训材料与用具】

(1) 实验原料　罗非鱼 100g，水 100g，盐 2g，味精 1.2g，糖 8g，黄酒 1.5g。

(2) 涂布的酱料制作　糖浆 300g，酱油 60g，黄酒 50g，食盐 10g（以糖浆为基准）。

(3) 实验用具　砧板、不锈钢盘、尼龙网片、不锈钢网、刀具、热风鼓风干燥设备、快速水分测定仪、分析天平等。

【实训方法与步骤】

(1) 工艺流程

原料挑选→预处理→开片取肉→去皮→漂洗→浸渍入味→摊片→热风干燥→烘烤→包装→成品

(2) 操作要点

① 原料挑选　选择新鲜的罗非鱼，原料鲜度要求在二级以上，决不能用变质鱼生产调味烤鱼干。

② 预处理　原料鱼先水洗，除去鳞、鳍、内脏、头、尾等不可食部分，再用清水洗去血污杂质，沥干。

③ 开片取肉　去脊骨，取下背部两块肉，操作时，要顺纤维纹路刮，刀的倾斜角以 45° 为宜。

④ 去皮　采用机械或人工去皮，去黑膜、杂质，保持鱼片洁净。

⑤ 漂洗　鱼片含血较多，必须洗净。漂洗是提高鱼干片质量的关键，常用的方法是流水漂洗，漂洗干净后，捞出沥水。

⑥ 浸渍入味　将按比例称好的调味料倒入水中，搅拌均匀、溶解。将鱼片加入调味液（以能浸没为好），浸渍入味 3h，并常翻动，调味时室内温度宜控制在 15℃ 以下。

⑦ 摊片　将鱼片均匀摆放至尼龙网上，摆放时片与片间距要紧密，鱼肉纹理要基本相似。

⑧ 热风干燥　采用热风干燥，烘干鱼片时不高于 40℃ 为宜，烘 2～3h 后，将鱼片移至烘道外，停放 2h 左右，使鱼片内部水分自然向外扩散，得生鱼片，此时鱼片为半透明状。

⑨ 烘烤　将鱼片移入烤箱，约 5min 后翻动鱼片，以避免鱼片粘于板上，烘烤温度 180℃ 左右为宜，时间 35min 左右（在烘烤过程中，在鱼片半干时可在鱼的两面涂膜一层酱料，使其更加美味）。

(3) 成品质量　产品色泽为黄白色，边沿允许略带焦黄，鱼片形态平整，片形基本完好，肉质疏松，有嚼劲。滋味鲜美，咸甜适宜，具有烤鱼片特有香味。

【编写实训报告书】

要求写出具体的调味烤鱼片加工操作过程报告，说明成品的品质和理化情况。

二、鱼肉松的加工

【实训目的】

掌握鱼肉松的生产加工技术。

【实训原理】

鱼肉松是用鱼类肌肉制成的金黄色绒毛状调味干制品。鱼肉松是营养健康食品，含有人体所需的多种必需氨基酸和维生素 B_1、维生素 B_2、烟酸以及钙、磷、铁等无机盐，可溶性蛋白多，脂肪熔点低，易被人体消化吸收。

【实训材料与用具】

(1) 实验原料　新鲜罗非鱼（也可用其他鱼代替）、葱、姜、黄酒、盐、糖、醋、味精等。

(2) 实验用具　刀具、砧板、不锈钢器具、电磁炉（或煤气炉）、不粘锅、漏勺等。

【实训方法与步骤】

(1) 配方　原料鱼 100g，盐 1g，味精 0.3g，糖 0.7g，葱 0.2g，姜 0.25g，黄酒 0.6g，醋 0.3g，五香粉 0.015g，酱油 1g，油适量。

(2) 工艺流程

原料选择→预处理→取肉→蒸煮→挑去骨刺→沥干→炒制→冷却→成品→包装

(3) 操作要点

① 原料选择　大多数鱼类都可以加工成鱼肉松，以白色肉鱼类制成的鱼肉松质量较好。目前生产中主要以带鱼、鲱鱼、鲐鱼、黄鱼、鲨鱼等为原料，近年来也有许多厂家采用罗非鱼、鲢鱼等为原料生产鱼肉松。鱼肉松加工的原料要求鲜度在二级以上，决不能用变质鱼生产鱼肉松。

② 预处理　原料鱼先水洗，除去鳞、鳍、内脏、头、尾等不可食部分，再用清水洗去血污、杂质，沥干。鱼剖杀洗净，从尾到颈，去内脏，去脊骨，取下背部两块肉，操作时，要顺纤维纹路刮，刀的倾斜角以 45° 为宜，将鱼肉刮成薄片。

③ 蒸煮　将鱼肉放置于锅中，并加水覆盖，加热蒸煮至鱼肉能剔骨为宜。

④ 挑去骨刺　将煮熟的鱼肉趁热去掉骨刺，放入清洁的容器中备用。

⑤ 沥干　用漏勺沥去水分。

⑥ 炒制　把适量油放入炒锅加热，然后将鱼肉放入锅内用文火上下翻炒，炒至锅上空蒸汽较少时加入黄酒、盐、糖、味精和酱油等（调味料事先溶解混匀），继续炒至锅中鱼肉松散，干燥为止。

⑦ 冷却　将已炒好的鱼肉松离火出锅，置于干净的浅盆、盘等容器中冷却至常温即成鱼肉松。

⑧ 包装　成品冷却后定量包装，包装袋最好采用复合薄膜或罐头装。

（4）成品质量　成品呈细绒状，白色略带黄色，清鲜味，水分含量 $12\%\sim16\%$。

【编写实训报告书】

要求写出具体的鱼肉松加工操作过程报告，说明成品的品质和理化情况。

复习思考题

1. 名词解释

水产品干制加工　干燥　脱水　表面蒸发　内部扩散　日干　风干　热风干燥
远红外干燥　冷冻干燥

2. 简述水产品干制保藏的原理。

3. 食品品质与 A_w 有什么关系？

4. 简述食品的干燥过程。

5. 水产品的干制方法有哪些？

6. 水产品干制保藏过程中有哪些方面的品质劣化？应怎样防止？

7. 设计一种你所喜欢的水产干制品的加工工艺。

学习项目四　水产腌制品的加工

【学习目标】

　　1. 掌握腌制的基础知识，了解水产腌制生产工艺；

　　2. 通过介绍的加工实例，进一步掌握腌制的方法；

　　3. 通过实训项目的练习，掌握腌制的原理和方法。

【职业素养目标】

　　在深入理解腌制原理和技术的基础上，关注行业内腌制技术的新发展，积极探索如何将新技术应用于传统水产腌制工艺，以提升产品品质、缩短腌制时间、降低成本，满足消费者对多样化、高品质腌制品的需求。

基础知识

　　腌制是指用食盐、糖、酒糟、香料等腌制材料处理水产品原料，使其渗入水产品肌肉组织内，以提高其渗透压，降低其 A_w，并有选择性地抑制微生物的活动，从而防止水产品的腐败，延长货架期，改善水产品食用品质的加工方法。腌制所使用的腌制材料通称为腌制剂。经过腌制加工的水产品通称为腌制品。不同的水产品类型，采用的腌制剂和腌制方法均不同。

一、腌制品生产原理

　　水产品在腌制过程中，需使用不同种类的腌制剂，常用的有盐、糖、酱油、酒糟、香辛料等。腌制剂在腌制过程中首先要形成溶液，然后通过扩散和渗透作用进入水产品组织内，从而降低水产品内的 A_w，提高渗透压，进而抑制微生物和酶的活动，达到防止水产品腐败变质的目的。

　　腌制时，首先形成以腌制剂为溶质、水（水产品组织内的水或外加的水）为溶液的腌制液，即腌制液主要是由盐和糖作为溶质、水作为溶剂而形成的单一或混合溶液。腌制液的浓度常用波美比重计测定，糖水浓度可用糖度计测定。

　　(1) 溶液的扩散　水产品的腌制过程实际上是腌制液向水产品组织扩散的过程。扩散是指分子在不规则热力运动下使固体、液体、气体浓度均匀化的过程。扩散的推动力是渗透压。扩散总是从高浓度处向低浓度处转移，并持续到各处浓度平衡时才停止。腌制剂的扩散速度与温度及浓度差有关。

　　(2) 渗透　渗透是指溶剂从低浓度溶液经过半透膜向高浓度溶液扩散的过程。半透膜是只允许溶剂通过而不允许溶质通过的膜，如细胞膜就是半透膜。

　　进行水产品腌制时，腌制的速度取决于渗透压，而渗透压与温度及物质的浓度成正比，见图 4-1。为了提高腌制速度，应尽可能提高腌制温度和腌制剂的浓度。但在实际生产中，很多水产品原料如在高温下腌制，会在腌制完成之前出现腐败变质。因此应根据水产品种类的不同，采用不同的温度。很多果蔬类产品可在室温下进行腌制，而鱼、肉类水产品则需在10℃以下（大多数情况下要求在2~4℃）进行腌制。

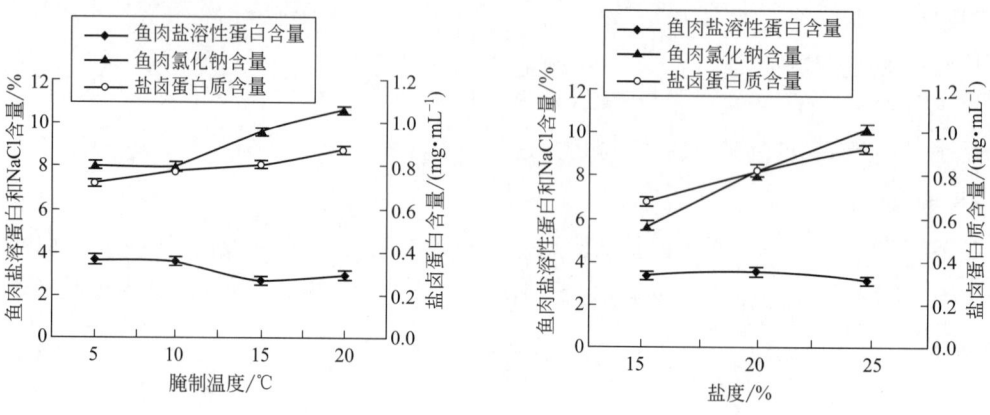

图 4-1　腌制温度与盐度对鱼肉和盐卤成分的影响

在水产品腌制过程中，水产品组织外的腌制液和组织内的溶液浓度会借溶剂渗透和溶质的扩散而达到平衡。所以说，腌制过程其实是扩散与渗透相结合的过程。

二、腌制的防腐作用

水产品腌制可以防止水产品腐败变质，延长其保质期。腌制过程中的防腐作用主要是通过不同腌制剂的防腐抑菌作用来实现的。

1. 食盐对微生物的影响

食盐作为主要腌制剂除具有调味作用外，更重要的是具有防腐作用，食盐的防腐作用主要是通过抑制微生物的生长繁殖来实现的。

(1) 食盐溶液对微生物细胞的脱水作用　微生物正常的生长繁殖需要在等渗的环境中进行。如果微生物处在低渗的环境中则环境中的水分子会穿过微生物的细胞壁并通过细胞膜向细胞内渗透，使微生物细胞呈膨胀状态，如果内压过大，就会使原生质胀裂，微生物无法生长繁殖。如果微生物处于高渗的溶液中，细胞内的水分就会透过原生质膜向外渗透，结果是细胞的原生质因脱水而与细胞壁发生质壁分离，并最终使细胞变形，微生物的生长活动受到抑制，脱水严重时还会造成微生物死亡。

水产品腌制时，腌制液的渗透压很高，对微生物细胞会发生强烈的脱水作用，导致质壁分离，使微生物的生理代谢活动呈抑制状态，造成微生物停止生长或者死亡，从而达到防腐的目的。

(2) 食盐溶液能降低 A_w　食盐在水溶液中电离为 Na^+ 和 Cl^-，Na^+ 和 Cl^- 与水结合形成水合离子。食盐的浓度越高，所吸引的水分子也就越多，这些被离子吸引的水就变成了结合水状态，导致自由水的减少，A_w 下降。溶液的 A_w 随食盐浓度的增大而下降，在饱和食盐溶液（26.5%）中，由于水分全部被离子吸引，没有自由水，因此，所有的微生物都不能生长。

(3) 食盐溶液对微生物产生生理毒害作用　食盐溶液中含有 Na^+、Mg^{2+}、K^+ 和 Cl^-，在高浓度时能对微生物产生毒害作用。这主要是由于 Na^+ 能和原生质中的阴离子结合产生毒害作用，酸性能加强 Na^+ 对微生物的毒害作用。一般情况下，酵母菌在 20% 的食盐溶液中才会被抑制，但在酸性条件下，14% 的食盐溶液就能抑制其生长。

氯化钠对微生物的毒害作用也可能来自 Cl^-，因为 Cl^- 也会与细胞原生质结合，从而促使细胞死亡。

(4) 食盐溶液中氧的浓度下降　水产品腌制时使用的盐水或渗入水产品组织内形成的盐溶液其浓度很大，使得氧气的溶解度下降，从而造成缺氧环境，使得一些需氧微生物的生长受到抑制。

2. 食糖在腌制过程中的防腐作用

食糖在水果类腌制品（如果脯、蜜饯）的腌渍中使用量较大，而在水产品中用量较小，主要起调味作用。水产品中常用的蔗糖，其防腐作用主要是通过降低 A_w，提高渗透压来实现的。蔗糖在水中的溶解度很大，其饱和溶液能达到很高的渗透压，并且能使 A_w 降低到 0.85 以下。在水产品腌制过程中，蔗糖通过扩散作用进入水产品组织内部，使微生物得不到足够的自由水，同时由于糖汁产生很高的渗透压，致使微生物脱水，从而抑制微生物的生长繁殖，达到防腐的目的。

3. 微生物发酵的防腐作用

在发酵型腌渍品的腌制过程中，伴随有正常的乳酸发酵、轻度的酒精发酵和微弱的醋酸发酵。这三种发酵的产物不仅具有防腐作用，还与腌制品的质量有密切关系。

在正常发酵产物中，最主要的是乳酸，还有乙醇、醋酸及二氧化碳等，酸和二氧化碳能使环境中的 pH 大为降低。乙醇亦具有防腐作用，二氧化碳对氧还有一定的阻隔作用。这些都有利于抑制有害微生物的生长，是利用微生物发酵防止水产品腐败变质的主要原因。

✖ 单元生产 ▬▬▬ 水产腌制品加工工艺与操作 ▬▬▬

水产品中常用的腌制方法有干腌法、湿腌法和混合腌制法以及醋渍法、糖渍法，按照腌制品的成熟程度又可以分为普通腌制和发酵腌制，应根据不同产品的类别选择合适的腌制方法。

一、水产腌制品加工工艺流程

原料选择→预处理→清洗→腌制→沥水→包装→冷藏

二、操作要点

(1) 原料选择　原料要求新鲜，鱼鳞完整且以产卵前饱满者为好，无鳞鱼则通过相应理化指标进行验收。

(2) 预处理　根据不同种类的原料，进行相应的预处理，比如三去处理（去头、皮、内脏）。

(3) 清洗　采用漂白粉溶液多次冲洗体内及体表黏液、残存微生物等。

(4) 腌制　根据原料水分含量多少，选择相应的腌制方法和腌制剂，含水量高的鱼类可以选择干腌法（层盐层鱼）方式，泥螺则可添加白酒，多脂鱼需要添加相应的抗氧化剂，以抑制腌制期间的氧化。

三、注意事项

水产品经过腌制后会产生独特的颜色和风味，在腌制过程中始终伴随着腌制剂的扩散、渗透和吸附。腌制剂进入水产品组织内后会发生一系列的化学和生物化学的变化，同时还伴随着复杂的微生物发酵过程，这些都有助于改善和提高腌制品的食用品质。

1. 腌制水产品的工艺控制要点

在实际生产中，一是添加食盐量要适中、充分，擦盐均匀；二是环境及用具清洁卫生，在使用前必须经过清洗消毒；三是鱼体无论如何切割，腌制前必须洗净表面黏液、血污和污泥等；四是控制好腌制的温度和时间。

2. 腌制水产品的主要质量问题

腌制水产品的主要质量问题有变质、赤变、盐霜和油烧等。

（1）变质的主要原因　一是原料鲜度不良或已变质；二是盐粒过粗、用盐不足、拌盐不匀、腌制温度偏低或腌制温度过高、操作环境与过程不卫生；三是贮藏不良，如成品受到日晒雨淋等；四是贮藏时间过长。

（2）赤变的主要原因　如腌制用盐带有大量盐细菌；贮藏气温过高，湿度过大；加工清洗卫生不良；成品贮藏条件不良，时间过长。

（3）盐霜的主要原因　如腌制完毕后未及时包装；储存时空气过于干燥；储存期过长。

（4）油烧的主要原因　如采用干腌法腌制多脂鱼；储存温度过高；成品风干；储存期过长。

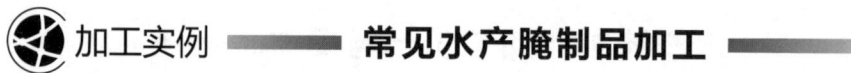

加工实例　━━　**常见水产腌制品加工**　━━

一、广东酶香鳓鱼加工

1. 工艺流程

原料筛选→清洗→塞盐→入桶腌制→压石加盖→腌制发酵→出料→沥水→加盐包装→成品

2. 操作要点

（1）清洗　用清水冲洗鳓鱼，除去鱼体上的黏液和杂物。

（2）塞盐　用木棒向鳓鱼的鳃和腹腔内塞盐，盐的用量为原料的 8%，以在盐渍 4d 后能全部溶解为宜。然后，再用原料量 10% 的盐敷在鱼的两侧。

（3）入桶腌制　先在桶或池底撒上一层盐，然后按层盐层鱼的规则排列，最后在上层再撒上一层封顶盐进行腌制，用盐量为原料的 12%。

（4）压石加盖　盐渍 2d 后，出现卤水，此时在鱼层上铺一张栅板和两块木板，板上压石，质量以将鱼层压至卤水面下 3～4cm 为宜，然后加盖。

（5）腌制发酵　压石后的鱼再腌 4～5d 即可，这一过程中，鱼体内的酶对蛋白质和脂质仍有一定的分解作用，因而产品有一定的香鲜味。

（6）出料和沥水 移去压石和木板，取出腌鱼置于竹筐中，按尾部下倾排列，使之沥水 3h。

（7）加盐包装 包装用盐量一般依制品的咸度而定，一般用量为 6%～7%，将盐敷在鱼体两侧，然后抽真空塑封包装，以免油脂氧化而影响产品的质量。

二、咸泥螺加工

泥螺鲜食方法有葱油炒泥螺和泥汤，也可与其他蔬菜一起炒食，味道鲜美。除了鲜食外，泥螺的传统食用方法为腌制或醉泥螺，具体步骤如下。

1. 工艺流程
原料清洗→去黏液→加盐或卤水→静置→调味

2. 操作要点

（1）清洗 泥螺收获后首先要用清水将泥螺外壳洗净，除去泥螺体表黏着的泥沙等杂质。然后在 0.5% 食盐水中暂养 3h，使其吐出泥沙，再清洗、沥干。清洗用水最好是经过沉淀过滤的自然海水，也可用淡水清洗。

（2）去黏液 清洗后的泥螺盛入塑料大盆或桶中去黏液，即沿顺时针方向用手或棒快速搅拌，在搅拌中泥螺体表的黏液不断流出，成白色泡沫状，继续搅拌到白色泡沫不再产生。

（3）加盐或卤水 将去黏液的泥螺放入塑料大盆内，每 100kg 加入 8～10kg 的食盐或卤水，再加入适量啤酒，继续搅拌至泡沫不再增加。

（4）静置 经加盐或卤水搅拌后，泥螺大多数将其足部缩入壳内，仅少部分留于壳外，这时如果调味装罐，足部将不会伸出，既影响美观，又影响肉质的口感。因此，应静放 3h 以上，让其足部慢慢伸出成自然状，静放时应避免碰撞容器或瞬时改变光照强度，以免引起泥螺足部的收缩。泥螺在高盐度的环境下静止一段时间后即麻痹死亡。

（5）调味 经 48h 后，泥螺均死亡，而足部又自然伸出在外，外形美观。此时可根据口味进行调味，加入酒、醋、糖等调味品，即可食用或装瓶、装罐。经加工后的泥螺应放置于冰箱或冷藏库中。

三、糟醉鱼加工

1. 工艺流程
原料处理→盐渍→晒干→糟渍→装坛→封口

2. 操作要点

（1）原料处理 原料一般选用青鱼、鲤鱼、草鱼，草鱼最佳。将鱼体开腹除去内脏，刮鳞并切除头、尾、鳍，较大型鱼还需切除脊骨，然后将鱼用清水洗涤，最后可用 3% 盐水充分洗净血污。

（2）盐渍 将洗后的鱼沥干表面的水分后进行盐渍，用盐量依气温而异。由于这类养殖的咸鱼多在深秋出塘，此时气温不高，故盐渍用盐量多为 8%～10%。盐渍 3～5h 后即可。

（3）晒干 将盐渍后的鱼取出置于清水中，使其表层稍微脱盐并洗去其表面的黏滞物。将鱼晒干到一般盐干品的程度，用作糟渍的原料。在鲜活鱼少的季节，也可选用优质的成品盐干鱼，除去头、鳍、鳞、骨等，切段，浸水 3～6h 后，再晒干供作原料。

（4）糟渍、装坛、封口　酒糟配置：常用的有甜酒原糟和黄酒酒糟等。使用经过压榨的甜酒原糟，其水分含量为 40%～50%，酒精为 3%～6%，香味浓醇。要使用新鲜糟，不得使用已发酸的陈糟。酒糟味淡者可添加高粱酒（烧酒）2%～4%、食盐 3%～5%、白糖 0.3%～0.5%，拌和均匀后使用。还可根据各地的传统口味添加适量的香辛料（如胡椒、花椒、桂皮、茴香、辣椒等）。原料鱼与酒糟用量之比通常在 1：（1～1.5）。糟渍操作：选择定容的小口坛作容器，将它们洗净、干燥后，在底部加一层已配拌均匀的酒糟，将已切成一定大小的鱼块排列在糟上，然后层糟层鱼逐层排放，直至装满，并予压紧，在最上层应添加少量烧酒和食盐。然后用牛皮纸或干荷叶扎封坛口，再加湿泥密封。坛上不能留空隙，封泥不能有裂缝。气温高时经 2～3 个月成熟，气温低时需 3～4 个月才能成熟。

3. 质量要求

醉糟鱼色泽应为红润色，有光泽；有浓郁的乙醇香味；肉质坚实；味美而不咸苦。

四、醋渍品加工

用食盐和米醋进行腌制的鱼类制品即为醋渍品。乙酸可降低制品 pH，增加其保藏性并赋予制品风味。欧洲加有香辛料的鲱类醋渍品最为著名。醋渍品有冷醋渍品、熟醋渍品和油炸醋渍品之分。冷醋渍品是将盐渍后的鱼片于常温下，在盐和醋酸中盐渍 3～7d，成熟后装入马口铁罐或陶罐，加卤汁和香（辛）料后封藏。所用卤汁均含有 1%～2% 乙酸和 2%～5% 食盐。所用的香辛料为胡椒、芥末、辣椒、月桂叶和圆葱等。此类制品为非杀菌的密封罐藏食品，pH 接近 4.0，在 27～30℃ 下只能保持 20d，宜在 5～10℃ 下贮藏。

📖 实训项目 ━━━━ **盐渍海带加工** ━━━

【实训目的】

通过盐渍海带的加工，了解和掌握腌制品的生产过程，巩固腌制品的知识。

【实训材料与用具】

准备腌制容器，最好是不锈钢或者塑料制品，蒸煮锅、带孔的塑料箱、冰块、干海带、离心机、菜刀、砧板等，冷库或者冰箱。重物可以是干净的石块、砖等。

【实训方法与步骤】

按照工艺流程要求，分组进行腌制，并注意称重，方便计算得率。

1. 工艺流程

海带→前处理→漂烫→冷却→控水→拌盐→盐渍、卤水洗涤→脱水→贮藏→理菜、成型→包装→冷藏

2. 操作要点

（1）原料前处理　一般选择 3～5 月份收割的幼嫩海带为原料，要求叶状体厚实、新鲜，色泽为褐色或褐绿色。收割后当天加工，剔除烂叶和枯黄叶，用清洁的海水洗去附着的泥沙和杂质。也可以超市采购的干海带为原料，浸泡 1～2h，洗净。

（2）漂烫　漂烫不仅起到热杀菌和抑制酶活性的作用，而且可使褐色的叶片变成翠绿

色，漂烫温度控制在 90℃ 以上，时间为 30～90s，时间过长叶片易软化，易早褪色和变质；时间过短则色不均匀；水温太低又导致变色困难。

（3）冷却　漂烫后的海带要迅速用 12℃ 以下的清洁海水（可采用加冰块方法降温）进行冷却，并进一步冲洗干净。

（4）控水　冷却后的海带装入带孔的塑料箱中进行沥水，时间在 2h 左右。若是能够配合离心脱水机，只要 2～5min。

（5）拌盐　控水后的海带要及时拌盐，用盐量为海带质量 30％～40％ 的细盐，搅拌 15～20min。

（6）盐渍、卤水洗涤　将拌盐后的海带整齐地放在池或缸中，上面压重物，使藻体全部浸没在水中，并加掩盖物避光，盐渍 36～48h，用卤水洗去多余的盐及其他杂质。

（7）脱水　可采用离心法甩干，也可将海带装入塑料编织袋中加压 48h 左右，使水分含量控制在 60％ 左右。此时的产品为半成品。

（8）贮藏　将半成品放在 −10℃ 的冷库中保藏。

（9）理菜、成型　将脱水海带的余盐、根茎、边梢及杂质等清除干净，剔除变色的叶片，然后根据要求切割成条，再打结或切成丝、段或块。

（10）包装、冷藏　根据要求称重，先放入塑料袋，封口，再装入纸箱包装，并送入 −10℃ 的冷库中保藏。保藏期可达 1 年。

【编写实训报告书】

根据所进行的实训，写成实训报告。

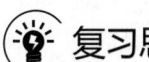 复习思考题

1. 简述食盐保藏食品的原理。
2. 水产品腌制的方法分为哪几种？各有何特点？
3. 试述水产品腌制过程中的质量变化。
4. 水产品腌制过程中怎样控制细菌腐败？细菌腐败会出现哪些现象？
5. 设计一种优质水产腌制品的加工工艺，并简述其技术要点。

学习项目五　水产烟熏制品的加工

【学习目标】

　　1. 通过本项目的学习，掌握烟熏的基础知识，了解水产品烟熏生产工艺；

　　2. 通过介绍的烟熏加工实例，进一步掌握烟熏的方法，然后通过实训项目的练习来掌握腌制方法。

【职业素养目标】

　　在烟熏加工过程中，关注资源节约和环境保护，合理选择熏烟材料，提高熏烟材料的利用率，减少能源消耗和有害物质排放，避免对环境造成污染，实现清洁生产。

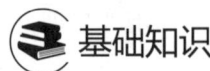 基础知识

　　烟熏是加工鱼、肉类制品的重要手段之一，主要是用燃烧生产的烟熏来处理水产品，使有机成分附着在水产品表面，抑制微生物的生长，达到延长水产品保质期的目的。经过烟熏的制品还会有一种诱人的烟熏味，从而改善制品的风味。随着冷藏技术的不断发展，烟熏的防腐作用已显得不是很重要，烟熏技术转而成为加工有特殊烟熏风味制品的一种方法。

　　熏制和腌制一样有着悠久的历史，又常与腌制结合在一起使用。烟熏主要用于鱼类、肉制品的加工中。

一、烟熏的目的与作用

1. 烟熏的目的

（1）赋予制品特殊的烟熏风味；

（2）使制品外观产生特有的烟熏色；

（3）脱水干燥，杀菌消毒，防止腐败变质，使肉制品耐贮藏；

（4）熏烟成分渗入制品内部防止脂肪氧化。

2. 烟熏的作用

（1）呈味作用　在烟熏过程中，熏烟中的许多有机化合物附着在制品上，赋予制品特有的烟熏香味。其中的酚类化合物是使制品形成烟熏味的主要成分，特别是其中的愈创木酚和4-甲基愈创木酚是最重要的风味物质。烟熏制品的熏香味是多种化合物综合形成的，这些物质不仅自身显示出烟熏味，还能与肉的成分反应生成新的呈味物质，综合构成肉的烟熏风味。熏味首先表现在制品的表面，随后渗入制品的内部，从而改善产品的风味，使口感更佳。

（2）发色作用　熏烟成分中的羰基化合物可以和肉蛋白质或其他含氮物中的游离氨基发生美拉德反应，使其外表形成独特的金黄色或棕色；熏制过程中的加热能促进硝酸盐还原菌

增殖及蛋白质的热变性，游离出半胱氨酸，因而促进一氧化氮血色原形成稳定的颜色；另外，还会因受热有脂肪外渗起到润色作用，从而提高制品的外观美感。

色泽常随燃料种类、烟熏浓度、树脂含量以及温度和表面水分而不同。如用山毛榉作燃料时肉呈金黄色，用赤杨、栎树时肉呈深黄或棕色；肉表面干燥时色深，潮湿时色淡；温度较低时肉呈淡褐色，温度较高则呈深褐色。

（3）杀菌作用　烟熏中的酚、醛、酸等类物质可杀菌、抑菌，在各种醛中，以甲醛的杀菌力最强，是烟熏杀菌的主要成分；烟熏时制品表面干燥，能延缓细菌生长，降低细菌数；原料表面的蛋白质由于长时间受热或与烟熏中醛、酚等物质作用而发生变化形成膜。这些都可防止微生物的二次污染。烟熏却难以防止霉菌和物料内部腐败菌的生长，故烟熏制品仍存在发霉和变质问题。

（4）抗氧化作用　实践证明，烟熏具有抗氧化能力。烟中抗氧化作用最强的是酚类及其衍生物，其中以邻苯二酚和邻苯三酚及其衍生物作用尤为显著。烟熏的抗氧化作用可以较好地保护脂溶性维生素不被破坏。但烟熏后抗氧成分都存在于制品表层上，中心部分并无抗氧剂。

二、熏烟的主要成分及烟熏原理

1. 烟熏材料

以坚硬、干透而不含树脂或树脂含量低者为佳。实际生产中使用的主要是阔叶树类木料，如白杨木、白桦木、胡桃、山毛榉等，树脂含量低，烟味较好。像稻壳、竹叶、玉米芯也是很好的烟熏材料。若用树脂含量高的材料，易产生黑烟，使制品发黑，同时由于含有很多萜烯类成分，易产生不良气味。

2. 熏烟成分

烟气主要是硬木不完全燃烧得到的。烟气是由空气和没有完全燃烧的产物——燃气、液体、固体物质的粒子所形成的气溶胶系统，现在已从木材发生的烟熏中分离出来 200 多种化合物，一般认为熏烟中最重要的成分为酚、醇、酸、羰基化合物和烃类等。

（1）酚类　从木材熏烟中分离出来并经鉴定的酚类达 20 种之多，其中有愈创木酚、4-甲基愈创木酚、4-乙基愈创木酚、邻甲酚、间甲酚、对甲酚、4-丙基愈创木酚、香兰素（烯丙基愈创木酚）、2,5-二甲氧基-4-丙基酚、2,5-二甲氧基-4-乙基酚、2,5-二甲氧基-4-甲基酚。

酚类不仅是形成特有的烟熏味成分，还有抗氧化和强力抑菌等功能。烟熏制品的风味主要与存在于气相的酚有关，如 4-甲基愈创木酚、愈创木酚、2,5-二甲氧基酚等。

（2）醇类　主要是甲醇、伯醇、仲醇等，主要作为挥发性物质的载体，但对风味和苦、香味不起任何作用，其杀菌作用也较弱。

（3）有机酸　主要是含 1～10 个碳原子的简单有机酸。可促使熏肉表面蛋白质凝固，这在去皮肠衣的灌肠制品的生产中尤为重要，将有助于制品肠衣的剥除。

（4）羰基化合物　主要是酮类和醛类。短链的存在于烟气中的羰基化合物，可使制品形成熏烟风味和色泽。

（5）烃类　从熏烟中能分离出许许多多环烃类，多环烃对烟熏制品来说无重要的防腐作用，也不能产生特有的风味。它们主要附着于熏烟的颗粒上，采用过滤的方法可以将其除去。在液体烟熏液中烃类物质的含量大大减少。

(6) 气体物质　熏烟中产生的气体物质有 CO_2、CO、O_2、N_2、NO 等，其作用还不甚明了，大多数对熏制无关紧要。CO 和 CO_2 可被吸收到鲜肉的表面，产生一氧化碳肌红蛋白，而使产品产生亮红色；氧也可与肌红蛋白形成氧合肌红蛋白或高铁肌红蛋白，但还没有证据证明熏制过程会产生这些反应。气体中的 NO，它可在熏制时形成亚硝胺或亚硝酸，碱性条件有利于亚硝胺的形成。

3. 烟熏原理

熏制过程中，各种脂肪族和芳香族化合物如醇类、醛类、酮类、酚类、酸类等凝结沉积在制品表面和渗入近表面的内层，从而使熏制品形成特有的色泽、香味和具有一定保藏性。熏烟中的酚类和醛类是熏制品特有香味的主要成分。渗入皮下脂肪的酚类可以防止脂肪氧化。酚类、醛类和酸类还对微生物的生长具有抑制作用。不产生芽孢的细菌经烟熏 3h，伤寒菌、葡萄球菌等病原菌经烟熏 1h 即死灭。但芽孢菌类对熏制品具有抗性。熏烟的防腐作用一般只限于食品的表层，因此鱼类等熏制品所具的保藏作用还部分来源于熏制时的热烟和热空气的干燥作用以及熏前盐渍处理的脱水作用。

✖ 单元生产 ━━━ 水产品熏制工艺与操作 ━━━

传统的水产品熏制主要为提高制品的保藏性，但现代的熏制加工逐渐转向以赋予熏制品特有的色泽和风味为主要目的。熏制法主要用于加工鲑鱼、鳟鱼、鲟鱼、河鳗，其次也用于加工鲱鱼、鲐鱼、乌贼、鱿鱼、牡蛎、蛤类等。罐装熏制品如油浸熏鳗等也是重要产品。熏制过程一般包括原料处理、盐渍处理、浸渍调味液、沥干和烟熏。传统熏制的方法有冷熏、温熏和热熏等。此外，近年来为缩短熏制时间，还发展了快熏、电熏等方法，但还不足以代替传统烟熏法。

一、冷熏操作

熏烟温度大致在 15～35℃，烟熏时间往往长达 2～3 周。制品水分含量在 45％～55％。原料鱼须经盐渍、脱盐等再进行烟熏。熏制时间长达 4～7d，肉的色泽不好，产品含水量低于 40％，而盐分含量为 8％～10％，因而产品的耐贮藏性好。

二、温熏操作

此法以增加风味为主，延长保藏期是次要目的。熏制的温度较高，一般控制在 40～80℃，烟熏时间较短，从 2～3h 至 1～2d 不等。温熏制品含水分 60％～70％。熏烟温度 90℃ 左右为热熏。此外，也有将熏烟温度提高到 120～140℃ 的，称为焙熏。热熏、焙熏是为增加风味，焙熏时间 2～4h，使制品蛋白质凝固、部分鱼体呈熏焦状，但水分含量较高，不耐保藏。

三、液熏操作

在用木材制造木炭时，将其发生的熏烟进行浓缩，除去油分、焦油的水溶性物质称为熏液（木醋液）。液熏法是将原料放在用水或淡盐水稀释至 3 倍左右的熏液中浸 10~20h，干燥后制成成品的方法。从产品的色调和干燥度考虑，也有与通常烟熏法并用的。液熏法的特点为：不需要熏烟发生器而大大节省投资；液态熏烟制剂的成分较稳定，使制成成品的品质也较稳定；液态熏烟制剂是经过特殊净化的，已清除了熏烟中的固相残留物，故无致癌危险或大大降低了致癌的可能性。

视频：液熏

四、电熏操作

电熏法是将制品以一定距离间隔排开，相互连上正负电极，然后一边送烟，一边施以 15~30kV 的电压使制品作为电极进行放电。其优点为：烟粒子会极速吸附于制品表面，烟的吸附大大加快，烟熏时间大大缩短。由于烟熏带电渗入食物中，产品具有较好的贮藏性。缺点为：烟熏成分容易过分集中于食物尖端，设备费用较为昂贵，这种方法目前几乎未被采用。

五、快熏操作

此法大多先将烟熏中的有效成分溶解于水中，鱼体浸入或喷射溶液后，再经短时间熏干。或将鱼体浸入干馏木材所得、配成一定浓度的木醋液中浸渍数秒，再在 10~20℃ 的熏房中，如此反复进行 2~3 次，经 30~60h 熏干，可得到与长时间冷熏法同样的效果。

六、注意事项

目前，国内各地大多数采用锯木屑覆盖燃着的木柴作烟源。这种方法烟灰较多，对产品的卫生有影响。也有将木柴和木屑集中在烟熏发生室中发烟，然后用鼓风机把烟经过一次烟尘过滤再输到熏房。熏房内的气流比较均匀，温度、湿度及烟的流速都可以控制调节，不仅比较卫生，而且也提高了产品质量，图 5-1 为现代机械熏鱼炉。烟熏时使用的木柴最好用树脂含量低的栗木、椴木、柞木、桦木等，其他杂木也可。

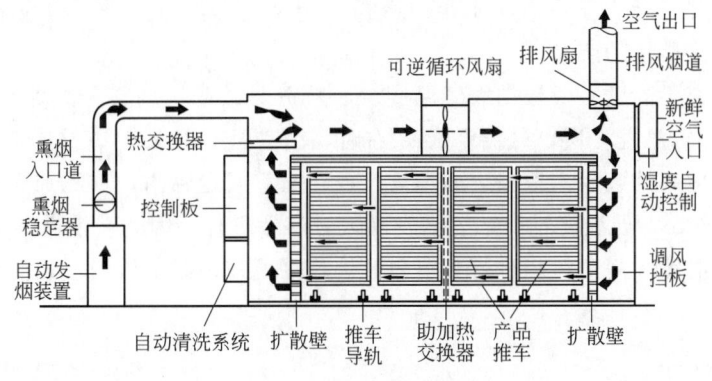

图 5-1　现代机械熏鱼炉

生制品的熏房内温度一般控制在 40℃ 左右，烟熏 15h；也有用 60~70℃ 温度，烟熏 5~7h。生熏制作过程较为简单，只有腌制和熏制两道工序；熟熏比较复杂，需要经过腌制、煮制（或蒸制）、炸制、熏制四道工序，至少要经过腌制、煮制、熏制这三道工序。具体应视品种而定。熟熏制品在制作中使用的熏料及烟熏设备与生熏制品基本相同。

熏制时必须严格掌握时间。时间不足，制品的风味差，不耐贮藏；时间过长，制品色泽变黑、发焦、发煳或产生苦味，影响质量。烟熏制品容易吸附其他气味，应单独存放，以免串味影响质量。

加工实例 ━━━ 常见水产熏制品加工 ━━━

一、烟熏鲑鱼加工

高级熏制品有冷熏、温熏、全鱼熏制、去头熏制和背肉熏制等形式。低盐腌制，再轻度熏制，然后真空包装的温熏鱼片很受欢迎。

1. 工艺流程

原料处理→盐渍→修整→脱盐→风干→熏干→罨蒸→包装→贮藏

2. 操作要点

(1) 原料处理 选新鲜红鲑，留背肉和腹肉，充分洗净血液、内脏等污物。

(2) 盐渍 在盐渍时先向背肉和腹肉抹上食盐，然后逐条按皮面向下、肉面向上的方式整齐地排列在木桶中，每层再撒盐盐渍，盐渍后的鱼肉注入足够的 25°Bé 食盐水。

(3) 修整 盐渍后的鲑鱼肉切除腹卵即算完成。但注意切片部容易发生色变及油脂氧化，因而这些部位需要进行人工修整。

(4) 脱盐 洗净鱼片后，尾部打一细结吊挂在木棒上。棒的长度一般为 1.5m，每棒挂 8 条左右，置于脱盐槽内吊挂脱盐。根据盐渍时盐水浓度和水温等调整脱盐时间。一般盐水密度为 22～23°Bé，水温 44℃，需脱盐 120～150h。大约经 100h 脱盐后，试烤鱼片对其进行感官评定，确定盐分大小。

(5) 风干 将脱盐后的鱼片悬挂在通风好的室内，沥水风干 72h，直至表面充分沥水风干、鱼体表面出现光泽为止，风干不足，有损于制品光泽，但干燥过度，表面出现硬化干裂，不利于加工高质量的产品。

(6) 熏干 熏干温度一般根据大气温度、原料情况做适当调整。熏房常规标准为：3.6米见方，高度 6m，吊挂 4 层，气温 10℃左右时，熏室温度 18℃，熏材 2～7 处。

(7) 罨蒸 熏制结束后，擦去表面尘埃，放在熏室或走廊内，堆积成 1～1.3m 的高度，覆盖好后罨蒸 3～4d，如温度过高，表面发硬，对产品不利，因此需慢慢升温。

(8) 包装与贮藏 用塑料袋进行真空包装。产品可在常温下流通，如需长期保藏，则可采用低温贮藏。

二、液熏鳗鱼加工

1. 工艺流程

原料→清洗、沥水→腌液浸渍→沥干→烘烤→冷却→包装→冻藏

2. 操作要点

(1) 原料 选择新鲜鳗鱼或 −18℃ 冻藏鳗鱼，经解冻后备用。

(2) 清洗、沥水 用低温流动水洗去鳗鱼体表黏液，将鱼体内外冲洗干净，置于塑料筐中沥干。

(3) 腌液浸渍 用适量食盐及熏液加水配制成一定浓度的浸渍液，按料液比 1∶2 加入鳗鱼，在 10℃ 以下浸渍。

(4) 烘烤 将浸渍过的鱼体捞起，沥干，置于烘箱中烤熟，至鱼体内中心温度达到 70℃。

(5) 冷却 将鱼在空气中自然冷却。

(6) 冻藏 包装后将产品置于 −18℃ 冰柜中冻藏。

实训项目 　液熏缢蛏的加工

【实训目的】

掌握液熏缢蛏的加工原理和方法，并能够分析解决加工贮藏过程中存在的问题。

【实训材料与工具】

(1) 鲜活带泥缢蛏，体长 5～6cm，海水暂养 48h 以上，以充分吐泥。

(2) 精制食盐、白糖、酱油、山梨酸钾、HL 多功能烟熏液、料酒等。

【实训方法与步骤】

1. 工艺流程

缢蛏→煮熟→冷却→预处理→缢蛏肉调味→渗透→漂洗→沥干→烟熏液喷雾→干燥→回潮→干燥、烘烤→成品→包装→杀菌→冷却→贮藏

2. 操作要点

(1) 煮熟、冷却、预处理 缢蛏洗净后蒸汽蒸煮 3～5min 后捞起（以贝壳张开，闭壳肌不粘住蛏壳为准）并立即用冰水冷却漂洗，时间不宜过久，以免营养成分过分流失。将壳去除，拉去黑筋，剔除破壳及破碎肉，并把遗留在蛏肉上的泥沙、碎壳等杂质用清水漂洗。

(2) 调味、渗透 调味液浸渍。调味液配方为：食盐 3%、白糖 5%、料酒 8%、酱油 8%、山梨酸钾 0.1%。该配方既能使缢蛏入味又能有效去除腥味；还可以脱除部分水分，延长货架期。腌制的时间为 20min 左右。室温下使调味液充分渗透，每隔 5min 搅拌一次。

(3) 清水漂洗 将腌制后的缢蛏放入清水中漂洗 25s 以进一步去除脏物及腥味物质。

(4) 沥干 将清洗干净的缢蛏肉放在筛网上沥干 2～3h。

(5) 烟熏液喷雾 将 0.1% 烟熏液喷雾于缢蛏表面，渗透 20min。

(6) 干燥 经烟熏液浸制后的缢蛏可在 50～80℃ 的烘箱内干燥 4h。

(7) 回潮、干燥 干燥后用保鲜袋密封后置冰箱中回潮过夜，使水分扩散均匀。再恒温持续干燥 1～2h。

(8) 烘烤 150～170℃ 远红外烘烤 3～5min。

(9) 包装 采用真空包装机进行封口，真空度为 0.09MPa，热封的温度为 150℃。

(10) 杀菌 封袋后的产品立即送入杀菌锅内进行高温高压杀菌，杀菌条件为 121℃、15min，取出后快速用流动水冷却降温至 40℃ 以下。

（11）**贮藏**　4℃下低温贮藏。

【编写实训报告书】

要求写出具体的液熏缢蛏加工操作过程报告，说明产品结果并进行品质分析。

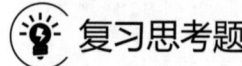 复习思考题

1. 烟熏的目的和作用是什么？
2. 烟熏方法有哪些？
3. 烟熏鲑鱼该如何进行操作？

学习项目六 冷冻鱼糜和鱼糜制品的生产

【学习目标】

1. 掌握冷冻鱼糜和鱼糜制品工业化生产定义和产业特点；
2. 了解冷冻鱼糜生产技术；
3. 掌握鱼糜制品生产技术和配料；
4. 通过鱼丸加工实训项目的练习来进一步了解掌握鱼糜制品加工方法。

【职业素养目标】

关注质量控制指标，通过多种检测方法，及时发现并解决生产过程中的质量问题，确保产品质量始终符合标准。同时，关注资源的合理利用和环境保护，妥善处理生产过程中产生的废水、废渣、废气等废弃物，实现清洁生产。

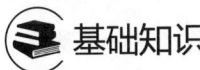 基础知识

一、鱼糜制品发展史

中国、日本、泰国等亚洲国家具有悠久的鱼糜制品制作和食用历史。中国的鱼糜制品（水余鱼丸）制作相传始于秦代，久负盛名的福州包心鱼丸、崇武鱼卷、浙江鳗鱼丸、湖北云梦鱼面、山东鱼肉饺等地方菜肴都属于传统手工鱼糜制品。而日本关于鱼糜制品的文字记载最早见于 1496 年，鱼糕、鸣门卷、竹轮、甜不辣等传统手工鱼糜制品也具有其独特的风味和外形。

视频：鱼糜制品

1960 年，日本水产研究人员开发出冷冻鱼糜生产技术，解决了鱼类蛋白质易腐败、易冷冻变性的问题，揭开了工业化生产冷冻鱼糜的序幕。随着冷冻鱼糜生产技术的不断革新和广泛传播，日本、美国等发达国家以冷冻鳕鱼糜为原料开发出鱼肠、鱼丸、夹心鱼卷、模拟虾仁、模拟蟹肉等一系列鱼糜制品，使得冷冻鱼糜和鱼糜制品的生产正式进入了工业化时代。

20 世纪 70 年代后期，我国引进冷冻鱼糜的工业化生产技术，开始大规模生产冷冻带鱼糜、冷冻杂鱼糜等冷冻鱼糜；80 年代后期，浙江、福建、辽宁等地加大对鱼糜制品各类生产设备的引进力度，推动了我国鱼糜制品产业的快速发展；90 年代中后期，我国鱼糜制品产量超 2 万吨；自此，每年鱼糜生产产量增长速度惊人，我国的冷冻鱼糜和鱼糜制品产业正处在持续发展期。

二、冷冻鱼糜和鱼糜制品工业化生产

从原料鱼到鱼糜制品的工业化生产主要分为两个阶段：第一阶段是以鲜鱼为原料的冷冻鱼糜生产，第二阶段是以冷冻鱼糜为原料的鱼糜制品生产。

冷冻鱼糜是以鱼为原料，经采肉、漂洗、精滤、脱水等工序加工后，加入适量糖类、复

合磷酸盐等防止鱼肉蛋白质冷冻变性的抗冻剂，而制成的能够在低温条件下长时间贮藏的鱼肉蛋白质浓缩物，是鱼糜制品生产的中间原料。

鱼糜制品是以冷冻鱼糜为原料，经解冻、打浆生成稠而富有黏性的鱼浆，与辅料、调味料混匀后，经成型、凝胶、熟化（水煮、油炸、焙烤等）而成的具有一定弹性的水产风味食品。

三、冷冻鱼糜和鱼糜制品生产产业特点

（1）冷冻鱼糜的原料来源广泛而丰富，能就地及时处理捕捞旺季的渔获物，也便于废弃物集中回收利用，与鲜鱼相比，更便于产品储运。

（2）冷冻鱼糜可分为不同的规格和等级，有利于冷冻鱼糜质量的标准化，也便于鱼糜制品生产中根据不同需要进行选购、配伍使用。

（3）冷冻鱼糜和鱼糜制品易运输、耐贮藏的特点，使鱼糜制品的生产不受地域和季节的限制，也便于鱼糜制品的销售和消费。

（4）鱼糜制品的生产具有灵活性，可根据消费需求进行差异化调制，产品外观、质地、风味均不同于原料鱼和其他水产制品。

 单元生产 ━━━━ **冷冻鱼糜和鱼糜制品加工工艺与操作** ━━━━

一、冷冻鱼糜加工工艺与操作

1. 工艺流程

　　　　三去、清洗　采肉机 漂洗槽 精滤机 脱水机 添加抗冻剂　　　　冻结机　冷库
　　　　　↓　　　↓　　↓　　↓　　↓　　↓　　　　　　　　↓　　↓
原料鱼→前处理→采肉→漂洗→精滤→脱水→搅拌混合→成型包装→冻结→冻藏

2. 操作要点

（1）原料鱼　鱼糜的原料鱼种众多，几乎任何可食用鱼类均可应用，常用鱼种有100余种。但因冷冻鱼糜属于工业化生产，需要考虑到原料价格和产品色泽、风味、凝胶形成能力等要求，其原料鱼种的选择也受到了多种限制。为获得具有上佳凝胶形成能力和色泽白度的冷冻鱼糜，一般要求选用白色肉鱼类作为冷冻鱼糜的生产原料。红色肉鱼类的肌肉中富含色素和脂肪，其制成产品的白度和凝胶形成能力均不及白色肉鱼类。但考虑到原料价格，在各国渔场的特定季节均只有少数几种渔获量较大的低值鱼种适合作为冷冻鱼糜的生产原料。因此，鲐鱼、鲣鱼、沙丁鱼等资源丰富的红色肉鱼类，仍是冷冻鱼糜实际生产中的重要原料。目前，世界各国生产冷冻鱼糜的原料鱼种主要包括阿拉斯加狭鳕、太平洋无须鳕、非洲鳕、沙丁鱼、带鱼、梅童鱼、金线鱼、石首鱼等；我国生产冷冻鱼糜的原料鱼种主要包括白姑鱼、铜盆鱼、带鱼、蛇鲻、方头鱼、梅童鱼等。随着近海鱼类资源的日益减产，白鲢鱼等大宗淡水鱼资源也逐渐开始应用于冷冻鱼糜的生产。

在冷冻鱼糜的实际生产中，原料鱼的鲜度也是保证产品质量的重要条件，相同鱼种的原料由于鲜度不同，会造成冷冻鱼糜的质量差异，尤其是凝胶形成能力。以阿拉斯加狭鳕为例：捕获后18h内加工，可得到特级冷冻鱼糜；冰鲜保藏35～72h内加工，只能得到一级鱼糜。可见，原料鱼的鲜度越高，生产获得的冷冻鱼糜凝胶形成能力越强。因此，原料鱼如果

不能在海上立即加工，就必须以冰藏保鲜或冷海水保鲜的方法使原料鱼温度维持在-1~0℃。在此温度范围内，底栖鱼类可保鲜 5~14d，中上层鱼类可保鲜 4~10d，内陆捕获的淡水鱼类也能保鲜 4~7d。此外，鱼类的捕捞方式也和原料鱼鲜度、冷冻鱼糜凝胶形成能力有一定关系。一般说来，鱼类在死亡前挣扎越少，生产获得的冷冻鱼糜质量越好。捕捞过程中，经过剧烈挣扎的鱼体，鱼体能量消耗过多，会导致鲜度下降、易于变质。

（2）前处理　前处理包括原料鱼的清洗、三去（去鳞、去内脏、去头）和二次清洗等工序。在实际生产中，原料鱼按鱼种、鲜度分类后，以人工或洗鱼机冲洗，除去表面附着的黏液和细菌，可使细菌数量减少 80%~90%。清洗以手工或机械去鳞、去内脏、去头（三去）。三去后进行二次清洗以清除腹腔内的残余内脏、血污和黑膜等。要确保在二次清洗工序中将原料鱼清洗干净，否则内脏残留物和血液中存在的蛋白质分解酶会使鱼肉蛋白质部分分解，进而影响冷冻鱼糜的质量。清洗一般需重复 2~3 次，水温控制在 10℃以下，避免鱼肉蛋白质变性。工业化生产中，预处理的清洗工序一般采用连续式自动清洗机，可大幅提高生产效率。

（3）采肉　采肉是利用机械方法将鱼体的皮、骨、刺去掉，而把鱼肉分离出来的过程。理想的采肉工序要求采肉率高，无碎骨、皮屑等杂物混入，且采肉时机械升温要小，以免鱼肉蛋白质受热变性。采肉机种类大致可分为滚筒式、履带式和圆盘压碎式，目前普遍使用的是滚筒式采肉机（图 6-1）。

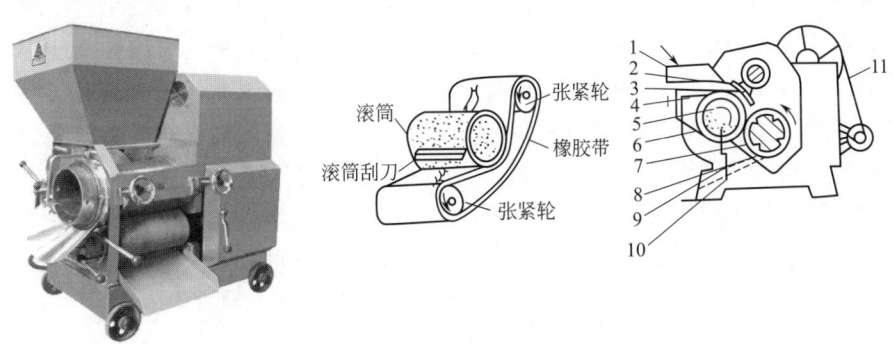

图 6-1　滚筒式采肉机及其结构

1—鱼体；2—压料机；3—多孔滚轮；4—偏心轮；5—压料板；6—多孔滚筒刮刀；7—橡皮滚筒；
8—橡皮滚筒刮刀；9—皮骨出口；10—鱼肉出口；11—驱动机构

采肉时，将鱼体（或鱼片）送入带网眼的滚筒与滚筒一起转动的宽平橡胶皮带圈之间，靠滚筒转动和滚筒与橡胶皮带圈之间的挤压作用，鱼肉穿过滚筒的网状孔眼进入滚筒内部，而骨刺和鱼皮留在滚筒表面从而达到鱼肉和骨刺分离的目的。采肉机滚筒的网眼孔径一般选择范围在 3~6mm，可根据实际生产需要自由选择。用 3mm 孔径滚筒采得的鱼肉中皮、骨碎屑较少，但得率低于 5mm 孔径。采肉的得率还可通过橡胶皮带和滚筒之间的紧密程度进行调节，两者之间越紧密，采肉得率就越高。通常，任何形式的采肉机都不能把鱼肉一次采取干净，即在皮骨等废料中仍残留少量鱼肉，可进行二次采肉；但二次获得的鱼肉质量较差，色泽较深，碎骨较多。因此，两次采肉获得的鱼肉要分别放置，差别化利用。在工业化连续生产中，一般是两台采肉机组合使用，一次采肉后的废料直接投入二次采肉，可节省劳力并提高效率。

（4）漂洗　漂洗是指用水或水溶液对采肉获得的鱼肉进行清洗，是冷冻鱼糜生产中的特

图 6-2　漂洗槽

殊工艺技术，也是生产优质冷冻鱼糜必不可少的技术手段。工业化生产中主要采用漂洗槽进行漂洗（图 6-2）。

漂洗的目的是除去鱼肉中的血液、水溶性蛋白质（蛋白质水解酶）、色素、尿素、脂肪和被称为变性促进因子的无机离子（如 Ca^{2+}、Mg^{2+}）等成分，同时调节鱼肉 pH 值。漂洗可显著提高冷冻鱼糜的凝胶形成能力、白度和保藏性能，还能扩大原料鱼种的选择范围。但鱼肉在漂洗工序中的损耗也很大，一般漂洗工序中的鱼肉流失量达 20％～30％。因此，实际生产中会根据不同鱼种和鲜度状态选择不同的漂洗方法。

① 漂洗液　根据漂洗液的不同，漂洗主要分为清水漂洗和稀碱盐水（0.1％～0.15％氯化钠溶液或 0.2％～0.5％的碳酸氢钠溶液）漂洗。一般的白色肉鱼类如海鳗、狭鳕、白鲢等可直接用清水漂洗：将 5～10 倍水量的冰水注入漂洗槽与鱼肉混合，慢速搅拌 8～10min，使水溶性蛋白质等成分充分溶出，静置 10min 使鱼肉充分沉淀，倾去鱼肉表面漂洗液。红色肉较多的中上层鱼类如鲐鱼、沙丁鱼等需要用稀碱盐水漂洗。红色肉鱼类的肌肉组织含酶量高且活性强，鱼体内糖原易分解产生乳酸，使鱼肉 pH 值呈酸性，导致肌原纤维蛋白质不稳定。用稀碱盐水漂洗可以促进水溶性蛋白质的溶出和除去，也可以提高鱼肉 pH 值至接近中性，能有效避免蛋白质在后续冻藏中的冷冻变性，增强冷冻鱼糜的凝胶形成能力。

② 漂洗水量和次数　漂洗水量和次数需要按原料鱼鱼种、鲜度和产品质量要求而定。漂洗水量的多少，影响到漂洗鱼肉的质量。适当增加漂洗水量，能提高冷冻鱼糜的质量，但生产损耗也相应增大。在漂洗初期，水溶性成分的溶出占溶出总量的 50％以上，随着漂洗次数的增加，除去的水溶性成分也逐步增加。对于质量要求不高的冷冻鱼糜，可降低漂洗水量和次数。而对于鲜度极好的大型白色鱼肉，实际生产中也可以不漂洗。

③ 漂洗水质、水温和 pH 值　漂洗用水的水质，应避免采用富含钙、镁等的高硬度水和富含铜、铁等金属离子的地下水。水温一般要求控制在 4～10℃ 范围内，过低的水温不利于水溶性蛋白质的溶出，过高的水温易导致蛋白质变性。漂洗水的 pH 值应调节至 6.8 左右，pH 值较低的红色肉鱼类要用稀碱水进行漂洗，使鱼肉 pH 值上升至 6.8～7.0。

(5) 精滤　精滤工序由精滤机（图 6-3）完成，目的是除去残留在鱼肉中的黑膜、鱼皮、筋、骨刺、鱼鳞等夹杂物，以提高冷冻鱼糜的质量。根据原料鱼种的差异，精滤工序的操作方式有两种：一种是将漂洗后的中上层红色肉鱼类（如沙丁鱼、鲐鱼等）鱼肉经预脱水和压榨脱水后（至含水量 80％以下），用精滤机进行精滤工序，该法设备投资小，但鱼肉含水量低，在精滤过程中，鱼肉受摩擦挤压力大、升温高；另一种是目前较为常用的，即将漂洗后的白色肉鱼类（如狭鳕、海鳗、鲨鱼等）鱼肉经回转筛预脱水（至含水量 90％左右），然后采用精滤机进行精滤，再进行压榨脱水，该法鱼肉含水量高、摩擦发热少，有利于提高冷冻鱼糜质量。图 6-3 显示了精滤机结构和不同部位的分级情况。

高速精滤机精滤后，可以得到 3～4 种质量明显不同的产品。假如将 R1 至 R4 中的鱼肉分别脱水，则 R1 中分离出来的鱼肉色泽洁白，在高盐溶液中蛋白质溶解度高，经脱水后可获得高质量的鱼糜。从 R2～R4 分离出来的鱼肉色泽逐渐变深，不溶性蛋白质逐渐增多，产出鱼糜的质量也逐渐变差。

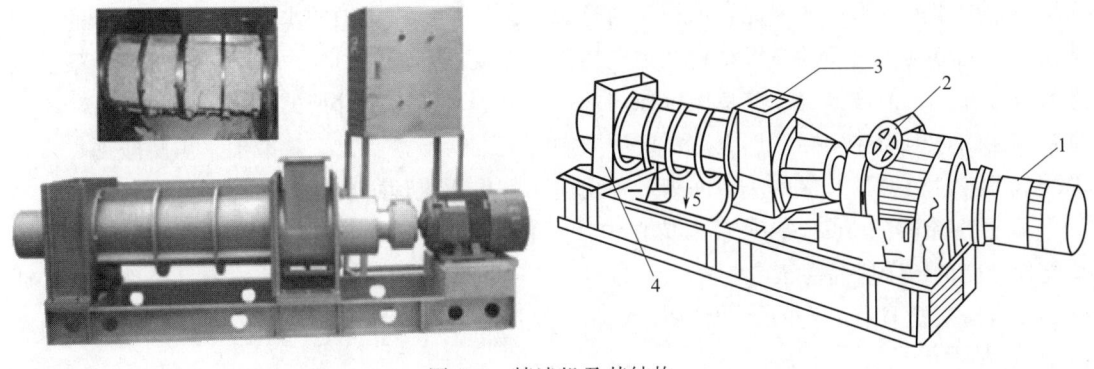

图 6-3　精滤机及其结构

1—马达；2—调速器；3—进料口；4—排渣口；5—精滤鱼肉

(6) 脱水　漂洗工序会使鱼肉的肌球蛋白充分吸水，而冷冻鱼糜对水分含量有严格的标准，因此需要对漂洗鱼肉进行脱水。工业上常采用回转筛预脱水后再经螺旋压榨脱水的方法，使鱼肉水分含量控制在要求范围内（76%～80%）。目前常用的脱水机械主要包括三种：回转筛、螺旋压榨机和卧式离心机（图 6-4）。

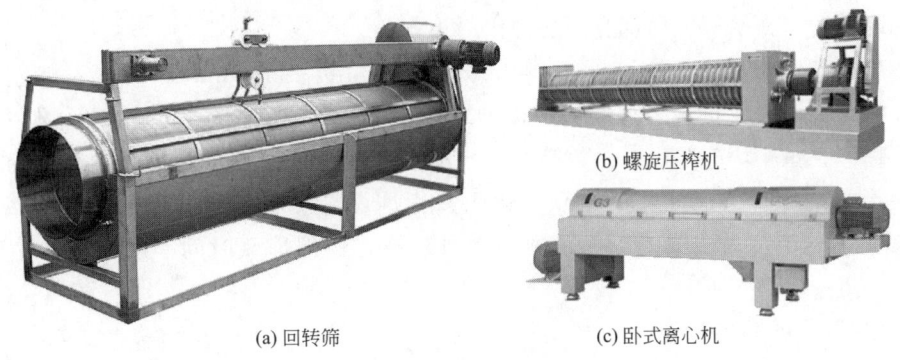

(a) 回转筛　　　(b) 螺旋压榨机　　　(c) 卧式离心机

图 6-4　脱水机械设备

在实际生产中，脱水温度对脱水效果的影响（图 6-5）表现为：温度越高，越容易脱水，但鱼肉蛋白质相应更容易变性。所以从实际生产工艺和冷冻鱼糜产品质量考虑，一般脱水工序的温度在 10℃附近较理想，此外，漂洗工序（pH 值、水温、时间等）、原料鱼鲜度、捕捞季节和人为操作等因素也会对鱼肉的脱水工序造成影响。

(7) 添加抗冻剂　为防止和降低鱼肉蛋白质在冻结、冻藏过程中发生冷冻变性的程度，精滤、脱水后的鱼肉需使用冷却式翼带状混合机、螺旋式高速混合机或斩拌机等机械设备将糖类、复合磷酸盐等抗冻剂与鱼肉混匀。冷冻鱼糜中，蔗糖的一般添加量是鱼糜量的 4%，复合磷酸盐的添加量是鱼糜量的 0.1%～0.3%。鱼肉蛋白质在冻藏过程中的冷冻变性与冻结过程中的冰晶形成有很大的关系，研究发现蔗糖可以稳定临界水从而减少

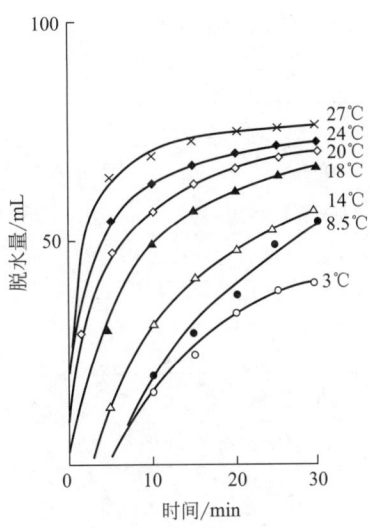

图 6-5　各温度下时间和
脱水量的关系

冻结过程中冰晶的形成。因此，蔗糖能通过稳定鱼糜蛋白质周围的水分来维持蛋白质的空间结构，避免鱼糜蛋白质的高级结构受到破坏而失去凝胶形成能力。由于蔗糖的价格低廉且抗冻效果较好，目前被作为冷冻鱼糜抗冻剂的主要成分。但由于蔗糖的甜味较强，会给冷冻鱼糜带来甜味，因而在实际使用上有一定的限制。复合磷酸盐（三聚磷酸钠、焦磷酸钠、六偏磷酸盐等）对鱼糜具有保水、抗冻等多种功能，其作用机理主要表现在 3 个方面。

① 提高鱼糜的 pH 值并使其保持在中性　复合磷酸盐溶液基本上都呈碱性，添加磷酸盐能使鱼糜的 pH 值提高至 7.1~7.3，在此 pH 范围内鱼肉蛋白质的冷冻变性速度最慢；此外，复合磷酸盐具有一定的缓冲作用，能抵消鱼糜中乳酸对鱼糜蛋白质的不良影响，使鱼糜 pH 值保持在中性。

② 离子强度与保水性之间有一定的关系　鱼肉经漂洗后离子强度一般较低，肌原纤维蛋白质表面电荷稳定性变差，会加速肌原纤维蛋白质的冷冻变性。添加复合磷酸盐能增加离子强度，提高肌原纤维蛋白质表面电荷的稳定性，从而延缓肌原纤维蛋白质冷冻变性，提高鱼肉蛋白的保水性。复合磷酸盐还能和 Ca^{2+}、Mg^{2+} 二价金属离子起螯合作用，使蛋白质羧基等极性基团暴露，形成吸水的溶胶，有利于提高鱼糜的凝胶形成能力。

③ 复合磷酸盐还能促进冷冻鱼糜中肌原纤维蛋白质的解胶　其在鱼糜 pH 值提高、弹性增加和降低解冻失水等方面都有明显的作用。

(8) 成型包装、冻结、冻藏　鱼糜由螺旋式充填机装入 5mm 厚的聚乙烯塑料袋成型，以 10kg/块计量。将袋装鱼糜块用接触式冻结机进行速冻，快速通过最大冰晶生成带（−5~−1℃）。鱼糜块冻结后，以每箱 2 块装入硬纸箱，在纸箱外标明原料鱼名称、鱼糜等级、生产日期等相关应注明的事项，运入冷库冻藏。冷冻鱼糜的冻藏中，冻藏温度越低、温度变化越小，则贮藏中冷冻鱼糜的质量越稳定；但冻藏时间一般以不超过 12 个月为宜。

3. 冷冻鱼糜的质量检验

冷冻鱼糜是鱼糜制品的主要原料，按其质量差异可分为不同等级。不同等级冷冻鱼糜的质量标准如表 6-1 所示。

表 6-1　冷冻鱼糜质量标准

项目	指标								
	TA 级	SSA 级	SA 级	FA 级	AAA 级	AA 级	A 级	AB 级	B 级
凝胶强度/(g·cm)	≥900	≥700	≥600	≥500	≥400	≥300	≥200	≥100	<100
杂点/(点/5g)	≤8	≤10	≤12			≤15			≤20
水分/%	≤75.0	≤76.0				≤78.0			≤80.0
pH	6.5~7.4								
产品中心温度/℃	≤−18.0								
白度	符合约定								
淀粉	不应检出								
蛋清/(mg/kg)	符合约定								

明确区分冷冻鱼糜的质量和等级，有利于鱼糜制品生产中的原料选择和配伍。凝胶强度

和白度是冷冻鱼糜质量的重要指标，此外，水分、杂点个数、pH 值等也是衡量冷冻鱼糜质量的主要指标。上述指标的具体检验方法如下。

(1) 凝胶强度　将冷冻鱼糜按特定的凝胶试验方法制成鱼糜制品，所得鱼糜制品的凝胶强度高低能直观反映出所用冷冻鱼糜的凝胶形成能力。冷冻鱼糜凝胶试验方法：将解冻的鱼糜以擂溃机（或打浆机、斩拌机、细切机）进行擂溃，鱼浆温度达 0～2℃时，添加 3％食盐继续擂溃至鱼浆黏稠、细腻、温度达 （11±1）℃时，将鱼浆进行灌肠、结扎，鱼肠在 90℃±1℃水浴熟化 30min，冷却后切段进行检测。检测凝胶强度的常用方法有 2 种：第一种是仪器测定，用凝胶强度表示；第二种是折叠试验，用等级表示。

① 仪器测定　以凝胶强度检测仪、质构仪、流变仪等食品物性检测仪器测定鱼糜制品的凝胶强度，目前最常用的是食品质构仪 （图 6-6）。通过检测仪器输出的破断强度 （g）、凹陷深度 （cm）、凝胶强度 （g·cm）、破断应力 （g/cm^2） 等数据来反映所用冷冻鱼糜的凝胶能力。

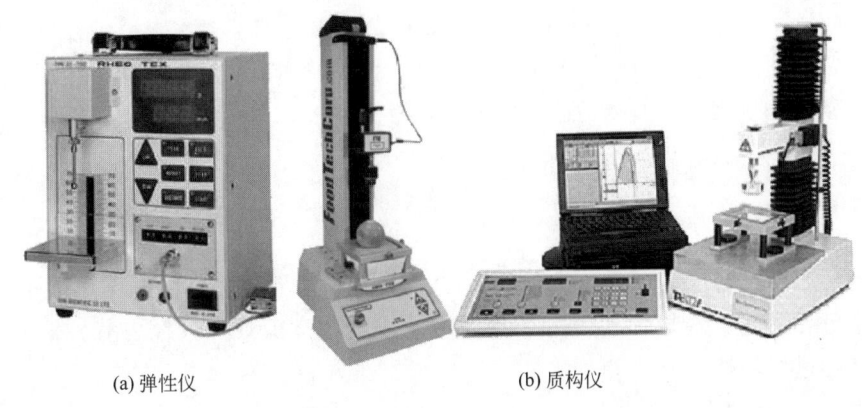

(a) 弹性仪　　　　(b) 质构仪

图 6-6　凝胶强度测定仪器

② 折叠试验　将鱼糜制品切成厚度 3mm 的圆薄片，将薄片进行双层折叠 （对折） 或四层折叠 （对折两次），观察其是否龟裂和龟裂程度，并以此为标准分成以下 5 个等级：AA 级 （四层折叠无龟裂）、A 级 （双层折叠无龟裂）、B 级 （双层折叠时曲径的一半产生龟裂）、C 级 （双层折叠时全部曲径产生龟裂）、D 级 （手指轻压产生崩溃）。

(2) 白度　将冷冻鱼糜按上述凝胶试验方法制成鱼糜制品，以白度计或色差仪 （图 6-7） 测定鱼糜制品的白度作为冷冻鱼糜的白度指标。以白度计测定时，将圆柱状鱼糜制品装入测定容器内，用标有白度的优级纯氧化镁制成的标准白板进行校对，通过样品对 457nm 蓝光的反射率与标准白板对蓝光的发射率进行对比，得到样品的白度。以色差仪测定时，以标准色板进行校对后，将圆柱状样品的平面对准试样孔，测定样品的亮度值 L^*、红绿值 a^* 和黄蓝值 b^*，再参照公式计算样品的白度，计算公式为：白度 $=100-[(100-L^*)^2+a^{*2}+b^{*2}]^{1/2}$。

(3) 水分　将冻结状态的冷冻鱼糜连同聚乙烯包装一起或者切成适当大小的块状，放入另一个聚乙烯塑料袋中以防止水分的蒸发，半解冻后取样。待品温上升到 0℃以上后，取 5～10g 样品在称量瓶内，105℃干燥到恒重。使用红外线水分测定仪时，切取解冻后的鱼糜薄片 5～10g，直接放入试料器上进行干燥。

(4) 杂点个数　将解冻后的鱼糜 5g 在白色透明的塑料薄膜袋中碾压均匀，并使之成为

(a) 色差仪　　　　　　　　　　　　(b) 白度计

图 6-7　色差仪和白度计

厚度在 1mm 以下的薄膜状平面。以肉眼观察杂点并计数（杂点长度 2mm 以上每点计数，1～2mm 之间的两点合为一点，1mm 以下的不计）。

（5）pH 值　取解冻的鱼糜 5～10g，加入 9 倍鱼糜重量的蒸馏水，以匀浆器、研钵或高速均质机进行均质，均质后过滤取上清液，用 pH 计或精密 pH 试纸测定 pH 值。测定 3 个以上样品，以平均值表示。要求冷冻鱼糜 pH 值为 6.8～7.4。

二、鱼糜制品加工工艺与操作

1. 加工流程

鱼糜制品以冷冻鱼糜为原料，其种类多样、产品丰富，但其基本生产流程具有相似性。鱼糜制品也可在熟化、冷却后以 0～4℃冷藏方式进行短途流通，或经包装、杀菌工序制成即食鱼糜制品进行流通。

```
              斩拌机      成型机                    速冻机      冷库
              ↓          ↓                        ↓          ↓
冷冻鱼糜→解冻→斩拌（擂溃）→成型→凝胶化→熟化→冷却→速冻→包装→冻藏
```

2. 操作要点

（1）解冻　将冷冻鱼糜从冷库取出，放于原料车间或恒温解冻室进行解冻。为了防止鱼糜蛋白质变性和抑制微生物生长繁殖，一般采用 3～5℃空气解冻法，待鱼糜中心温度达到 −3～0℃的半解冻状态后，以切割机或切片机进行切割。

（2）擂溃　擂溃是鱼糜制品生产的重要工序，主要使用机械有擂溃机、斩拌机和打浆桶（图 6-8）。擂溃机以擂溃的方式对鱼糜物料进行破碎、研磨，其机械特点决定了其较低的生产效率。近年，由于斩拌机具有多刀片、高斩速的机械特点，能大幅缩短擂溃时间，方便投料出料，且制品弹性光泽与使用擂溃机效果相似，所以多数生产企业已用斩拌机代替擂溃机生产鱼糜制品。擂溃工序的具体操作过程可细分为空擂、盐擂和混合擂三个阶段。

视频：擂溃

①　空擂　将切片的冷冻鱼糜放入擂溃机进行擂溃，通过机械的高速斩拌、搅打作用，进一步破坏鱼肉组织，为后续盐溶性蛋白质的充分溶出创造良好条件。空擂的时间需要根据机械参数和冷冻鱼糜的解冻程度进行确定，实际空擂中，以擂溃至鱼糜无硬颗粒为宜。

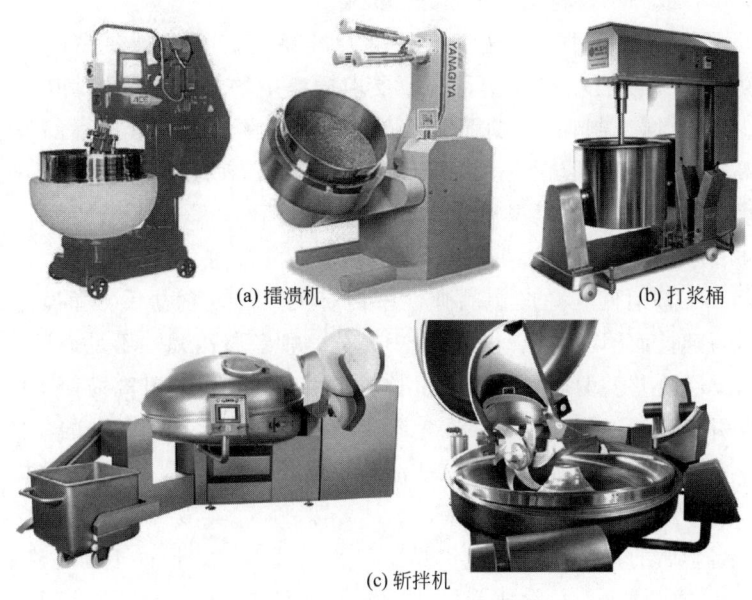

(a) 擂溃机   (b) 打浆桶

(c) 斩拌机

图 6-8 擂溃机械设备

② 盐擂 空擂后，加入鱼糜量 1.5%～3% 的食盐继续擂溃，使鱼糜中的盐溶性蛋白质充分溶出。实际盐擂中，以鱼浆擂溃至浆料细腻、有光泽、亮度好、几乎无小颗粒为宜，浆料温度需要控制在 3～5℃。盐擂的时间也需要根据机械参数确定，一般斩拌机的擂溃时间仅需 5～10min。由于高速擂溃过程中，机械摩擦、环境气温等因素会使鱼浆温度升高，蛋白质发生变性，导致鱼糜制品的弹性减弱。为防止擂溃过程中鱼浆温度上升，可以使用带冷却装置的斩拌机、控制车间室温或在擂溃过程中添加适量冰水。

③ 混合擂 盐擂后，加入油脂、植物蛋白质、调味料、淀粉等配料，擂溃使配料和鱼浆混合均匀。实际混合擂中，加入部分冰水保持鱼浆温度在 6～10℃，擂溃至鱼浆均匀、黏稠、无辅料块状或颗粒为宜。

部分鱼糜制品的生产也以打浆桶（图 6-8）为擂溃机械。打浆桶的搅拌桨锋利程度和轴转速均低于斩拌机，搅打过程对肌肉组织的作用主要依靠搅拌桨的不断搅拌翻滚，以增加物料之间和物料与桶壁之间的摩擦力而达到破坏肌肉组织的目的。以打浆桶进行低频率搅打，能有效分散、破坏鱼糜和肉料组织；加入食盐后进行高频率搅打则能使盐溶性蛋白质充分溶出。此外，以打浆机进行短时搅打，能使颗粒型配料和鱼糜浆料充分混匀，且不破坏颗粒型配料的完整性。

作为鱼糜制品生产中的重要工序，食盐添加、浆料温度、擂溃时间等因素会对鱼糜制品的弹性产生影响。

a. 食盐添加 鱼糜擂溃（斩拌）中加入适量食盐的主要目的有两个：一是调味，二是使鱼糜盐溶性蛋白溶出。在鱼糜的擂溃过程中，肌原纤维中的肌动蛋白纤维（细丝）和肌球蛋白纤维（粗丝）由于食盐的溶解作用而分解，再聚合成肌动球蛋白溶胶。食盐添加量不足会影响盐溶性蛋白质的溶出和后续弹性的形成，过量添加食盐虽有利于盐溶性蛋白的溶出，但过度的咸味也不易接受。因此，食盐添加量一般控制在 1.5%～3%。此外，冷冻鱼糜擂溃过程中的食盐添加时间也需要注意，不宜在鱼糜温度低于 0℃ 以下时加入食盐，否则食盐的添加会使鱼糜降温或冻结，进而造成擂溃不均。

b. 浆料温度 擂溃过程中，鱼浆温度的上升容易引起肌动球蛋白的变性，进而发生凝胶化。为了防止鱼浆凝胶化的发生，一般要求擂溃中的浆料温度控制在 $0\sim10℃$（盐擂控制在 $3\sim5℃$，混合擂控制在 $6\sim10℃$），肌动球蛋白在此温度带内不易发生热变性。斩拌机刀轴转速高、机械发热量大，为了将鱼浆温度控制在适当范围内，可以通过控制冷冻鱼糜解冻程度来控制前期擂溃温度，而后续擂溃过程中需要适当加入碎冰或冰水以降低鱼浆温度。

c. 擂溃时间 擂溃时间与鱼糜制品弹性密切有关。加入食盐后，鱼糜中的盐溶性蛋白质随着擂溃时间的延长而不断溶出；如擂溃不充分，则鱼浆因黏性不足，后续凝胶化、加热获得的鱼糜制品弹性较差。但若擂溃时间过长，则由于鱼糜温度升高而使蛋白变性，失去亲水性能，同样会引起弹性下降。因此，在实际生产中常以鱼浆产生较强的黏性手感为时间控制节点，根据冷冻鱼糜质量和机械条件（擂溃效率和机械发热量），以斩拌机进行擂溃工序时，累计擂溃时间一般以 $15\sim25min$ 为宜。

(3) 成型 擂溃后的鱼浆呈黏稠糊状并具有一定可塑性，根据不同鱼糜制品外形要求，以鱼丸成型机、鱼卷成型机、竹轮成型机、鱼香肠充填结扎机、模拟制品成型机等不同机械（图6-9）对鱼浆加工成型。由于擂溃后的鱼浆长时间放置于室温下，会逐渐失去黏稠性而发生不可逆的凝胶化。而且鱼浆的温度越高，擂溃后的凝胶化越快。因此，鱼浆应尽快成型，需暂时放置时也应保存于低温条件下。

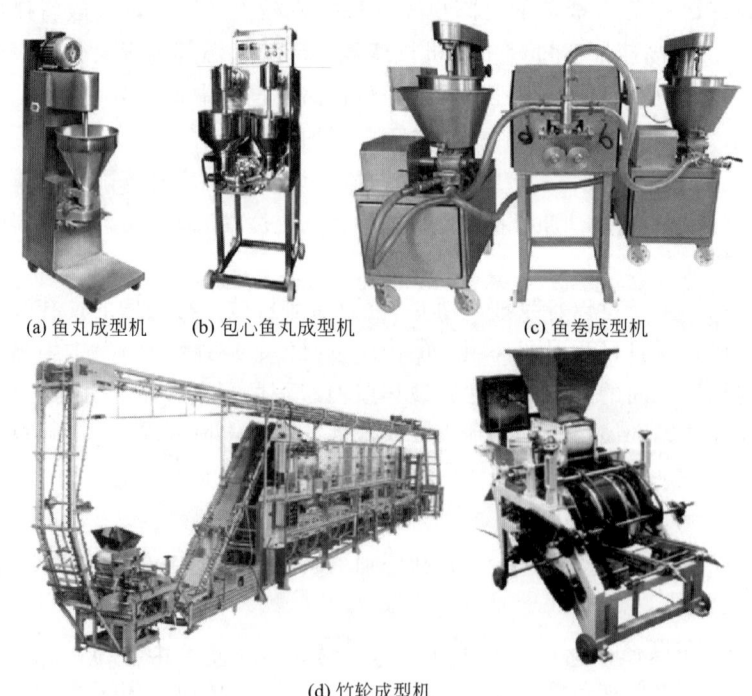

(a) 鱼丸成型机   (b) 包心鱼丸成型机   (c) 鱼卷成型机

(d) 竹轮成型机

图 6-9 成型机械设备

(4) 凝胶化 鱼糜在成型后，一般需在较低温度条件（$30\sim50℃$）下放置一段时间，以增加鱼糜制品的弹性和保水性，此过程称为凝胶化。经擂溃、成型后的蛋白质溶胶体在放置或低温加热一段时间后，肌动球蛋白高级结构展开，纤维相互缠绕，分子间产生架桥形成三维网状结构，水分被包裹在相互缠绕的网目中，外在的表现为鱼浆逐渐失去黏性、柔软性，产生弹性。

由于不同冷冻鱼糜的原料鱼种和质量等级存在差异，将其应用于鱼糜制品生产时，会呈现出不同的凝胶形成能力。凝胶形成能力具体表现为：一是凝胶化速度，指凝胶化过程中形成凝胶体的难易程度；二是凝胶化强度，指冷冻鱼糜擂溃、成型后的溶胶体通过凝胶化后形成的强度。

① 凝胶化速度　不同冷冻鱼糜的凝胶化速度存在差异。根据冷冻鱼糜在相同温度下形成凝胶所需的时间不同，可将冷冻鱼糜按原料鱼种不同分为凝胶化较快鱼种（如狭鳕、沙丁鱼、多线鱼等冷水性鱼类）、凝胶化速度一般鱼种（如竹荚鱼、金线鱼、蛇鲻鱼等）、凝胶化较慢鱼种（如罗非鱼、鲌鱼、海鳗等）。这种差异被认为与不同原料鱼种的肌球蛋白热稳定性有关。

② 凝胶化强度　不同冷冻鱼糜的凝胶化强度差异显著，这除了与不同冷冻鱼糜中肌原纤维蛋白质含量不同外，还与凝胶化过程中形成网状结构的不同有关。此外，凝胶化强度和凝胶化速度之间无相关性。蛇鲻鱼、飞鱼等易于凝胶化，且能形成高强度凝胶；沙丁鱼、多线鱼等能迅速凝胶化，但凝胶化强度差；旗鱼凝胶化速度较慢，但凝胶化强度较强。

(5) 熟化　熟化是鱼糜制品生产的重要工序，主要有水煮、蒸煮、焙烤、油炸等方式，相应的机械设备有水煮槽、油炸槽、自动烘烤机、高温蒸柜等（图6-10）。

① 水煮　鱼丸、包心鱼丸、鱼香肠等产品采用水煮。水煮加热时热传导快，温度易于控制，但对于没有经过包装的品种，具有呈味成分易于溶出、吸水变软的缺点。

② 蒸煮　模拟蟹肉和多数鱼板、鱼糕都采用蒸煮加热。工业化生产中，自动蒸机和置

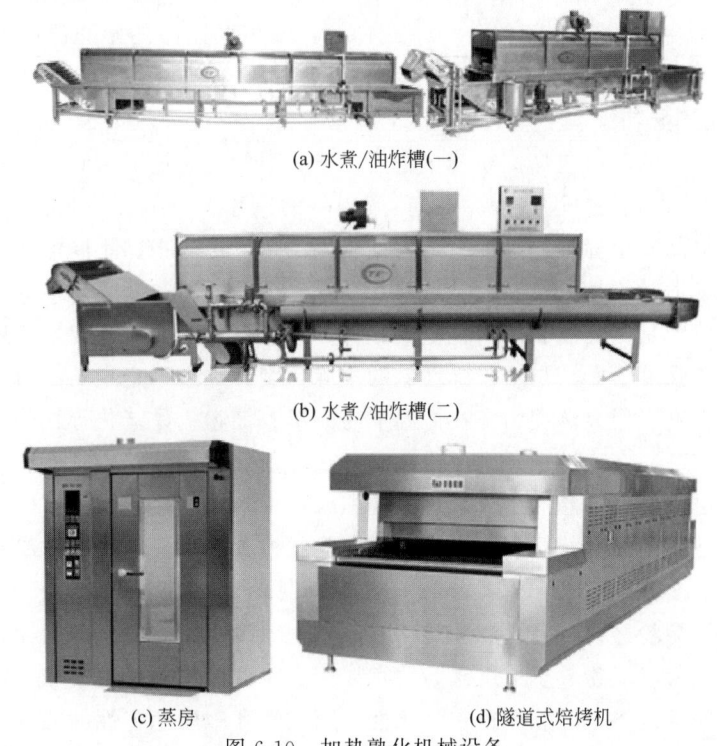

(a) 水煮/油炸槽(一)

(b) 水煮/油炸槽(二)

(c) 蒸房　　　　　　(d) 隧道式焙烤机

图 6-10　加热熟化机械设备

于输送带上移入蒸汽室内进行连续蒸煮加热的方法已被广泛使用。

③焙烤　烤鱼卷、烤鱼糕均用焙烤方式加热。烤鱼糕是将蒸煮结束的鱼糕，为了使其表面带有焙烤色而进行的二次加热。工业化生产中，常将制品置于电炉或燃气炉上方的输送带上加热焙烤。

④油炸　油炸是用猪油或大豆油等植物油代替水的加热方法。当油温达$160\sim200℃$时，为了防止鱼糜制品表面焦煳，加热熟化时间必须短。对于体积大的制品，宜水煮或蒸煮加热后，再以短时间油炸加热的方式进行上色。

加热熟化可使蛋白质受热变性凝固，形成有弹性的凝胶体，还可以杀灭鱼浆中原有的微生物（霉菌和细菌）。鱼浆凝胶化（$30\sim50℃$）过程后的加热工序，可以按不同温度阶段分为凝胶劣化阶段（$55\sim70℃$）和鱼糕化阶段（$75\sim95℃$）。凝胶劣化是指鱼浆凝胶体在通过$55\sim70℃$温度带时，鱼浆（来源于原料鱼肉）的内源性组织蛋白酶类引起鱼浆肌球蛋白的降解，使鱼浆凝胶体中已形成的凝胶结构发生劣化、崩坏的现象。鱼糕化是指鱼浆凝胶体中心温度上升至$75℃$以上时，蛋白质凝胶体逐渐变成非透明状态，弹性明显增强的过程。因此，为了保证鱼糜制品达到最佳的弹性，实际生产中一般使鱼浆缓慢地通过凝胶化温度带（$30\sim50℃$）以促进网状结构的形成，再使鱼浆凝胶体的中心温度快速达到$75℃$以上，减少鱼浆凝胶体处于凝胶劣化温度带（$55\sim70℃$）的时间，以避免凝胶劣化，从而得到高弹性的鱼糜制品。

(6) 冷却　加热完成的鱼糜制品需要快速冷却。鱼糜制品熟化完成后迅速放入$4\sim10℃$冷水中冷却，鱼香肠加热完成后放入$0\sim10℃$冷水中快速冷却。快速冷却后制品的中心温度仍然较高，通常还需在冷却架上进行自然冷却。此外，空调辅助冷却、冷风快速冷却等方法也已经应用于鱼糜制品的生产。

(7) 速冻、包装和冻藏　鱼糜制品以冻结机在$-40\sim-30℃$的冻温下进行速冻，在30min内快速通过最大冰晶生成带（$-5\sim-1℃$），使鱼糜制品的中心温度下降至$-18℃$以下。鱼糜制品冻结后，按需要进行包装并运入$-18℃$以下的冷库冻藏。

3. 鱼糜制品的配料

鱼糜制品中常用的配料包括淀粉、植物蛋白质、油脂、蛋清、调味料、食用色素、品质改良剂等。配料的选用和搭配直接关系到鱼糜制品的风味、口感、外观和营养价值。因此，在符合相关国家食品安全标准的前提下，鱼糜制品的生产可以根据不同消费需求、市场价格和产品种类等因素适量添加配料。

(1) 淀粉　淀粉是鱼糜制品的一种重要配料，不仅可以降低生产成本，还可以提高鱼糜制品的黏度和凝胶强度。尤其是对于弹性差的冷冻鱼糜，加入一定量的淀粉后可以有效提高鱼糜制品的凝胶强度。但天然淀粉存在低温下易凝沉、淀粉糊易老化等缺陷。鱼糜制品的物料体系中含水量较高，在冻结过程中形成冰晶，破坏蛋白质网状结构。而淀粉在低温下发生的老化脱水现象更会加剧冰晶的生成，进而使冻融后的鱼糜制品物料体系出现水分游离，鱼糜制品切面出现细微的蜂窝状孔洞，影响鱼糜制品的外观和质量。因此，淀粉的添加量不宜过高，一般控制在$5\%\sim20\%$。

变性淀粉是原淀粉经物理、化学和酶学方法处理，改变原淀粉的理化性质而制得的一类改性淀粉。通过在天然淀粉分子上引入新的官能团，改变淀粉分子大小和淀粉颗粒性质，变性淀粉在一定程度上改善了天然淀粉在乳化性、胶凝性和冻融稳定性的缺陷，有效扩大了淀粉的应用范围。目前，鱼糜制品中使用较多的变性淀粉包括乙酸酯淀粉、磷酸酯化淀粉和乙酰化二淀粉磷酸酯等。

（2）植物蛋白质　植物蛋白质在鱼糜制品中主要作为弹性增强剂使用，可分为大豆蛋白和小麦蛋白两类。从 20 世纪 60 年代起就将植物蛋白质广泛应用于鱼糜制品的生产。大豆蛋白除了本身所具有的营养价值之外，还具有热凝固性、乳化性、纤维形成性等优良性状。大豆分离蛋白豆腥味弱、色泽蛋黄，其受热后的凝胶性能可显著增强鱼糜制品的弹性，在鱼糜制品中的添加量一般小于 5%。此外，大豆分离蛋白具有很强的保水能力，也能使水中呈油滴形的脂肪形成稳定的乳化剂。

小麦蛋白在中性 pH 值附近几乎不溶于水，能形成极有弹性的凝胶，加入含有 2.7%～3.0% 食盐的鱼糜中再加热至 80℃ 以上时，可起到增强鱼糜制品弹性的作用。

（3）蛋清　蛋清属于动物蛋白质，在鱼糜制品中可作为弹性增强剂使用。蛋清的受热凝固是一种蛋白质的不可逆变性凝固，一般从 56℃ 开始，80℃ 即达到完全凝固的程度。在鱼糜制品中一般使用全蛋清，添加 10% 全蛋清对鱼糜制品的弹性增强效果最好；但当全蛋清添加量大于 20% 后，对鱼糜制品的弹性增强效果反而下降，且导致鱼糜制品产生异味。考虑到生产成本和价格因素，蛋清的添加量一般为 5% 左右。

（4）油脂　鱼糜制品中添加的油脂，主要是动物脂肪和植物油，其添加方法分为直接作为辅料添加和以油为加热媒介油炸鱼糜制品。在鱼糜制品中添加油脂，可增强和改变鱼糜制品的风味、质地和外观，使鱼糜制品具有爽口、润滑和柔软的特性。油炸鱼糜制品则具有改善外观、消除腥臭、产生金黄色泽和提高鱼糜制品保藏性等作用。

从风味、物性、稳定性和价格等方面考虑，国内鱼糜制品生产所用的动物脂肪主要为猪脂，添加量为 5% 左右。动物脂肪含有较多的饱和脂肪酸，其凝固点较高，一般在 30～40℃，在常温下呈固体。大豆油、菜籽油等植物油因其富含不饱和脂肪酸，凝固点较低，在常温下为液体，且其分散性优于动物脂肪，所以作为鱼糜制品的添加油和油炸用油而被广泛使用。

（5）调味料　鱼糜制品中常见的调味料包括食盐、白砂糖、味精、黄酒、香辛料等。

① 食盐是主要的咸味剂　在鱼糜制品生产中，食盐除了调味作用外，还具有使盐溶性蛋白质溶出形成溶胶的作用。因此，鱼糜制品中食盐的添加量一般为 1%～1.5%（冷冻鱼糜用量的 1.5%～3%），接近于人的合适口味（0.8%～1.2%）。食盐具有解除腥味的作用，也能抑制一部分细菌的生长和繁殖，从而起到抑菌防腐、延长保藏期的作用。

② 白砂糖是主要的甜味剂　其主要成分为蔗糖。糖能减轻咸味，还能起到调味、防腐、去腥和解腻等作用。此外，糖的添加还具有防止冻结变性和提高保水性的作用。鱼糜制品中糖的添加量还需要考虑到冷冻鱼糜中已有的糖含量和"南甜北咸"的地域口味差异。

③ 味精是主要的鲜味剂　味精的主要成分是谷氨酸钠，在鱼糜制品中的添加量一般为 0.2%～0.5%。呈味核苷酸是强烈的增鲜剂，能以几何级数增加食品鲜味，可分为 5'-肌苷酸钠（5'-IMP）、5'-鸟苷酸钠（5'-GMP）和 IMP＋GMP（I＋G）。用少量的呈味核苷酸和味精复配使用，有显著的协同增鲜效果，能降低味精用量并提高鲜味剂品味。

④ 黄酒能除去鱼糜制品中的鱼腥味，并能使鱼糜制品产生鲜美、醇香的味道　黄酒的除腥作用是因为酒精能渗入鱼肉组织内部，溶解具有腥味的胺类物质，而在加热过程中，又可随酒精一起挥发达到去腥的作用。

⑤ 香辛料种类繁多　主要来源于植物的根、茎、叶、果实和种子，常用的包括胡椒、大蒜、肉桂、生姜等。香辛料中主要的呈香基团和辛味物质是醛基、酮基、酚基以及一些杂

环化合物，具有增香、调味、矫臭、矫味的效果之外，还含有抗菌和抗氧化性成分。香辛料的使用种类、配比，除了根据原料的鲜度、其他调味料的配比情况以及生产方法等方面的情况考虑外，应重视消费者习惯和地域差异性因素。

（6）食用色素 食用色素可分为天然色素和合成色素，在鱼糜制品中一般使用天然色素。色素的使用方法主要分两种：一种是直接添加到鱼糜制品中，另一种是给鱼糜制品表面着色，两种方法分别能增加、改变鱼糜制品的内部、外部色泽，配合鱼糜制品的不同外形能更好地刺激消费欲望。

（7）复合磷酸盐 复合磷酸盐一般由三聚磷酸钠、焦磷酸钠、六偏磷酸钠等磷酸盐复配而成，作为鱼糜制品的 pH 调节剂和水分保持剂，能使物料的 pH 值远离鱼肉蛋白质等电点，向中性或偏碱性方向扩展，从而提高产品保水性和弹性。复合磷酸盐也是亲水性很强的水分保持剂，能很好地使食品中所含的水分稳定下来。复合磷酸盐同时属于一种聚合电介质，具有无机表面活性剂的特性，能使水中难溶物质分散或形成稳定悬浮液，以防止悬浮液的附着、凝聚。因此，复合磷酸盐还能使蛋白质的水溶胶质在脂肪球上形成一种胶膜，使脂肪更有效地分散。

加工实例 —— 常见鱼糜制品的加工 ——

鱼丸、油炸鱼板、模拟蟹肉和包心鱼卷是国内鱼糜制品中产、销俱佳的典型代表，鱼糕和竹轮是日本传统鱼糜制品，现对其加工工艺进行分类介绍。

一、鱼丸的加工

1. 工艺流程

冷冻鱼糜→解冻→空擂→盐擂→混合擂→成型→凝胶→熟化→冷却→速冻→包装→冻藏

2. 产品配方

冷冻鱼糜 100kg，淀粉 10～20kg，猪肥膘 5～10kg，蛋清 5～10kg，食盐 2kg，复合磷酸盐 0.1～0.2kg，白砂糖、味精等调味料各适量，冰水适量。

3. 操作要点

（1）鱼糜解冻 冷冻鱼糜需自然解冻至半解冻状态，切片后待用。

（2）空擂 加入复合磷酸盐，以斩拌机对鱼糜进行擂溃，至鱼糜无硬颗粒。

（3）盐擂 加入食盐擂溃至鱼糜颗粒完全分散、浆料黏稠、有光泽。

（4）混合擂 加入猪肥膘、蛋清、各种调味料和淀粉，擂溃混匀；混合擂过程中分次加入冰水降低浆料温度。擂溃完的浆料细腻黏稠，浆料温度低于 10℃。

（5）成型 以鱼丸成型机进行成型，要求鱼丸个体大小相近、外形呈圆球形或近似圆球形。

（6）凝胶 成型后的鱼丸置于 30～50℃恒温水槽中凝胶 10～30min。

（7）熟化 以 90～95℃恒温水煮槽对鱼丸进行熟化，熟化时间 5～10min。

（8）冷却 鱼丸熟化后置于冷室内冷却。

（9）速冻、包装、冻藏 将鱼丸以速冻机冻至中心温度低于 -18℃，包装后入冷库冻藏，库温要求低于－18℃。

二、油炸鱼板的加工

1. 工艺流程
冷冻鱼糜→解冻→空擂→盐擂→混合擂→成型、整形→凝胶→熟化→自然冷却→切片→油炸→冷却→速冻→包装→冻藏

2. 产品配方
冷冻鱼糜 100kg，淀粉 10～20kg，蛋清 5～10kg，猪肥膘 5～10kg，植物蛋白质（大豆分离蛋白、谷朊粉）5～10kg，食盐 2kg，复合磷酸盐 0.1～0.2kg，白砂糖、味精等调味料各适量，冰水适量。

3. 操作要点
(1) 鱼糜解冻　冷冻鱼糜需自然解冻至半解冻状态，切片后待用。

(2) 空擂　加入复合磷酸盐，以斩拌机对鱼糜进行擂溃，至鱼糜无硬颗粒。

(3) 盐擂　加入食盐擂溃至鱼糜颗粒完全分散、浆料黏稠、有光泽。

(4) 混合擂　加入猪肥膘、植物蛋白质、各种调味料、蛋清和淀粉，擂溃至浆料表面光滑细腻、颜色泛白而有光泽；混合擂过程中加入冰水 70kg 保证浆料温度低于 10℃。

(5) 成型、整形　以注浆机进行铺盘成型，用刮板去除高于成型盘的浆料、填补坑洼。

(6) 凝胶　将整形后的浆料置于 30～50℃的温室进行凝胶 1～3h。

(7) 熟化　根据不同的成型盘厚度，以 90～95℃高温蒸煮 10～20min。

(8) 自然冷却、切片　自然冷却至室温后，可按外形需要进行切片。

(9) 油炸　在油炸槽中，以 160～180℃油温进行油炸，至产品呈金黄色。

(10) 冷却　油炸后置于冷室内冷却。

(11) 速冻、包装、冻藏　将鱼板以速冻机冻至中心温度低于－18℃，包装后如冷库冻藏，库温要求低于－18℃。

三、模拟蟹肉的加工

1. 工艺流程
冷冻鱼糜→解冻→空擂→盐擂→混合擂→色浆擂溃→成型→烘烤→冷却→绞丝→卷圆→着色、封口→切条→杀菌→冷却→速冻→包装→冻藏

2. 产品配方
冷冻鱼糜 100kg，淀粉 5～15kg，植物蛋白质（大豆分离蛋白或谷朊粉）3～8kg，蛋清 5～10kg，食盐 2kg，白砂糖、味精等调味料各适量，冰水适量，色浆（冷冻鱼糜 10kg，淀粉 2.5～5kg，食盐 0.2kg，色素 0.05kg，白砂糖、味精等调味料各适量，冰水 5kg）。

3. 操作要点
(1) 冷冻鱼糜解冻　鱼糜需自然解冻至半解冻状态，切片后待用。

(2) 空擂　以斩拌机对鱼糜进行擂溃，至鱼糜无硬颗粒。

(3) 盐擂　加入食盐擂溃至鱼糜颗粒完全分散、浆料黏稠、有光泽。

(4) 混合擂　加入植物蛋白质、蛋清、调味料和淀粉，擂溃至淀粉混匀，混合擂过程中加入适量冰水保证浆料温度低于 10℃。

（5）色浆擂溃 鱼糜需自然解冻至半解冻状态，切片后待用；以斩拌机对鱼糜进行擂溃，至鱼糜不存在硬颗粒；加入食盐擂溃至鱼糜颗粒完全分散；加入色素后擂溃混匀；加入调味料和淀粉，擂溃均匀。

（6）成型 以模拟蟹肉烘烤线，注浆机涂布成型。

（7）烘烤 烘烤后的模拟蟹肉涂布两边微微翘起，无烤焦、烤煳。

（8）冷却 经过冷却输送带，自然冷却。

（9）绞丝 以绞丝机绞至丝状，绞丝程度以不能完全绞断为宜。

（10）卷圆 以传送带将绞丝后的涂布卷成圆形，要求结实、无空心。

（11）着色、封口 色浆均匀涂抹在低压卷膜中线上。

（12）切条。

（13）杀菌 以高温蒸汽加热杀菌。

（14）冷却 模拟蟹肉杀菌后置于冷室内冷却。

（15）速冻、包装、冻藏 将模拟蟹肉以速冻机冻至中心温度低于−18℃，包装后如冷库冻藏，库温要求低于−18℃。

四、包心鱼卷的加工

1. 工艺流程

冷冻鱼糜→解冻→空擂→盐擂→混合擂→制馅→成型→凝胶→熟化→冷却→速冻→包装→冻藏

2. 产品配方

冷冻鱼糜 100kg，淀粉 20～40kg，猪肥膘 5～15kg，蛋清 5～10kg，食盐 2kg，复合磷酸盐 0.1～0.2kg，白砂糖、味精等调味料适量，冰水适量，馅料（鸡肉 50kg，猪肥膘 10～20kg，食盐 1kg，白砂糖、味精等调味料适量，冰水适量）。

3. 操作要点

（1）冷冻鱼糜解冻 鱼糜需自然解冻至半解冻状态，切片后待用。

（2）空擂 加入复合磷酸盐，以斩拌机对鱼糜进行擂溃，至鱼糜无硬颗粒。

（3）盐擂 加入食盐擂溃至鱼糜颗粒完全分散，浆料黏稠、有光泽。

（4）混合擂 加入猪肥膘、蛋清、调味料和淀粉，擂溃至淀粉混匀，混合擂过程中加入适量冰水保证浆料温度低于10℃。

（5）制馅 加入鸡肉，以打浆桶进行低频率搅打，至不存在硬颗粒；加入食盐，高频率搅拌至浆料细腻黏稠；加入猪肥膘和各种调味料及适量冰水，搅打混匀。

（6）成型 以包心鱼卷成型机进行成型。

（7）凝胶 以 80～85℃恒温水煮槽对包心鱼卷进行 5～10min 凝胶。

（8）熟化 以 90～95℃恒温水煮槽对包心鱼卷进行 5～15min 熟化。

（9）冷却 包心鱼卷熟化后置于冷室内冷却。

（10）速冻、包装、冻藏 将包心鱼卷以速冻机冻至中心温度低于−18℃，包装后如冷库冻藏，库温要求低于−18℃。

五、日本鱼糕的加工

1. 工艺流程

冷冻鱼糜→解冻→空擂→盐擂→混合擂→成型→凝胶→熟化→冷却→速冻（或冷藏、销售）→包装→冻藏

2. 产品配方

冷冻鱼糜 100kg，蛋清（或全蛋液）5~15kg，淀粉 5~10kg，猪肥膘 2.5~5kg，食盐 2~3kg，复合磷酸盐 0.1~0.2kg，白砂糖、味精等调味料各适量，冰水适量。

3. 操作要点

(1) 冷冻鱼糜解冻　鱼糜需自然解冻至半解冻状态，切片后待用。

(2) 空擂　加入复合磷酸盐，以斩拌机对鱼糜进行擂溃，至鱼糜无硬颗粒。

(3) 盐擂　加入食盐擂溃至鱼糜颗粒完全分散，浆料黏稠、有光泽。

(4) 混合擂　加入猪肥膘、蛋清（或全蛋液）、调味料和淀粉，擂溃至淀粉混匀，混合擂过程中加入适量冰水保证浆料温度低于 10℃。

(5) 成型　以鱼糕成型机进行成型，由送肉螺旋把浆料按鱼糕形状挤出，连续铺在板上，再等间距切开。

(6) 凝胶　成型后的鱼糕置于 30~50℃恒温蒸柜中凝胶 20~30min。

(7) 熟化　鱼糕的加热熟化有焙烤和蒸煮两种方式。焙烤是将鱼糕放在传送带上，在 20~30s 内通过隧道式红外线焙烤机，使鱼糕表面着色、有光泽，然后再以 90~95℃烘烤熟化。蒸煮是以连续式蒸煮器，以 95~100℃加热熟化 30~50min，使鱼糕中心温度达 75℃以上。

(8) 冷却　鱼糕熟化后置于冷室内冷却。

(9) 速冻、包装、冻藏（或冷藏）　将鱼糕以速冻机冻至中心温度低于－18℃，包装后如冷库冻藏，库温要求低于－18℃。如不进行速冻，则在 4℃左右冷藏条件下进行流通、销售。

六、日本竹轮的加工

1. 工艺流程

冷冻鱼糜→解冻→空擂→盐擂→混合擂→成型、熟化→冷却→速冻（或冷藏、销售）→包装→冻藏

2. 产品配方

冷冻鱼糜 100kg，淀粉 5~10kg，猪肥膘 5~10kg，蛋清 2~8kg，食盐 2~3kg，复合磷酸盐 0.1~0.2kg，白砂糖、味精等调味料各适量，冰水适量。

3. 操作要点

(1) 冷冻鱼糜解冻　鱼糜需自然解冻至半解冻状态，切片后待用。

(2) 空擂　加入复合磷酸盐，以斩拌机对鱼糜进行擂溃，至鱼糜无硬颗粒。

(3) 盐擂　加入食盐擂溃至鱼糜颗粒完全分散，浆料黏稠、有光泽。

(4) 混合擂　加入猪肥膘、蛋清（或全蛋液）、调味料和淀粉，擂溃至淀粉混匀，混合擂过程中加入适量冰水保证浆料温度低于 10℃。

(5) 成型、熟化　以自动成型机进行竹轮成型，以成型机上携带的自动焙烘机进行焙烤熟化。用手工制作竹轮时，将浆料捏制在铜管上，呈圆柱形，大小一致，厚薄均匀，再进入烤炉进行焙烤熟化。熟化后将铜管拔出，即为色泽金黄的空心竹轮。

(6) 冷却　竹轮熟化后置于冷室内冷却。

(7) 速冻、包装、冻藏（或冷藏）　将竹轮以速冻机冻至中心温度低于－18℃，包装后如冷库冻藏，库温要求低于－18℃。如不进行速冻，则在 4℃左右冷藏条件下进行流通、

销售。

此外，我国福建省还生产崇武鱼卷，以马鲛鱼为原料，通过"三去"（去鳞、头、内脏）、采肉、擂溃及添加猪肉、淀粉、蛋清、植物油、葱白及各种调味品等辅料，手工成型，制成长度约为 25cm、直径约为 3cm 的崇武鱼卷，成为当地的一个名片。福建省还产有鱼面、鱼燕皮等，都是以鱼糜为原料生产的产品。

实训项目 —— 鱼丸的加工 ——

【实训目的】

通过直接将水产原料加工成鱼糜制品，掌握鱼糜加工制作过程和水煮鱼丸、油炸鱼丸的加工技术。

【实训原理】

手工鱼糜生产原理和鱼糜制品生产原理。

【实训材料与用具】

（1）材料　新鲜罗非鱼、淀粉、砂糖、食盐、味精、姜末、葱末、黄酒等。

（2）用具　砧板、刀具、绞肉机、擂溃机、成型机、水煮机等。

【实训方法与步骤】

1. 工艺流程

原料选料→预处理→采肉→漂洗→脱水→擂溃→成型→加热→冷却→包装→成品

2. 操作要点

（1）选料　选用罗非鱼作为原料鱼加工鱼丸。鱼规格最好达 0.5kg 以上，肉质厚实，鲜度较好，不能用变质鱼生产鱼丸。

（2）预处理　刮除鳞片，切去鱼体上的胸鳍、背鳍、腹鳍、尾鳍，沿胸鳍基部切去头部，剖开腹部，去除内脏，洗去血污和腹内黑膜。

（3）采肉　考虑到是学生实验，不是工厂生产，采用人工先去除鱼皮。用刀沿脊骨切下左右两片背部肌肉，不能带有骨刺、黑膜。若有采肉机，则用采肉机采肉，事先将采肉机清洗干净，采肉时注意调节皮带与滚筒之间的松紧程度，以保证采肉的质量。采肉时，剖开的鱼肉部分朝向滚筒，鱼皮朝向皮带，以增加采肉得率，并减少鱼皮被采进鱼糜的量。如有必要可进行两次采肉。第一次先使皮带与滚筒之间保持放松，这种方法采得的肉质量较好，做出的鱼糜制品的质量也较高。第二次采肉时，使皮带与滚筒之间绷紧，采得的肉质量稍次。采肉结束将鱼糜和骨渣分别称重。

（4）漂洗　将脱腥后的鱼肉放在 5 倍的清水中，慢慢搅动 2min，静置 5min，倾倒去漂洗液，然后再用清水反复二遍冲洗，清除鱼肉中含有的血液，保持鱼肉洁白有光，肉质良好。在最后一次漂洗时（第三遍），添加相当于肉和水总量的 0.2%～0.5% 的食盐，这样比较容易脱水。在整个漂洗过程中控制温度在 10℃ 以下（漂洗的水面还有冰块）。

（5）脱水　采用纱布过滤脱水。手工挤压即可，要求水分含量控制在 80%～85%。

（6）擂溃　利用擂溃机对鱼肉进行擂溃，此工序在鱼丸生产中相当关键，直接影响鱼丸质量。擂溃分为空擂、盐擂和调味擂溃三个阶段。空擂是将鱼肉放入擂溃机内粗绞一次成糜，鱼糜应粗细适中。随后盐擂，将 3% 食盐溶于水，加入鱼糜中，加盐擂溃 10min，使鱼肉变成黏性很强的溶胶。最后是调味擂溃，先将 0.2% 味精、3% 白糖、0.2% 五香粉、0.3% 姜粉（以脱水后鱼肉重量计）等混合后，均匀倒入鱼糜中，匀速搅拌 3min。然后将 4% 淀粉溶于水，加入鱼糜再搅拌 3min。

擂溃操作应注重以下几点。

① 温度 擂溃是研磨破坏组织的过程，会使鱼糜温度升高，需添加冰水或碎冰降低温度。添加冰水量是以快速测定水分为标准，计算到鱼糜水分含量在 90% 以下还可以增加多少水分为参考，鱼肉温度最好在 10℃ 以下，不超过 15℃，必要时，应在机外冰槽加冰降温。也可选用带冰水的冷却夹套的擂溃机（又称双锅擂溃机型）进行擂溃，控制擂溃投料量，把握擂溃时间不能太长。

② 空气 擂溃时空气混入过多，加热时膨胀，影响制品外观和弹性。理想的方法是采用真空擂溃。

③ 添加配料次序 首先分数次加入精盐、味精、糖等品质改良剂，擂溃 30min 左右，再加入淀粉和其他调味料擂溃至所需黏稠度。擂溃必须充分又不过度，可取一小匙鱼糜投入冷清水中，鱼糜浮出水面即可停止擂溃。

(7) 成型 洁净铁锅一口，盛以清水，另备边沿光滑的羹匙一把，左手攥鱼糜，从虎口处挤出鱼丸，右手用羹匙接住，放入清水锅中，动作要快，鱼丸要圆，光泽度要高。挤出的鱼丸在清水中漂浸，防止鱼丸粘连。

(8) 加热 鱼丸加热有两种方式，即水煮和油炸。水发鱼丸用水煮熟化，油炸鱼丸用油炸熟化。

① 水煮鱼丸 最好采用分段加热法，先将鱼丸加热到 40℃ 保持 20min，再升温到 90℃ 至完全熟化。在 10min 内使鱼丸中心温度迅速升至 75℃ 以上，保持一段时间，经常轻轻翻动，以防鱼丸互相粘连或粘锅，待鱼丸全部漂起时捞出，沥去水分。

② 油炸鱼丸 保藏性好，可消除腥臭味并产生金黄色泽。一般使用精炼植物油。通常分成两个锅进行油炸，第一锅温度为 160℃，油炸 3～5min，捞出，第二锅的油炸锅温度控制在 180～200℃，时间为 2～3min。待鱼丸炸至表面坚实、熟透浮起呈金黄色时即可捞出，沥油片刻。

(9) 冷却 熟化后的水煮鱼丸用水冷或风冷方法快速冷却。油炸鱼丸通常自然通风冷却。

(10) 包装 剔除不成型、焦枯、油炸不透等不合格品，称量后，采用清洁、透明的食品级薄膜塑料袋，进行真空包装，即为成品。

【成品质量检测】

1. 成品质量

水煮鱼丸呈现淡白色，应具有鲜美滋味，有弹性；油炸鱼丸色泽呈淡金黄色，形态大致均匀，有一定的弹性，无外来杂质，应具有一定的香气和滋味。塑料袋包装的鱼丸在 5℃ 以下可保存 3～5d。−18℃ 速冻保藏时间可达 9 个月。

2. 白度测定

将切成适当长度（高度约 20mm）的圆状样品片，用色差仪（白度计）测定切断面的白度。以 3 个以上样品片的平均值表示。

3. 折叠试验

即将样品切成直径 50mm 左右、厚度 3mm 的试样，用手将此薄片轻轻对折，观察其有无龟裂或龟裂程度的大小，并以此为标准划分成以下等级：

AA 级：二次对折全然无龟裂。

A 级：一次对折未产生龟裂，再次对折产生轻微龟裂。

B 级：一次对折，产生轻微龟裂。

C 级：一次对折，部分产生龟裂，但未断裂成两片。

D 级：一次对折时，立刻断裂为两片或指压即崩溃。

4. 感官判断

将样品切成厚 5mm 的圆片。采用 10 分法打分，由 3～10 名品尝人员进行，以咀嚼时的强度（咀嚼感）及柔软感（黏性）为要点进行检验，以弹性强度表示分数。得分以 10 分法表示，最后平均计算。表 6-2 为鱼糜制品弹性强度感官检验法判断标准。

表 6-2　鱼糜制品弹性强度感官检验法判断标准

分数	弹性强度	分数	弹性强度
10	极强(具有很强的咀嚼感)	5	稍弱
9	非常强	4	弱
8	强	3	非常弱
7	稍强	2	极弱
6	一般	1	崩溃状(黏土状)

5. 水分含量测定

可采用快速水分测定仪进行测定。

【编写实训报告书】

要求写出具体的鱼丸加工工艺过程报告，说明成品的品质和理化分析结果。

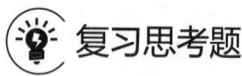 复习思考题

1. 分别简述冷冻鱼糜和鱼糜制品的工业化定义。

2. 简述冷冻鱼糜和鱼糜制品的生产特点。

3. 简述冷冻鱼糜生产中漂洗工序的重要性。

4. 简述冷冻鱼糜的质量标准及其检验方法。

5. 简述鱼糜制品生产中的擂溃工序，分析擂溃工序中添加食盐的作用。

6. 简述凝胶化工序在鱼糜制品生产中的作用。

7. 列出至少 5 种鱼糜制品的配料，并简要说明其各自的添加作用。

8. 简述鱼丸的生产工艺。

【学习目标】

1. 掌握水产品的罐藏原理；
2. 掌握水产罐头产品的一般加工工艺；
3. 了解常见水产罐头产品的加工工艺及操作要点；
4. 掌握水产罐头产品的腐败原因及质量控制措施。

【职业素养目标】

在学习水产品软罐头常见质量问题与控制时，强化质量意识和食品安全意识，明白质量是企业的生命线，食品安全关乎消费者的生命健康，培养坚守职业道德底线，杜绝生产过程中的质量欺诈和安全隐患，树立对消费者高度负责的职业态度。

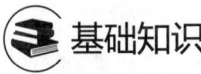 基础知识

一、我国水产罐头行业发展概况及优势

1. 发展概况

将食品密封在容器中并经杀菌而在室温下能够较长时间保存的方法，称为"罐藏"。作为一种食品保藏方法，其优点有：①保藏时间长，常温下可保藏 1～2 年；②食用方便，无需再加工处理；③经高温杀菌，食用安全卫生；④对于新鲜易腐水产资源来说，可有效调节市场，并节约了资源。以此方法保存的食品，俗称"罐头"。现代意义上的罐藏食品，出现于 18 世纪末的法国。我国罐头工业创建于 1906 年，直至 1949 年后才有了较快发展，生产技术和设备也不断得到提高和完善，产品不仅销售国内市场，还远销 100 多个国家和地区。

水产罐头产品，即将水产品原料预处理后密封在容器和包装袋中，经杀菌工艺杀灭大部分微生物，并维持密闭和真空的条件下，得以在室温下长期保藏的水产品。我国的水产罐头生产始于清末，早期品种少、产量低、成本高，仅局限于鱼、贝类罐头。直至 1949 年以后，水产罐头生产才有了真正的起步。20 世纪 50～60 年代，随着罐装、瓶装、塑料软罐装等加工设备的研发和引进，水产罐头品种也有所增加；80 年代改革开放以后，水产罐头生产进入了一个新的发展时期，产品畅销国内外。进入 21 世纪，整个罐头产业迎来了新的发展机遇，但水产罐头产业面临原料、包装、用途等环节同质化严重；口味既非中式也非西式，不符合大众消费口味；类似酱类调味品，淡化了水产原料本味；产品定位和市场细分不准确等问题，使整个水产罐头产业看起来"市场大、特色小"，发展速度相对缓慢。

2. 发展优势

我国水产罐头行业的发展具有以下优势。

（1）资源丰富　同其他渔业国家相比，我国具有较丰富的海水和淡水养殖资源及充裕的劳动力。尤其近年来，我国水产养殖业持续快速发展，远洋渔业发展步伐较快，使我国水产罐头产业拥有丰富的原料资源。

（2）生产发展空间大　随着人们生活水平的不断提高与生活节奏的逐渐加快，人们越来越要求简便、快速、营养和卫生安全的饮食需要，而水产罐头食品可以较好适应这一需求。虽然目前国内水产罐头的产量不高，据统计我国水产罐头总产量不足 3 万吨，仅占全国水产品加工总量的 0.4%。如果把计量单位换成罐，那么我国水产罐头的年产量约 1.4 亿罐，即使全部内销，平均每 10 人只有一人一年吃 1 罐。可以看出，水产罐头生产发展空间较大。

（3）政策和环境支持　我国经济政策和市场环境为水产罐头行业提供了全方位支撑。2021 年农业农村部发布《关于实施渔业发展支持政策推动渔业高质量发展的通知》，明确将水产品深加工工作作为重点培育领域，推动产业链向高附加值环节延伸，两年后发布的《关于加快推进农产品初加工机械化高质量发展的意见》提出，优化水产品初加工布局，聚焦主产区和重点品种，加快补齐水产品初加工链条短板，提升加工比例，实现减损增效。近年来，我国人均水产品消费量显著增长，作为休闲食品的重要组成部分，便携即食的水产软包装罐头越来越受到消费者的青睐，技术创新与政策红利的叠加效应，正推动水产罐头行业迈向千亿规模。

（4）出口市场初步形成　经过多年的发展，我国水产罐头已形成以我国香港、澳门，以及日本、美国、欧盟、韩国等国家和地区为主的出口市场，这将有利于水产罐头产业的迅速发展。

二、水产品罐藏原理

水产品罐头的基本保藏原理主要在于消灭了有害微生物的营养体，达到商业无菌的目的；同时应用真空技术，使可能残存的微生物芽孢在无氧状态下无法生长活动，并可以防止因氧化作用而引起的各种化学变化，从而使罐头内容物保持相当长的货架寿命。

视频：商业无菌

1. 高温对微生物的影响

不同微生物对热的敏感性不同。凡是能在 45℃ 的温度环境中进行代谢活动的微生物称为嗜热微生物，与水产品相关的主要是芽孢杆菌属和梭状芽孢杆菌属，其次是链球菌属和乳杆菌属。而嗜热微生物中耐热性较强的是芽孢菌，芽孢菌中还分需氧性芽孢菌、厌氧性芽孢菌和兼性厌氧芽孢菌。需氧和兼性厌氧芽孢菌是导致罐头食品发生平盖酸败的原因菌。肉毒梭状芽孢杆菌是致病微生物中耐热性最强的，往往作为罐头杀菌的目标菌，其芽孢对不良环境具有较强抗性，对化学和物理处理均有极强的抵抗力，耐热性很强。

（1）微生物耐热性机理　一般认为，微生物在高于其最高生长温度范围时，由于高温对微生物的蛋白质、核酸、酶系统产生直接破坏作用，如蛋白质中较弱的氢键受热容易被破坏，使蛋白质变性凝固，从而失去新陈代谢的能力，导致微生物死亡。

不同微生物因细胞结构和性质不同，其耐热性也不同。如某些细菌在其生长发育后期，形成的芽孢具有较强耐热性，细菌的营养细胞在 70～80℃ 时 10min 就死亡，而芽孢在 120～140℃ 还能生存几小时。芽孢耐热机理一般认为是：因芽孢的含水率低，壁厚而致密，且富含 2,6-吡啶二羧酸（dipicolinic acid，简称 DPA），另外含有耐热性酶，从而使其具有极强耐热性。有研究认为，含有凝胶状物质的皮膜在营养细胞形成芽孢之际产生收缩，使原生质脱水，从而增强了芽孢的耐热性。另有研究认为原生质中矿物质含量的变化也会影响芽孢的耐热性。

（2）影响微生物耐热性的因素

① 微生物的种类和数量　不同种类的微生物耐热性各不相同，多数细菌、酵母菌、霉菌抗热性较差，$50 \sim 65$℃、10min 即可致死。一般细菌芽孢和霉菌孢子耐热性比营养细胞强，而其中细菌芽孢耐热性最强。

微生物耐热性与微生物数量有关。一般微生物（尤其是含芽孢的细菌）数量越多，杀菌所需时间越长，所需温度越高。

② 微生物的生理状态　同一菌种不同菌株或不同菌龄，其耐热性也有差异，一般老龄细胞耐热性比幼龄细胞强。一般处于稳定生长期的微生物营养细胞比处于对数期者耐热性强，刚进入缓慢生长期的营养细胞也具有较高的耐热性，而进入对数期后，其耐热性将逐渐下降至最小。

③ 水分　水分活度环境的相对湿度对微生物的耐热性有显著影响。由于水产品水分活度较高，细菌比酵母菌、霉菌占优势，耐热性较强的细菌为主要腐败菌。但高温处理时，水分活度越高，反而减弱了细菌耐热性。而由于蛋白质热变性受水分含量的影响，在潮湿状态下比在干燥状态下加热时的蛋白质变性更快，使微生物更易死亡，因此在相同温度下湿热杀菌的效果要优于干热杀菌。

④ pH 值　水产品的 pH 值也是影响微生物耐热性的重要因素。微生物的耐热性在 pH 值呈中性或接近中性的环境中最强，而 pH 值呈偏酸性或偏碱性的条件都会降低微生物的耐热性，其中尤以酸性条件的影响更为明显。如大多数芽孢杆菌在 pH 中性范围内有很强的耐热性。但 pH＜5 时，细菌芽孢的耐热性就很弱了。因此，对于高酸度（pH＜4.5）的水产罐头（如醋渍鱼），常添加柠檬酸、醋酸及乳酸等提高水产品的酸度，以降低杀菌温度和缩短杀菌时间，中心温度加热到 90℃后，立即冷却，即可杀死细菌，从而保持水产品原有风味和品质；对于中酸度（5.3＞pH＞4.5）的水产罐头（如茄汁鱼罐头），需要较充分的加热杀菌，一般以能杀死肉毒杆菌芽孢为准；对于低酸度（pH＞5.3）的水产罐头，更需要较充分的加热杀菌，从而使一些极度耐热、能形成芽孢的嗜热微生物不能存活。

⑤ 食品的化学成分　食品中含有糖、脂肪、蛋白质、盐类等成分，其对微生物的耐热性也有不同程度的影响。

a. 糖　糖对微生物耐热性有一定影响。糖的浓度越高，杀灭微生物芽孢所需的时间越长。糖对微生物芽孢的这一保护作用，一般认为是由于糖吸收了微生物细胞中的水分，导致了细胞内原生质脱水，影响了蛋白质的凝固速度，从而增强了细胞的耐热性。不同糖类对受热细菌的保护作用由强到弱的顺序为：蔗糖＞葡萄糖＞果糖。但砂糖的浓度增加到一定程度时，由于造成了高渗透压的环境而又具有了抑制微生物生长的作用。

b. 脂肪　脂肪能增强微生物的耐热性，这是因为细菌的细胞是一种蛋白质的胶体溶液，此种亲水性的胶体与脂肪接触时，蛋白质与脂肪两相间很快形成一层凝结薄膜，这样蛋白质就被脂肪所包围，妨碍了水分的渗入，造成蛋白质凝固困难；同时脂肪又是不良的导热体，也阻碍热的传导，因此增强了微生物的耐热性。如对于含油量高的罐头，如油浸鱼类罐头等，其杀菌温度应高一些或杀菌时间要长一些。另外，对肉毒梭状杆菌的实验证明，长链脂肪酸比短链脂肪酸更能增强细菌的耐热性。

c. 盐类　一般认为低浓度的食盐对微生物的耐热性有保护作用，高浓度的食盐对微生物的耐热性有削弱作用。这是因为低浓度食盐的渗透作用吸收了微生物细胞中的部分水分，使蛋白质凝固困难从而增强了微生物的耐热性。高浓度食盐的高渗透压造成微生物细胞中蛋白质大量脱水变性导致微生物死亡；食盐中的 Na^+、K^+、Ca^{2+} 和 Mg^{2+} 等金属离子对微生物有致毒作用；食盐还能降低食品中的水分活度（A_w），使微生物可利用的水减少，新陈代谢减弱。因此，高浓度的食盐有削弱微生物耐热性的作用。通常认为食盐浓度在 4% 以下时能增强微生物的耐热性，浓度为 4% 时对微生物耐热性的影响甚微，当浓度高于 10% 时，微生物的耐热性则随着盐浓度的增加而明显降低。食盐浓度 10% 以上时减弱微生物耐热性，15% 食盐浓度就具有明显的保藏效果。

d. 蛋白质　食品中的蛋白质在一定的低含量范围内对微生物的耐热性有保护作用，如有的细菌芽孢在 2% 的明胶介质中加热，其耐热性比不加明胶时增强 2 倍。高浓度的蛋白质对微生物的耐热性影响极小。因此，要达到同样的杀菌效果，含蛋白质多的水产品要比含蛋白质少的进行更大程度的加热处理。

e. 植物杀菌素　某些植物（如葱、姜、蒜、辣椒、萝卜、芥末、丁香等）的汁液和它所分泌出的挥发性物质对微生物具有抑制和杀灭的作用，这种具有抑制和杀菌作用的物质称之为植物杀菌素。植物杀菌素的抑菌和杀菌作用因植物的种类、生长期及器官部位等而不同。例如，红辣洋葱的成熟鳞茎汁比甜辣洋葱鳞茎汁有更高的活性，经红辣洋葱鳞茎汁作用后的芽孢残存率为 4%，而经甜辣洋葱鳞茎汁作用后的芽孢残存率为 17%。因此，植物杀菌素可削弱微生物的耐热性。

⑥ 杀菌温度和时间　罐头的杀菌温度与微生物的致死时间有着密切的关系，因为对于某一浓度的微生物来说，它们的致死条件是由温度和时间决定的。试验证明，微生物的热致死时间随杀菌温度的提高而呈指数关系缩短。但是如果温度不高的情况下，杀菌时间的延长却不一定能保证满意的杀菌效果。

（3）微生物耐热性的测定及表示方法

① 加热时间与细菌芽孢致死率的关系

a. D 值　研究人员对一定加热温度下细菌芽孢的死亡率与加热时间的关系进行了深入研究，发现了指数递减或按对数循环下降的规律，如图 7-1 所示。

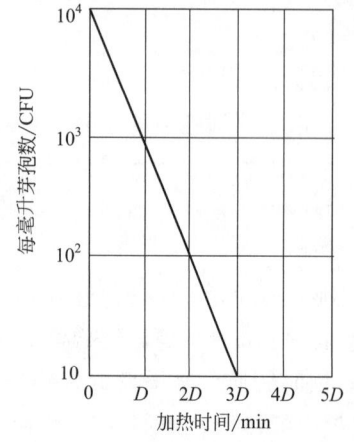

图 7-1　热力致死速率曲线

此关系在半对数坐标图中为一直线，称为热力致死速率曲线或残存活菌数曲线。由此曲线就能计算出满足某种特定杀菌要求所需的加热时间。假如某水产品初始活菌数的对数为 $\lg a$，杀菌后残存活菌数的对数为 $\lg b$，热力致死速率曲线的斜率为 m，则加热时间 τ 可用式(7-1)计算：

$$\tau = (\lg a - \lg b)/m \qquad (7\text{-}1)$$

式(7-1)即为一定致死温度下的热力致死速率方程。如假定 $\lg a = \lg 10^3$，而 $\lg b = \lg 10^2$，则式(7-1)为：

$$\tau = 1/m \qquad (7\text{-}2)$$

式(7-2)实际上是指热力致死速率曲线越过一个对数

循环所需的时间，即指数递降时间（decimal reduction time），也称 D 值。

D 值的定义可表述为在一定环境和热力致死温度下，杀死某细菌群原有残存活菌数的 90%（残存率为 10%），即减少一个对数周期时所需要的加热时间（min）。测定 D 值时的加热温度，在 D 的右下角注明。例如，含有某种细菌的悬浮液，含菌数为 10^5 CFU/mL，在 100℃的水浴温度中活菌数降低至 10^4 CFU/mL 时，所用的时间为 10min，该菌 D 值为 10，即 $D_{100℃} = 10$min。D 值是细菌死亡率（直线斜率）的倒数，因此 D 值是表示细菌耐热性强弱的指标。D 值越大，则细菌死亡速率较慢，细菌耐热性就较强，反之就越弱；D 值与细菌的耐热性之间成正比关系。

D 值与初始活菌数无关，但因菌种、细菌所处环境、热处理温度等而不同。因此 D 值只有在上述因素不变时才是常数。D 值可从热力致死速率曲线图中直接求得，也可根据式(7-3) 计算：

$$D = \tau / (\lg a - \lg b) \tag{7-3}$$

例如：某细菌的初活菌数为 1×10^3 CFU，在 110℃下处理 3min 后残存的活菌数为 1×10^2 CFU，求其 D 值。

解：由式(7-3) 得

$$D_{110℃} = 3 / (\lg 1 \times 10^3 - \lg 1 \times 10^2) = 3 \text{(min)}$$

即该细菌的 $D_{110℃}$ 为 3min。

b. TRT 值 热力指数递减时间（thermal reduction time，TRT）实际上是 D 值概念的外延。它是指任何特定热力致死温度下将菌数减少到原有残存活菌数的 $1/10n$ 时所需要的时间。指数 n 称为递减指数，并表示在"TRT"的右下角，即 TRT_n。

根据式(7-1)，TRT_n 可用式(7-4) 计算：

$$\text{TRT}_n = t = D(\lg 10^n - \lg 10^0) = nD \tag{7-4}$$

TRT 值不受原始活菌数影响，可以将它用作确定杀菌工艺条件的依据，这比用前述的受原始活菌数影响的 TDT 值要更方便有利。TRT_n 值如 D 值一样将随温度而异，当 $n=1$，$\text{TRT}_1 = D$。TRT_n 就是该曲线越过 n 个对数循环所需的加热时间。因此，TRT 值本质上与 D 值相同，也可反映细菌耐热性的强弱。

② 加热温度与细菌芽孢致死率的关系

a. TDT 值 以加热温度为横坐标，以其所对应的杀死全部细菌或芽孢数所需最短加热时间为纵坐标，在半对数坐标图中可作出如图 7-2 所示的曲线，即热力致死时间曲线。从曲线中可以看出，两者也同样遵循指数递减规律。

把在某一恒定温度（热力致死温度）条件下，将食品中一定浓度的某种微生物活菌（细菌和芽孢）全部杀死所需要的时间（min）用 TDT 值表示，同样在右下角标上杀菌温度。

b. Z 值 Z 值是指缩短 90%热致死时间（或减

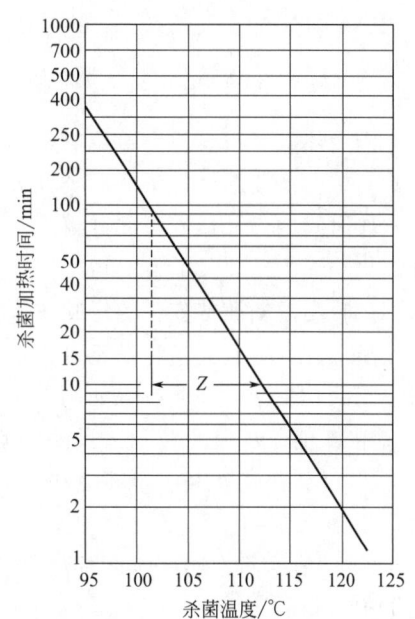

图 7-2 热力致死时间曲线

少一个对数周期）所需要升高的温度（℃）。Z 值是衡量温度变化时微生物灭死速率变化的一个尺度。

c. F 值　通常采用 121.1℃为标准温度，与此对应的热力致死时间（min）称为 F 值，也称杀菌致死值。F 值也被用作表示食品加热杀菌效果的指标。F 值为 1 即表示对水产罐头杀菌时需在 121.1℃下加热 1min。它与原始菌数有关，随所指定的温度、菌种、菌株及所处环境不同而变化。不同罐头品种，不同国家，实际使用的 F 值不同。如美国盐水鲐鱼罐头的 F 值为 2.9~3.6；英国茄汁鲐鱼罐头的 F 值为 6~8；荷兰鱼类罐头的 F 值为 5.6~8。

2. 高温对酶活性钝化作用及酶热变性的影响

(1) 高温对酶活性钝化作用的影响　酶的活性与温度有着密切的关系。在较低温度范围内，随着温度的升高，酶活性也增加。大多数酶在 30~40℃范围内显示最大活性，当高于此温度范围将使酶失活。酶活性变化与温度之间的关系可用温度系数 Q_{10} 来表示，Q_{10} 即温度每增加 10℃时因酶活性变化所增加的化学反应率。酶催化反应时 Q_{10} 一般为 2~3，酶失活时 Q_{10} 在临界范围内可达 100。由于温度对酶具有两重性，所以随着温度的升高，酶催化反应速度和酶失活速度同时增大，当温度超过某一关键温度（也就是酶最适温度）时，酶失活的速度将超过酶催化的速度，则以酶的钝化作用为主。图 7-3、图 7-4 就分别表明了温度对酶失活速度和对酶催化反应速度的影响。

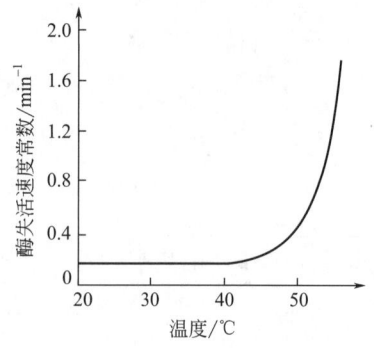　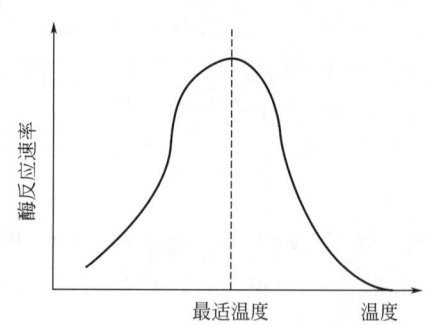

图 7-3　温度对酶失活速度的影响　　　　图 7-4　温度对酶催化反应速度的影响

酶受热破坏后是不会再生的，但有时温度欠高，抑制了酶的活性，而未遭破坏，在高温解除后，会恢复活性。某些酶类如过氧化物酶、催化酶、碱性磷酸酶和酯酶等，在热钝化后的一段时间内，其活性可部分再生。这些酶活性的再生是由于酶的活性部分从变性蛋白质中分离出来。为防止其活性的再生，可采用更高的加热温度或延长热处理时间。

(2) 高温对酶热变性的影响　大多数酶由蛋白质组成，高温使蛋白质产生热变性，从而导致酶热变性，且此过程是不可逆的。有研究认为，与细菌的热力致死时间曲线相似，也可作出酶的热失活时间曲线，如图 7-5 所示，以过氧化酶的热失活时间曲线为例，可以看出：可以用 D 值、F 值及 Z 值表示酶的耐热性。

① D 值　将在某一定环境和恒定温度下使某种酶失去其原有活性的 90% 时所需要的时间称为 D 值。

② F 值　将在某一定的环境和特定温度下使某种酶的活性完全丧失所需要的时间，称为 F 值。

③ Z 值　将使某种酶热失活时间曲线越过一个对数周期所需改变的温度称为 Z 值。

另外，酶的耐热性因种类不同也有较大差异。如牛肝中的过氧化氢酶在35℃时即不稳定，而核糖核酸酶在100℃时其活力仍可保持几分钟。虽然大多数水产品相关酶在45℃以上即失活，但乳碱性磷酸酶和植物过氧化物酶在pH中性条件下却相当耐热。在热处理时，大多数酶在这两种酶失活前就已被灭活。因此，加工时常以这两种酶是否失活来判断巴氏杀菌和热烫等是否充分。

3. 罐藏水产品热加工时间的推算

比奇洛（Begelow）在1920年首先提出罐藏食品杀菌时间的计算方法（基本法）。随后，鲍尔（Ball）、奥尔森（Olsen）和舒尔茨（Schultz）等对比奇洛的方法进行了改进（鲍尔改良法）。鲍尔还推出了公式计算法。史蒂文斯（Stevens）在鲍尔公式法的基础上又提出了方便实际应用的列图线法。

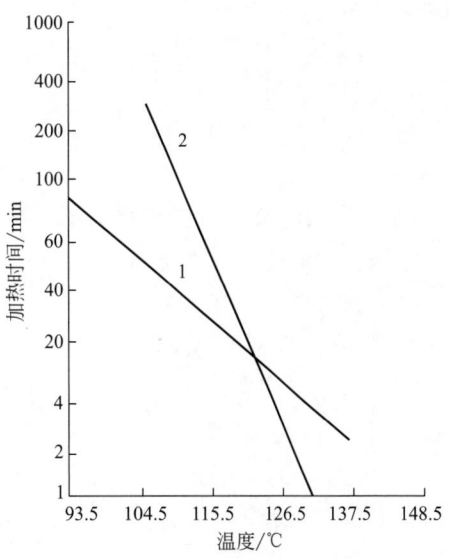

图 7-5　过氧化酶的热失活时间曲线
1—过氧化物酶；2—细菌芽孢

用上述各种方法计算出的热杀菌操作条件，仍属于理想状态，究竟能否实际使用，还需要经过一系列的评判和测试。确定正确杀菌条件的途径如图7-6所示。

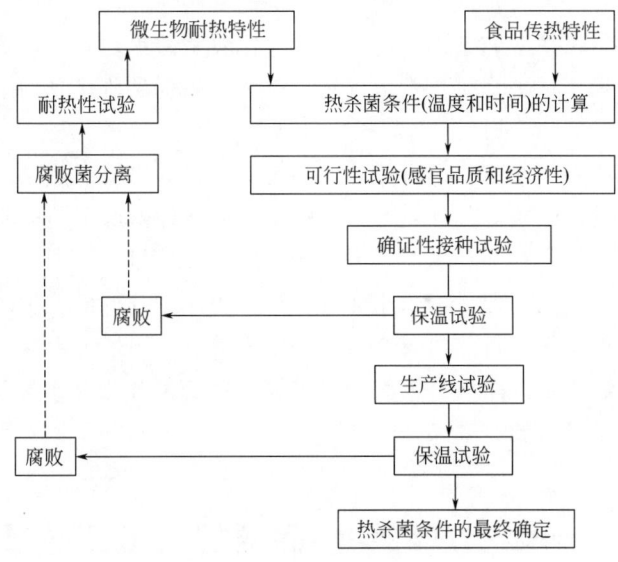

图 7-6　确定正确杀菌条件的一般途径

由图7-6可知，影响热杀菌条件的因素主要是微生物耐热特性和食品传热特性。有关微生物耐热特性的内容前面已作了详细阐述，这里主要围绕食品传热特性展开学习。

在实际生产中，必须考虑食品的传热问题。

（1）传热方式　热的传递方式有三种：传导、对流和辐射。对于罐藏食品的内容物来说，只有传导和对流两种方式。根据罐内容物的特性，其传热方式有以下几种。

① 完全对流型　液体物料如果汁、蔬菜汁和汁液很多而固形物很少且块形很小的物料

如汤类罐头。

② 完全传导型　固体物料如午餐肉、烤鹅等。

③（先）传导（后）对流型　受热熔化的物料，如果酱等。

④（先）对流（后）传导型　受热后会吸水膨胀的物料，如甜玉米等，含有丰富的淀粉质。

⑤ 诱发对流型　借助机械力量产生对流，如对于八宝粥等黏稠性产品使用回转式杀菌器，在杀菌过程中产生强制性对流。

（2）影响传热的因素

① 罐内食品的物理性质　主要指食品的状态、块形大小、浓度、黏度、组成成分等。

② 杀菌锅和物料的初温（initial temperature，IT）　指杀菌操作开始时，杀菌锅及罐内食品物料的温度。初温高者可更快达到杀菌温度。

③ 灌装容器的材料、容积和几何尺寸　如金属罐比玻璃罐和塑料罐传热快；马口铁罐头和蒸煮袋，后者因体积小所需杀菌时间较短。

④ 杀菌锅的类型　如静置式杀菌锅与回转式杀菌锅相比，回转式杀菌比静置式杀菌传热效率高，特别是对一些黏稠或半固体的水产品。

（3）传热测定　所谓传热测定，即对罐头中心温度（或称冷点温度）的测定，冷点指罐头在杀菌冷却过程中，温度变化最缓慢的点。传导型食品罐头的冷点在罐的几何中心；对流型食品罐头的冷点在罐中心轴上离罐底 2～4cm 处。

传热测定的目的：①了解不同性质内容物罐头的传热情况，即杀菌过程中温度随时间变化的曲线，为正确制定杀菌工艺条件奠定基础；②比较杀菌锅内不同位置的升温情况，为改进、维修设备和改进操作水平提供技术依据；③得出罐内食品所接受的杀菌值，判断罐头食品的杀菌效果。

一般采用罐头中心温度测定仪进行传热的测定。此仪器主要由热电偶和电位差计组成。

目前，已有较先进的杀菌时间计算方法，主要是为估计杀菌工艺的安全性，而不是为精确确定杀菌时间和提高致死效果。某些发展较快的罐头加工厂已利用计算机来计算杀菌时间，以更好地控制杀菌工艺。但无论采用何种推算方法，在进行最佳工艺计算时，都必须明确细菌致死曲线和水产罐头的传热曲线。对此，罐头工业已积累了丰富的加工经验，对于常见标准大小的水产品罐头杀菌条件可查阅一般罐头工业参考书。当开发新产品，使用新材料或新型包装时则需测定罐头的有效热处理情况。

✳ 单元生产 ━━━ 水产罐头制品的加工工艺与操作 ━━━

水产罐头产品的一般加工工艺过程包括原料的预处理、装罐、排气、密封、杀菌、冷却等。其中排气、密封、杀菌是罐藏食品必需和特有的工序，也是罐藏食品生产的基本工序。由于水产品原料及罐藏品种不同，各类水产罐头的生产工艺也有所不同。

一、罐藏原料的预处理

水产品原料要求新鲜度高，鱼体必须是完整的。因为鱼贝类与畜肉相比，肌肉中含水分多，容易损伤，容易发生化学变化，同时细菌也很容易侵入肉内，处理时必须严加注意，尽量保持低温加工环境。但是往往生产水产罐头时，除少数品种要求使用活鱼等加工外，一般都是将水产原料进行保藏后再供加工。水产动物性的原料多采用冻结冷藏或低温保藏。所以原料多经解冻后方可进行严格挑选和分级，并剔除不合格的原料，同时根据质量、新鲜度、色泽、大小等分为若干等级，以利于加工工艺条件的确定。

挑选分级后的原料，需分别进行清洗、去头尾、去皮、去鳞、去骨、去内脏等处理，然后根据各类产品规格要求，分别进行切块、切条、切丝、盐渍、预热、烹调等处理后方可装罐。

二、装罐和预封

1. 罐藏容器的准备

(1) 灌装容器的选择　预处理后的水产品在装罐前，首先应根据水产品种类、加工方法及产品要求选择合适的罐藏容器。罐藏容器要求：①对人体无毒；②具有良好的密封性能；③具有良好的耐腐蚀性能；④适合工业化生产；⑤美观、携带使用方便、环保等。目前，水产罐头加工中主要选择金属罐（如马口铁罐）、玻璃罐和软罐（复合塑料膜袋）。

(2) 灌装容器的清洗和消毒　由于容器上附着有灰尘、微生物、油脂等污物及残留的焊药水等，有碍卫生，因此在装罐之前必须进行洗涤和消毒。清洗可用手工或机械的方法。目前，大中型企业大都采用机械方法，即通过喷射蒸汽或热水来清洗。

① 马口铁罐的洗涤和消毒　在小型企业中，多采用人工操作，即将空罐放在沸水中浸泡 $0.5 \sim 1.0min$，取出后倒置沥干水分。在大型企业中，一般采用洗罐机洗罐和消毒。洗罐机的种类很多，有链带式、滑动式、旋转式等，基本方式都是先用热水冲洗空罐，然后用蒸汽进行消毒。

② 玻璃罐的洗涤和消毒　一般都采用热水浸泡或冲洗，这样可使附着在玻璃罐上的许多物质膨胀而容易脱落；对于回收的旧玻璃罐，由于罐壁上常附着有油脂、食品碎屑等污物，则需用 $40 \sim 50℃$ 的 $2\% \sim 8\%$ 氢氧化钠溶液洗涤，然后再用漂白粉或高锰酸钾溶液消毒。

注意：罐藏容器消毒后，每只空罐的微生物残留量应低于几百个。消毒后，应将容器沥干并立即装罐，以防止再次污染。

2. 装罐

(1) 装罐的工艺要求

① 水产原料经预处理后，应迅速装罐，不要积压，既能防止污染，又能保证合理净重。

② 装罐时应力求质量一致，并保证达到水产罐头净重和固形物含量的要求。净重是指罐头总质量减去容器质量后所得的质量，它包括固形物和汤汁；固形物含量是指固体物在净重中占的百分率。每只罐头允许净重公差为 $\pm 3\%$，但每批罐头的净重平均值不应低于标准所规定的净重。罐头的固形物含量一般为 $45\% \sim 65\%$，因食品种类、加工工艺等不同而异。如金枪鱼罐头中油浸类、清蒸类、调味类分别要求固形物含量为 60%、50%、55%。

③ 水产原料需合理搭配。装罐时，水产品原料各部位要合理搭配，固形物与汤汁也要按产品要求合理装填。如豆豉鲮鱼罐头中其优级品要求鱼含量 $\geq 60\%$，豆豉含量 $\geq 15\%$。

④ 装罐时保留适当顶隙。所谓顶隙，是指罐内水产品表面或液面与罐盖内壁间所留空隙的距离。装罐时水产品表面与容器翻边一般相距 $4 \sim 8mm$，待封罐后顶隙高度为 $3 \sim$

5mm。顶隙大小将直接影响到水产品的装量、卷边的密封性能、产品的真空度、铁皮的腐蚀、罐头的变形及食品的变色、变质等。在实际生产中，如顶隙过小，则杀菌时内容物膨胀，引起罐内压力增加，将影响卷边的密封性，同时也可能造成铁罐永久变形或凸盖；如顶隙过大，则净重不足，且因顶隙内残留空气较多而促进铁罐腐蚀或形成氧化圈，并引起表层内容物变色、变质。

（2）装罐的方法　根据产品的性质、形状和要求，装罐的方法可分为人工装罐和机械装罐两种。

① 人工装罐　一般来说，水产等块状或固体产品等的装罐，大多采用人工装罐。主要是因为此类产品形状不一，大小不等，色泽和成熟度也不相同，而产品要求每罐的内容物大致均匀，质量一致，况且要求产品排列整齐，机械装罐也难以达到要求。

② 机械装罐　一般用于颗粒状、粉末状、流体及半流体等产品，如鱼糜罐头等。机械装罐速度快，分量均匀，能保证食品卫生，因此除必须采用人工装罐的部分产品外，应尽可能采用机械装罐。

3. 注液

装罐之后，除了糊状胶状水产品、干装类水产品外，都要加注液体，称为注液。注液能增进水产品风味，提高水产品初温，促进对流传热，改善加热杀菌效果，排除罐内部分空气，减小杀菌时的罐内压力，防止水产罐头在贮藏过程中的氧化。最简单的注液方法是人工注液，大多数工厂采用注液机，最简单的注液机是在储液罐下部装一个可控制流量的开关，并接一段软管，对准由传送带输送的罐头，将罐液注入罐内。自动注液机速度快，效率高，大型企业普遍使用。

4. 预封

预封是在水产品装罐后进入加热排气之前，用封罐机初步将盖钩卷入到罐身翻边下，进行相互钩连的操作。钩连的松紧程度以能允许罐盖沿罐身自由旋转而不脱开为准，以便在排气时，罐内空气、水蒸气及其他气体能自由地从罐内逸出。

预封的目的：①预防因固体水产品膨胀而出现汁液外溢；②避免排气箱冷凝水滴入罐内而污染水产品；③防止罐头从排气到封罐的过程中顶隙温度降低和外界冷空气侵入，以保持水产罐头在较高温度下进行封罐，从而提高罐头的真空度。

预封可采用手扳式或自动式预封机。预封时，罐内汤汁在离心力作用下容易外溅。因此，采用压头式或罐身自由转动式预封机时，转速应稍慢些。

三、罐头的排气

1. 排气的目的

排气是在装罐或预封后，将罐内顶隙间和原料组织中残留的空气排出罐外的技术措施。排气的目的主要有以下 5 个方面。

（1）防止或减轻因加热杀菌时内容物和残留空气的膨胀而使容器变形或破损，影响金属罐卷边和缝线的密封性，防止玻璃罐跳盖。

（2）防止罐内好气性细菌和霉菌的生长繁殖，从而较好地控制水产罐头的腐败变质。

（3）控制或减轻水产罐头在贮藏过程中出现的马口铁罐的内壁腐蚀。

（4）避免或减轻罐内水产品色、香、味的不良变化及维生素等营养物质的损失。

（5）有利于选用较高的杀菌温度，缩短杀菌时间，提高设备利用率和产品质量。

2. 排气方法

目前常见的罐头排气方法有 3 种：加热排气法、真空封罐排气法及蒸汽喷射排气法。

（1）加热排气法　该法是一种最基本的排气方法，其基本原理是将预封后的水产罐头通过蒸汽或热水进行加热，或将加热后的水产品趁热装罐，利用空气、水蒸气和食品受热膨胀的原理，将罐内空气排除。其优点是：此法能较好地排除食品组织内部的空气，获得较好的真空度，还能起某种程度的脱臭和杀菌作用；缺点是：此法对食品的色、香、味有不良影响，且占地大，成本高，卫生差，热量利用率较低。

目前，加热排气法有两种形式：热装罐法和排气箱加热排气法。

① 热装罐法　一种是将水产品预先加热到一定温度后，立即趁热装罐并密封。该法只适用于流体或半流体水产品及水产品组织不因加热时的搅拌而破坏的水产罐头，如鱼糜罐头等。另一种是先将水产品装入罐内，再将配好的汤汁加热到预定的温度，然后趁热装入罐内，并立即封罐。

该法的关键：a. 保证装罐时水产品或汤汁的温度不得降低，如汤汁温度不得低于 90℃，否则封罐后罐内真空度就会降低；b. 要及时杀菌，这是由于水产品装罐时的温度（一般为 70～75℃）非常适合嗜热性细菌的生长繁殖，如不及时杀菌，水产品可能在杀菌前就已开始腐败变质。

② 排气箱加热排气法　即水产品装罐后，将罐头送入排气箱内，在预定的排气温度下，经过一定时间的加热，使罐头中心温度达到 70～90℃，使食品内部的空气充分外逸。加热排气可以间歇或连续地进行，目前多用连续式排气。

该法的关键：保证适宜的排气温度、排气时间和密封温度。排气温度应以罐头中心温度为准。各种罐头的排气温度和时间，根据罐头食品的种类和罐型而定。如苏汁鲤鱼罐头（860 罐型）的排气温度为 95℃，排气时间为 15min；凤尾鱼罐头（303 罐型）的排气温度为 100℃，排气时间为 10min。一般为 90～100℃，6～15min。

① 对于空气含量低的水产品，主要排除顶隙内的空气，密封温度是关键。

② 对于空气含量高的水产品，除达到温度要求外，还应合理延长排气时间，使存在和溶解在水产品组织内的空气有足够的时间外逸；大型罐头或填充紧密、传热效果差的罐头，排气时间可延长到 20～25min。

③ 选用工艺条件时要考虑温度和时间对水产品品质的影响；从排气效果看，低温长时间的加热排气效果要好于高温短时间的加热排气。但是时间过长的加热排气，会导致食品色、香、味和营养成分的损失。因此，应综合考虑排气效果和水产品质量等方面的因素，来确定水产罐头食品的合理排气温度和时间。

④ 还应考虑到水产品成熟程度和酸度、容器大小、材料、装罐情况等。

（2）真空封罐排气法　该法的基本原理是在封罐过程中，利用真空泵将密封室内的空气抽出，形成一定的真空度，当罐头进入封罐机的密封室时，罐内部分空气在真空条件下立即被抽出，随即封罐。此法已广泛应用于鱼类罐头的生产。凡汤汁少而空气含量高的罐头，均可采用此法，且效果良好。其优点是：此法可在短时间内使罐头达到较高的真空度，因此生产效率很高，有的每分钟可达到 500 罐以上；能适应各种水产罐头的排气，尤其适用于不宜加热的水产品；真空封罐机体积小占地少。缺点是此法不能很好地将水产品组织内部和罐头中下部空隙处的空气加以排除；封罐时易产生暴溢现象造成净重不足，有时还会造成瘪罐现象；$K_{膨}/K_{吸}$ 较大的水产品需预处理，其中罐头处于真空室内因食品内部空气膨胀导致内容物整体膨胀，从而食品外溢，用真空膨胀系数 $K_{膨}$ 表示；真空封罐完成后罐头真空度比刚封好时小的情况（组织内部空气缓慢释放到顶隙），用真空吸收系数 $K_{吸}$ 表示。

该法的关键：此法需根据各类罐头的要求来调节真空度，罐内真空度可达到 $(3.33 \sim 4.00) \times 10^4 \text{Pa}$，甚至更高。

（3）蒸汽喷射排气法　该法的基本原理是向罐头顶隙喷射蒸汽，赶走顶隙内的空气后立即封罐，依靠顶隙内蒸汽的冷凝来获得罐头的真空度（图7-7）。此法适用于原料组织内空气含量很低的水产品，并要求有较大的顶隙。其优点是此法蒸汽用量少、成本低、生产效率较高；缺点是此法常需顶隙调整工序，真空度不稳定，$K_{膨}/K_{吸}$ 较大的水产品要与热力法配合方能获得理想真空度。

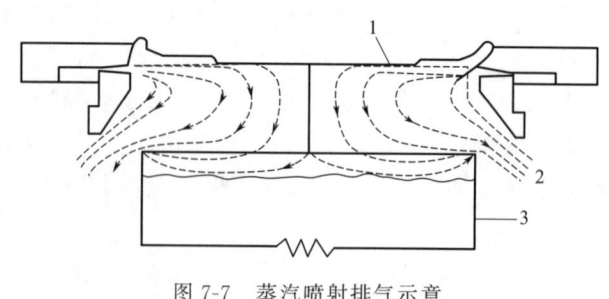

图7-7　蒸汽喷射排气示意
1—罐盖；2—蒸汽；3—罐体

该法的关键：①罐内顶隙必须大小适当。顶隙小时，密封冷却后几乎得不到真空度。经验证明，获得合理真空度的最小顶隙为8mm左右。为了保证获得适当的罐内顶隙，可在封罐之前增加一道顶隙调整工序。即用机械带动的柱塞，将罐头内容物压实到预定的高度，并让多余的汤汁从柱塞四周溢出罐外，从而得到预定的顶隙度。②装罐前，水产品加热温度对蒸汽排气封罐后的罐内真空度也有一定影响。要获得较高的真空度，可预先将罐头加热至较高温度。③要求喷射的蒸汽有一定的温度和压力，以防止外界空气侵入罐内，并且喷蒸汽应一直持续到卷封完毕。

3. 真空度的测定

罐头排气后，罐外大气压与罐内残留气压之差即为罐内真空度（单位：Pa）。影响罐内真空度的因素有：①罐内残留气压越大，则真空度越低；②加热温度越高和时间越长，密封温度越高，则所得真空度也高；③罐内顶隙越大，则罐内真空度越高；④杀菌温度高，食品会释放更多的气体，真空度降低。

真空度测定可采用直接法（真空表法）和间接法（打检法、罐盖子变形法）。

（1）真空表法　该法常用末端有测针和橡皮塞的真空表测定。将测针刺入罐盖并用橡皮塞紧，读取真空表读数，如图7-8所示。此法测定值为近似值，有一定误差，且易造成样品破损，但简易方便。

（2）打检法　该法是用棒击罐底，听其声音，清音表示真空度好，浊音反之，有经验的检测人员可近似测出。

（3）罐盖子变形法　该法采用光电法原理，即电涡流原理测出罐盖因内外压差导致的微小位移，换算出压差值。用专门仪器可实现在线检测。

图 7-8　真空表法测定真空度

四、罐头的密封

水产罐头的较长保质期与封罐有直接关系。这是因为经杀菌后的水产罐头与外界环境隔绝，无法接触到外界空气和微生物，不易腐败变质。封罐是水产罐头生产中很重要的工序。封罐方法因罐藏容器种类不同而有所差别，下面作一简单介绍。

1. 金属罐的密封

金属罐的密封由二重卷边构成，如图 7-9 所示，用封罐机完成。对卷封的质量要求：①叠接率（身盖钩叠接的程度）要求不低于 50％；②紧密度（盖钩上平伏部分占整个盖钩宽度的比例）要求大于 50％；③接缝盖钩完整率（接缝处盖钩宽度占正常盖钩宽度的比例）要求大于 50％；④要求二重卷边平伏、光滑，不存在垂唇、牙齿、锐边、快口、跳封、假封等现象。

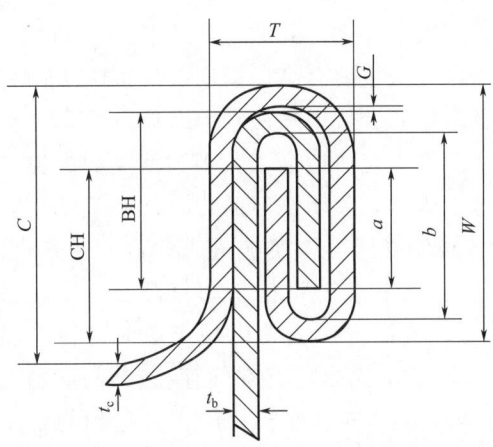

图 7-9　二重卷边内、外部结构尺寸

t_b—罐身板的板材厚度；t_c—罐盖板的板材厚度；W—卷边宽度；T—卷边厚度；C—埋头度；
BH—身钩长度；CH—盖钩长度；a—实际叠接长度；b—理论叠接长度；G—卷封空隙

常用的封罐机有手扳封罐机、半自动封罐机、自动封罐机、真空封罐机和蒸汽喷射封罐机等。

2. 玻璃罐的密封

玻璃罐因本身罐口边缘造型不同及罐盖的形式不同，其封口方法也各异。目前采用的密封方法有卷边式密封法、旋转式密封法、套压式密封法和抓式密封法等。

（1）卷边式密封法　依靠玻璃罐封口机辊轮的滚压作用，将马口铁盖的边缘卷压在玻璃罐的罐颈凸缘下，以达到密封的目的。它多用于 500mL 仿苏玻璃罐（又称胜利罐）的密封。其特点是密封性能好，但开启困难，现已很少使用。

（2）旋转式密封法　有三旋式密封法、四旋式密封法、六旋式密封法和全螺旋式密封法等，主要依靠罐盖的螺旋或盖爪扣紧在罐口凸出螺纹线上，罐盖内壁垫有塑料垫圈或加注滴塑以加强密封性能。装罐后，由旋盖机把罐盖旋紧，便得到良好的密封。该法的特点是开启容易，且可重复使用。

（3）套压式密封法　依靠预先嵌在罐盖边缘内壁上的密封胶圈，密封时由自动封口机将盖子套压在罐口凸缘线的下缘而得到密封。其特点是开启方便。

（4）抓式密封法　靠抓式封罐机将罐盖边缘压成"爪子"，紧贴在罐口凸缘的下缘而得以密封。

3. 蒸煮袋的密封

蒸煮袋即软罐头，一般采用真空包装机进行热熔密封。依靠内层的聚丙烯材料在加热时熔合成一体而达到密封的目的。封口效果取决于蒸煮袋的材料性能，热熔合时的温度、时间、压力和封边处是否有附着物等因素。但需注意封口处的清洁。此法有热冲击式封合、热压式封合等形式。

五、罐头产品的杀菌和冷却

1. 杀菌

水产罐头的杀菌即杀灭罐头中污染的致病菌、产毒菌（及其芽孢）和绝大部分腐败菌，允许少量被抑制的非致病性腐败菌存在，并钝化食品中的活性酶，使罐头能长期于室温条件下贮存。水产罐头常用的杀菌方法主要有高压蒸汽杀菌和高压水杀菌。

（1）高压蒸汽杀菌　低酸性和少数中酸性水产罐头必须采用 100℃以上的高温杀菌，因此其加热介质通常采用高压蒸汽。此法适合于大多数蔬菜和肉类、水产类罐头。具体操作：将装有罐头的杀菌篮放入杀菌锅内，关闭杀菌锅的门或盖；关闭进水阀和排水阀，打开排气阀和泄气阀，然后打开进气阀使高压蒸汽迅速进入锅内，快速彻底地排除锅内全部空气，并使锅内温度上升。在充分排气后，需将排水阀打开，以排除锅内的冷凝水。排除冷凝水后，关闭排水阀和排气阀。待锅内压力达到规定值时，检查温度计读数是否与压力读数相对应。如果温度过低，则表示锅内还有空气存在。可打开排气阀继续排除锅内空气，然后关闭排气阀。待锅内蒸汽压力与温度相对应，并达到规定杀菌温度时，开始计算杀菌时间。杀菌过程中可通过调节进气阀和泄气阀来保持锅内恒定温度。达到预定杀菌时间后，关掉进气阀，并缓慢打开排气阀，排尽锅内蒸汽，使锅内压力恢复到大气压。然后打开进水阀放进冷却水进行冷却，或者取出罐头浸入水池中冷却，但易凸罐产品要采用反压冷却。

(2) 高压水杀菌　此法适用于鱼贝类、肉类的大直径扁罐及玻璃罐。具体操作：将装好罐头的杀菌篮放入杀菌锅内，关闭锅门或盖。关掉排水阀，打开进水阀，向杀菌锅内进水，并使水位高出最上层罐头 15cm 左右。然后关闭所有排气阀和溢水阀。放入压缩空气，使锅内压力升至比杀菌温度对应的饱和水蒸气压高出 54.6～81.9kPa。然后放入蒸汽，将水温快速升至杀菌温度，并开始计算杀菌时间。杀菌结束后，关掉进气阀，打开压缩空气阀和进水阀。但冷水不能直接与玻璃罐接触，以防爆裂。可先将冷却水预热到 40～50℃后再放入杀菌锅内。当冷却水放满后，开启排水阀，保持进水量和出水量的平衡，使锅内水温逐渐下降。当水温降至 38℃左右时，关掉进水阀、压缩空气阀。

2. 冷却

罐头杀菌完毕后，应迅速冷却，罐头冷却是生产过程中决定产品质量的最后一个环节，处理不当会造成产品色泽和风味的劣变，组织软烂，甚至失去食用价值。此外，还可能造成嗜热性细菌的繁殖和加剧罐头内壁的腐蚀现象。因此，罐头杀菌后冷却越快越好，但对玻璃罐的冷却速度不宜太快，常采用分段冷却的方法，即 80℃、60℃、40℃三段，以免玻璃罐爆裂。

冷却方式按冷却位置的不同，可分为锅外冷却和锅内冷却，常压杀菌常采用锅外冷却，加压杀菌常采用锅内冷却；按冷却介质不同可分为空气冷却和水冷却，以水冷却效果为好。水冷却时为加快冷却速度，一般采用流水浸冷法。冷却用水必须清洁，符合饮用水标准。此外，对于高压杀菌还有一种反压冷却法，即杀菌结束，停止进汽，关闭所有阀门，让压缩空气进入锅内，使锅内压力提高到比杀菌温度相应饱和水蒸气压还高 0.015MPa，再缓慢地放入冷却水。当水位接近顶部时，关掉压缩空气阀，并调节进水阀使锅内压力始终不低于杀菌时的锅内压力。冷却水充满全锅，打开溢水阀或排水阀，缓慢减压，使罐温逐步降到 40℃左右。此法可缩短冷却时间，有利于保持水产品的色、香、味。但反压冷却法杀菌效果不如冷水冷却法。

罐头冷却的最终温度一般要求控制在 38～40℃，过高会影响罐内水产品质量，过低则不能利用罐头余热将罐外水分蒸发，造成罐外生锈。

六、罐头的检验、包装和贮藏

1. 检验

(1) 检验标准　水产罐头的检验是其质量保证的最后一个工序。相关标准有：①GB/T 10786—2022《罐头食品的检验方法》；②GB 4789.26—2023《食品安全国家标准　食品微生物学检验　商业无菌检验》；③SN/T 0400.1—2015《出口罐头检验规程》；④SN/T 2100—2008《罐头食品商业无菌快速检测方法》；⑤GB/T 24403—2023《金枪鱼罐头质量通则》、GB/T 24402—2021《鲮鱼罐头质量通则》等具体水产罐头产品标准。

(2) 检验方法　水产罐头的检验指标有感官指标、理化指标和微生物指标。不同品种的水产罐头，其检验指标也有所不同。一般来说，感官指标主要包括色泽、滋味和气味、组织形态，按 GB/T 10786 规定的方法检验。理化指标主要包括净含量、固形物含量、氯化钠含量，具体参照 GB/T 10786 等规定的方法检验。微生物指标要求符合罐头食品商业无菌要求，即要求无致病菌，无微生物引起的腐败变质。可通过保温处理来检验罐头杀菌是否完全，即将罐头堆放在保温库内维持一定的温度（37±2)℃和时间 5～7d，给微生物创造生长的条件，若杀菌不完全，残存的微生物遇到适宜的温度就会生长繁殖，产气会使罐头膨胀，从而把不合格的罐头剔出。由于保温检验会造成罐头色泽和风味的损失，因此目前许多工厂已不采用，代之以商业无菌检验法，即按照 GB 4789.26—2023《食品安全国家标准　食品微生物学检验　商业无菌检验》规定的方法检验。

2. 包装和贮藏

罐头的包装主要是贴商标、装箱、涂防锈油等。涂防锈油的目的是可隔离水与氧气，使其不扩散至铁皮。此外，还应注意控制仓库温度与湿度变化，避免罐头"出汗"。装罐的纸箱要干燥，瓦楞纸的适宜 pH 值为 8～9.5。商标纸的黏合剂要无吸湿性和腐蚀性。

贮藏一般有两种形式，即散装堆放和有包装堆放。无论采用何法都要求遵循防晒、防潮、防冻的原则，并置于环境整洁、通风良好的库房，还要求贮藏温度为 0～20℃，否则温度过高微生物易繁殖，色、香、味被破坏，罐壁腐蚀加速，温度低组织易冻伤。相对湿度控制在 75% 以下。具体要求见 QB/T 4631—2014《罐头食品包装、标志、运输和贮存》。

七、罐藏水产品的质量控制

罐头水产品在加工、贮运过程中因原料、加工条件、环境等因素易导致罐头质量发生变化，主要有胀罐、平酸败坏、黑变和发霉等。此外，有些水产罐头因含有毒素等原因，有时还会发生食用后中毒事故。

1. 胀罐

罐头由于物理、化学和微生物等因素致使罐头出现外凸状，这种现象称为胀罐或胖听。根据底盖外凸的程度又可分为隐胀、轻胀和硬胀 3 种情况。①隐胀：罐头外观正常，若用硬棒叩击底盖的一端或将罐头的底或盖向桌面猛击一下，则它的另一端底盖就会外凸，如用力将凸端慢慢地向罐内挤压，罐头则又重新恢复原状。②轻胀：罐头的底或盖常呈外凸状，若用力将凸端按回原状，则另一端随之而外凸。③硬胀：罐头底盖同时坚实地或永久性地外凸。如再进一步发展，罐头的焊接缝就会爆裂。至于玻璃罐的跳盖现象是因罐内气压骤然升高，以致罐盖与罐身相互分离。造成罐藏水产品胀罐的主要原因有以下 3 种情况。

（1）物理性胀罐　物理性胀罐又称假胀，由于罐内水产品装量过多，没有顶隙或顶隙很小，杀菌后罐头收缩不好，一般杀菌后就会出现，如肉罐头易出现假胀罐的现象；或罐头排气不良，罐内真空度过低，因环境条件如气温、气压改变而造成，如低海拔地区生产的罐头运到高海拔地区或贮藏于高空飞行的飞机，由寒带运往热带，易出现此类胀罐；以及采用高压杀菌，冷却时没有反压或卸压太快，造成罐内外压力突然改变，内压远远超过外压也可致胀罐。

为防止物理性胀罐，应采取的措施有：①保证水产品装量适宜，保证合适的顶隙；②选用合适的排气方法，根据环境气温、气压随时调整罐内真空度；③罐头冷却时尽量采用反压冷却法或勿卸压太快，避免罐头内外压骤变等。

（2）化学性胀罐　主要因罐内水产品酸度太高，罐内壁迅速腐蚀，锡、铁溶解并产生氢气，大量氢气聚积于顶隙所造成。酸性或高酸性水果罐头最易出现氢胀现象，开罐后罐内壁有严重酸腐蚀斑，若内容物中锡、铁含量过高，还会出现严重的金属味。这种情况下虽然内部的食品没有失去食用价值，但是与细菌性胀罐很难区别，因此也被列为败坏产品。

为防止化学性胀罐，应采取的措施有：①注意原料选择及处理，尽量不带进腐蚀因子（有机酸、氧化三甲胺、硝酸盐等），加强工艺条件的控制，尤其是排气、杀菌等工序，避免罐内壁腐蚀；②选用玻璃罐、蒸煮袋等耐腐蚀性强的材料进行包装等。

(3) 细菌性胀罐　由于微生物生长繁殖而出现水产品腐败变质所引起的胀罐称为细菌性胀罐，是最常见的一种胀罐现象，其主要是杀菌不充分残存下来的微生物或罐头裂漏从外界侵染的微生物繁殖生长的结果。

① 低酸性水产品罐头胀罐　常见的腐败菌大多数属于专性厌氧嗜热芽孢杆菌和厌氧嗜温芽孢菌一类。在前一类中常见的是嗜热解糖梭状芽孢杆菌，最适生长温度为 $55\sim62℃$，由于通常在室温下不能生长，当水产罐头在高温中存放，如热带地区或保温售货箱中，才发生此类菌引起的腐败变质。后一类中常出现的腐败菌有肉毒杆菌、生芽孢梭状芽孢杆菌，以及其他如腐化梭状芽孢杆菌、双酶梭状芽孢杆菌等。

② 酸性水产品罐头胀罐　常见的腐败菌有专性厌氧嗜温芽孢杆菌，如巴氏固氮梭状芽孢杆菌、酪酸梭状芽孢杆菌等解糖菌。需氧菌或兼性厌氧嗜温菌出现的可能性很小，即使存在，在酸性水产品和罐内缺氧环境中也不一定能生长。

③ 高酸性水产品罐头胀罐　常见的腐败菌有小球菌以及乳杆菌、明串珠菌等非芽孢杆菌。常见菌中酵母类型很多，其中膜酵母为需氧菌，它只有在真空度低的罐内利用有机酸在液面上繁殖生长。罐头水产品内除曾出现过白丝衣和黄丝衣霉菌外，其他霉菌很少见到。

为防止产生细菌性胀罐，应采取的措施有：a. 注意选择新鲜合格的水产原料及辅料；b. 加工、贮运过程中注意操作条件及人员、环境卫生，尤其是杀菌一定要充分并及时冷却。

2. 平酸败坏

平酸败坏的罐头外观一般正常，但是由于细菌活动其内容物酸度已经改变，呈轻微或严重酸味，其 pH 值可下降至 $0.1\sim0.3$。导致平酸败坏的微生物称为平酸菌，它们大多数为兼性厌氧菌，在自然界中分布极广，糖、面粉及香辛料等辅助材料是常见的平酸菌污染源。水产罐头的平酸败坏需开罐或经细菌分离培养后才能确定，但是水产品变酸过程中平酸菌常因受到酸的抑制而自然消失，不一定能分离出来。特别是在那些贮存期越长、pH 值越低的罐头中平酸菌最易消失。

低酸性水产品中常见的平酸菌为嗜热脂肪芽孢菌和其近似菌，它们的耐热性很强，能在 $49\sim55℃$ 中生长，最高生长温度为 $65℃$。嗜温性平酸菌如环状芽孢杆菌的耐热性不强，故它在低酸性水产品中很少出现平酸变质问题。

酸性水产品中常见的平酸菌为嗜热酸芽孢杆菌，过去被称为凝结芽孢杆菌。它能在 pH 为 4.0 或略低的介质中生长。该菌是番茄制品常见的腐败菌。它在 pH 为 4.5 的番茄汁中生长时能使 pH 下降到 3.5，但当 pH 下降到 4.0 或更低时，将不会产生芽孢，并迅速自行消失。该菌的适宜生长温度为 45℃ 或 55℃，最高生长温度可达 $54\sim60℃$，低于 25℃ 仍能缓慢生长。

为防止平酸败坏，应该采取的措施有：①选用糖、香辛料等辅料时，严格把好质量关，从源头上切断污染源；②采取有效的杀菌、冷却等工艺措施。

3. 黑变

含硫蛋白质含量较高的水产罐头在高温杀菌过程中产生挥发性硫或者由于微生物的生长繁殖致使水产品中的含硫蛋白质分解并产生 H_2S 气体，与罐内壁铁质反应生成黑色硫化物，沉积于罐内壁或内容物上，以致内容物发黑并呈臭味，这种现象称为黑变、硫臭腐败或硫化物污染。这类腐败变质的水产罐头外观正常，有时也会出现隐胀或轻胀，敲检时有浊音。导致这类腐败变质的细菌为梭状芽孢杆菌，其适宜生长温度为 55℃，在 35～70℃ 温度范围内都能生长，芽孢耐热性比平酸菌和嗜热厌氧腐败菌低。这类腐败变质现象在正常杀菌条件下并不常见，只有杀菌严重不足时才会出现。

为防止黑变，应该采取的措施有：①采用合理的杀菌工艺，杀灭相关微生物；②选用玻璃罐、蒸煮袋或其他新包装容器代替铁质罐等。

4. 发霉

罐头内水产品表面出现霉菌生长的现象称为发霉。一般并不常见，只有容器裂漏或罐内真空度过低时，才有可能在低水分及高浓度糖分的水产品中出现。霉菌中除了个别青霉菌株稍耐热外大多数为不耐热菌，极易被杀死。水产品可溶性固形物含量达到 70%～72%，而酸度达到 0.8%～1.0% 时，它们不易生长。水产品 pH 为 3.0 时青霉菌和曲霉菌的生长受到抑制。

为防止霉变，应采取的措施有：①控制罐内合理的真空度，真空度尤其不能过低；②做好罐头入库检查，不允许裂、漏等现象出现。

5. 毒性

由于肉毒杆菌、金黄色葡萄球菌等产毒菌分泌外毒素导致食用水产罐头后引起食物中毒，危及人体健康。产毒菌中除肉毒杆菌耐热性较强，其余均不耐热。罐头食品杀菌通常以肉毒梭状芽孢杆菌作为杀菌对象，控制杀菌效果。

组胺是由鱼中所含有的组氨酸产生的。吞拿鱼、沙丁鱼、鲭鱼和凤尾鱼罐头中，都不同程度地含有组胺。如果存放时间较长，温度条件又适合，就会繁殖出大量细菌，使组氨酸脱去羧基变成组胺和类组胺物质——秋刀鱼素，从而引发中毒。

个头大的鱼体内含有较多的汞，如金枪鱼体内就易富集汞，儿童食用金枪鱼罐头后容易中毒。此类重金属中毒现象值得人们重视。

为防止此类物质中毒，应该采取的措施有：①严格把好原料关，选用新鲜、安全的水产原料；②保证生产人员、环境卫生，杜绝一切污染源；③严格控制杀菌条件；④贮藏（尤其开罐后）时避免室温过高、存放时间较长等。

八、水产品软罐头的常见质量问题与控制

水产品软罐头在存放期间，易出现软袋、胀袋问题。其中因铝箔袋形成针孔而导致软袋、胀袋现象占大多数；其次是袋子破损，密封不严；而由于原料污染严重导致杀菌不够或杀菌公式不合理的情况较少。

1. 铝箔袋形成针孔

铝箔袋形成针孔的原因与袋子本身的抗拉强度（耐冲击强度、耐穿刺性能）、刚性等机械性能有密切关系。铝箔袋在抽真空时，袋膜随着袋内空气的抽取，自然地随着抽取拉力不规则地附着在袋内容物的凹凸面上。在产品加工成型及存储的整个过程中，需经过来回翻转搬运多次，因此，若给袋子的铝箔层施加外力，铝箔层弯曲后有产生针孔的可能，而且铝箔层越薄，形成的针孔越多。一般铝箔蒸煮袋使用的铝箔基材厚度为 7～15μm。一般有两种情况可以形成针孔：①袋表被完全穿透；②仅铝箔层穿透，其他内外材未穿透。铝箔层一旦

形成针孔，折孔处的铝箔层若穿透内外基材，将会导致袋内容物被外界细菌污染，而使水产品腐败；折孔处的铝箔层若未穿透内外基材，因此基材有一定的透氧、透湿性能，在存放期间也将导致水产品局部氧化。

为防止铝箔袋形成针孔，应该采取的措施有：①铝箔袋在购进时应严格检测其物理性能是否符合该包装材料各项性能指标的规定；②应重点控制铝箔袋发生折痕的作业环节；③在产品运储过程中防止或减少水产品铝箔袋过分承受外来冲压力，以免造成折痕或已形成的折痕加重穿透。

2. 铝箔袋破损

由于较大的外力，如带骨的水产品，铝箔袋本身的锐边、锐角，或外来的冲击力都是造成铝箔袋破损的原因，从而使细菌污染袋表伤口，使水产品败坏。

为防止铝箔袋破损，应该采取的措施有：①要求在购进的包装材料的边、角加工成钝边、钝角；②在产品生产过程中注意挪位或搬运时的力度，以避免过大的外力对袋表的相互摩擦冲刺而致损伤袋表。

3. 铝箔袋封口不严

一般有两种情况会导致封口不严：①因封口线倾斜，导致铝箔袋口处有极细小部分未被密封完全；②在充填内容物时造成封口处被水产品污染，致使热封效果不佳或有极细小的残余物夹存于封口线处。因此，在存储过程中易被细菌污染导致袋内水产品败坏。

为提高封口的热封质量，应该采取的措施有：①正确操作真空封口机，保持袋内一定的真空度；②要求在水产品充填后，袋内保持适当的空间，通常控制内容物距袋口至少 3～4cm，并保持袋子封口处清洁无污染。

另外，还应注意水产品软罐头的存储环境。一般要求在 25℃ 以下的温度条件下存放。批量产品的存储环境还应做到定期对环境空间进行消毒，以减少污染。

加工实例 ━━ 常见水产品罐头加工 ━━

一、清蒸类水产罐头加工

清蒸类水产罐头是将处理过的水产原料经腌渍或预煮后装罐，加入盐、糖、味精等制成的罐头。凡原料质量好、新鲜度高、风味鲜美的水产品都可以制成此类罐头。其特点是成品保持原料固有的天然风味，或者天然风味损失极少。常用的清蒸水产罐头原料有带鱼、鲳鱼、鳗鱼、乌贼、海螺、贻贝、鲍鱼、蟹肉等。

1. 清蒸带鱼罐头加工

(1) 工艺流程

原料选择与处理→盐渍→装罐→加汤→排气→封口→杀菌→保温→包装→成品

(2) 操作要点

① 原料选择与处理 选择新鲜的带鱼，要求鱼鳞不脱落或少量脱落，呈银灰白色，略有光泽，无黄斑，无异味，肌肉有坚实感。冻带鱼应在原料处理前用水淋法或在流水中解冻，要注意防止在解冻过程中变质。带鱼的原料处理方法是用剪刀从肛门开始剖肚，摘除内

脏，去头去尾，剪去鱼鳍洗净。特别要注意洗去黑色的腹膜和贴在脊骨上的淤血。将清洗干净的鱼切成长 7~8cm 的鱼段沥干待用。

② 盐渍   把鱼段放在 3~5°Bé 的盐水中盐渍 15min，其间轻轻搅拌 2 次。鱼和盐水的比例为 1:2 左右。

③ 装罐   将鱼段捞起，用清水冲洗一遍即可称量装罐。用 500mL 玻璃瓶装罐时，装入生鱼段 400~450g。装罐时应沿玻璃瓶四周竖装，要求排列整齐。装罐后加入 50~100g 的汤汁。汤汁配方：食盐 1500g，白糖 500g，黄酒 2500g，花椒适量，清水 50kg，增稠剂、琼脂各适量。

④ 排气和封口   将罐头送入排气箱中，时间 20min，温度（98±2）℃，中心温度 95℃以上。排气结束后立即封口。

⑤ 杀菌   为保证罐头的色、香、味，封口后的罐头应及时杀菌，积压时间一般不能超过 2h。清蒸带鱼罐头由于带汤汁，易传热，杀菌高温达到 118℃后，持续时间 50min 即可。

⑥ 保温和包装   杀菌出笼的罐头应逐个擦干、检查，并剔除瘪罐、封口卷边、外观不符合要求和封口不严的罐头。将检查合格的罐头送入 37℃的保温库中保温 5 昼夜。保温期满时，应逐罐检查，剔除胀罐、渗漏罐。用木棒敲打罐盖，去除真空度差的罐头。对于粘贴商标后不影响外观的轻度瘪罐可予包装。在包装过程中应轻拿轻放，尽量避免碰撞。

2. 原汁赤贝罐头加工

(1) 工艺流程

原料选择→去套、漂洗→预煮、热烫→配汤→装罐→排气及密封→杀菌及冷却→成品检验入库

(2) 操作要点

① 原料选择   做罐藏的赤贝原料，因捕捞季节不同质量差别很大。夏季产卵期的赤贝，肉质瘦、脂肪含量低，煮熟后颜色灰暗苍白，食之味道不鲜，不适于加工罐头。而春秋两季的赤贝，肉质丰满肥厚，营养丰富，煮熟后，特别是巨大的斧足能呈现出淡黄鲜嫩明快的颜色，最适宜制罐头。如采用冷冻赤贝肉，须分批解冻，现解冻现生产，防止解冻后积压而影响质量。

② 去套、漂洗   加工中摩擦和碰撞易让贝膜套从贝体上分离而脱落，当经过高温加热后，更容易断裂成碎屑。如用带套膜的贝肉装进罐头，就易造成汤汁浑浊，外观极为难看，并且在加工中也难以去掉套膜中间夹带的泥沙等杂质。所以将鲜贝洗净、蒸煮、取肉后，放入打套机中通入流动水去除外套，并在喷淋清水的振动筛中筛去已脱落的外套及杂质，摘净鳃套、贝毛，剔除不合格的贝肉及杂质，用流动水漂洗除尽泥沙。

③ 预煮、热烫   预煮的目的一方面是为了脱水、使表面蛋白质凝固和组织紧密，减少原料所带细菌的数量，另一方面是为了保证成品色泽达到脱去游离硫的作用。将赤贝肉放入预煮液中，贝肉与预煮液之比为 1:2，预煮 10min。预煮液须事先用 0.15%~0.20% 的冰醋酸调至 pH 4~5（预煮终了的 pH 值不超过 5），防止酸度过高或过低，影响肉质的硬度和使肉的色泽灰暗。每锅预煮 4~5 次后更换新液。预煮后的赤贝肉应及时清洗，按赤贝肉大小分别于 70~80℃热水中烫洗一次，沥干备用。

④ 配汤   精盐 4.25kg，柠檬酸 0.1kg，味精 1.25kg，水 94.4kg，加热配成 100kg 的汤汁。配汤汁的同时还要调入少许柠檬酸保持微酸性，防止杀菌和贮藏过程中 FeS 的形成，

并对降低嗜热性细菌芽孢的致死温度和时间、增强杀菌效能、抑制平酸菌活动等起到一定作用。

⑤ 装罐　采用抗硫涂料罐。860 号罐，净含量 256g，装赤贝肉 170g，加 80℃以上汤汁 86g；9116 号罐，净含量 800g，装赤贝肉 550g，加 80℃以上汤汁 250g。

⑥ 排气及密封　热排气罐头中心温度 90℃以上；真空抽气，真空度为 0.047～0.053MPa，密封后倒置杀菌。

⑦ 杀菌及冷却　860 号罐杀菌公式为 15－80－15/118℃。9116 号罐杀菌公式为 15－105－15/118℃。杀菌后将罐冷却至 38℃左右，取出擦罐入库存放。

注意：在以上加工过程中，严禁赤贝肉与铁、铜等金属接触，以防变色。

视频：杀菌公式

(3) 质量要求　肉色正常，汤汁呈淡灰白色，稍有沉淀，具有清汤赤贝罐头应有的滋味和气味，无异味。贝肉软硬适度，贝壳较完整，大小大致均匀。净重 860 号罐 256g，9116 号罐 800g。贝肉不低于净重的 65%，氯化钠 0.9%～1.8%。

3. 清蒸蟹肉罐头加工

(1) 工艺流程

原料处理→蒸煮取肉→浸泡→装罐→排气及密封→杀菌及冷却→检验入库

(2) 操作要点

① 原料处理　选用活鲜梭子蟹，用水洗净泥沙，掀去蟹盖壳，用不锈钢小刀去除浮鳃、嘴脐、蟹黄（另有用途）等，逐只刷洗表面污物，将蟹足、蟹身及螯身和螯分开，用水漂洗干净。

② 蒸煮取肉　将蟹身、螯用蒸汽高温蒸煮，自然冷却，脱水率为 35% 左右。将蟹身和螯分开取肉，力求完整，保留或除去肌间肉膜。

③ 浸泡　将蟹身肉和螯肉分开浸于含有 0.2% 柠檬酸的水溶液中，蟹肉与柠檬酸水之比为 1:2，浸泡 15min，取出用清水漂洗后沥干，浸泡增重以 10%～12% 为宜。浸泡液需每次更换。

④ 装罐　采用抗硫氧化锌涂料罐 854 号，净含量 200g，装蟹肉 197g，加精盐 2g、味精 1g。装罐时，蟹肉用硫酸纸包裹，硫酸纸需经 0.5% 柠檬酸液煮沸 30min。螯肉搭配均匀。

⑤ 排气及密封　加罐盖，用硫酸纸遮盖，热排气 30～35min（95～100℃），趁热密封。

⑥ 杀菌及冷却　杀菌公式：15－70－15/110℃。将杀菌后的罐冷却至 38℃左右，取出擦罐入库。

注意：应尽可能地缩短加工时间，严禁蟹肉与铁、铜等金属接触，以防变为灰黑色。另外，密封后应在 30min 内杀菌。

(3) 质量要求　蟹肉呈白色或黄白色，腿肉带红褐色，允许有少量灰色肌肉。具有清蒸蟹肉应有的滋味和气味。肉呈条状，罐内衬有白色硫酸纸，允许有少量汤汁及磷酸盐白色结晶，腿肉允许带有筋膜。净重，854 罐型 200g，203 罐型 220g，内容物≥85%，氯化钠 0.8%～1.8%。

4. 清蒸墨鱼罐头加工

（1）工艺流程

原料选择与处理→预煮、冷却、修整→装罐→排气→密封→杀菌→冷却→保温贮藏→成品

（2）操作要点

① 原料选择与处理　选用新鲜肥满、鱼体完整、无钩洞伤斑、肉质不发红的墨鱼，用清水洗净鱼体表面墨汁及污物。去头和内脏，注意不要弄破墨囊，以免墨汁外流，影响肉质色泽。然后逐只翻去螵蛸，并将胴体复原。

② 预煮、冷却、修整　将洗净之墨鱼放入已煮沸的清水中（水鱼比为 1：1）煮 5min，取出即投入流动清水中冷却。冷却后在清水中进行修整，去除墨鱼腹腔内的残余墨膜、肉屑等，并剔除肉糊发红变质、破裂、钩洞、黑斑等不合格的墨鱼。第二次预煮在已沸煮的 4% 食盐水中（盐水与鱼之比为 1：1）煮 10min。盐水可连续使用 3 次，每次需补加精盐 0.5%。预煮过程中应及时翻动，以减少变形和粘连。捞起后立即投入清洁冷水中冷却。

③ 装罐　用抗硫或抗酸抗硫涂料马口铁罐灌装。每罐充填墨鱼为 196g，尾部向上排列整齐。每罐加汤汁 60g，汤温 75℃ 以上。

④ 汤汁配制　水 100kg，精盐 1.5kg，白糖 0.8kg。

⑤ 排气、密封　加热排气 90℃，12min，随即密封。采用高压蒸汽杀菌，杀菌公式 10－40－15/116℃。

⑥ 保温贮藏　将罐装体置于（37±2）℃保温室 7d，剔除胀罐，其余入库贮藏。

（3）质量要求　净重 256g，具有新鲜墨鱼的光泽，略显淡黄色。鱼体竖装成卵圆形，组织柔嫩，气味及滋味正常，咸淡适中，无异味。

5. 清蒸鲍鱼罐头加工

（1）工艺流程

原料选择→处理→装罐、配汤→排气→密封→杀菌→冷却→检验、包装→成品

（2）操作要点

① 原料选择及处理　采用鲜活的鲍鱼，用海水或淡水把泥沙等杂质洗净，用圆头刀贴壳的内壁将肉柱切下，摘掉内脏和薄膜，洗净，放进 1% 的盐液中浸泡 20min，中间要搅拌 2 次，使其盐分渗透均匀。经过腌渍的鲍肉用清水洗刷干净，沥水 10min 后，称重装罐。

② 装罐　将经过腌渍的鲍肉有规则地装入罐内，然后加入定量的料液，料液配方为：洁净的清水加入 2% 精盐、0.5% 味精，料液的量以罐高的 1/3 为宜。

③ 排气、密封　在排气箱中用蒸汽加热排气，排气温度 105℃，排气时间 30min，排气后立即将罐盖密封。

④ 杀菌　封口后的罐头入高压杀菌锅进行杀菌，杀菌温度 113℃，升温时间 15min，杀菌时间 60min，降温时间 15min，降温时用冷水冷却，当罐头的温度降至 45℃ 左右时，即出杀菌室进行擦罐。

⑤ 检验　擦罐后经过感官检验其真空度和外观后，合格者入保温库中保温（温度 40℃ 左右）7d 左右，出保温库进行再次检验，合格者进行包装。

二、调味类水产罐头加工

调味类水产罐头是将处理好的水产原料盐渍脱水（或油炸）后装罐并加入调味料而制成

的罐头。此类成品一般汤汁较多，色泽较深。根据烹调方法不同，此类产品有红烧、香酥、豆豉、酱油等口味。

1. 红烧鲤鱼罐头加工

（1）工艺流程

原料选择→处理→盐渍→油炸→装罐、配汤→排气→密封→杀菌→冷却→检验、包装→成品

（2）操作要点

① 原料选择　选用鱼体完整、气味正常、肌肉有弹性、鲜度良好、每条250g以上的冰鲜或冷冻鲤鱼，不得使用变质鱼，原料须产自无公害水产品生产基地，其安全卫生指标应符合《无公害食品　水产品中有毒有害物质限量（NY 5073—2006）》的有关规定。

② 处理　冰鲜或解冻鱼先刮去鱼鳞，再除去头、尾、鳍，剪下腹肉，去除内脏，在流动水中洗去表面杂质和腹腔内的黑膜、血污。剪下的腹肉单独清洗，除净黑膜、血污，另行存放。将洗净的鱼体横切成约5.5cm长的鱼块，再清洗一次。

③ 盐渍　将鱼块浸没于3%的盐水中，鱼块与盐水之比为1∶1，盐渍时间5～10min（按鱼块大小控制）。盐渍后的鱼块用清水冲洗后沥干水分。

④ 油炸　将鱼块投入180～210℃的油锅中，鱼块与油之比为1∶10，油炸时间3～6min，炸至鱼块表面呈金黄色，即可捞出沥油冷却。

⑤ 调味液的配制　调味液配方见表7-1。将香辛料加水于夹层锅内微沸30min，过滤去渣后，再加入糖、盐等其他配料，煮沸溶解过滤，最后加入味精，用开水调整至总量为110kg调味液备用。

表 7-1　红烧鲤鱼罐头调味液参考配方

配料名称	用量/kg	配料名称	用量/kg
花椒	0.05	砂糖	6
五香粉	0.08	精盐	3.5
鲜姜	0.5	味精	0.045
洋葱	1.5	琼脂	0.36
酱油	10	清水	88

⑥ 装罐　采用860号抗硫涂料罐，净含量256g，装鱼肉150g，鱼块不多于3块（鱼块竖装，排列整齐），加麻油0.45g，调味液106g，液温保持于80℃以上。

⑦ 排气及密封　热排气罐头中心温度达80℃以上，趁热密封；真空封罐真空度为0.053MPa。

⑧ 杀菌及冷却　杀菌公式：15-90-15/116℃。将杀菌后的罐头冷却至40℃左右，取出擦罐入库。

（3）质量要求　净重为256g，肉色正常，酱红色略带褐色，具有红烧鲤鱼罐头应有的滋味和气味，无异味，咸淡适中，鱼块组织紧密，块形大小大致均匀，竖装，排列整齐。

2. 红烧田螺罐头加工

（1）工艺流程

原料选择→饿养→洗涤→水煮→挑肉→去内脏→洗涤→搓盐、碱→预煮→配汤→装罐、加汤→排气→密封→杀菌→冷却→检验、包装→成品

（2）操作要点

① 原料选择　采用鲜活的带壳田螺，清洁无污物，无死田螺。取自非污染水域，大小每只横径在2cm以上。

② 饿养　将新鲜田螺放于含 0.5%～1% 食盐（加适量香油）的水内饿养 1～2d。

③ 水煮　经饿养的田螺，用水冲洗掉污物及泥沙等杂质，于夹层锅内加热煮沸 2～3min（以肉易于挑出为度），逐个挑出田螺肉。

④ 去内脏　撕除内脏、脑、消化系统和生殖系统等部分，去除角质硬盖，防止损伤螺肉及外壳膜。

⑤ 搓盐、碱　加入螺肉重 5%～8% 的粗盐、2%～3% 的食用碱，搓洗 5～10min，立即用水洗去黏液及杂质。

⑥ 预煮　加螺肉于夹层锅内，煮沸 2～3min，及时冷透，应充分洗涤干净。

⑦ 配汤　生姜 1.3kg，洋葱 2.5kg，葱 0.9kg，砂糖 0.5kg，精盐 6.0kg，黄酒 2.1kg，味精 0.4kg，五香粉 0.2kg，预煮汤 82kg，红干辣椒 5kg。生姜、洋葱切碎；香辛料、红干辣椒与水在锅内微沸约 15min，再加入其他配料溶解过滤，最后加入黄酒和味精，总得量为 100kg。

⑧ 装罐、加汤　装罐完毕后，加入汤液。

⑨ 密封　真空密封，真空度 46.6kPa。

⑩ 杀菌、冷却　杀菌公式：15－70/118℃，冷却至 38℃。

3. 凤尾鱼罐头加工

(1) 工艺流程

原料处理→油炸→调味→装罐→排气密封→杀菌冷却→成品检验入库

(2) 操作要点

① 原料处理　将鱼体完整、鱼鳞光亮、鳃呈红色、体长在 12cm 以上的冰鲜或冷冻凤尾鱼，用流动水清洗，去净附着于鱼体上的杂物，剔除变质、破腹等不合格鱼。然后摘除鱼头，同时拉出鱼鳃及内脏，力求鱼体完整，保留下颚，鱼腹饱满不破损。得率为 83%～85%。按鱼体大小分为大、中、小三档，分开装盆。

② 油炸　按档次分别进行油炸，鱼与油之比为 1∶10，油温为 200℃左右，油炸时间 2～3min。炸至金黄色，鱼肉有坚实感为准。油炸后鱼体无弯曲、无断尾和没炸透现象。油炸得率为 55%～58%。此过程需严格控制炸鱼的油温。如油温过高，易使鱼尾变暗红色；油温过低，易造成鱼体弯曲变暗。

③ 调味　将油炸后的凤尾鱼捞起，稍经沥油，随即趁热浸入调味液中，浸渍时间约 1min。捞出沥去鱼体表面的调味液，放置回软。

调味液配料：精盐 2.5kg、砂糖 25kg、黄酒 25kg、桂皮 190g、陈皮 190g、味精 75%、酱油 75kg、高粱酒 7.5kg、生姜 5kg、八角茴香 190g、月桂叶 125g。调味液的配制：先将生姜、桂皮、八角茴香、陈皮、月桂叶等加水煮沸 1h 以上，捞去料渣，加入其他配料，再次煮沸，最后加入黄酒并过滤，用开水调整至总量为 190kg 调味液备用。

④ 装罐　采用抗硫涂料罐 401 号、602 号、962 号，净含量均为 184g，各装凤尾鱼 184g；500mL 罐头瓶，净含量为 250g。铁罐装鱼时，鱼腹部朝上，头尾交叉，整齐排列于罐内。同一罐的鱼体大小和色泽应大致均匀，每罐内断尾鱼不得超过 2 条。

⑤ 排气密封　真空抽气真空度为 0.053MPa，冲拔罐为 0.035～0.037MPa。装罐后及时送真空封罐机抽气及密封。

⑥ 杀菌冷却　杀菌公式为 10－55/118℃，反压冷却后，出锅擦罐入库。

(3) 质量要求　鱼体呈黄褐色至棕褐色。具有凤尾鱼应有的滋味和气味，无异味。条装的要求组织软硬适度，鱼体尚完整，排列尚整齐，搭配装罐。断尾鱼、断鱼以条数计≤20%。段装的要求呈段状，允许碎屑鱼不超过净重的20%。401、602、962罐型的净重都是(184±5)g，500mL玻璃瓶净重是(250±5)g，氯化钠1.5%～2.5%。

4. 豆豉鲮鱼罐头加工

(1) 工艺流程

原料处理→盐腌→清洗→油炸→调味→装罐→排气密封→杀菌冷却→成品检验入库

(2) 操作要点

① 原料处理　条装用的鲮鱼每条重0.11～0.19kg，段装用的鲮鱼每条重0.19kg以上。将活鲜鲮鱼去头、去内脏、去鳞、去鳍，用刀在鱼体两侧肉层厚处划2～3mm深的线，按大小分成大、中、小三级。

② 盐腌　鲮鱼100kg的用盐量：4～10月份生产时为5.5kg，11月～翌年3月份生产时为4.5kg。将鱼和盐充分拌搓均匀后，装于桶中，上面加压重石。鱼与石之比为1∶(1.2～1.7)；压石时间：4～10月份为5～6h，11月～翌年3月份为10～12h。

③ 清洗　盐腌完毕，移去重石，迅速将鱼取出，避免鱼在盐水中浸泡，用清水逐条洗净，刮净腹腔黑膜，沥干。

④ 调味汁的配制

a. 香料水配制（单位kg）：桂皮0.9、沙姜0.9、甘草0.9、丁香1.2、八角茴香1.2、水70。将配料称量后，分别放入夹层锅内，微沸熬煮4h，去渣后得料水65kg备用。

b. 调味汁配制（单位kg）：香料水10、砂糖1.5、酱油1.0、味精0.02。将配料混合均匀，溶解后过滤，总量调节至12.52kg备用。

⑤ 油炸和浸调味汁　将鲮鱼投入170～175℃的油中炸至鱼体呈浅茶褐色，以炸透而不过干为准，捞出沥油后，将鲮鱼放入65～75℃调味汁中浸泡40s，捞出沥干。

⑥ 装罐　采用抗硫涂料罐501号或603号或500mL罐头瓶。将容器清洗消毒后，按要求进行装罐。将豆豉去杂质后水洗一次，沥水后装入罐底，然后装入炸鲮鱼。鱼体大小要大致均匀，排列整齐，最后加入精制植物油，净含量为227g的加油5g，净含量为300g的加油7.5g。

⑦ 排气密封　热排气罐头中心温度达80℃以上，趁热密封。采用真空封罐时，真空度为0.047～0.05MPa。

⑧ 杀菌冷却　杀菌公式（热排气）：10－60－15/115℃。将杀菌后的罐冷却至40℃左右，取出擦罐入库。

(3) 质量要求　鱼呈茶褐色至棕红色，油为深褐色。具有豆豉鲮鱼原有的滋味及气味，无异味。组织紧密，油炸适度。条装的排列整齐，允许每罐不足2条或4条以上，允许添秤加1小块；段装的鱼块较整齐，块形部位经搭配一般碎块不超过鱼块重量的35%。501和603罐型净重（227±3）g，500mL玻璃罐净重（300±5）g，固形物≥90%（其中鱼占60%，豆豉占40%），氯化钠2.5%～4.5%。

三、茄汁类水产罐头加工

茄汁类水产罐头是将处理好的原料经处理（盐渍脱水、蒸煮脱水、油炸等）后加茄汁而制成。此类罐头实际上是一种风味独特的调味罐头，其调味品主要是番茄酱。因其产量大，故单独列为一大类，是国内外市场颇受欢迎的水产品罐头之一。由于茄汁有调节和部分掩盖原料异味的作用，因而对原料的要求比清蒸类、油浸类要低。适合生产这类罐头的原料主要有鲭鱼、鲅鱼、鳗鱼、沙丁鱼等中上层多脂肪鱼类及各种淡水鱼。

1. 茄汁鲭鱼罐头加工

（1）工艺流程

原料验收→原料挑选和处理→盐渍→装罐→排气→控水→加茄汁→真空封口→洗罐→杀菌→保温→包装

（2）操作要点

① 原料的验收和挑选处理　对鲜鲭鱼（鲐鱼）在大小规格、数量、鲜度进行验收和检查。对冻鲭鱼应逐盘检查后在清水池内喷淋解冻。新鲜的鲭鱼表皮有光泽，眼球突出，鳃鲜红，肌肉有弹性，骨肉不分离，不破肚，无异味。将合格的鲭鱼去头，切开鱼肚，除去内脏（注意不要弄破鱼胆），在流水中清洗，并刮去贴骨血，剪去鱼鳍，切成 4～5cm 长的鱼块，洗净控水待用。

② 盐渍和装罐　将鱼块放在 15°Bé 的盐水中盐渍 20min，期间搅拌 2 次，盐水与鱼的比例为 1：1，盐渍结束后捞出鱼块用清水冲洗干净，沥干水分后即可装罐。可采用 7114 号罐或 860 号罐、601 号罐均可。若用 7114 号罐可装 8 块，大小部位均匀搭配，重叠装两层，要求装罐整齐，上层要留有间隔，再加满 1°Bé 清洁盐水。

③ 排气和加茄汁　将罐头送入排气箱中，温度 98℃以上，时间可根据季节控制在 35～40min，中心温度要达到 95℃以上。出排气箱的罐头即控去盐水，加入配制好的茄汁，7114 号罐加入 110～120g，实际加入量要根据排气脱水情况作适当调整，每罐复磅，保证 7114 号罐头净重为（425±13）g。

④ 茄汁的配制　茄汁配方（以 7114 号罐 1000 罐计，单位为 kg）为：番茄酱（28%）35、砂糖 7、精盐 4、花生油 5、圆葱 5、清水 74。配制时将圆葱去皮洗净切成葱末，加入少量水煮沸，加入清水，边搅拌边加入砂糖和精盐，使其溶化，按配方要求加足水，再加入 28% 的番茄酱并不停搅拌，把熟花生油（如是加茄汁，鲭鱼罐头则用精炼花生油）慢慢倒入，搅拌0.5h，茄汁要随配随用，多次搅拌。

⑤ 真空封口　加入茄汁之后的罐头应立即送入真空封口机中封口，真空泵指示应在 47.88kPa 左右，及时检查和调整封口机的抽真空性能，以达到罐内的真空度，避免太高的真空度将茄汁抽出。封口过程中应经常检查双层卷边的实际情况，除外观检查用专用罐头卡尺外，有条件的企业应用专用投影仪检查。封口后应逐罐清洗，洗净罐身的油污和茄汁再装入笼中杀菌。

⑥ 杀菌　7114 号罐茄汁鲭鱼罐头的杀菌公式（参考用）为 15－70－10/118℃。

2. 茄汁沙丁鱼罐头加工

（1）工艺流程

原料选择→原料处理→盐渍→蒸煮脱水→装罐→加茄汁→排气→密封→杀菌→冷却→包装入库

（2）操作要点

① 原料处理　沙丁鱼去头、去鳞、去鳍、去内脏后，刷洗干净，沥水。

② 盐渍　盐水浓度 10～15°Bé，时间 10～20min，盐水与鱼之比为 1：1；或采用 2% 的食盐水腌渍 30min。用清水漂洗一次，沥干水分。

③ 蒸煮脱水　生鱼装罐后，注满 1°Bé 盐水。经 30－40/（90～95）℃蒸煮，脱水率控制在

20%为宜，倒罐沥净汤汁并及时加茄汁。

④ 茄汁配制　番茄酱 42kg、砂糖 10kg、精盐 1.2kg、味精 300g、精制植物油 15kg、冰醋酸 80g、清水 31kg、油炸洋葱 1kg，配成总量 100kg。先将番茄酱与植物油充分混合。再将清水煮沸，冷却后加入其他配料充分溶解，再加入番茄酱与植物油混合物，混合均匀，加热至 90℃备用。

⑤ 装罐　罐号 603，净重 340g，鱼肉 290～300g（脱水重 232～242g，背向上整齐排列），茄汁 98～108g。罐号 604，净重 198g，鱼肉 160～170g（脱水后 128～138g，背向上整齐排列），茄汁 60～70g。

⑥ 排气及密封　抽气密封：47.88～53.2kPa 以上，倒罐装篮。排气密封：中心温度 80℃以上。

⑦ 杀菌及冷却　净重 340g 杀菌公式为 15－80－20/118℃；净重 198g 杀菌公式为 15－75－20/118℃。杀菌后冷却至 40℃左右。

3. 茄汁海肠罐头加工

海肠，学名为单环刺螠，它是一种长圆筒形海洋动物，浑身无毛刺，粉红或浅黄色。海肠不只长得像裸体海参，其营养价值比起海参也不逊色，富含人体所需的维生素 E 等多种营养素。经常食用海肠更是能够起到温补肝肾、壮阳固精的作用。传统食用方法以鲜食为主，多以鲜活水产品销售，受海肠生命力及保质期的影响，严重影响海肠的消费区域和规模，制约着海肠产业的发展。近年来，茄汁海肠颇受欢迎。

(1) 工艺流程

原料选择→原料处理→盐渍→蒸煮脱水→装罐→加茄汁→排气→密封→杀菌→冷却→包装入库

(2) 操作要点

① 原料处理　将色泽鲜艳、活力充沛的体长为 200～250mm 的新鲜海肠用剪刀将两头带刺的部分剪掉，把内脏和血液洗净，剪成体长约 50mm 的小段，洗净沥干待用。

② 盐渍　将海肠浸入 10～15°Bé 的盐水中，海肠与盐水之比为 1∶1，盐渍时间为 10min 左右，盐渍时应间断翻动。盐水可使用 3 次，但在每次盐渍后，应调整其规定的浓度，将盐渍后的海肠捞起，用清水漂洗一次，沥水。

③ 茄汁的配制　按重量百分比配制，番茄酱（20%干重）61%，砂糖 5.5%，精盐 4%，葱花 0.25%，精制植物油 17%，冰醋酸 0.5%，油炸洋葱 5.6%，蒜泥 0.35%，辣椒油 0.2%，黄酒 5.6%。将精制植物油加热至 180～190℃，加入洋葱、葱花炸至黄色，再加入砂糖、精盐、辣椒油、番茄酱等，加热煮沸，出锅前加入黄酒、冰醋酸等，充分拌匀使用。茄汁配制过程中要防止与铁、铜金属接触，防止调料因氧化变质影响口味。

④ 蒸煮脱水　将海肠装罐，采用抗硫涂料 604 号罐，净含量为 198g，装生海肠 160～170g，将海肠整齐排列，注满 1°Bé 盐水，经 90～95℃蒸煮 30～40min，脱水率控制在 20%为宜，蒸煮后将罐倒置沥净汤汁，及时加入茄汁，脱水后的 604 号罐的海肠重为 128～138g，加茄汁 60～70g。

⑤ 排气与密封　在制作茄汁海肠罐头时，真空封罐时，真空度为 0.048～0.053MPa，密封后倒灌装杀菌篮，热排气时，罐头中心温度达 80℃以上，趁热密封。

⑥ 杀菌及冷却　净含量为 198g 的罐，杀菌公式（热排气）：15－75－20/118℃。将杀菌后的罐冷却至 40℃左右，取出擦罐入库。

四、油浸烟熏类水产罐头加工

将预处理的水产原料经烟熏装罐后，注入精制植物油、橄榄油等制成的产品称为油浸烟熏罐头，而不经烟熏装罐后注入植物油制成的产品称为油浸罐头。因其风味柔和腴美，且经过烟熏的制品更具烟熏特有的香味，成为消费者普遍欢迎的产品。主要品种有油浸烟熏沙丁鱼罐头、油浸烟熏鳗鱼罐头、油浸烟熏贻贝罐头、油浸烟熏牡蛎罐头等。

1. 油浸烟熏鳗鱼罐头加工

（1）工艺流程

原料处理→盐渍→烘干和烟熏→修整切块→浸液→装罐、加油加汁→排气及密封→杀菌及冷却→成品检验入库

（2）操作要点

① 原料处理 将新鲜或冷冻（经解冻）带鱼去鳍、去尾、去腹部肉，尾部宽度控制在 2.5～3cm，以 70～75℃ 热水烫 2～6s，刮去鱼鳞，切去鱼头，用流动水洗去血污、黑膜及杂质。剖片去脊骨，再用流动水漂洗 40min，去血水。

② 盐渍 将鱼片浸没于 4.5～5.5°Bé 盐水中盐渍，鱼片与盐水之比为 1：2，盐渍时间为 20min。

③ 烘干和烟熏 将鱼片表面向下平铺于烘车网片上，送入烘房进行烘干，烘房进口处温度为 40～60℃。随着鱼片的脱水，温度逐步升高，脱水率大鱼为 45%，小鱼为 50%。待鱼片烘干后将烘车送入熏室内进行烟熏，温度控制在 60℃ 左右，时间 20～30min，烟熏至鱼片表面为淡黄色为止。烟熏后的鱼用冷风吹冷。烟熏时间不得过长，以防鱼体变质发臭。

④ 修整切块 用干净纱布擦去鱼片表面的灰尘油污，修去不合格部位，切成长度为 8cm 的鱼块。

⑤ 浸液 将鱼块浸于 2.25% 六偏磷酸钠溶液中，浸渍时间为 2～3s，捞出沥干，每次应补充新液，每班要彻底更换新液。

⑥ 调味汁的配制 将浸过鱼块的六偏磷酸钠溶液 30kg 加清水 27.5kg，加味精 0.5kg 拌匀备用。

⑦ 装罐 采用抗硫涂料罐 946 号，净含量为 256g，洗罐消毒后，装鱼块 200～205g。装罐时，将鱼块平铺于罐内，靠罐底的两块鱼肉面向下，加注 80～90℃ 精制植物油 42g，加调味汁 9～14g。

⑧ 排气及密封 真空抽气密封，真空度为 0.053～0.06MPa。

⑨ 杀菌及冷却 杀菌公式为 15－55－15/116℃，冷却至 40℃ 左右，取出擦罐入库。

2. 油浸烟熏沙丁鱼罐头加工

（1）工艺流程

原料选择→原料处理→盐渍→装罐→脱水→加配料→真空封罐→杀菌→冷却→保温试验→包装→成品

（2）操作要点

① 原料选择 采用新（冰）鲜或冷冻良好的沙丁鱼，体长 15～20cm，要求鱼体完整，眼球明亮，鳃呈红色，鱼鳞排列紧密，肌肉富有弹性，骨肉紧密连接。

② 原料处理 鲜鱼以清水洗净，冻鱼在流动水中解冻，解冻（温度在 -1～4℃）至鱼体分开或呈半冻状态。除去头、尾、鳍和内脏，刮净鱼鳞，用流动水洗净鱼体表面的黏液和杂质，洗净腹腔内的黑膜、血污和内脏；根据鱼的大小和罐型，切成相应的鱼段。处理过

中应将变质和受到机械损伤等不符合质量要求的原料剔除。

③ 盐渍 先将食盐配制成饱和食盐水，经 80 目过滤布过滤备用。盐渍时用饱和盐水稀释至浓度为 10°Bé，盐水与鱼块的重量之比为 1∶1.2，盐渍时间为 10～20min。若原料是鲜鱼，盐渍时间应增加 3～5min。盐水可连续使用 5 次，但每次应补加浓盐水至规定浓度。盐渍过程中务必使鱼体全部浸没在盐水中。具体盐渍时间根据鱼体大小、气温高低和冻、鲜鱼原料等情况适当调节。盐渍后用清水冲洗一遍，并控水。

④ 装罐 采用 946 号罐型的抗硫抗酸全涂料马口铁罐。空罐必须清洁，无锈斑，罐身不应有棱角、凹瘪等变形，无涂料脱落现象。使用前，空罐应洗净，用 82℃ 以上的热水或蒸汽消毒，倒置滤干备用。盐渍后的鱼块应充分滤干水分后再称量装罐。946 号罐型的装入量为 270～280g。原料为冻鱼时，比鲜鱼少装 10g。鱼块装罐后，注满洁净的 1°Bé 盐水。

⑤ 脱水 脱水的目的是使蛋白质凝固，让鱼体组织变得紧密，并使调味液能够充分渗透到鱼肉内；同时有利于增强杀菌效果。可经 25～30℃/98～100℃ 蒸煮脱水，然后倒罐滤去液汁。根据蒸汽量大小、鱼体大小、罐型不同、脱水性能等因素，适当调节脱水时间。脱水率应控制在 18%～22%。

⑥ 加配料 精炼植物油、精盐的质量应分别符合 GB 2716、GB 5461 之有关规定。精炼植物油先加热到 180～220℃，冷却至 80～90℃ 后过滤备用。鱼块脱水后，倒罐滤净汤汁，随即进行复磅。在精盐中加进 1.2% 液体烟熏香料后搅拌均匀，再向鱼块中加入精炼植物油、混合盐。

⑦ 真空封罐 加料后应立即封罐，封罐的真空度应控制在 0.045～0.053MPa。封罐后逐罐检查真空度、密封质量及净含量，剔除不合格罐头。

⑧ 杀菌、冷却 用没有腐蚀作用的洗涤剂清洗附着在罐外的污物，再用清水冲洗干净，然后装入杀菌篮中杀菌。封口后需尽快杀菌，间隔时间不应超过 40min。杀菌公式为 946 号罐型 15—60—15/118℃。

⑨ 保温试验 经杀菌冷却后，将罐头取出擦拭干净，存放于 37℃ 的保温室内保温 7d。逐罐"打检"罐头（或用罐头自动检测器），剔除不合格罐头。

⑩ 包装、标志、运输和贮存 按 QB/T 4631《罐头食品包装、标志、运输和贮存》的有关规定执行。

五、水产软罐头食品加工

水产品软罐头是将水产原料处理后，经复合薄膜制成的蒸煮袋包装，并杀菌后制成的产品。因蒸煮袋有良好的热封性、耐热性、耐水性和隔绝性，得以较长时间保存。另外，蒸煮袋有一定的透明度，使内容物可见，且色、香、味也优于镀锡薄板罐头等。水产软罐头又因质量轻、不易破损、容易开启、运输及携带方便，而深受消费者欢迎。

1. 小黄鱼软罐头加工

(1) 工艺流程

原料验收→原料挑选和处理→脱腥→脱水→装袋→排气→密封→杀菌→冷却→包装

(2) 操作要点

① 原料的验收和挑选处理 对小黄鱼在大小规格、数量、鲜度方面进行验收和检查。

新鲜的小黄鱼表皮有光泽，眼球突出，鳃鲜红，肌肉有弹性，骨肉不分离，不破肚，无异味。将合格的小黄鱼去头，切开鱼肚，除去内脏（注意不要弄破鱼胆），在流水中清洗，并刮去贴骨血，剪去鱼鳍，切成 4～5cm 长的鱼块，洗净控水待用。

② 脱腥　采用液体烟熏料腌制脱腥，在熏液量控制在 0.3％时去腥效果较好，但不能完全脱除腥味。

③ 脱水　将鱼块放在烘箱内 45℃烘 20min，然后放入 90～95℃的蒸煮锅内，蒸煮 30～40min，脱水率控制在 20％为宜。

④ 调味配方　精盐 3g，味精 8g，红辣椒粉 20g，水 1kg，醋 50g，酱油 20g，胡椒粉 2g，五香粉 2g，花椒 15g。将清水放入夹层锅内加热，然后加入精盐、味精、红辣椒粉等，搅拌溶解，煮沸过滤后，将脱水后的鱼放入调味液中腌制 30min。

⑤ 装袋　趁热装袋，每袋装 5～6 条，摆放整齐。

⑥ 排气　将罐头送入排气箱中，温度 98℃以上，时间可根据季节控制在 35～40min，中心温度要达到 85℃以上。出排气箱的罐头即控去盐水，趁热密封。

⑦ 杀菌　杀菌公式为 15－75－25 反压水冷却/118℃，然后冷却至 40℃左右。

2. 香酥鱿鱼软罐头加工

（1）工艺流程

原料选择→整理→预煮→清洗→焖烤→晾干→装袋→真空封口→杀菌→检验包装→入库

（2）操作要点

① 原料选择　选择鲜度良好的整只冻鱿鱼，个体均匀，一般以 15～18cm 为宜。自然解冻至中心温度 4～5℃。

② 整理　去除鱿鱼内脏、墨管，头部去净眼珠、牙齿。整理过程中要注意保持头部与胴体的完整，尽量勿使头部脱落。

③ 预煮　采用蒸汽双层锅。沸水预煮时间约 15min，以达到脱去外皮的作用。预煮结束后的鱿鱼应及时放入冷水中冷却，并转入下道工序。

④ 清洗　清洗要彻底，除去外皮黑膜等杂质。

⑤ 焖烤　将洗净的鱿鱼倒入双层锅，加入调料及水，煮沸并焖烤 20min 左右，即可出锅。其汤汁可作第二次焖烤用。

配方：以每锅鱿鱼 100kg 计。精盐 1kg，砂糖 8kg，味精 2kg，酱油 1.5kg，52°烧酒 0.8kg，陈醋 0.8kg，茴香 0.3kg，桂皮 0.3kg，食油 0.3kg，辣椒干 0.1kg，水 20kg。

⑥ 晾干　出锅的鱿鱼置于干净的塑料箱内，用电风扇吹至鱿鱼表面不烫即可。

⑦ 装袋　将焖烤好的鱿鱼带头装入蒸煮袋内，每袋装一只，净重 100g。包装袋采用双层复合透明蒸煮袋，规格 30cm×16cm。

⑧ 真空封口　采用真空封口机进行。要求真空度为 93.1kPa，封口线应平整。

⑨ 杀菌　杀菌公式为 35/116℃，水浴反压 1.7kgf/cm^2。

3. 海蜇皮软罐头加工

（1）工艺流程

原料选择→清洗→浸泡→沥干→漂烫→调味→装袋→真空封口→高压杀菌→保温试验→成品

（2）操作要点

① 原料挑选　挑选蜇皮形状圆而完整、色泽洁白或带有光泽、肉质韧而松脆的三矾蜇

皮，若为鲜海蜇，则要经过头矾、二矾或三矾处理。

② 清洗　除去杂质、沙粒，用自来水冲洗 3～5 遍。

③ 浸泡　浸去盐分及海腥味，浸泡时间大约为 2h。

④ 漂烫　目的是脱去一部分水分，并使蛋白质凝固，组织紧密，便于调味及包装。漂烫工艺条件为 100℃，2min。

⑤ 调味　将沥干后的原料加入调味缸中，让调味汁充分渗入到海蜇皮中。根据口味不同，可调整配方中辣椒、白糖、食盐的含量，制成辣味海蜇皮或糖醋海蜇皮等各种风味；其中辣味即食海蜇皮的调味汁配方如下（以烫后海蜇皮重计）：姜 10%，蒜 5%，辣椒粉 1%～1.5%，白糖 1%，酱油、芝麻油、味精、保水剂各适量。

⑥ 真空封口　真空度 0.09MPa，封口预热温度为 250℃。

⑦ 高压杀菌　110℃杀菌 10min，反压冷却。

⑧ 保温试验　成品在 37℃恒温箱中保温 14d，检查。

📖 实训项目　━━━━━ 鱼罐头的加工 ━━━━━

【实训目的】

掌握罐头食品的加工保藏原理，以及鱼罐头的加工方法。

【实训原理】

食品罐藏是将经过一定处理的食品装入容器中，密封杀菌，使罐内食品与外界隔绝不再被微生物污染，同时又使罐内绝大部分微生物死亡并使酶失活，从而消除了引起食品变质的主要原因，使之在室温下长期贮藏的保藏方法。这种密封在容器中并经过杀菌而在室温下能够较长时间保存的食品称为罐藏食品，俗称罐头。

鱼类的腐败变质主要是由微生物和酶所引起的。受到加热处理，对热较敏感的微生物就会死亡，加热促使微生物死亡，一般认为是由于细胞内蛋白质受热凝固因而失去了新陈代谢的能力所致。鱼类中污染的微生物种类很多，微生物的种类不同，其耐热性也不同，即使同一菌种，其耐热性也因菌株不同而不同。肉毒梭状芽孢杆菌是致病性微生物中耐热性最强的，它是非酸性罐头的主要杀菌目标。

【实训材料与用具】

(1) 材料　新鲜淡水鱼、食盐、糖、味精、辣椒粉等。

(2) 用具　金属罐、真空封罐机、杀菌锅、排气箱等。

【实训方法与步骤】

1. 工艺流程

选料→预处理→腌制→预煮或裹粉油炸（煎）→装罐→排气→密封→杀菌→冷却→保温→成品

2. 操作要点

(1) 选料　选择新鲜的淡水鱼，将有异味、腐败现象的鱼剔除。

(2) 预处理　鲜活的原料要进行一系列的预处理，即通常称的"三去"，去头、去鳞、去内脏。先将原料在流动水中清洗，清除表面黏液及污物，然后刮除鳞片，切去鱼体上的胸鳍、背鳍、腹鳍、尾鳍，人工去皮。沿胸鳍基部切去头部、尾部，剖开腹部，去除内脏，洗去血污和腹内黑膜，再用流动水洗净腹腔内的淤血等残留物，以保持鱼体固有的色泽。洗净后的大中型鱼需切段或切片，再按照原料的厚薄、鱼体大小、带骨或不带骨等进行分档。

（3）腌制　将适量葱、姜及香菜切碎，放夹层锅中预煮10min，加入2.5％精盐、0.3％柠檬酸钠，煮沸后加入1.5％谷氨酸钠，过滤备用。

浸渍是为了对鱼体进行调味，罐头成品中的食盐含量一般控制在1％～2.5％。浸渍时间为1h。

（4）预煮或裹粉油炸（煎）　将浸渍后的原料放入夹层锅内蒸煮20～30min，蒸汽压力0.12～0.14MPa。预煮的目的是使鱼肉部分脱水，使蛋白质加热凝固，而使组织紧密具有一定的硬度，便于装罐，并使调味料能充分渗入组织，使鱼体具有合乎要求的质地和气味特性。此外，还能杀灭部分微生物，对杀菌效果起到一定的辅助作用。油炸也可起到相似作用。

（5）装罐　采用人工装罐的方法。鱼料经过处理加工后应尽快装罐，装罐要求排列整齐、块形完整、色泽一致、罐口清洁，且不得伸出罐外，以免影响密封。

装罐时必须保留一定的顶隙。顶隙是指内容物表面与罐盖之间的距离。顶隙一般控制在6～8mm。顶隙过小，加热杀菌时，由于罐内食品、气体的膨胀造成罐内压力增加而使容器变形，卷边松弛，甚至产生跳盖等现象，同时内容物装得过多造成原料的浪费，增加成本；顶隙过大，杀菌冷却后罐头外压大大高于罐内压力，易造成瘪罐。此外，顶隙过大，在排气不充分的情况下，罐内残留气体较多，将加速罐内壁的腐蚀和产品的氧化变色、变质。

（6）排气　采用真空封罐机排除罐内空气的方法。真空封罐机靠真空泵的作用将密封室内的空气抽出，形成一定的真空度，当罐头进入密封室时，罐内部分空气在真空条件下立即外逸，这种方法可以使罐内真空度达到33.3～45kPa，甚至更高。

（7）密封　采用真空封罐机进行封罐。

（8）杀菌　封罐后迅速杀菌，杀菌温度为118℃，冷却至40℃即可出锅。杀菌公式（排气）：15—80—15/118℃，冷却。

（9）冷却　罐头的冷却速度越快，对食品品质的保持越有利。用水冷却罐头时，要特别注意冷却用水卫生。一般要求冷却水必须符合饮用水标准，必要时进行氯化处理，处理后的冷却用水游离氯含量应控制在3～5mg/kg。罐头冷却终点一般认为是罐头的平均温度为38℃左右，罐内压力已降到正常为宜。此时罐头尚有一部分余热，有利于罐头表面水分的继续蒸发，防止罐头生锈。

（10）保温、检验和贮藏　将罐头放置于37℃±2℃保温7d的检验法，要求保温室上下四周的温度均匀一致。保温7d后观察是否出现胀罐现象。如若没有出现膨胀现象即可进行贮藏。

【编写实训报告书】

要求写出具体的鱼罐头的加工工艺操作过程报告。

复习思考题

1. 简述水产品罐藏原理。
2. D 值、Z 值、F 值分别指什么？
3. 简述水产罐藏产品的基本工艺。
4. 何为水产罐头的商业灭菌？
5. 简述常用的罐头排气方法及其优缺点。
6. 检测罐头真空度的方法有哪些？
7. 造成水产罐头产品胀罐的原因有哪些？
8. 如何预防水产罐头的黑变？
9. 如何避免因嗜热微生物导致的水产罐头腐败？
10. 简述水产品软罐头的常见质量问题与控制方法。

学习项目八　水产调味料的加工

【学习目标】

1. 掌握水产调味料的分类和制造方法；
2. 重点了解鱼露、虾油、蚝油的加工方法。

【职业素养目标】

　　深刻认识到在水产调味料加工过程中，对水产品加工废弃物的处理与利用的重要性，树立强烈的环保意识与资源合理利用观念，在未来工作中积极践行绿色生产理念。

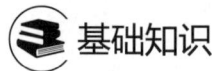 基础知识

一、水产调味料概述

　　随着生活水平提高，人们健康意识的增强，为适应人们对低钠膳食的需求，近年来水产调味料研究得到迅速发展。人们对调味料的要求已从单一的鲜味型转向复合的天然风味型、营养型、功能型。倾向于天然物的原有风味，天然海鲜调味料因含有丰富的氨基酸、多肽等呈味物质，以及浓郁的海鲜风味而深受消费者的喜爱，尤其是这类海鲜调味料中还富含对人体健康有益的含氮基酸、多肽、糖、有机酸、核苷酸、微量元素等呈味成分和牛磺酸、生理活性肽、核苷酸等保健成分而深受消费者喜爱。因此，海鲜调味料将成为调味料工业发展的一个方向。

　　水产调味料是以水产品为原料，采用抽出、分解、加热、发酵、浓缩、干燥及造粒等手段来制造的调味品。水产调味料属于复合天然系调味料时代出现的中高级调味料。我国常见的水产调味料，包括鱼露、虾油、蚝油等传统水产调味料和化学鱼酱油、虾头汁、虾味素、黑虾油等利用化学或生物技术开发的新产品。

　　伴随着食品素材的多样化、嗜好的多样化，各类模拟食品正在兴起，而这类食品的重要调制工序即为调味。使模拟食品的特性和味道使其接近天然食品，如蟹肉、扇贝柱及虾等，更是依赖水产天然调味料。此外，在水产品加工过程中的各种废弃物，如煮汁、蒸煮液等，其中含有以呈味物质为主的大量水溶性物质，也不乏营养物质，直接排掉不仅造成环境污染，也造成浪费。用其提取水产天然调味料能增加原料附加值，同时又解决了废水排放带来的环境污染等问题。

1. 水产调味料的原料

　　水产调味料的原料来源主要分为水产品和水产加工副产品两大类。

　　水产品主要包括低值鱼、贝类、甲壳类水产动物及海藻类水产植物。低值鱼类主要是做鱼粉、鱼油原料的鲐鱼和沙丁鱼，贝类主要是扇贝、牡蛎、贻贝、文蛤等。

　　水产加工副产品包括贝类、甲壳类、硬骨鱼类、海藻类的煮汁等。典型的有软体动

物（如扇贝、牡蛎、蛤仔、乌贼等）、虾蟹类煮汁及硬骨鱼类（如罗非鱼、沙丁鱼等）下脚料。

2. 水产调味料的独特风味

氨基酸、核苷酸、有机酸是目前发现的三类鲜味物质，均广泛存在于水产品中，这是水产品鲜味形成的共同物质基础。由于各种呈鲜物质由不同的组分组成，因此各种水产品均具有鲜美的独特风味。水产品的鲜味以上述三类物质为核心，同时还有许多增强副成分，如甘氨酸、丙氨酸、脯氨酸等，已被熟知的有谷氨酸与肌苷酸、鸟苷酸复合使用，其鲜味有倍增的效果。水产品鲜味物质分类见表 8-1。

表 8-1　水产品鲜味物质分类

分类	鲜味物质	备注
氨基酸类	谷氨酸钠；天冬氨酸	中性条件时鲜味最强，强酸强碱条件时鲜味下降
核苷酸类	5′-肌苷酸；5′-鸟苷酸；5′-腺苷酸	—
有机酸类	琥珀酸及其钠盐	是贝类滋味形成的主要物质之一，与其他鲜味物质合用有助鲜效果
增强副成分	甘氨酸；丙氨酸；脯氨酸	—

3. 水产调味料的营养价值

水产调味料的营养价值与呈风味的含氮营养物质密不可分，如氨基酸、肽和核苷酸等营养物质。水产调味料都含有游离氨基酸，无一例外，它是最重要的呈味成分，氨基酸各自具有特有的味道。在调味料中呈什么样的味道，由各种氨基酸的阈值、含量或者其他成分相互作用来决定。与原料有关的主要氨基酸有以下几种：谷氨酸、甘氨酸、丙氨酸、组氨酸、精氨酸、蛋氨酸、缬氨酸、脯氨酸。其中一些是人体必需氨基酸，这些氨基酸对人体有重要的营养价值。肽类也是水产调味料中的呈味成分之一，人类摄食蛋白质经消化酶作用后，不像以前认为的那样仅以氨基酸的形式吸收，更多的是以低肽（如二肽、三肽）形式吸收的。某些低肽不仅能提供人体生长、发育所需的营养物质，且同时具有防病治病、调节人体生理机能的功效，水产调味料中核苷系，如核苷酸、肌苷酸、鸟苷酸是天然的鲜味成分。核苷酸的呈味作用，在于和谷氨酸钠之间的相乘效果。谷氨酸钠和核苷酸相乘效果产生的鲜味，成为鱼贝类之味的核心。本身几乎无味的磷酸腺苷单核苷酸也能增加谷氨酸钠的鲜味。嘌呤核苷酸和嘧啶核苷酸参与机体所有细胞的生命活动过程。机体对外源性核苷酸的需要视个体所处的生长发育阶段和特定的生理条件不同而异。外源性嘌呤和嘧啶核苷酸可能是通过进入体内核苷酸池中供白细胞利用以增强免疫。

4. 水产天然调味料的应用

水产天然调味料作为风味调味料在食品中的应用非常广泛，包括：花色米面制品（米饭、面、饼、粥类等）；裹面制品（裹面鱼虾、畜禽肉类、果蔬等）；休闲食品、快餐食品（薯条、虾条等膨化油炸食品等）；鱼糜制品（鱼、虾、蟹等丸类、糕类、肠类和模拟蟹、贝等水产动物产品）；家用调味品（酱油、蚝油等调味酱、调味粉等）；乳化肉制品（禽畜肉制成的丸类、饼类、肠类等）；菜肴制品（各式生制、熟制菜肴、腌菜类等）。添加 0.5% ～ 5% 的天然虾调味料或天然蟹调味料，便可制成虾味鱼丸、鱼糕、鱼卷或蟹味鱼丸、鱼糕、鱼卷等天然风味制品。木鱼调味料可增加日式食品风味，扇贝调味料、牡蛎调味料可用于生产模拟海产食品风味制品，虾、蟹调味料具有同样的功效。利用低值小杂鱼虾和水产加工中副产品的煮汁、下脚料等生产天然调味料，既充分利用资源，降低成本，又能减排废水，利于环境保护。

天然海鲜调味品具有产生后味和厚味的效果，使鲜味在舌头上更持久，同时所呈现的鲜味较化学调味料更自然；强化和改善味道的效果，天然海鲜调味品含有多种氨基酸、有机酸、未完全分解的肽类及糖类物质，从而增强了其味道表现力，拓宽了味道且使刺激性强的味变得较为柔和；突显食品风味特性，天然海鲜调味料是突出一些地方菜风味的调味品，如粤菜需使用蚝油。

由于抽提法简单，从而使抽出型天然海鲜调味料保持了鱼贝类独特的风味，但具有原料鲜度要求高、产品效率较低的缺点，有时也辅以轻度的加酶处理以提高其效率。由于抽出型调味料呈味成分丰富，味浓厚且持味时间长，在快速面的汤料、调味作料、粉状汤料、鱼糜制品等方面得到广泛应用。表8-2是各种抽出型天然海鲜调味料的特征和用途。

表8-2　各种抽出型天然海鲜调味料的特征和用途

抽出型调味料种类	呈味力	独特风味的香气	价格	资源	主要用途
海藻	很强	突出	高	多	酱汁、茶汤、汤、红烧制品
海胆	很强	一般	极高	少	珍味、快餐、高级鱼糜制品
乌贼	强	突出	高	多	家常菜(冷食)、珍味、鱼糜制品
扇贝	很强	突出	普通	多	家常菜(冷食)、珍味、鱼糜制品
牡蛎	很强	很突出	普通	多	加工食品、保健食品、调味品
蛤仔	很强	突出	普通	少	家常菜、调理用(杂烩)、罐头
虾	强	很突出	高	多(头壳)	家常菜、珍品、快餐
蟹	强	很突出	高	少	家常菜、珍品、鱼糜制品
红色鱼肉(鲣、金枪鱼、鲐鱼、秋刀鱼)	很强	突出	便宜	多	鱼糜制品、家常菜
鳕鱼	强	一般	便宜	多	鱼糜制品、家常菜
黄鱼、海鳗	很强	突出	高	少	高级鱼糜制品
鲑鱼	强	很突出	高	多	菜渍、鱼糜制品、珍味
鲸鱼	很强	突出	高	少	代替牛肉、作通用性培养剂

综上所述，随着消费者追求更加美味、方便、安全、营养的绿色天然食品，水产调味料因其独特的风味和营养保健功能而具有广阔的前景。

二、水产调味料的分类和加工方法

根据水产调味料的加工方法可分为分解型和抽出型两大类，各自原理与特点分别如下。

1. 抽出型水产调味料

抽出型水产调味料是以水产品或水产类的加工副产品等动植物为原料，经煮汁、分离、混合、浓缩等工序制成的富有原料特色香气的调味品。抽出方法有用水做溶剂的低温水抽出法（50～90℃），此温度下抽出物能保持原料风味；而热水抽出法是在沸腾状态下进行抽出，还可用1%～6%乙醇做溶剂进行提取。

采用抽出方法制备水产调味料时，应针对不同的原料选择溶剂。例如，虾头中含有脂溶性色素，用乙醇作溶剂，不仅可以抽提其风味，而且还保留了虾的色泽。对于贝类，其呈味物质大部分是水溶性的，用水作溶剂是非常经济的。常见的抽出型水产调味料有沙丁鱼、鲐鱼、虾头、蛏、扇贝、牡蛎、海带等抽提物。

一般生产方法是用热水将鱼、贝类中的游离氨基酸、低聚肽、核苷酸、有机酸有机盐基、碳水化合物等呈味物质抽出，再经精制、浓缩而成的。工艺较简单，具体工艺流程为：

抽出→精制→浓缩→成品

（1）抽出　将鱼贝类在热水煮沸中，可溶性成分被溶出，用离心机将油和热凝固的蛋白质分离，得到清液，直接利用其他产品煮汁时可不必进行抽出。煮汁和蒸煮液易腐败，所以必须注意保持其品质。

（2）精制　抽出液中含有的蛋白质凝固物、油脂等是造成抽出液浑浊和产生异臭的原因，必须采用离心机或过滤装置除净，原料中如富含胶原蛋白，浓缩时会黏稠，应先用蛋白酶进行水解处理。

（3）浓缩　一般采用减压加热浓缩，但也有用冻结干燥法和喷雾干燥法的。产品一般浓缩至水分含量 $25\%\sim40\%$，但随着浓缩进行，有时会产生褐变或新的悬浊物的生成。

2. 分解型水产调味料

分解型水产调味料是使用富含蛋白质的水产动植物原料，在原料本身所含酶、外加酶、微生物的作用或者利用盐酸水解形成富含氨基酸、肽类、无机盐的调味液。分解型调味料可分为三种类型。

（1）自溶型水产调味料　自溶型水产调味料是利用食品生物材料中自身存在的水解酶（如蛋白酶、酯酶、磷酸化酶、糖苷酶等），在一定条件下分解组织细胞来改善水产食品原料的风味和质构的水产调味料。常见的自溶型水产调味料有鱼露、虾油、虾酱及黑虾油等。以虾酱为例，传统发酵法工艺为将仔虾原料经过简单挑选、清洗后，加入虾重量 $30\%\sim35\%$ 的食盐，拌匀，浸没入缸中，进行自然发酵，日晒夜露，每天搅拌 2 次，由于季节温度变化，一般在 $15\sim35d$ 发酵完毕。此方法的优点为虾酱色泽微红，组织细腻，风味较好；缺点是生产周期长，不适合自动化连续生产，产品腥味重，含盐量高。现代自然发酵法工艺为处理仔虾至虾体呈半透明青灰色，沥水，加虾体重 15% 的食盐，在 37℃ 条件下发酵罐内恒温发酵 4d，发酵期间每日搅拌 20min 使发酵产生的气体逸出。此方法填补了传统发酵法的缺点，但是由于低盐量条件下需注意发酵过程中虾体腐败。值得注意的是，已有研究报道紫外线和梯度温度对水产食品的自溶反应有较大的促进作用。

（2）加酸分解型水产调味料　加酸分解型水产调味料是通过蛋白质在酸性条件下水解、冷却、中和、除去水解物再调配后获得的水产调味料。常见的加酸分解型调味料有水产 HAP、复合氨基酸型调味料和"鱼味素"（指动物蛋白分解物）等。工业规模生产工艺为把植物蛋白质原料添加盐酸，在 $100\sim120℃$，加热 $10\sim24h$ 进行水解，然后把水解物冷却，用碳酸钠或氢氧化钠中和至 pH4.10～6.10，再除去固体的水解物，调配后获得加酸分解型水产调味料。研究表明酸解过程中在一定范围内增加酸的浓度和提高水解温度均可促进植物蛋白质水解，缩短反应时间，酸法水解具有水解度高的优点，但也存在呈味不佳的缺点。

（3）加酶分解型水产调味料　加酶分解型水产调味料是利用水产食品原料本身的酶和外界蛋白分解酶对原料进行蛋白质水解而制造的水产调味料。其具有反应条件温和、水解效率较高等优点，在 HAP 的生产中得到广泛应用，多用于改进水抽出工艺，以鲜味抽出为主要目的，同时增加蛋白质利用率，并使煮汁中可溶性氨基酸增加。常见的加酶分解型水产调味料有虾脑酱、贻贝油、鱼汁、蚝油等。其生产工艺为：

原料→发酵→过滤→灭酶→成品

这种工艺加工出的调味料，虽然可能失去原料的原有风味，但可获得极佳的鲜味为消费者所接受，同时获得率高、成本低。

3. 高新技术在水产调味料中的应用

许多先进的食品分离技术被广泛开发应用于水产调味料的制造上。近年来发展的高新技术有：应用于将不同的氮源物质（不同的水产原料）定向水解成为具有特定风味的风味前驱体水产 HAP 的生物酶解技术，可提高蛋白质利用率，不会产生低浓度有毒物质氯丙醇，有虾下脚料复合海鲜调味料、蟹味香精、虾味香精等调味料；应用于水产食品加工、运输和使用的真空浓缩、干燥技术，可除去水产食品中大部分水分而不改变产品的风味；应用于抽取不同原料中的呈香味物质的超临界流体萃取技术，可克服产品中的溶剂残留、污染产品的弊端；应用于香精香料、调味料的制造成型，保护芯材的微胶囊技术，即以高分子膜为外壳，其中包有被保护或被密封物质的微小包囊物，可保证产品在货架期内香气强度和香型不发生变化。具体工艺流程分别介绍如下。

(1) 生物酶解技术工艺流程

原料→粉碎→匀浆→加酶水解→灭酶→过滤→离心→酶解液→美拉德反应→真空浓缩→冷冻干燥→粉末→检测→包装→灭菌→成品

(2) 真空浓缩、干燥技术工艺流程

原料→前处理→预冻→真空脱水干燥→后处理

(3) 超临界流体萃取技术工艺流程

直接使用超临界流体萃取仪进行萃取。

(4) 微胶囊技术工艺流程（挤压法）

壁材→加热溶解→（加入芯材）高速搅拌→固化→干燥→破碎→成品

✡ 单元生产 ▬▬▬ 常见水产调味料加工工艺与操作 ▬▬

一、调味品提取物加工工艺与操作

1. 鲤鱼汤提取物加工

将加工调味鲤鱼或制造罐头食品时所产生的副产物汤汁过滤、分离出透明汁液，然后加入 5%～7% NaCl 浓缩去水，加酸调节 pH 至 3.5，再加入味精，搅拌溶解到此溶液饱和，调节至微酸性或中性。产品呈黑褐色浆状（或粉末状），含水量为 30%。

鲤鱼汤加工工艺流程：鲤鱼汤汁→过滤分离→浓缩→调节 pH→成品

2. 鲣鱼提取物加工

鲣鱼提取物常见的有鲣鱼精和鲣节精，鲣鱼精外观呈茶褐色，鲜、甜、酸诸味平衡性良好，无鱼腥味，富含游离氨基酸，味感醇厚、浓郁、持续，后味长；鲣节精不仅具有鲣鱼精的特色，还具有鲣鱼节独有的焙干甜香风味和鱼汤的鲜美滋味。

(1) 鲣鱼精加工工艺流程

鲣鱼→预处理→酶解→离心→分离→过滤→蒸发→脱臭→灭酶→蒸发→喷雾干燥→成品

（2）鲣节精加工工艺流程

鲣鱼→煮熟→烘干、打碎→浸提→分离→沉降→粗滤→蒸发→精滤→混合→调制→成品

3. 海扇提取物加工

海扇提取物是以海扇为原料，将蒸煮海扇的汤汁加食盐煮制，再经离心沉降、压滤和蒸发，脱去一部分盐精滤而成。海扇提取物有温和的甜美香味，富含牛磺酸、鲜味谷氨酸与甜味甘氨酸等多种氨基酸。产品外观呈淡褐色，有液状与膏状2种。

海扇提取物加工工艺流程：扇贝→煮汁→分离→加盐煮制→离心沉降→压滤→蒸发→脱盐→精滤→成品

4. 牡蛎提取物加工

牡蛎提取物是把去壳后的牡蛎肉煮成的汤汁，浓缩而成的膏状物，也可通过将牡蛎用热水浸提，分离后的汤汁再浓缩而制得。牡蛎提取物富含牛磺酸、谷氨酸、精氨酸、丙氨酸和羟脯氨酸等多种氨基酸；具有促进人体新陈代谢、抗癌、强骨、补神安脑、清热及美肤等功效，其具有牡蛎特有的清香，味甜美鲜香、后味长。常见的有牡蛎汁和牡蛎精。

牡蛎汁加工工艺流程：带壳牡蛎→去壳牡蛎→煮制→分离→熟汁→浓缩→牡蛎汁

二、鱼露加工工艺与操作

1. 鱼露简介

鱼露也称鱼酱油、虾油，它是以低值的鱼、虾及水产品加工下脚料为原料，利用鱼体所含的蛋白酶及其他酶在多种微生物的共同参与下，对原料中的蛋白质、脂肪等成分进行发酵分解，加工而成的调味料。

生产与食用鱼露的地区主要分布在东南亚、中国东部沿海地带、日本及菲律宾北部及欧洲和非洲部分地区，各国传统鱼露及原料鱼名称见表8-3。

表 8-3　各国传统鱼露及原料鱼名称

产地	名称	原料鱼
中国	鱼露、虾油	小沙丁鱼；鳀属
日本	盐汁、鱼汁、煎汁、蛎汁、文蛤酱油、扇贝酱油	鲈属；沙丁鱼
越南	虐库曼	鳀属；鲹属；鲭属；鲇属
泰国	南普拉	鳀属；鲅属；鲭属
马来西亚	布杜	鳀属
菲律宾	帕提司	鳀属；鲱属；鲹属
希腊	加罗斯	鲭属
韩国	鳀鱼酱	日本鳀属；日本鲈属

鱼露营养丰富，风味独特。它含有18种以上的氨基酸，其中包括8种人体所必需的氨基酸；大量的低聚肽，占全部氮成分的61%以上，其中各种短肽表现出甜鲜味，分子质量高的肽越多则鱼露味道越不好；多种有机酸，如苹果酸、琥珀酸、乳酸、甲酸、乙酸等，其中琥珀酸含量越高，鱼露越鲜美；核酸关联物对其呈味影响较大，典型有5′-肌苷酸及L-谷氨酸和5′-核苷酸的相乘作用；Cu、Zn、Cr、I、Se等微量元素。

在日本，鱼露广泛应用于水产加工品（如鱼糕）、农产品（如泡菜）及汤、面条、沙司中。在越南，鱼露是人们每餐不可缺少的调味品。在我国辽宁、天津、山东、江苏、浙江、福建、广东、广西等地均有生产，以福州产品最为出名，产量也最大，远销多个国家和

地区。

2. 生产原理

鱼露生产是把原料与盐充分混合，在自然条件下，利用盐腌抑制腐败微生物繁殖，同时通过鱼体自身所含的组织蛋白酶、消化器官的蛋白酶、鱼体微生物蛋白酶等各种酶，以及多种微生物的共同作用，对原料的蛋白质、脂肪等成分进行分解发酵，从而制成鱼露。

（1）原料鱼的来源与蛋白酶活性的关系

① 酶活性与鱼的品种关系　蛋白酶的水解能力因鱼的种类而不同，底栖鱼类（如鲆鲽类）的酶活性适中，上层洄游性鱼类（如沙丁鱼）低。鱼的运动性越强，其酶活性越高。

② 酶活性与鱼体部位的关系　蛋白酶的活性因鱼的部位不同而不同。一般来说，消化系统中的酶较肌肉中的酶活性为高。

③ 酶活性与捕鱼季节的关系　捕捞的季节不同，鱼蛋白酶的活性也有区别。在日本附近捕捞的跳鱼，其幽门垂蛋白酶的活性以 4 月份最高，6～8 月份趋于下降，到冬季又恢复。4 月份是此种鱼的旺季，这与蛋白酶的活性是一致的。

（2）食盐对发酵的影响

① 盐度对鱼露蛋白水解的影响　发酵过程中通过蛋白酶的作用水解蛋白质产生氨基酸，形成鱼露的呈味物质，高盐度使发酵液中部分蛋白质发生盐析沉淀，引起蛋白质含量下降，同时高盐度的发酵液使蛋白酶逐渐变性、生理活性降低、酶活性下降，从而导致发酵过程中蛋白质水解程度下降，氨基态氮含量增长缓慢。

② 盐度对鱼露总酸含量的影响　发酵时 pH4.8～7.0 有利于氨基酸的生成，参与发酵的微生物中各种酶相互作用产生核苷酸、有机酸酯类等鱼露呈味物质，高盐度抑制发酵微生物生长，使得各种酶活性降低，从而影响呈味物质的生成，导致总酸含量较低。

③ 盐度对鱼露腐败情况的影响　对鱼露来说，低盐度时腐败菌迅速繁殖产生的挥发性难闻气味会影响鱼露品质；高盐度时虽然抑制腐败菌的繁殖但是也抑制了种曲微生物的生长，影响了鱼露呈味物质的生成，同时延长了发酵时间。

④ 盐度对鱼露色度值的影响　随着发酵的进行鱼露色泽逐渐加深，随着盐度的增加，鱼露色度趋于减小。

⑤ 盐度对鱼露感官评价的影响　从人的感官接受程度来分析盐度对鱼露的影响，更具有直观性和实际意义，一般盐度越高，防腐效果越好，感官评价也越好。

总的来说，适宜的盐度（一般控制在 7g/L 左右）条件下发酵可获得较理想的鱼露，盐度过高或过低均会影响鱼露的品质。

（3）发酵过程中含氮物的变化　高的含氮量是鱼露高质量的保证，氨基态氮越高，鱼露质量越好。随着发酵的进行，总氮、氨基酸态氮逐渐增加。由于最适温度可提高酶的活性，加快蛋白质的分解，因此发酵后期对鱼类进行保温处理可明显提高总氮含量、氨基酸态氮含量及可溶性肽含量。发酵前期微生物生长旺盛，使挥发性盐基氮含量前期骤升，中期有一定的下降趋势。

3. 鱼露加工

鱼露加工工艺可分为传统天然发酵和人工快速发酵。传统天然发酵生产周期长（10～18个月），产品的盐度高（20%～30%），但味道鲜美、呈味成分复杂，其气味是氨味、奶酪味和肉味这三种气味的混合。为了缩短生产周期，提高生产效率，实现鱼露工厂规模化生产，鱼露的人工快速发酵工艺成为热点，目前主要的人工快速发酵工艺有低盐保温发酵、外加酶或内脏发酵、加曲发酵等。下面分别对几种发酵工艺进行介绍。

（1）传统天然发酵法

① 工艺流程

原料选择→腌制自溶→露天发酵→抽滤→后期发酵→勾兑灭菌→成品包装

② 操作要点

a. 原料选择　鱼露的原料一般是海产低值鱼类如鳀鱼、蓝圆鲹、沙丁鱼以及海产品罐头下脚料，所选鱼类越新鲜所制成品质量越好。

b. 腌制自溶　按鱼体大小、品种分开，在室内的盐腌池、盐腌桶中进行腌制。常用盐量新鲜鱼为鱼重的 $25\%\sim30\%$，次鲜鱼为鱼重的 $30\%\sim40\%$。腌制 $2\sim3d$ 后，渍出卤汁要及时用竹篱加石块压下，用盐一次加足，以防止腐败。

腌制高含脂量鱼时，因不饱和脂肪酸极易氧化酸败，一定要去除表面的油脂，以免影响鱼露品质，同时也不利于制作。腌制自溶阶段一般需要 $7\sim8$ 个月，期间勤搅拌，并进行 $1\sim2$ 次倒桶，当鱼体变软、肉质呈红色或淡红色、骨肉易分离时，即成为气味清香的鱼坯醪，可以转入露天发酵。

为了缩短盐腌自溶时间，可先低盐发酵，使蛋白酶充分作用一段时间后，再补足盐量，也可加盐拌匀后逐渐升温至 $60℃$，勤搅拌使其受热均匀，时间可缩短为 $20\sim30d$。

c. 露天发酵（中期发酵）　此阶段是把鱼坯醪转移至露天陶缸或发酵池中，日晒夜露并勤加搅拌促进分解发酵。此时需混合不同时期、不同品种的鱼坯醪搭配发酵，以稳定质量调和风味。鱼坯醪入缸（池）时，用 $23\sim25℃$ 的水坯（盐水或渣尾水）冲淋。发酵期间每天充分搅拌，以加速发酵直至渣沉上层汁液澄清、颜色加深、香气浓郁、口味鲜美，经测定汁液中的氨基酸连续数小时增值后，即可过滤取油。滤渣复入原缸，再进行 $2\sim3$ 次浸出过滤提取，滤汁再转入后期发酵。

d. 抽滤　在大缸中部，抽取清液，获得原油。滤渣再经两次浸泡和过滤，依次获得中油和一油。滤出一油的滤渣与盐水或腌鱼卤共同煮沸，过滤澄清，得淡黄色澄清透明液体为熟卤，熬制熟卤的工序称为熬卤。熟卤用于浸泡头渣和二渣。

e. 后期发酵　后期发酵是鱼露提清、增色和陈香的过程，滤汁转入后期发酵，可提高氨基酸含量，体态澄清透明，口味醇厚，风味更为突出，经久耐藏。刚滤出的鱼露由于还有少量蛋白质未完全分解，导致其浑浊且风味尚未圆满纯正，需再进行充分分解。鱼露后期发酵一般需 $1\sim3$ 个月，充分成熟的鱼露，细菌数极少，不必加热灭菌就可以灌装。

f. 勾兑灭菌及成品包装　取原油、中油、一油，根据不同等级进行混合调配，较稀的可用浓缩锅浓缩，蒸发部分水分，使氨基酸含量及其他指标达到国家标准即可。将调配好的不同等级的鱼露灌装于消毒、干燥的玻璃瓶内，封口、贴标，即为成品。

（2）人工快速发酵　目前关于鱼露的人工快速发酵工艺包括保温法、加酶法、加曲法等。保温法的研究多集中于前期保温发酵研究，但长期保温会增加生产成本。人工快速发酵虽然可缩短鱼露生产周期、降低产品盐度、减少产品的腥臭味，但其总体感官质量远远不如传统方法生产的鱼露。

① 低盐保温发酵　低盐保温发酵方法为在传统鱼露生产工艺的基础上，盐度控制在 18% 左右、$50\sim55℃$ 进行发酵。

② 外加酶或内脏发酵　在鱼露的发酵过程中，加入适量的酶或鱼内脏，可利用其含有的丰富蛋白酶（如胰蛋白酶、胰凝乳蛋白酶、组织蛋白酶等）加速蛋白质的分解，从而缩短发酵周期。工艺流程如下：

原料预处理→称重→蒸煮→打浆→调 pH 值→加酶→恒温水解→灭酶→离心→过滤脱苦腥味→调配→一次杀菌→静置→取上清液灌装封口→二次杀菌→成品

操作要点：

a. 原料预处理　将原料鱼去鳞、去内脏、去头尾，清洗称重后备用。

b. 蒸煮　原料鱼与少许姜片、食醋和料酒拌匀，以利于去除腥味。220℃蒸煮 20min，使蛋白质变性易于酶解，同时灭菌。

c. 打浆　用打浆机将煮熟的鱼肉和鱼汤以固液比 1∶1 一起搅拌打浆。

d. 调 pH 值　用 40%NaOH 和 10%HCl 调整溶液 pH 为 7。

e. 加酶与灭酶　浆液中加入蛋白酶并搅拌均匀，在水浴锅中保温酶解，酶解结束后迅速升温到 100℃并保持 3min 以达到灭酶的目的。

f. 离心　4800r/min 离心 5min，分离取上清液，获得酶解液。

g. 过滤脱苦腥味　用 0.5%活性炭 55℃吸附 20min 除去苦腥味，用布氏漏斗进行抽滤得到澄清液体。

h. 调配、一次杀菌　加入 12%食盐和 0.1%耐酸双倍焦糖色素，在水浴锅中 75℃保持 15min 进行杀菌处理。

i. 静置、灌装、二次灭菌　杀菌后的料液密封静置 1 周，然后用玻璃瓶灌装上清液并封口。将封口鱼露 85℃下灭菌 15min 即可获得成品。

③ 加曲发酵　加曲发酵生产可分为两种：一种是发酵过程中加入米曲霉或酒曲，利用它们所分泌的蛋白酶、脂肪酶、淀粉酶分解原料鱼中的蛋白质、脂肪、碳水化合物，形成鱼露特有的风味；另一种是筛选出耐盐、嗜盐菌，扩大培养此类细菌后加入盐渍的原料中去，能促进原料鱼中蛋白质、脂肪、碳水化合物的分解，缩短发酵时间。

加曲发酵工艺流程如下：

原料鱼→加曲拌匀（盐度 15%）→前期发酵 30d［(15±5)℃］→加盐至 30%拌匀→自然发酵 6 个月［(25±10)℃］→定期搅拌→沸水浴 10min→过滤→鱼露

④ 复合方法　鱼露的人工快速发酵主要以复合方法为主，即以上三种方法的结合使用，如低盐保温发酵与加曲发酵的结合、加酶及加曲的结合等。

4. 鱼露的质量指标

常用鱼露质量指标有鱼露营养成分、感官特性、理化指标及微生物指标。

(1) 鱼露营养成分　部分国家鱼露所含的化学成分见表 8-4。

表 8-4　部分国家鱼露所含的化学成分

产地	pH	NaCl/(g/L)	水分含量/(g/L)	总氮/(g/L)	挥发性盐基氮/氨基酸态氮/%
泰国	5.63	21.4	63.7	1.68	64.3
越南	5.75	20.2	61.4	2.59	61.6
缅甸	6.23	22.7	70.0	0.97	45.6
老挝	4.90	15.7	79.2	0.35	42.5
中国	6.15	22.0	66.0	1.49	57.8

续表

产地	pH	NaCl/(g/L)	水分含量/(g/L)	总氮/(g/L)	挥发性盐基氮/氨基酸态氮/%
韩国	5.49	22.2	67.4	1.27	68.2
日本	5.54	18.0	69.2	1.80	70.4
平均值	5.70	20.5	65.8	1.79	61.8

（2）感官特性

在自然光线下，分别用目测、鼻嗅、品尝的方法对鱼露产品的色泽、气味、滋味和体态进行感官评定。

鱼露的感官特性应符合表8-5的要求。

表 8-5　鱼露感官特性要求

项　目	要　求
色泽	橙黄色至棕红色
香气	具有鱼露固有的香气,无不良气味
滋味	具有鱼露固有的滋味,无异味
体态	澄清,不混浊,无异物

（3）理化指标（表8-6）

表 8-6　鱼露理化指标

项　目	指标
氨基酸态氮(以 N 计)/(g/100 mL)	≥0.40
全氮(以 N 计)/(g/100 mL)	≥0.50

（4）微生物指标（表8-7）

表 8-7　鱼露微生物指标

项　目	指标
细菌总数/(CFU/mL)	≤5×10³
大肠菌群/(CFU/100mL)	≤30
致病菌	不得检出

5. 国外几种鱼露的生产状况

（1）日本鱼酱油　日本酱油酿造历史较短，但酿造行业致力于产品开发，使得酱油工业在较短时间内，迅速发展为现代化高级发酵工业。日本酱油种类较多，按原料配比和酿造时间、温度的不同，产品分为浓口酱油、淡口酱油、白口酱油、溜酱油、甘露酱油等。日本传统的鱼露生产方法如下。

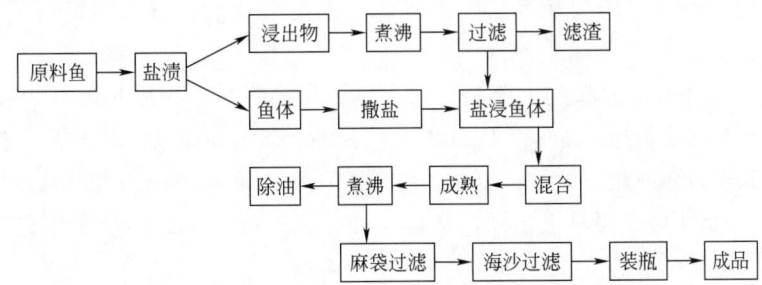

日本鱼酱油的酿制，可分为三种形式。

① 鱼汁、鱼露类产品　主要利用鱼体内酶的自溶作用，先将鱼肉粉碎成肉末，用 HCl 调 pH 至微酸性，再加 4％的盐水，酶解 10h，然后调 pH 至中性，过滤、除渣即获得成品。此类酿制时间短，总氮含量高，但腥味重，且无酱香和酯香，是一种较低档的产品。

② 鱼味酱油　粉碎鱼肉，置于大豆酱油中浸泡、腌制 2 个月，溶解出鱼肉中的蛋白质和呈味物质，即获得鱼味酱油。该产品较鱼汁、鱼露类的风味有较大提高。

③ 鱼酱油　先将鱼肉捣碎成浆，加盐、水、酱曲等，30℃发酵 1 个月，再加入葡萄糖、酱油、酵母等，发酵 3 个月，然后压榨过滤出鱼酱油，为掩盖其鱼腥味，可添加 15％的传统大豆发酵酱油。该产品品质、风味较前两种产品均有极大提高。

(2) 泰国鱼露　泰国的鱼露制作历史悠久，由于鱼多，不少小鱼价格极低，常用这些低值鱼来制作鱼露。鱼露的原料可以是淡水鱼、塘虾或河蚌，也可以是海鱼，常用斑鱼和树叶鱼。将鲜鱼和盐按 3∶4 或 1∶2 的比例配好，把盐和鱼搅拌均匀，然后装进坛腌 3～4 个月。当鱼体缩小变软变烂，浅黄色汁液溢满坛子，取出黄色汁液，经过滤或蒸制就可立即食用。这种黄色汁液即为原汁鱼露，其味道异常鲜美，这与市场上出售的鱼露滋味是大不相同的。

(3) 韩国鱼酱油　韩国鱼酱油制作工艺主要是在传统酱油酿造的基础上进行改进，具体工艺流程为首先粉碎鱼肉，再添加酱曲，利用酱曲和鱼体内所含蛋白酶进行鱼肉自溶分解，然后加入 18％盐水发酵至成熟。整个过程需 9 周左右，相对传统鱼酱油酿造时间短，此方法虽可以产生大量的风味物质并较大提高了产品的含氮量，但含盐量大，且鱼腥味较重。

三、虾类调味品加工工艺与操作

虾类调味品主要包括虾油、虾酱、虾头调味料三大类，虾头调味料包括虾头酱、虾脑油、虾黄酱、虾黄粉、虾精粉及虾味素等。

1. 虾油加工

虾油是虾体内蛋白质、糖类、脂肪水解生成的一种以氨基酸、虾香素为主体的调味品。其含有特别香味、味道鲜美，可起增鲜作用。传统酿造虾油选用低值鱼、虾及鱼罐头的下脚料为原料，经发酵后提取汁液获得。

(1) 传统酿造虾油加工

① 工艺流程

原料清理→盐渍→发酵→炼油、抽油→成品

② 操作要点

a. 原料清理　虾油原料要求新鲜、无异味、无腐败变质，低值鱼虾打捞后去除泥沙，及时加工。

b. 盐渍　将清理好的原料倒入腌制缸内，容量为缸的一半，放室外日晒夜露；2d 后每天早晚用耙子上下搅动 1 次；3～5d 后缸面有红沫时，搅动时各加 0.5～1kg 盐，以缸面撒到为限；经过 15d 的缸内盐渍，缸内虾体不上浮或很少上浮时，说明发酵基本完成，每次用盐量可减少 5％；30d 后只要早上搅动，加盐少许，直至按规定的用盐量用完为止。整个盐渍过程的用盐量为原料量的 16％～20％。

　　c. 发酵　继续每天早晚搅动，日晒夜露，搅动时间愈长，次数愈多，则晒熟度愈足，腥味愈少，质量愈好，90d 后，缸内酱液呈浓黑色，上面浮一层清油时，发酵结束。

　　d. 炼油、抽油　经过晒制发酵后的虾酱液，初秋时从缸面上舀起浮油，向缸内加入 5%～6%的食盐溶解成凉盐水溶液。然后搅匀，早晚各搅动一次，促使虾油与杂质分离，直至舀完缸内虾油为止，随后将舀出的虾油均匀混合，便成生虾油。

　　e. 成品　将生虾油烧煮，去杂质和泡沫，即为成品。可将成品继续放置露天暴晒，增加风味。成品浓度若偏低可在烧煮中加适量的食盐；若过高，可加开水拌稀。

　　（2）水酶法提取虾油加工工艺与操作　水酶法提取虾油主要以虾加工副产品（虾头、虾壳）为原料，通过酶解虾细胞壁，使油脂得以释放，回收蛋白质等成分。水酶法提取虾油不仅减少了虾资源浪费，提高虾油提取率，而且有利于提升虾油的品质。

　　① 工艺流程

原料清理→酶解→提取分离→浓缩→虾油

　　② 操作要点

　　a. 原料清理　将虾加工副产品清洗干净、烘干、冷却后超微粉碎，过 100 目筛，装于保鲜袋中。

　　b. 酶解　以每 100g 原料与 1g 风味蛋白酶混合，料液比 1g∶8mL，pH 6.5，温度 50℃条件下酶解 2.5h。

　　c. 浓缩　酶解完成后迅速升温至 80℃，持续 15min 灭酶，然后用己烷萃取、离心上清液，旋转蒸发浓缩即得虾油。

　　2. 虾酱加工

　　虾酱是毛虾等小型虾类经腌制、捣碎、发酵制成的糊状食品。亦可干燥成块状，故又称为虾膏或虾糕，味道较虾浓郁，是我国沿海地区常用调味料之一，以河北唐山、沧州加工的虾酱质量较高，尤其以山东威海的蜢子虾酱最出名。

　　虾酱的形状略似甜酱，其感官要求和理化指标应符合我国水产行业标准 SC/T 3602—2016《虾酱》的规定（见表 8-8），其安全指标应符合 GB 10133—2014《食品安全国家标准 水产调味品》的规定。

表 8-8　虾酱的感官要求和理化指标

分类	项目	指标
感官要求	色泽	呈虾酱固有的灰褐色、粉红色、灰白色、紫灰色等色泽
	滋味、气味	具有虾酱发酵固有的气味，无异味
	组织形态	黏稠适中、质地较均匀，允许上层稍有液体析出
	杂质	无肉眼可见外来杂质
理化指标	氨基酸态氮（以 N 计），g/100g	≥0.60
	盐分（以 NaCl 计），%	≤25
	蛋白质，%	≥10
	水分，%	≤60
	灰分，%	≤35

（1）蛏子虾酱酿造

① 工艺流程

原料清理→拌盐→暴晒发酵→成品虾酱

② 操作要点

a. 原料清理　捕捞新鲜蛏子虾去杂清洗，洗至虾体呈半透明青灰色后，晾干水。

b. 拌盐　向清理好的蛏子虾中加入 10% 食盐，搅拌均匀。

c. 暴晒发酵　拌盐的蛏子虾置于缸内，然后置于阳光下暴晒发酵，每天早晨或傍晚搅拌 1 次，连续发酵 60d 左右。

d. 成品虾酱　将发酵好的蛏子虾酱，再密封陈酿 1 年，即为成品，若陈酿时间达 3 年以上，虾酱味道会更鲜美。

（2）现代人工发酵技术制虾酱　虾酱采用自然发酵方式，易生成生物胺类物质，同时生产周期长、品质不稳定，不能形成工业化生产。各国学者通过对虾酱的发酵工艺进行改良和优化，现已形成现代自然发酵法、加酶发酵法、人工接种发酵法等现代人工发酵技术。

① 现代自然发酵法　自然发酵法是利用虾体自身所含酶及耐盐细菌，在高盐度条件下使虾体蛋白水解。张德友等研发了一种低盐无腥虾酱的生产技术，将鲜海虾清洗、除杂、磨浆；加入 6%～9% 食盐在 22～26℃ 条件下自然发酵 24h；发酵时搅拌除氨；再加入 6%～9% 食盐在 21℃ 自然发酵 90d；发酵完成后密封陈酿 180d 后获得成品虾酱。

② 加酶发酵法　加酶发酵法是在发酵过程中加入各种蛋白酶，从而加速虾体蛋白质的水解，降低虾酱含盐量，缩短发酵时间。刘树青等利用毛虾为原料，加入 0.5% 碱性蛋白酶、18% 盐量，在 pH 7.0、55℃ 条件下水解 2h，获得的虾酱含盐量低，且风味得到有效改善；綦翠华等利用蛏子虾为原料，加入 0.4% 碱性蛋白酶、18% 盐量，50℃ 条件下水解 4h，获得的虾酱含盐量低，生产周期短。

③ 人工接种发酵法　人工接种发酵法是在虾酱发酵过程中加入纯种发酵菌种，从而抑制有害微生物繁殖，提高虾酱品质，缩短发酵时间。有报道将鲜海虾清洗、脱水并磨成虾浆，加入食盐，接种乳酸菌后持续搅拌发酵 10～15d，分离、杀菌后制成虾酱，所制虾酱风味良好，亚硝酸含量低；另外，将鲜虾清洗、沥水、粉碎后先加入蛋白酶进行水解，水解完成后再加入产脂酵母进行发酵后获得成品，所制虾酱香味浓郁，含盐量低，且含有多种有益成分，同时发酵时间低于传统发酵酿制虾酱工艺；也有将小型虾和大豆混合，加入米曲霉发酵，制得酱色鲜艳、虾鲜味浓郁的虾酱。

（3）制虾酱砖　将原料小虾去杂洗净后，加 10%～15% 食盐，盐渍 12h，压取卤汁。滤渣经粉碎，日晒 1d 后倒入缸中，加白酒（0.2%）和茴香、花椒、橘皮、桂皮、甘草等混合香料（0.5%），充分搅匀，压紧抹平表面并洒酒封面。当表面逐渐形成约 1cm 厚的硬膜，进行加盖发酵。发酵完成后，缸口打一小洞，使发酵渗出的虾卤流集于洞中，取出即为浓厚的虾油成品。成熟后的虾酱首先除去表面硬膜，取出软酱，放入木制模匣中，制成长方砖形，去掉膜底，取出虾酱，风干 12～24h 后即可包装销售。

3. 虾头调味料加工

虾头调味料是利用低值小虾、虾壳、虾足及虾头为原料加工制成的调味料。此类组织中含有丰富的蛋白质、脂肪和矿物质，以及虾头内含有独特风味的虾黄，其含有粗蛋白 36%～40%、粗脂肪 7.78%、粗灰分 22.45%、甲壳素 17.69%。虾头调味料具有成本低、风味好和节约虾资源的特点。

（1）虾头酱的加工　虾头酱利用虾头、虾尾、虾壳等原料，通过油炸、粉碎、磨浆等工艺制成。虾头、虾尾、虾壳等可分类单独加工，也可混合加工。

① 工艺流程

原料清理→油炸→粉碎、磨浆→成品

② 操作要点

a. 原料清理　将新鲜虾头、虾尾、虾壳等原料洗净，沥干。

b. 油炸　160℃油温炸 2min 左右，油炸后水分含量 2%～4%。

c. 粉碎、磨浆　将油炸的虾头、虾尾、虾壳等用切碎机切成 10 目左右的虾末，然后用研磨机磨成糊状。

d. 成品　将制成的酱密封包装即为成品，其表面的油膜可起防腐保护作用，使虾头酱可长期保存。

（2）虾脑油的加工　虾脑油是利用溶剂抽出虾头及其内脏中的类脂物，加工制成的调味品，其色泽呈红色，无虾腥味，较黏稠。虾脑油富含不饱和脂肪酸、虾黄质酯类、虾黄质、虾红素和类胡萝卜素等营养成分，虾味浓郁。虾脑油主要有两种提取方法，下面做简要介绍。

① 油浸取法　将虾头及其内脏与混合油（精炼的豆油：花生油＝1：1）以 1：2 的比例混合，在 100℃条件下提取 5min，冷却，离心，即得虾脑油。

② 溶剂抽出法　将虾头的肝脏及其性腺与溶剂（15%石油醚、75%丙酮、10%水）以 1：5 的比例混合过夜，过滤后在 40℃条件下蒸发去除溶剂，获得虾脑类脂物，最后用等体积植物油溶解虾脑类脂物即获得虾脑油。

（3）虾黄酱的加工　虾黄酱营养比较丰富，含粗蛋白约 30%、脂肪 5%～6%、水分约 40%，其蛋白质中含有人体所需的各种氨基酸及维生素、激素、无机物等。虾黄酱具有独特浓厚的香味，味道鲜美，能促进食欲。

① 工艺流程

虾头→去杂质、去壳→洗净→绞碎→酶解→加盐→保温消化→煮沸→过滤→冷却→虾黄酱

② 操作要点　剔除虾头中的杂物、剪须、除壳、洗净、绞碎，加入蛋白酶在 pH 7、40℃条件下水解 3h，加入 12%食盐，保温 30℃盐渍 10d，然后煮沸 10min，趁热过 18 目筛，冷却后获得棕红色虾黄酱。

（4）虾黄粉的加工　将虾黄酱蒸发，除去其中的水分，在 100℃以下烘干，粉碎即成虾黄粉。其可作为汤类、方便面、饼干、糕点等食品的添加剂。其工艺流程如下：

虾黄酱→蒸发→烘干→粉碎→虾黄粉

（5）虾精粉的加工　虾精粉是利用虾头及其内脏等为原料经绞碎、研磨、浓缩、喷雾干燥而制成的调味品，其富含蛋白质、脂肪、维生素及矿物质等成分，营养价值较高。虾精粉具有独特的海鲜风味，可作为方便面、虾片、虾味苏打饼干、儿童营养品及老年人保健品等食品的配料和调味品。

① 工艺流程

虾头→去杂质→洗净→绞碎→水煮→研磨→过滤→浓缩→加调料→喷雾干燥→虾精粉

② 操作要点　将虾头去掉胸甲和杂物，洗净后用绞肉机绞碎，然后加少量水煮沸，再用胶体磨研磨，成为比较均匀的液汁状，用纱布过滤，将滤液浓缩，再加入食盐和抗氧化

剂，必要时还可加入少量味精，最后喷雾干燥即成。

（6）虾味素的加工   将虾头中的虾黄、虾肉和虾汁采出，加热并研磨成浆状，再经喷雾干燥、分离即获得虾味素。虾味素是高蛋白、高脂肪调味料，风味纯正，可广泛用于方便食品、虾味酱油、龙虾片、虾味糖果等调味品生产。

四、蚝油加工工艺与操作

蚝油是用牡蛎蒸煮后的汁液进行浓缩或直接用牡蛎肉酶解，再加入食糖、食盐、淀粉或改性淀粉等一些原料，辅以其他配料和食品添加剂制成的调味品。蚝油含有丰富的氨基酸和微量元素，其氨基酸种类达 22 种之多，包括缬氨酸、亮氨酸、赖氨酸等必需氨基酸，其中谷氨酸含量达 50% 以上，与核苷酸共同构成蚝油主要呈味成分，蚝油的鲜美度与两者含量成正相关；同时富含 Ca、Fe、Zn 和 Se 等微量元素。蚝油富含牛磺酸，其可促进婴幼儿脑组织和智力发育，防止心血管病，增强人体免疫力。蚝油味道鲜美，色泽红褐，光亮圆滑，可增进食欲。

蚝油加工工艺主要有传统加工、原汁蚝油加工、蚝油副产品加工、蚝油酶解工艺等方法，下面依次对这几种加工工艺进行介绍。

1. 传统的蚝油加工

（1）工艺流程

开蚝→煮蚝→脱腥→浓缩→改色→增稠、增鲜→防腐→装瓶→成品

（2）操作要点

① 开蚝   将牡蛎用沸水煮一下后去壳，用清水漂洗牡蛎肉，去除泥沙及黏液，绞碎牡蛎肉。

② 煮蚝   加入 2% 食盐搅拌均匀，以每 50kg 蚝肉加 60L 清水进行煮制。待水沸后投入生蚝，同时不断搅拌。3h 后用 60～80 目筛网过滤，将滤渣继续加水煮制 2h，过滤，合并两次煮汁。

③ 脱腥   向煮汁加入 0.5%～1% 的活性炭，煮沸 30min，过滤除去活性炭。

④ 浓缩   保持 95～100℃ 条件下浓缩蚝汁 10h，沸腾起的花纹达到一定浓度时停火，停火后在锅中停留 2～3h，即为原汁蚝油。如有条件，采用真空浓缩，则更理想。

⑤ 改色   加热铁锅，抹一层花生油，随即加糖熔化，使糖脱水、起泡，呈金黄色后加水和原汁蚝油，继续加入至蚝汁成红褐色。

⑥ 增稠、增鲜   用一定配比的淀粉或食用羧甲基纤维素作为增稠剂，使液体不分层，然后添加少量味精及肌苷酸。

⑦ 防腐   加入 0.1% 的苯甲酸钠防霉，以利长期贮存不变质。

⑧ 装瓶   将蚝油装入玻璃瓶中，加盖密封，制得成品蚝油。

2. 原汁蚝油加工

（1）工艺流程

材料处理→盐渍→发酵→过滤与浸提→调配→包装→成品

（2）操作要点

① 材料处理   新鲜牡蛎按品种、鲜度分类洗净，体型较大的用绞碎机绞碎。

② 盐渍   加入 30%～45% 食盐与牡蛎混合均匀，顶层用盐覆盖。

③ 发酵　发酵分天然发酵和人工保温发酵两种。天然发酵周期长，成品风味好；人工保温发酵生产周期短，成品风味不及天然发酵的好。

a. 天然发酵　在常温条件下，利用牡蛎自身所含酶类和外加蛋白酶、脂肪酶、纤维素酶，以及空气中的耐盐酵母、耐盐乳酸菌等有益微生物共同作用进行发酵。

即时对发酵液进行氨基酸含量检测，当氨基酸增速趋于停止时，发酵成熟，此时发酵液上层澄清、颜色变深、蚝香四溢、味道鲜美。

b. 人工保温发酵　人工保温发酵在自然发酵的基础上利用蒸汽盘、水浴及电热保温技术使温度控制在 40～45℃对牡蛎进行发酵。发酵时间与腌制时间呈负相关，如在 45～50℃条件下腌制 2～3 个月的牡蛎，发酵 1～2 个月成熟；40～45℃条件下腌制 2～3 个月，发酵 2～3 个月成熟；常温条件下腌制 6 个月以上，发酵 1 个月成熟。

④ 过滤与浸提　牡蛎发酵成熟后，从发酵池或缸中抽取滤液，得到原蚝汁；其渣用盐水或卤水反复浸提数次，以收尽渣中的蚝味及氨基酸，作调配蚝油用。

一般工人凭经验判断是否达到成品有几种方法：一是看蚝油沸腾时产生的花纹；二是把蚝油滴一滴在纸上，以不迅速扩散为准；三是把蚝油滴在装有冷水的玻璃杯里，旋转杯子，以不粘杯壁为准。

3. 蚝油复产品加工

（1）工艺流程

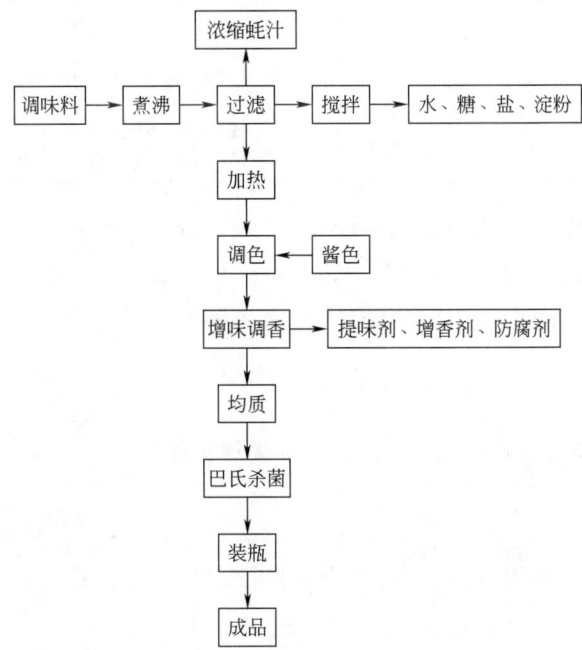

（2）操作要点

① 原料的选择　选用无杂质，无腐败、异味的原汁蚝油，经 120 目滤网过滤作为蚝油复加工原料。

② 原料检验　用化学方法测定复加工用油原料的氨基酸态氮、食盐含量、黏度等指标。

③ 配料的准备　目前尚无统一规定，可以根据口味、消费水平，选择合适的配方进行调配，总的原则是糖量不宜添加过多，加少量白酒除腥的同时可增香，淀粉作为增稠剂。常见蚝油配方见表 8-9～表 8-11。

表 8-9 常用蚝油配方 1

原料	用量/%	原料	用量/%
浓缩蚝汁	5	浓缩毛蚶汁	1
调味液	25～30	水解液	15
砂糖	20～25	酱油	5
味精	0.3～0.5	增鲜剂	0.025～0.05
食盐	7～10	变性淀粉	1～3
增稠剂	0.2～0.5	黄酒	1
白醋	0.5	防腐剂	0.1
增香剂	0.0063～0.0125		

表 8-10 常用蚝油配方 2

原料	用量/%	原料	用量/%
浓缩蚝汁	25	砂糖	4～6
食盐	5～8	变性淀粉	3～4
味精	1.2～1.5	增稠剂	0.3～0.4
焦糖色	0.25～0.5	防腐剂	0.1

表 8-11 常用蚝油配方 3

原料	用量/%	原料	用量/%
砂糖	5～10	食盐	7～9
变性淀粉	4.5～5	味精	1～1.5
增稠剂	0.15～0.2	焦糖色	0.5～1
酱油	20～22	水解植物蛋白	1～1.5
蚝油香精	0.1～0.15	虾味味精	0.01

④ 混合、搅拌 按配方依次加入浓缩汁、砂糖、食盐、提味剂、增香剂、增稠剂，拌匀后煮沸，最后加入黄酒、白醋、味精、香精并拌匀。用胶体磨均质处理调配好的蚝油，使蚝油内颗粒变小、均匀分布。将均质后的蚝油 85～90℃灭菌 20～30min，灭菌后的蚝油密封装瓶，即为成品。

4. 蚝油酶解工艺

酶解工艺制取蚝油可提高牡蛎利用率，增加蚝油多肽与氨基酸含量，改善蚝油风味，丰富产品的功能性。

(1) 工艺流程

牡蛎→加盐→杀菌→磨碎→投料→升温→酶解→过滤→浓缩或调配→产品

(2) 操作要点

① 蛋白酶的选择 目前使用最多的单一蛋白酶以中性蛋白酶最佳，也有多种酶复合使用的如 0.05％中性蛋白酶＋0.1％碱性蛋白酶＋0.1％风味蛋白酶＋0.1％复合蛋白酶复合使用可极大提高牡蛎蛋白质的水解度。常在 50～55℃、pH 7 条件下酶解 50～60min。

② 改色 加热铁锅，抹一层花生油，随即加糖熔化，使糖脱水、起泡，呈金黄色后加水和原汁蚝油，继续加入至蚝汁成红褐色。

③ 增稠与增鲜 用一定配比的淀粉或食用羧甲基纤维素作为增稠剂，使液体不分层，然后添加少量味精及肌苷酸。

5. 蚝油质量标准

常见蚝油质量标准评价指标有感官指标、理化指标、卫生指标等，具体如下。

根据 GB/T 21999—2008《蚝油》，蚝油的质量指标评价指标主要包括感官指标、理化指标和卫生指标等，具体如下：

(1) 感官指标（表8-12）

表8-12 蚝油的感官指标

项目	要求
色泽	红棕色至棕褐色，鲜亮有光泽
气味	有熟蚝香
滋味	味鲜美，咸淡适口或鲜甜，无异味
体态	黏稠适中，均匀，不分层，不结块，无异物

(2) 理化指标（表8-13）

表8-13 蚝油的理化指标

项目	指标
氨基酸态氮/(g/100g)	≥0.3
总酸(以乳酸计)/(g/100g)	≤1.2
食盐(以氯化钠计)/(g/100g)	≤14.0
总固形物/(g/100g)	≥21.0
挥发性盐基氮/(mg/100g)	≤50

(3) 卫生指标

卫生指标应符合 GB 10133—2014《食品安全国家标准 水产调味品》的规定，同时应符合表8-14的要求。

表8-14 蚝油的微量元素

项目	指标
铅(Pb)/(mg/kg)	≤1.0
甲基汞/(mg/kg)	≤0.5
3-氯-1,2-丙二醇/(mg/kg)	≤0.02

五、水产品水解蛋白生产新型调味品的工艺与操作

利用低值水产品及水产品加工副产品的蛋白质在酸性、碱性、酶等条件下发生水解，得到蛋白质水解产物，以此而制成新型调味品。此类产品蛋白氨基酸组成比例平衡，必需氨基酸含量高，蛋白质易消化吸收，常见的水产品水解蛋白生产的新型调味品有氨基酸调味料、酶解罗非鱼生产调味料、热反应香精、酸解型水产动物水解蛋白、沙丁鱼酱汁、青鳞鱼水解蛋白等，下面依次介绍这几种新型调味品。

1. 利用低值水产品生产氨基酸调味料

利用低值水产品为原料，在酸性、碱性、酶等条件下发生水解，得到富含多肽、游离氨基酸、微量元素和维生素的水解蛋白。此类蛋白具有易消化吸收、促进矿物质吸收利用、抗

氧化、增强免疫力等功能。利用低值水产品及加工中的废弃物生产天然调味料，既充分利用水产品蛋白资源、降低成本费用、增加花色品种，又能大幅度节减"三废"治理的投资，经济效益高。

（1）工艺流程

低值鱼→清洗→绞碎→保温酶解→过滤、离心→取上清液→灭酶→调配→浓缩→喷雾干燥→成品

（2）操作要点

① 清洗　挑选新鲜或冰冻保存的杂鱼，用流水冲洗，以除去鱼体表面的脏物、杂质等。

② 绞碎　用搅打器将清洗干净的杂鱼打碎成 30～40 目的鱼浆，并加入 20～30mg/kg 的 TBHQ＋BHT 进行抗氧化处理。

③ 酶解　加入酶制剂，选用风味酶、中性酶和碱性酶，按照 2：1：1 的比例，总添加量为底物量的 0.18％，在 55℃ 和自然 pH 下保温酶解 4h，在此条件下，鱼蛋白的水解度可达到 58％，酶解终点前 0.5h 停止搅拌以利于浆液分离。

④ 过滤、离心　过滤除去酶解液中的鱼骨及其鱼鳞等粗渣，进一步离心取上清液。

⑤ 灭酶　升温至 95℃，保温 10min 使水解液中的蛋白酶失活。

⑥ 调配　根据产品需要加入糊精、食盐等辅料。

⑦ 浓缩、喷雾干燥　将酶解液真空浓缩至含 40％固形物，然后喷雾干燥。

2. 酶解罗非鱼加工下脚料生产调味料

在淡水鱼类中，罗非鱼由于其生命力强、营养价值高、适应性广，使其养殖广泛分布于全球，罗非鱼主要以加工成鱼片进行出口贸易。鱼片加工利用率只有 46％，其废弃物中鱼头占 26.5％、内脏占 6.8％、鱼排占 16.5％、鱼鳞占 2.2％。随着罗非鱼加工产业的发展，罗非鱼加工下脚料越来越多，利用罗非鱼加工下脚料生产调味料，既可降低罗非鱼的加工成本，又可提高罗非鱼的利用价值和经济价值。

（1）工艺流程

罗非鱼加工下脚料→清洗→斩碎→捣碎→保温酶解→过滤→浓缩→辅料调配→均浆→灌装→灭菌→检验→成品

（2）操作要点

① 原料预处理　用流水缓慢解冻罗非鱼加工下脚料，清除表面异物及变质部分，沥干水分后，捣碎鱼头、鱼排，制成均匀料浆。

② 保温酶解　以固液比 1：1 比例加入菠萝蛋白酶 2250IU/g，不调 pH，50℃ 条件下水解 3h，再加入 750IU/g 风味蛋白酶，在同样条件下继续水解 2h。然后 85℃ 条件下持续 5min 灭酶。

③ 过滤、浓缩　用 120 目双层滤布经离心过滤水解液，在旋转蒸发仪上浓缩至原体积的 50％。

④ 调配、均浆　按照酶解液 30％、淀粉 6.5％、黄原胶 0.2％、老抽酱油 8％的比例进行调配，在料液温度 70～80℃、压力 35MPa 条件下均质 2 次。

⑤ 灌装、灭菌　80～90℃ 条件下灌装，80℃ 巴氏灭菌 30min。

3. 热反应香精的加工

虽然水产品在生鲜状态时就携带其自身的特征风味，但加热后才能真正产生诱人的风味，这是因为只有通过加热作用水产品中的风味前体物质才能通过美拉德反应产生理想的风味物质。为使调味料更接近天然海鲜味，可以利用蛋白质、氨基酸与还原糖等天然原料通过

现代热加工技术发生美拉德等反应生产高档的、风味逼真的天然营养的海鲜调味料。热反应肉味香精是热反应香精的一种。国际食用香料工业组织（IOFI）将热反应香精定义为"一种由食品原料和（或）允许在食品或反应香精中添加的原料加热制备的产物"，通常认为热反应香精是由 2 种或 2 种以上的香味前体物质（还原糖、氨基酸等）在一定条件下加热反应产生的，而在肉味香精的制备过程中，最重要的热反应是美拉德反应。

下面介绍热反应虾味香精和热反应蟹味香精的加工工艺。

（1）热反应制备虾味香精　热反应虾味香精是以低值虾及虾加工下脚料为原料经过酶解、美拉德反应，再通过热反应制得的高档虾味香精。

① 工艺流程

原料处理→酶解→美拉德热反应→稳定化处理→成品

② 操作要点

a. 原料处理　将新鲜的低值虾与水按照 1∶1 质量比混合打浆。

b. 酶解液制备　用 0.12％木瓜蛋白酶在 2％盐量、48℃条件下酶解 3h。

c. 美拉德热反应　虾酶解液 40.00g、葡萄糖 6.00g、甘氨酸 2.70g、蛋氨酸 1.90g、脯氨酸 3.00g、丙氨酸 3.00g、精氨酸 2.90g、酵母提取物 4.00g，115℃条件下反应 37min。

d. 稳定化处理　美拉德反应完的产物是悬浮液，加入 0.4％食品级乳化稳定剂黄原胶后达到均一、稳定状态。

（2）热反应制备蟹味香精　以海蟹为原料，运用生物酶解技术，通过热反应处理，制得风味逼真的蟹味香精。

① 工艺流程

原料处理→酶解→美拉德反应→稳定化处理→蟹味香精

② 操作要点　在热反应制备虾味香精基础上对酶解条件和美拉德反应进行了改进，即 0.5％碱性蛋白酶在 pH 8、60℃条件下酶解 3h；美拉德反应为：葡萄糖 6g、木糖 2g、甘氨酸 1g、丙氨酸 1.5g、谷氨酸 0.5g、精氨酸 0.5g、牛磺酸 0.5g、硫胺素 1g、酵母提取物 10g、蟹肉酶解液 80g，在 pH 6，100℃条件下反应 30min。

4. 酸解型水产动物水解蛋白的加工

（1）工艺流程

预水解加热→保温中和→过滤→制成酱油

（2）操作要点

① 预水解加热　15％～20％盐酸使原料分解，80～105℃持续 8～10h 蒸发回收盐酸。

② 保温中和　停止沸腾后，保温 1h，使蛋白质完全分解，冷却至 60℃时用碳酸钠中和，以不呈酸性为止。

③ 过滤　将中和后的液渣静置至泡沫消失，用布袋过滤。

④ 制成酱油　蒸煮消毒滤汁 20min，同时亦能去腥，再测其浓度，应在 20～22°Bé，如不足此浓度时须加浓盐水补足，超过时须加开水稀释，最后掺和 5％的酱色，即成鱼酱油。

5. 沙丁鱼鱼酱汁的加工

沙丁鱼内脏抽提物含有的蛋白酶，在有钙离子存在、pH 8.0，50℃条件下时沙丁鱼的水解率高，但是加入 NaCl 或鱼肉经 100℃处理 5min 后，会降低鱼肉的水解率。在此条件下，将沙丁鱼内脏抽提物加到沙丁鱼碎肉中，发酵 5h，分离发酵物，得到澄清液后再加入

25％NaCl 液，调节盐浓度即可得到沙丁鱼鱼酱汁。

6. 青鳞鱼动物水解蛋白的加工

青鳞鱼为南海多获性低值鱼，粗蛋白为 68.3％。将原料鱼除去内脏，连头均浆，加入 100IU/mL 枯草杆菌中性蛋白酶，在 pH 7.0、50℃条件下酶解 2h，灭酶后调 pH 3.5，加入 3IU/mL 胃蛋白酶，40℃条件下反应 2h，用 β-CD（环状糊精）和活性炭进行脱臭、脱色处理，再经减压浓缩可制得青鳞鱼水解蛋白。

青鳞鱼动物水解蛋白可作为儿童食品的佐料，不仅可以提高儿童对鱼类的摄入量，还能丰富儿童食品的蛋白质来源。此外，还可加入其他水产调味品（如蚝油、虾油）中，以降低产品的成本，也可加入植物性食品中以提高植物性食品（如面粉、面条、饼干）蛋白质的生物价。

 **加工实例** ▬▬▬ **福州鱼露生产** ▬▬▬

一、福州普通鱼露加工

1. 工艺流程

原料鱼→洗净→盐腌→发酵→过滤→滤渣→清液→检验→配液→杀菌→检验→包装→浸提→过滤→成品

2. 操作要点

（1）原料鱼 一般用鲜度较好的低值鱼如蓝圆鲹、鳀鱼、七星鱼及其他小杂鱼，在收购原料中要选用同一批、大小均匀的鱼，以便同时完成发酵。

（2）洗净 去除沙石、贝类及水草杂物，洗净后使用，利用鱼加工副产物的鱼头、皮、鳍、内脏下脚料，要拣去内脏中的苦胆。

（3）盐腌 用盐量一般为原料鱼重的 30％，若脂肪含量较高的鱼，用盐量 40％左右。食盐和鱼要配合均匀，最上层鱼用盐覆盖，再用清洁大石块压实，以加速腌渍过程，使卤水渗出，逐步使鱼体全部浸没，腌渍时间掌握在 6～8 个月为宜。

（4）发酵 一般在常温条件下利用鱼体的酶类和微生物进行自然发酵。为提高室温，加速发酵过程，白天应加强光照，充分利用太阳能的热量；为使发酵温度均匀，上下一致，要在中午或傍晚各搅拌 1 次。

（5）过滤 发酵完成后，需经过过滤，将液体和渣分离。传统的过滤方法有布滤、插篓过滤、竹帘过滤和沙滤等，现代鱼露厂大多采用离心、压滤和砂芯过滤等工业装置。

（6）处理滤渣 初滤的渣，先用稀鱼露、腌鱼卤水或盐水加入浸提，将渣稀释充分搅拌，最大限度地溶解渣中的多种氨基酸，浸提时间视滤渣情况定，一般为 1～2d，长者数天。鱼露的初产品需反复过滤浸提，促使最大程度地回收氨基酸成分，当滤液中的氨基酸含量降低至 0.15～0.20g/100mL 时，滤渣就不再浸提，可用盐水和滤渣煮沸，冷却过滤，滤液供作浸提液之用。

（7）配液 按滤液批次的检验结果，抽取小样鱼露进行氨基酸含量调配及感官比较，调配到理化指标和感官评定均符合鱼露等级标准为止，然后按小样配比进行批量生产。

（8）杀菌 制成的鱼露需经过灭菌消毒方可包装出厂，一般采用紫外线灯照射灭菌，生产工具及盛装容器经高温蒸煮杀菌使用，在生产过程中，车间及操作人员应注意清洁卫生，减少细菌污染。

（9）包装　灭菌的鱼露经检验合格后进行包装，包装的容器可分瓶装、听装、罐装、缸装，也可用复合食品塑料袋包装，规格有 500g 装、1000g 装、5000g 装。

二、福州特级鱼露加工

制作方法与普通鱼露相似，但有以下不同要点。

（1）选用鳀鱼为原料，此鱼具有肚小、肉厚、骨酥、脂薄、蛋白质含量高等优点，比其他鱼好。

（2）进厂前就地加盐拌腌，以防腐保鲜。

（3）进厂时要经过检验、晾晒。晾晒时要每天翻动，以加速其发酵分解，再回池自然分解 1 年，方可出库抽露。一般情况下，每 100kg 原料抽露 35kg，晒去腥味剩下 30kg 为半成品。

（4）然后再经过滤，方能酿制成特级鱼露。整个生产周期达 3 年以上。产品特点色泽鲜艳，味道鲜美，是调味佳品。

实训项目　　海鲜调味料——虾酱的制作

【实训目的】

掌握酶解法制作海鲜调味料的基本原理和方法。

【实训原理】

酶水解能改变蛋白质的功能特性，如酶解能大大提高其溶解性；一定程度的水解也能提高蛋白的乳化性。所以对海鲜类的蛋白通过合适的方式进行水解，可以大大提高海鲜的综合利用率。

利用植物水解蛋白酶或动物水解蛋白酶将水产鱼、虾、贝中的蛋白质分解成游离氨基酸及短肽，经过浓缩、调配、装瓶、杀菌等工艺制作成营养丰富、有浓郁海鲜风味的海鲜调味料。

【实训材料与用具】

（1）材料　虾 0.5kg、山梨酸钾 1.2g、食盐 150 g、IMP（肌苷酸钠）1.2g、CMC（羧甲基纤维素）2.5g、黄原胶 2.5g、淀粉 50g、味精 6g、焦糖适量。

（2）工具　搅拌机、水浴锅、封罐机、杀菌锅、不锈钢盘、不锈钢锅等。

【实训方法与步骤】

1. 工艺流程

原料→选料→匀浆→酶解→过滤→浓缩→调配→装瓶、封口→杀菌→冷却→成品

2. 操作要点

（1）选料　虾体内含有活性很高的水解酶，如类胰蛋白酶、类肠蛋白酶等，这些酶约 60% 集中在头部。本实验选择虾为原料，去掉腐败变质的虾。

（2）匀浆　洗净的虾放进搅拌机内加 0.5kg 水匀浆，然后再加 0.5kg 水。

（3）酶解　用 NaOH 调 pH7.5，加入 1% 浆体的 NaCl（虾＋水）搅匀，在 40℃进行酶解 2h，然后开始逐步升温，30min 后至 65℃止。

（4）过滤　100 目滤布过滤，得水解液。

（5）浓缩　将水解液浓缩至 1kg，再用柠檬酸调 pH5.5。

（6）调配　按配方顺序投入各种配料，边加热投料边搅拌。

（7）装瓶、封口　用 250mL 玻璃瓶灌装，立即封口。

（8）杀菌　杀菌方法有两种：一是高压杀菌，10～15min/121℃，杀菌完毕，待高压杀菌锅内温度下降到 100℃以下，慢慢打开高压杀菌锅的盖子，取出产品，自然冷却；二是水浴杀菌，25min/100℃，先将水加热至 50℃，放入已装瓶封盖的产品，煮沸后开始计算时间，达到杀菌条件，取出产品。

（9）冷却、成品　自然冷却后为成品。

【编写实训报告书】

要求写出具体的海鲜调味料的制作工艺报告。

复习思考题

1. 水产调味料按其加工方法的不同可分为哪几类？

2. 水产调味料具有哪些营养价值？

3. 抽出型天然海鲜调味料的一般生产工艺是如何进行的？

4. 鱼露的主要质量指标是哪些？

5. 鱼露质量的感官检验方法是什么？

6. 利用低值鱼生产氨基酸调味基料生产工艺是如何进行的？

学习项目九 海藻制品加工

【学习目标】

1. 掌握食用海藻加工的工艺流程；
2. 掌握海带食品加工、裙带菜食品加工、紫菜食品加工的主要操作要点；
3. 了解海藻精深加工产品。

【职业素养目标】

从传统加工到新型海藻制品加工，海藻加工工艺不断发展，展示了科技创新的力量，勇于探索，培养创新思维和实践能力，为海藻加工行业的发展贡献力量。

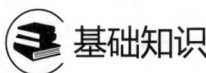 基础知识

海水养殖藻类包括海带、裙带菜、紫菜、江蓠、麒麟菜、石花菜、羊栖菜、苔菜等。海藻富含钙、铁、钠、镁、磷、碘等矿物质。现代科学认为，常食海藻食品可有效调节血液酸碱度，避免体内碱性元素（钙、锌）因酸性中和而被过多消耗。

海带亦称"江白菜"，古称"昆布"，是介于细菌和高等植物之间的褐藻类低等植物。海带营养丰富，每100g海带含有的营养成分为：碳水化合物56.2g、蛋白质8.2g、钙117mg、铁150mg、碘30～300mg，还含有胡萝卜素、维生素B_1、烟酸、粗纤维等，此外还有锰、锌、硒、钾等微量元素；其蛋白质中氨基酸种类齐全，比例适当，尤其是人体必需的8种氨基酸的含量接近FAO/WHO 1973年修正的关于理想蛋白质中必需氨基酸含量模式。据科学研究表明，海带不仅营养丰富，还具有良好的保健功能。海带富含碘，因此可预防和治疗甲状腺肿大；海带中含有的膳食纤维褐藻酸钾能调节钠钾平衡，降低人体对钠的吸收，从而起到降血压的作用；此外，海带还具有防治癌症和排除人体内放射性和有害物质的功能。因此，海带是一种功能性食品的良好原料来源。因此，海带成为人们喜欢的食品。

螺旋藻是近些年来备受关注的海藻。螺旋藻是一类低等植物，属于蓝藻门、颤藻科。它们与细菌一样，细胞内没有真正的细胞核，所以又称蓝细菌。蓝藻的细胞结构原始，且非常简单，是地球上最早出现的光合生物，在这个星球上已生存了35亿年。它生长于水体中，在显微镜下可见其形态为螺旋丝状，故而得名。数百年前非洲一些部落就将螺旋藻制成藻饼食用。近几十年来，科学家发现螺旋藻是人类迄今为止所发现的最优秀的纯天然蛋白质食品源，并且蛋白质含量高达60%～70%，相当于小麦的6倍，猪肉的4倍，鱼肉的3倍，鸡蛋的5倍，干酪的2.4倍，且消化吸收率高达95%以上。其特有的藻蓝蛋白，能够提高淋巴细胞活性，增强人体免疫力，因此对胃肠疾病及肝病患者康复具有特殊意义。其中维生素及矿物质含量极为丰富，包括维生素B_1、维生素B_2、维生素B_6、维生素B_{12}、维生素E、维生素K等，并含锌、铁、钾、钙、镁、磷、硒、碘等矿物质，其生物锌、铁比例基本与

人体生理需要一致，最容易被人体吸收，能快速改善小儿厌食症，提高食欲。其类胡萝卜素含量是胡萝卜的 1.5 倍，维生素 B_{12} 的含量是猪肝的 4 倍，铁含量是菠菜的 23 倍，是铁含量最丰富的食物，因此，螺旋藻对防治贫血有积极意义。螺旋藻还含有大量的 γ-亚麻酸，这是一种人体必需的不饱和脂肪酸，是健脑益智、清除血脂、调节血压、降低胆固醇的理想物质。螺旋藻中的螺旋藻多糖具有抗辐射损伤和改善放、化疗引起的副反应的作用，因此对肿瘤患者来说是食疗佳品。螺旋藻中叶绿素含量极为丰富，是普通蔬菜含量的 10 倍以上，对促进人体消化、中和血液中的毒素及改善过敏体质、消除内脏炎症等都有积极作用。螺旋藻中脂肪含量只有 5%，且不含胆固醇，可使人体在补充必要蛋白时避免摄入过多热量。

经国内外大量科研试验证明，螺旋藻在降低胆固醇和血脂、抗癌、减肥、养胃护胃、治疗贫血及微量元素缺乏、护肝、增进免疫、调整代谢机能等方面都有积极作用，被联合国粮农组织和联合国世界食品协会推荐为"21 世纪最理想的食品"。

✪ 单元生产 ━━━ 海藻综合利用加工工艺与操作 ━━━

海藻除了可以直接食用外，还可以通过工业上的综合利用，提高海藻产品的价值。

一、海带深加工

海带属于褐藻纲海带科植物，含有各种对人体健康具有特殊作用的物质。海带中含有丰富的粗蛋白质、糖类、类胡萝卜素、维生素、矿物质等，是一种营养健康的食品。

1. 海带离子交换法提碘

碘是人体生命活动中极为重要的微量元素之一。海带中含有碘，碘的含量一般在 0.3% 以上，有些含量高达 0.7%～0.9%，我国海带碘含量多数在 0.5% 左右，因此海带可以作为碘的提取物。

碘的生产方法很多，目前应用的主要方法有沉淀法、活性炭吸附法、空气吹出法和离子交换法等。我国有以少量的地下卤水（包括油井废水）为原料，采用空气吹出法和活性炭吸附法提取碘。空气吹出法虽然有成本较低的优点，但设备庞大，离子交换法是较好的新工艺，主要优点：设备简单，成本较低，得率高，可以连续生产。

（1）工艺流程

海带浸泡→凝沉→酸化→氧化→树脂吸附→解吸→碘析→水洗→精制→成品

（2）操作要点

① 海带浸泡、凝沉　海带浸泡液中，除含有碘、甘露醇外，还有一定量的水溶性的褐藻胶糖胶、杂质、泥沙等，这些杂质会严重影响生产，必须进行凝沉净化。

凝沉的方法：在海带浸泡水中加入烧碱或石灰，用量大约为浸泡水的 0.4%，使浸泡水的 pH 达 12 左右。用压缩空气搅拌浸泡液，沉降 4～8h，从上清液中提取碘和甘露醇。沉降的胶体层占 30%～40%，需要进行回收，以提高得率。

② 酸化、氧化　目的是将离子碘转化为分子碘。

酸化、氧化的方法：将沉降后的上清液泵入氧化罐内，加入硫酸或盐酸，不断搅拌，使溶液的 pH 下降到 1.5～2。分次加入 NaClO 溶液进行氧化，用比色法检查浓度。如颜色加深，说明氧化不足，若颜色变浅，说明氧化过度，若颜色不变，则说明氧化程度正好。

③ 树脂吸附　采用 717 型强碱性阴离子交换树脂。该树脂对浸泡水中的游离碘有较强的吸附作用。将树脂装入有机玻璃柱或有观察窗的离子交换树脂柱中使用。

树脂吸附的操作方法是：将经酸化、氧化的浸泡水从柱子的底部逆流通入柱中，由柱上部流出。此法进料，树脂层疏松，易吸附。上清液中还有大量的甘露醇，应收集。

在吸附后期，树脂逐渐"吸饱"碘后，体积膨胀，质量增加 1 倍以上，呈发亮的黑色。此时应经常检查是否有碘漏出，发现后，立即停止吸附操作。一般 1g 树脂可吸附 1g 的碘。

④ 解吸　解吸是吸附的逆过程，是用强还原剂将吸附在树脂上的分子碘还原成离子碘的过程。

在解吸开始前，先用清水冲洗树脂，至澄清为止。将树脂洗净后，将柱内的水面放在树脂面上。将配制好的 8%～10% 浓度的亚硫酸钠溶液注入树脂内。当解吸液为酱油色时，开始收集解吸液，直至呈黄色时为止。

解吸结束后，树脂中尚还有 20% 的碘还没有解吸下来，同时还有相当数量的还原剂进入树脂的网状结构中，为循环使用树脂，必须对树脂进行再生处理。

⑤ 树脂再生处理　配制有效氯含量在 3.5%～4.0% 的次氯酸钠溶液，将次氯酸钠溶液从树脂顶部注入，从底部收集流出的红色溶液，送下道工序进行碘析。当流出液为橘黄色时，树脂已经恢复到吸附前的氯型，树脂呈金黄色时，可停止处理。用氧化浸泡液反向冲洗树脂柱，直至流出液中检查不到碘酸盐（IO_3^-）为止。此时树脂柱便可再次使用。

⑥ 碘析　碘析就是利用氧化剂将离子碘转化为分子碘的过程。解吸液的含碘量在 10%～13% 时，碘析效果最佳。

碘析操作方法：首先测定解吸液中碘的含量。加入工业浓硫酸酸化，加入量与碘的总量相当。加酸后，当温度降到室温时，分 3～5 次加入相当于碘量 0.2～0.5 倍的氯酸钾，结晶温度以 20℃ 为宜。在碘析过程中，应随时检查碘的氧化程度，以防止过氧化而使碘泥减少。当解吸液中含碘量降至 0.4% 以下时，用虹吸管将解析液放入碘析废水池中备用。结晶的粗碘，用清水清洗 2～3 次，除去多余的水分，将得到的粗碘再进行精制。

⑦ 精制　粗制碘因含有水分和其他杂质，纯度不高，因此需要精制。

精制的原理：将粗碘与浓硫酸共溶，利用浓硫酸会吸收水分、沸点高、会碳化有机物，并能氧化部分微量碘化物成分子碘的性质进行精制。

精制的操作方法是：将粗碘放入精制罐内，加入粗碘量 40%～50% 的工业浓硫酸，加热，待碘溶解后，停止加热。此时温度约 150℃。静置分层后，由精制罐的下部出料口放出液态碘，放入陶瓷罐内，加盖密封。置于通风橱内自然冷却，首尾放出的液体中恐混有硫酸，可与下批粗碘一起重新进行精制。

精制的块状碘经粉碎、检验合格后，装入棕色的磨口玻璃瓶中，以石蜡封口，放阴凉处保存。

2. 海带精粉加工

以干海带为原料制取海带精粉，最大限度地保留了海带中原有的营养成分，可直接添加到面包、调味品、饼干等食品中，以提高其营养价值和利用价值。

（1）工艺流程

原料处理→脱腥→干燥→粉碎→过筛→杀菌→成品

（2）操作要点

① 原料处理　原料处理包括原料的挑选、清洗和软化。挑选深褐色或褐绿色的干海带原料。在清洗过程中去除杂质、根部以及其他藻类夹杂物，去除海带的黄白边梢。洗净后的海带用有效氯浓度为 2mg/kg 的洁净饮用水浸泡 2～3h，以去除盐分并使其软化。

② 脱腥　将海带浸入 2％柠檬酸水溶液中 5～10min，以去除海带固有的腥味。然后用清水漂洗 2 次，去除残留酸液，并沥干。

③ 干燥　将沥干后的海带置于烘干机内，烘干 4h，采用分段干燥工艺，各段烘干温度和时间分别为：第一段 45～55℃，1h；第二段 55～65℃，45min；第三段 65～75℃，45min；第四段 75～85℃，1.5h。并保持空气流速 3m/s 左右，及时将烘干机内湿蒸汽排出，以提高烘干效率，使海带最终水分含量控制在 14％以内。

④ 粉碎、过筛　用粉碎机粉碎并直接过筛。如作为制造含碘药片的原料，则其颗粒要求 50％以上能通过 80 目标准筛；如作为食品添加剂，则要求全部通过 80 目标准筛。

⑤ 杀菌　将海带粉平铺成薄层，置于紫外灯下，距离不超过 2m，进行杀菌处理 1～2h，杀菌室内必须保持干燥，以免产品吸水返潮。

3. 褐藻胶的提取

褐藻胶是一种由碳、氢、氧等元素组成的多糖，主要存在于海带、马尾藻、巨藻等褐藻植物中。褐藻胶广泛应用于食品添加剂、药用、纺织和印刷等方面，因此褐藻胶的提取成为海藻精深加工的又一重要方向。

（1）工艺流程

原料浸泡→杂质处理→消化→过滤→凝析→脱水→中和→干燥→包装→成品

（2）操作要点

① 原料浸泡　原料浸泡的目的是使碘、甘露醇、钾等可溶性成分溶解出来，以利于提取褐藻胶。其中要注意藻体会大量吸水膨胀而影响浸出液的得率。

② 杂质处理　浸泡后的原料中大部分的可溶性物质已经溶于水中，但藻体中还含有褐藻糖胶、褐藻淀粉、色素等杂质，尤其是碱不溶性褐藻黏质物、色素等会影响产品的纯度和色泽。杂质处理方法主要有以下几种。

a. 水洗　水洗简单便捷，但不彻底。将藻体切成大小为 10cm 的小块，用逆流清水充分洗涤多次，直到附着在藻体表面的黏质物去除，而水质不再浑浊。

b. 甲醛处理　甲醛具有固定蛋白质和色素的作用，用甲醛时，藻体蛋白质变性，大部分色素被固定。同时，甲醛对藻体内的有机物质具有溶胀作用并能破坏和软化细胞壁纤维组织，从而在碱提取过程中有利于褐藻酸盐的置换与渗出。实际操作中用 0.5％～1.0％甲醛溶液常温下浸泡干海藻 4h 即可。

c. 稀酸处理　稀酸处理的目的是使藻体中的水溶性杂质进一步去除，但这种处理也会使需要的产物褐藻胶有不同程度的降解，因此在实际操作中以 0.1mol/L 的 HCl 处理 1h 为宜。

d. 稀碱处理　稀碱处理的目的是去除藻体中的色素和碱溶性物质。实际操作中将藻体进行浸泡，再以 0.03mol/L 的 NaOH 处理 4h 为宜。

③ 消化　褐藻胶在藻体内主要以褐藻酸钙的形式存在，还存在少量的铁、铝等不溶性

金属盐形式，消化就是将藻体内的不溶性褐藻酸盐转化为可溶性的褐藻酸盐的过程。在消化过程中加入 Na_2CO_3，其用量为藻体干重的 $0.8\%\sim1.0\%$，消化温度为 $60℃$ 左右，消化时间为 $3\sim4h$，最后消化成可溶性褐藻酸钠和难溶性碳酸钙沉淀。

④ 过滤　经消化后，得到的消化液是原海藻重的 $20\sim40$ 倍，是一种黏度很高的溶液，其中含有大量的可溶性褐藻酸钠以及其他不溶性物质。由于消化液黏度大，过滤不容易，因此生产上采用稀释、降沉和漂浮、精滤等方法进行过滤。

⑤ 凝析　经过消化过滤后得到的澄清胶液中褐藻酸钠的浓度仅为 0.2% 左右。凝析的目的首先是使其中水溶性的褐藻酸钠或褐藻胶转化为水不溶性的褐藻酸或褐藻酸钙凝胶。其次在凝析过程中又使水溶性无机盐、色素和杂质进一步去除。凝析方法主要有酸析法和钙析法。

a. 酸析法　酸析法是用无机酸作为凝析剂，常用的酸有盐酸和硫酸。酸加入后，除与褐藻酸钠进行反应外，大部分与胶液中多余碳酸钠反应生成二氧化碳气体，此时褐藻酸钠的凝析是借助二氧化碳的逸出上浮到液面与废酸分离。实际操作中每生产 $1t$ 褐藻酸钠，一般要消耗 $4.5\sim5.0t$ 浓盐酸或 $2\sim2.5t$ 浓硫酸。酸析法得到的凝胶要用清水洗净，目的是去除其表面残留的酸和杂质。

b. 钙析法　钙析法是用 $CaCl_2$ 作为凝析剂，钙析法得到的产物是不溶性的褐藻酸钙。钙析法比酸析法的得率要高 10% 左右，且钙析法得到的褐藻酸钙的纤维组织坚韧，弹性好，脱水容易。

如果采用钙析法生产褐藻胶则要进行脱钙处理。一般采用盐酸进行脱钙，使褐藻酸钙转化成褐藻酸。脱钙的方法有间歇式和连续式两种。实际操作中通常采用间歇式脱钙，即褐藻酸钙经一次酸洗 $40min$ 后，沥去废酸水，再加 3% 的盐酸酸洗 $20min$，最后用清水清洗一次，即可得到褐藻酸。

⑥ 脱水　经凝析得到的褐藻酸中含有大量的水分和盐酸、氯化钙、氯化钠等物质，去除这些物质有利于凝胶中和转化过程。将水洗后的褐藻酸凝胶先经螺旋压榨机，使凝胶含水量下降至 $75\%\sim80\%$，再经二次螺旋压榨脱水，得到凝胶的含水量在 70% 以下。

⑦ 中和　褐藻酸是一种性质很不稳定的天然高聚物，中和的目的是使性质不稳定的褐藻酸转化成性质稳定的褐藻酸钠。中和的方法有液相转化和固相转化。

a. 液相转化　将水分含量为 $75\%\sim80\%$ 的褐藻酸凝胶，经粉碎后与 90% 以上的酒精按照 $1:1$ 的比例投入反应罐，边搅拌边注入少量 4% NaOH 碱液，使 pH 趋于中性或微酸性，加入漂白液 NaClO，充分作用后，再慢慢加入 NaOH，使 pH 维持在 8 左右，不断搅拌，直至 pH 不变为止。

b. 固相转化　将水分含量为 $65\%\sim70\%$ 的褐藻酸凝胶与一定比例的碱经捏合机充分搅拌均匀。固相转化的条件是捏合转化均匀，呈色均一，胶样 pH 应介于 $6.0\sim7.5$，显黄绿色；纯碱应先通过 100 目的筛网。

⑧ 干燥　中和转化好的湿褐藻酸钠含水量在 70% 左右，必须进行干燥，使其水分含量降到 15% 以下，以利于长期贮存。

中和后的湿褐藻酸钠呈不规则的块状，先将湿褐藻酸钠进行造粒，使其成为大小均匀的颗粒，不仅美观，也有利于干燥。造粒后的褐藻酸钠采用沸腾床干燥器进行干燥，干燥时，水分不断被热空气带走，物料很快被干燥。用沸腾床干燥器进行干燥时进风温度控制在约

90℃，物料终温在约 70℃，烘干时间约为 20min。干燥后的褐藻酸钠应立即摊开，使其迅速冷却，以免长时间高温堆放而解聚。

4. 甘露醇的提取

甘露醇在海藻、海带中含量较高。海藻、海带洗涤液中甘露醇的含量分别为 2% 和 1.5%，是提取甘露醇的重要资源。

（1）工艺流程

原料浸泡→碱化→中和→浓缩→沉淀→精制→干燥→包装→成品

（2）操作要点

① 原料浸泡　海藻加 20 倍水，室温浸泡 2～3h，浸泡过程中不断搅拌，使海藻表面的甘露醇溶入水中。

一般浸泡套液用作第二批原料的提取溶剂，可套用 4 批。

② 碱化　取上述浸泡液用 30% NaOH 调节 pH 为 12 左右，静置 16h，凝集沉淀多糖类黏性物质。

③ 中和　虹吸上清液，用 1∶1 H_2SO_4 酸化，进一步去除胶状物，中和至 pH 为 6.0～7.0，得中性提取液。

④ 浓缩、沉淀　中性的清液用蒸汽（或减压）蒸发，既要保持沸腾蒸发，又要防止烧焦。清液浓缩到相对密度为 1.30～1.32 时，放料于缸内冷却到 60～70℃。再取上清液重新进行浓缩，加入 2 倍量 95% 乙醇，搅拌均匀，相对密度为 1.42～1.45 时，趁热离心除盐，浓缩冷却到室温，结晶，离心分离，得到灰白色松散沉淀物，即甘露醇粗制品。

⑤ 精制　将甘露醇粗制品用 0.9 倍的水稀释，加热使其溶解，保持沸腾 5min 左右，放冷结晶，得到第一次重结晶物。取此样品再溶解于适量蒸馏水中，加入 1/10～1/8 倍量活性炭，保温 0.5h，在 80℃ 左右减压过滤得滤液。滤液冷却到室温得结晶，离心分离洗涤得到精品甘露醇。

⑥ 干燥　结晶甘露醇于 90～105℃ 烘干。

二、琼胶的加工

琼胶也称琼脂，又名洋菜、冻粉、燕菜精、洋粉、寒天，是从石花菜、江蓠、紫菜等红藻中提取出来的一种多糖混合物。琼脂在食品工业应用中具有极其重要的作用。琼胶是热可逆性凝胶，加热时融化，冷置时凝固，能重复进行，凝固点一般在 35～43℃，熔点一般在 80～95℃，熔点比凝固点高 45～50℃，具有凝固性、稳定性、能与一些物质形成络合物等物理化学性质，除作胶冻直接食用外，还可用作凝固剂、悬浮剂、乳化剂、保鲜剂、缓泻剂、赋形剂、生物培养基、对流免疫电泳和色谱分析载体。

1. 石花菜中琼胶提取工艺流程

原料处理→煮胶→过滤→凝胶→切条→冻结→脱水→干燥→成品

2. 操作要点

（1）原料处理　将原藻石花菜用水洗后，日晒 5～6d，每天用清水喷淋 3～4 次。对于杂质较多的原料可以采用 30%～40% 的氢氧化钠处理 5～7d；0.2%～0.3% 的硫酸在 30℃ 处理 8h，充分水洗去除处理后的酸、碱。必要时可以采用漂白剂使之漂白，之后用清水浸泡，除去附在藻体上的沙粒等杂质，再放入水池内充分水洗，捞出晒干备用。

（2）煮胶　用密闭的不锈钢夹层锅将石花菜、水和其他物料投入锅内，在一定蒸汽、压力、时间等技术条件下进行提取，加水量为琼胶量 1% 以上。

（3）过滤　将胶液趁热进行粗滤和精滤，澄清的滤液可以进行凝冻，滤渣进行第二次提取，提取后用同样的方法过滤，合并滤液。

（4）凝胶　将过滤后得到的胶液泵入凝胶槽中，静置自然冷却 4～6h，使胶液完全凝结成胶冻，先切成大条，再用推条器切成细条。

（5）冻结　将胶冻细条放入盘内，先在 0～7℃ 的条件下预冷 6～7h，再置于 -15～-10℃ 的冷库中冻结 10～20h，使之冷透为止。

（6）脱水　脱水的方法有冻结融化脱水和压榨脱水。将冻结成块的胶冻细条放在日光下或用自来水冲洗解冻，再将解冻后的胶冻条压榨脱水，通过烘干（温度小于 70℃）除去其中多余的水分。

（7）干燥　可采用日晒、热风干燥、低温干燥、喷雾干燥、红外干燥等方法，干燥后的琼胶含水量为 6%～8%。干燥后即得琼胶产品。

三、卡拉胶提取

卡拉胶也称鹿角菜胶或角叉菜胶，是从海洋植物红藻中提取的天然多糖亲水胶，一般为白色或淡黄色粉末，无臭、无味。卡拉胶形成的凝胶是热可逆的，即加热凝胶融化成溶液，溶液冷却时又能形成凝胶。卡拉胶的水溶性很好，在 70℃ 就开始溶解，80℃ 则完全溶解。卡拉胶的稳定性非常好，即使长期放置也不会降低其凝胶强度和黏度，在中性和碱性溶液中即使加热也不水解。卡拉胶与魔芋胶、刺槐豆胶等胶体共同使用，可发挥显著的协同增效作用，能明显改变其凝胶性，使凝胶富有弹性和保水性。卡拉胶是一种良好的凝固剂、黏合剂、稳定剂和乳化剂，由于其特性往往在很低的浓度时就能表现出来，因此，卡拉胶在食品、医药、日用化工、生物化学、建筑涂料、纺织印染和农业等方面的用途十分广泛，在食品工业中作为胶凝剂、增稠剂、稳定剂、悬浮剂和澄清剂，可用在软糖、果冻、火腿肠、肉罐头、冰淇淋、饮料、调味品、牛乳、仿生食品、果酱、羊羹、啤酒、面包和宠物食品等产品中；在医药工业中可作为药物悬浮剂、分散剂，还可以用来制造胶囊等产品；在日用化工品中可用在牙膏、洗涤剂、化妆品和空气清新剂产品中；在生物化学上可用作微生物载体和固定化细胞载体等；在其他方面，可用作涂料工业水基油漆的增稠剂、陶瓷釉料的增稠剂、水彩颜料增稠剂、石墨悬浮剂等。目前，我国主要是从东南亚国家进口麒麟菜作为原料来提取卡拉胶，生产的纯卡拉胶产品分别为 Kappa 型精制品、Kappa 型粗制品和 lota 型粗制品三种，具有高纯度、强度高、析水量少、性能稳定等特点，得到了国内外市场的普遍认可。

1. 工艺流程

原料处理→碱处理→水洗→熬胶→过滤→凝冻→脱水→切条→干燥→粉碎→包装

2. 操作要点

（1）原料处理　将晒干的麒麟菜先用水洗，以除去其中的砂石、盐分及其他杂物。

（2）碱处理　将洗净的麒麟菜投入浓度为 5% 的 NaOH 溶液中，加热到 90℃，保温 1h，再用水反复洗涤，直至其为中性时为止。

（3）熬胶　将经碱处理过的麒麟菜投入熬胶锅，加入干原料量 50 倍的水，加热到 90℃ 保温 1h，胶液 pH 应在 6.5～7。

（4）过滤　趁热将上述胶液过滤，采用板框式过滤机，除去其中的残渣。过滤后的胶液必须澄清。

（5）凝冻　将上述过滤液加入凝固剂，充分搅拌均匀后静置，等到胶液自然冷却后，胶液即成为胶冻状态。

（6）脱水　脱水方法采用压榨脱水，然后通过切条机切成细条。

（7）干燥　可采用日晒、热风干燥、低温干燥、喷雾干燥、红外干燥等方法，干燥后的卡拉胶含水量为 $6\%\sim8\%$。干燥后粉碎后即得卡拉胶产品。

四、螺旋藻粉加工

在中国境内基本上所有的螺旋藻干粉都是人工养殖的，许多螺旋藻食品都是以螺旋藻干粉为原料加工而成的，因此螺旋藻干粉的加工是螺旋藻产业中的重要环节。

1. 工艺流程

鲜螺旋藻体→采收→洗涤过滤→干燥→整理包装→藻粉

2. 操作要点

（1）采收　螺旋藻体及培养液捞出后，用筛过滤，去除培养液，得到螺旋藻藻泥。

（2）洗涤过滤　螺旋藻采收后，得到的藻泥在滤框内冲洗，利用重力自然脱水。筛网可用尼龙筛绢或不锈钢丝网（一般为 300 目左右）。洗涤过滤后藻体含水量为 $90\%\sim95\%$。由于螺旋藻培养液是比较黏稠的，为了加快过滤，并减少各种污染，可采用真空吸滤机，增加洗涤强度。洗涤水要达到生活用水标准。

（3）干燥　目前在国内外螺旋藻行业中使用的干燥设备主要有真空干燥机、冷冻干燥机及喷雾干燥机等设备，工业上主要采用喷雾干燥机。喷雾干燥机还有离心喷雾干燥机和压力喷雾干燥机两大类型。进料水分含量为 $90\%\sim92\%$，出料水分含量为 $\leqslant7\%$，干燥温度为 $130\sim160℃$，时间 $\leqslant10s$。若经过均质化或胶体磨均质后干燥，则干燥效果更好，产品粒度也更均匀。

（4）整理包装　由于螺旋藻生产的特点以及加工出来的藻粉产品的物理指标不能完全一致，所以为了确保质量，必须对产品进行整理、调配。整理调配方式是分级、混合、包装及贮存。整理车间卫生应该符合食品安全标准，避免由于车间原因给藻粉带来二次污染。如用作药品原料，还需经过辐射杀菌或紫外线杀菌。

✿ 加工实例 ▬▬▬ 常见海藻制品加工 ▬▬▬

一、传统海藻制品加工

海藻的传统加工技术主要是对采后的海藻进行简单处理，如清洗、整理、干燥（晒干/烘干/冻干）或热烫或腌制等。

1. 紫菜饼加工

紫菜是一种很好的食用海藻，可以开发成各种不同类型的休闲食品，如即食海苔、紫菜酱、紫菜饮料、凉拌紫菜小包装等，可以与其他产品制作成各种紫菜食品，如紫菜饼干、紫菜方便面。传统的方法就是做成紫菜饼或散紫菜。

(1) 工艺流程

① 人工制饼紫菜

原料采收→除杂→海水清洗→淡水去盐、切菜→脱水→制饼→干燥→剥离→挑选分级→包装→贮藏

② 机械制饼紫菜

原料采收→除杂→海水清洗→淡水去盐、切菜→调浆→制饼→脱水→干燥→剥离→挑选分级→包装→贮藏

(2) 操作要点

① 鲜紫菜采收和处理　采收原藻必须根据紫菜的生长状况决定，以傍晚或第二天清晨时采收最好，因为此时紫菜经光合作用后，叶体生长、细胞充实，营养充足，光合作用的初期产物积蓄最多。由于紫菜采收后一两天之内仍在进行呼吸作用，在附着细菌的繁殖和酶的作用下，使堆积紫菜内部温度升高，引起藻体死亡，继而腐败变质。因此通过海水暂养池或晾架暂存的办法使原藻内部的温度下降，以保存 3～6h 内进行加工，加工后制品的质量较好，而保存 24h 以上再进行加工，则加工品质明显下降，原藻开始出现死亡，开始流红水。头水的紫菜由于比较细腻不适合用手抓采收，一般采用剪刀采收，二水以后的紫菜一般采用手抓采收。

② 剪菜与清洗硅藻（除杂）　将鲜紫菜放到刮板旋转式洗菜机中或流水道式清洗池中，用清海水冲刷洗涤，除去菜上附着的泥沙、杂质、杂藻等。幼嫩的早期紫菜一般不必洗很长时间，只要十几分钟即可；中、后期收割的紫菜较老，并附有很多硅藻，初洗的时间可延长些，一般需要清洗 30min 左右，这样还有利于藻体的软化。紫菜表面附着的硅藻，容易导致产品出现白色斑点，不仅影响外观，食用时还具有涩味。因此处理方法主要有：a. 经过高速离心脱水后，于−20℃保存 48～72h 后，再洗净加工，其颜色和光泽显著提高；b. 用 1.2%～1.5%碳酸钠处理 30min 后，再用切菜机搅洗，可以清洗除去大部分硅藻。

③ 海水清洗　养殖紫菜对淡水的抵抗力一般较差，用淡水处理的时间越长，对色泽的影响和氨基酸等呈味成分的流失就越大，因此在切菜之前应先用清洁的海水进行清洗。

④ 淡水去盐、切菜　用清洁的淡水漂洗脱盐 1～2min，并通过滤网沥水，需引起注意的是，用自来水洗会导致紫菜中氨基酸、糖等营养成分的损失，并影响紫菜叶状体的光泽和易溶度。清洗完后若使用机械切菜，切菜机刀口的锋利程度对产品质量影响较大，如果刀口不锋利，可能导致藻体在切菜过程受挤压，细胞受损，增加碎细胞数量，营养成分流失，外观变差，制品等级下降。

⑤ 制饼　制饼有手工制饼和机械制饼两种。采用连续制饼机通过调浆、制饼、脱水三步工序，制成的紫菜饼大小一致，厚薄均匀，定型牢固。制饼用的水质要求不含硫化物、铁等，温度应控制在 5℃左右。制饼后应立即干燥，以免影响颜色、光泽以及氨基酸和游离糖含量。

⑥ 脱水　脱水包括自然脱水和机械脱水两种。手工制饼的紫菜，先用高速离心机沥出水分，再根据紫菜重量要求将紫菜放置在设定的模具中完成紫菜的制饼，将制好饼的紫菜进行烘干或晒干。机械法通过紫菜浓度调和机，将切好的紫菜根据重量要求调好浓度，通过机械浇筑的办法进行制饼，通过海绵挤压和真空吸水的办法进行脱水，通过吹气的办法来使紫菜蓬松。脱水时间要适当，过短不利于干燥，过长会造成黏着力减弱，使菜饼边缘易生浮边，干燥后菜饼起毛，影响光泽和质量。

⑦ 干燥　干燥有日晒干燥和机械烘干两种。如果采用机械烘干方式，将脱水后的菜饼和菜帘一起放入烘干机内烘干，温度控制在 40～50℃，从原料入口到成品出口的运行时间一般为 2.5h 左右，一般幼嫩的紫菜干燥温度可低一些，时间可长一些，而老的紫菜则相反。若要长期保存，则必须经过两次烘干，烘箱内温度从 40℃ 上升到 60℃，烘干 2～3h，制品含水量下降到 3％左右。

⑧ 剥离　经过烘干的紫菜饼，仍黏附在紫菜帘上，需要冷却 5～10min，稍微返潮至不脆时剥菜。要注意轻拿、轻放、细剥，以免破碎降级。

⑨ 挑选分级　干紫菜的商业价值由四项指标进行判定：色泽、水次、张型和干度，最重要的是通过烤烧来判断其质量的优劣（俗称烤色），而企业一般都是根据干紫菜的色泽、水次、张型和干度来进行选别分级的，对于混有硅藻和绿藻等杂质的紫菜要另行确定等级，剔除混有沙土、贝壳、小虾和其他碎屑的紫菜，挑出有孔洞、破损、撕裂和皱缩的干紫菜。

⑩ 包装与贮藏　采用密闭性能好的塑料袋，快速包装，贮藏于干燥通风的仓库中。

2. 散紫菜加工

根据生产需要，部分紫菜可加工成散紫菜，其方法是：将采收来的紫菜洗净晒干或烘干即可。

3. 淡干海带产品加工

由于新鲜海带含水率为 90％，海带含有蛋白质、无机盐等多种成分，有利于微生物的生长繁殖，成为海带贮藏过程中发生腐烂变质的根源。因此，采用干燥与盐干方法，减少海带的水分含量，减少水分活度，对于海带的保存是有很大意义的。目前直接用作食品的海带产品主要有淡干海带、海带丝、海带结、盐干海带等产品。下面介绍淡干海带产品的加工工艺。

（1）工艺流程

采收→干燥→腌蒸→卷整→二次腌蒸→展平→整形→切断→包装

（2）操作要点

① 采收　选择晴天，采收鲜嫩、饱满的海带。

② 干燥　上午 7～8 点将海带按根部或者尖部朝同一方向平摊在晒场上，11 点进行翻晒；到下午 1 点左右将海带摆成一圈，根部在外、尖部朝内，以便用草席对尖部及边部遮阴；下午 4 点半左右，根部就会晒成八成干，水分含量 20％～25％，尖部达 15％左右，即可进入腌蒸室。

③ 腌蒸　在腌蒸室内铺上一层草席，将海带整齐堆放在上面，再盖上一层草席，适当开窗，保持室内湿度 80％左右，腌蒸 2d。腌蒸的目的是使海带各部位、内外干燥均匀，水分基本一致。

④ 卷整、二次腌蒸　将腌蒸变软的海带从根部开始卷好，进行二次腌蒸 2d，使根部和尖部水分趋于一致。

⑤ 展平、整形　将二次腌蒸后的海带展平，剪去黄边、枯叶，用两层木板压住，将展平海带定型。

⑥ 切断、包装　包装时应根据产品规格要求进行包装，淡干海带分内销和出口两种。对于出口淡干海带标准，其规格以藻体长度分为两种：代号"F"，藻体长 70～90cm；代号"FF"，藻体长 110cm（其中平直部分不少于 70cm），藻体最宽部不小于 10cm，藻体剪断宽度不小于 5cm。包装及重量，每件净重 20kg，采用压缩件纸箱包装，海带成品先经打件成

型，成品海带打件时，务必保证海带干燥度，预防受潮。

（3）影响海带干燥效果的因素　①水分分布；②空气湿度；③空气温度；④空气流动速度；⑤翻动海带：可增加干燥面积，加快热量传递，还可使水分分布均匀；⑥晒场的环境：要空气流畅、附近没有污染源。

4. 脱水海带丝加工

（1）工艺流程

原料→海水洗涤→热烫（95～100℃）→冷却→半干燥（晒或烘）→切丝→干燥→挑选→称量包装→检验→成品

（2）操作要点

① 原料挑选和洗涤　选择品质优良的新鲜海带，成熟度适宜，鲜嫩，无污染，且大小均匀。所选原料应未含孢子体，或少含孢子体，外表呈棕褐色，无病虫害，剔除已受损和已腐烂海带。挑选后的海带用清洁海水清洗，去除表面黏附的泥土、沙石污物、杂质等。连续生产应采用流动海水清洗。

② 热烫　把洗净的海带放入沸水池里（95～100℃），热烫 1～2min，使海带呈绿色。要求放入池中的速度要快，并使海带全部浸入水中，使热烫均匀。目的是对新鲜海带进行灭酶，防止加工中变色。

③ 冷却　将热烫后的海带迅速冷却，冷却速度越快越好，可采用流动水冷却，防止冷却水的温度过高。

④ 半干燥　将冷却后的海带及时干燥，可将海带吊晒在向阳通风处晒至半干，以不粘手为宜。

⑤ 切丝　半干海带除去不合格部分后，按需要切成 3～5mm 宽度的海带丝。切丝时，要注意投料均匀，刀具锋利，减少组织破碎，提高原料的利用率。

⑥ 干燥　可以采用日晒或者烘干设备进行干燥，但要求干燥速度较快，防止氧化作用破坏色素。

⑦ 挑选　产品质量要求外观呈深绿色，剔除杂质、变色等不合格的海带丝。

⑧ 称量包装　按产品净重要求进行称量，采用复合食品袋包装，包装过程中严防吸潮，严防杂质混入。

⑨ 检验、成品　产品按规定进行抽样检查。产品质量要求为：产品为外观呈深绿色、卷曲状干燥海带丝，复水后呈翠绿色，宽度均匀，不含黄白边梢、杂质及泥沙，具有海带食品固有气味，无异味。该产品卫生干净，保持了海带丰富的营养成分，外观呈绿色，产品水分含量低，易于运输和保藏。

5. 裙带菜盐渍加工

裙带菜收获后加工方法有多种，可直接加工成淡干品，也有冷冻加工，还可以加工成盐渍制品。

（1）工艺流程

收获与选菜→热烫→冷却→一次脱水→拌盐→漂洗→二次脱水→成品选别→脱水包装→入库保存

（2）操作要点

① 收获与选菜　裙带菜收获期一般在 3～4 月间，观察其基部两侧生长出一定大小的孢子叶时，即可收割。过早收，虽藻体鲜嫩，但藻体小，鲜干比大。过晚收，虽鲜干比小，产量高，但藻体老化不符合出口标准。因此，在生产中把握适宜收获期非常重要。在海上收割

裙带菜后，最好用罩布遮盖，防止日光照射，避免沾入淡雨水，迅速运至工作间，鲜裙带菜收割后很短时间内就失去其特有的海藻风味，而且色泽退化，称之为软化现象，其结果是纤维组织遭到破坏而导致腐烂，因此，一般由人工切去根部、耳朵，用洁净的海水冲去菜体表面的泥沙杂质、杂物，充分沥水后，在5℃下贮藏。

② 热烫　烫菜时要使水保持沸腾，裙带菜一次投放数量不宜过多，菜与水的比例以15kg∶300kg为宜。热烫时间嫩叶为25～40s，热烫温度为90～95℃。一般在热烫过程中要搅拌均匀，热烫时间过短，菜体不熟；热烫时间过长，菜体软化，没有弹性。

③ 冷却与脱水　热烫后应迅速冷却，使其凉透。在冷却过程中，也要充分搅菜，使之冷却充分，以防残热留于菜体中，造成变色变质等。冷却后装入带孔的周转箱内，放在压力脱水机中，脱水15～30min，脱水至水分含量为30%～40%即可。裙带菜热处理后呈现绿色，类胡萝卜素减少，叶绿素在细胞中的油状物质内溶呈绿色。新鲜裙带菜在40℃左右开始变为绿色，70℃以上瞬间就呈绿色。冷却的目的是控制和加速菜体色素转化，得到鲜绿富有弹性的产品。

④ 拌盐　裙带菜盐渍加工的关键除要把握烫菜时间外，还要掌握用盐量。凉透的裙带菜应马上进行脱水，及时拌盐，加入30%～35%的盐，用拌盐机充分搅拌均匀后，投入腌菜池中，盐渍时间在48～52h，测腌菜池四角，盐水浓度应在21～23°Bé，若低于此浓度，应继续加盐。盐渍过程中，应在菜体上加布帘等遮盖物，防止日光照射。

⑤ 漂洗、脱水　漂洗的目的是洗净附着在菜体上的残盐和杂质。盐渍后，用饱和盐水洗去菜体表面杂藻、杂质等，放入脱水池中，上加盐袋或重物，脱水2～4d。脱水到含水量达到65%以下。

⑥ 包装贮藏　经检验合格后进行包装，包装时根据产品质量要求，茎叶分离包装，然后入库保存，库温不得超过10℃，因为裙带菜黑褐素在空气中慢慢氧化，呈橙色，而低温可以控制其变色。

二、新型海藻制品加工

新型海藻食品加工技术主要是采用新技术、新工艺将海藻加工成净菜、调味的即食产品、软包装或者是罐头产品等。

1. 调味生海带的加工

传统的海带多为干制品即棕色的干海带，由其加工出的海带丝为棕黄色的制品。近几年出现一系列新型的生海带加工，如海带结、海带风味即食食品、调味海带丝等。

(1) 绿色海带结加工

① 工艺流程

生鲜海带处理→挑选、洗涤→热烫→切片→腌制→手工打结→成品包装

② 操作要点

a. 挑选、洗涤　刚从海里收割的海带，去根去梢，然后放入洗菜机中用海水清洗，洗去表面杂质和黏附藻类，洗净后沥水。

b. 热烫　热烫的目的是杀灭其中的酶并使海带保持鲜绿色。将经过滤和澄清后的稀碱液（0.01%的NaOH溶液）煮沸之后，投入沥水后的海带，沸腾状态下浸没烫漂5～10s，立即取出放入流动的自来水中冲洗冷却，此时鲜海带由原来的褐黄色变为墨绿色或

翠绿色。或采用盐水热烫，经洗涤后的海带用 3% 盐水在 80～100℃ 下浸烫，呈鲜绿色即捞出冷却。

c. 切片、腌制 将海带切成 2cm（宽）×12cm（长）的长方片，加入相当于海带质量 20% 的盐。腌制时一层盐一层绿海带片。

d. 手工打结 腌制 4～5h 后，将海带片人工打结，结系在中间，其形状类似领结。

e. 包装 将海带结装袋，每袋 250g 或 500g，装箱内衬塑料，每箱重约 10kg。加工后的海带结色泽鲜绿，由于其含有较高的盐分，故可以长期保存食用。食用时放入热水中浸 20min，除去部分盐分后，即可食用。

（2）糖醋渍原色生海带加工

原色生海带的加工主要以在产地采收生鲜海带为原料，经软化处理，可制成多种风味的生海带腌渍品，如糖渍、醋渍等。

① 工艺流程

海带采收→拌盐→切片（丝）→清洗脱盐→软化→浸渍→包装贮藏

② 操作要点

a. 海带采收、拌盐 选择鲜嫩肥厚又富有光泽的海带为原料，去根、去梢，清洗后拌盐防腐，并压上重物脱水 4～5d，然后置于 −5～0℃ 低温处保藏。

b. 切片（丝）和脱盐 可以采用先切片（丝）后清洗脱盐或者先清洗脱盐后切片（丝）两种方法。将经上述处理的海带，按所需尺寸切成片（丝），然后用清水洗净，以流动的自来水脱盐 20～60min，捞出沥水后备用。或采用另一工艺，先洗净，再以流动水脱盐，沥干水分后切丝，于 0～5℃ 保存。

c. 软化 将切断的生海片（带）丝浸泡于 20℃ 的软化液中进行软化处理。

软化液的配方为：水 100mL，谷氨酸钠 12～20g，甘氨酸 12～20g，碳酸钠 4～8g。浸泡软化海带浸渍后捞出，在 5℃ 以下自然沥水约 6h，使软化液充分沥干。

d. 浸渍 将软化处理过的海带浸渍在配制的各种调味液中 3d 以上，即可以得到不同风味的生海带食品。两种不同调味液的配方见表 9-1、表 9-2。

e. 包装贮藏 包装封口后进行杀菌贮藏。

表 9-1 朝鲜风味调味液配方

名称	添加量	名称	添加量	名称	添加量
生海带	18kg	大蒜	240g	虾皮	360g
酱油	120mL	生姜	120g	食盐	300g
水	600mL	大葱	1200g	液糖	600g
洋葱	960g	酿醋	1200mL	天然香味料	420g
辣椒粉	360g	砂糖	600g	混合液 pH 调整为 4.0	

表 9-2 甜醋渍液配方

名称	添加量	名称	添加量	名称	添加量
水	850mL	苹果酸	32g	麦芽糖	630g
酱油	360mL	延胡索酸钠	54g	谷氨酸钠	72g
氨基酸液	540mL	酿醋	540mL	天然调味料	3.6g
醋酸	28mL	砂糖	360g	柠檬酸	36g

（3）海带猪肉灌肠加工

① 工艺流程

原料肉的选择→预处理→腌制→绞碎

海带原料→预处理→泡发→高压蒸煮→冷却→打浆→海带浆→制馅→灌肠→捆扎→扎眼→煮制→冷却→成品

② 操作要点

a. 海带浆的制作　选择符合国家标准的淡干一级、二级海带，用 40～50℃的水泡发 3h，再用高压锅蒸煮 10min，压力为 0.15MPa，煮好后进行冷却，然后在打浆机中加水打浆，海带量与加水量的比例为 1：2。

b. 原料肉的选择和处理　猪瘦肉应选用大腿肉及后臀肉，除去结缔组织。肥膘选用皮下脂肪，瘦肉与肥肉的用量比为 4：1，此时灌肠的风味、组织状态、切片性最好。将瘦肉顺肌肉纤维组织切成小肉块，加精盐 3.5%、硝酸钠 0.05%，搅拌均匀后装入容器进行腌制；脂肪切成 5～7cm 宽的条，加精盐量与瘦肉相同，不加硝酸钠，腌制温度为 10～14℃，腌制时间为 72h，然后将腌好的瘦肉和肥肉一起绞碎，再放入斩拌机中斩拌 5～8min。

c. 制馅　以 100kg 猪肉计（瘦、肥肉质量比 4：1），加海带 17kg、淀粉 17kg、精盐 4kg、味精 90g、其他调配料（胡椒粉 90g、大蒜末 300g、豆蔻粉 90g、桂皮粉 60g），将上述原辅料一起放入拌馅机中混合均匀。

d. 灌肠、捆扎　选用猪小肠衣或人造肠衣灌制，每节长 18～20cm。

e. 扎眼、煮制、冷却　用细针在肠体上扎眼，以免煮制过程中肠衣破裂，煮制时水温为 92℃时下锅，控制温度 80℃左右煮制 30～40min，出锅后挂在通风处冷却后即为成品。

f. 成品包装　将合格成品用塑料袋包装后装箱。海带营养灌肠产品具有海带清香味，且富含碘。

（4）调味快餐海带丝加工

① 工艺流程

原料选择→整理清洗→软化→切丝烫漂→蒸煮→浸渍调味→烘干→包装→杀菌→成品

② 操作要点

a. 原料选择　选择鲜嫩肥厚又富有光泽的海带为原料，也可以用干海带水发后使用，干海带选择符合国家标准的淡干一级、二级海带，水分含量 20%左右。

b. 整理清洗　将海带的根部和不可食用部分去除，用海水清洗表面污物，清洗后的海带控制水分含量，避免海带吸附太多的水分，同时尽量减少营养物质的流失。

c. 软化　洗净的海带先浸泡于 2%的醋酸溶液中 20min 进行软化。软化后将海带放入水中反复冲洗，再放入 1%～2%的小苏打中和酸 15～20min，最后将海带放入水中反复冲洗，并在冷水中浸泡 1～2h。

d. 切丝烫漂　软化的海带采用横切法切成 2mm 宽、8cm 长的细丝，在水中烫漂 2～3min，取出后冷却。目的是杀死海带表面微生物，同时使新鲜海带煮熟。

e. 蒸煮　对于干燥水发海带，应采用蒸汽干煮 30min，取出备用。

f. 浸渍调味　按配方调好调味料，并加热煮沸 30min，然后将煮过的海带丝倒入调味料液中浸泡 2～3d。

酸辣调味料配方：按鲜海带每 1kg 配精盐 20g、酱油 40g、白糖 100g、白醋 40g、味精

40g、辣椒粉 15g 及生姜、芝麻各适量。

五香海带丝调味配方：鲜海带 1kg、酱油 15g、食盐 5g、料酒 10g、白糖 5g、味精 0.5g、香料汁（配方：八角 8g、花椒 5g、生姜 10g、桂皮 6g、清水 100g）20g、凉开水 400～500g。

g. 烘干　从调味料中取出海带晒干，70℃烘干，至海带丝含水量在 25% 左右。

h. 包装、杀菌　脱水后的海带丝按照风味和重量进行包装，包装后蒸煮杀菌。

③ 质量要求和产品标准　调味海带丝是用开水冲烫后直接入口或用作调拌凉菜，因而对其卫生指标要求比较严格。感官指标要求：色泽为绿色、褐色；组织形态要求形状较均一；滋味为咸甜适宜，口味正常；无泥沙杂质。理化指标要求：水分≤29%；盐分≤20%。微生物指标要求：细菌总数≤3000 个/g；大肠杆菌群≤30 个/100g；致病菌不得检出。

(5) 海带保健酱油加工

① 工艺流程

豆饼→粉碎→润料→麸皮→混合→蒸煮→降温→接种→通风→成曲

海带根、海带→洗净→粉碎→蒸煮→制曲→成曲拌盐水→入池→发酵→保温→发酵成熟酱醅→浸泡淋油→配制→灭菌→沉淀→检验→包装→成品

② 操作要点

a. 原料　豆饼、麸皮、海带、海带根、食盐、3951 米曲霉、黑曲 1 号菌种。

b. 大豆处理　豆饼粉碎后，先送入罐内加水润料 30min，再加麸皮拌和，转动蒸料罐，使豆饼与麸皮拌和均匀，豆饼与麸皮的配比为 60∶40。然后加压蒸煮（0.2MPa），时间 15min（蒸料前首先排除罐内的冷空气），使蛋白质原料达到适度变性。最后放气，打开水力喷射器，降温后接种，风送料入曲池，保温培养。

c. 海带蒸煮　取 1.5kg 干海带，洗净、除沙、切碎，在夹层锅中加水 100kg，加热到 60℃后，并将 pH 控制在 5～6，恒温加热 4h，这样可以使海带中的碘、甘露醇和氯化钾等大部分物质溶出。热水温度不宜太高，否则藻体中的碘等无机营养元素容易被水中的溶氧性氧化剂氧化而升华；但温度太低，又会延长浸泡时间，使浸泡不完全或被杂菌污染。在恒温加热期间要不断搅拌以使浸提充分，将浸提液冷却后过滤，即可得到较为黏稠的浸提液。

d. 通风制曲　采用蛋白酶、糖化酶菌种混合制曲。其中混种制曲的比例为：3951 米曲霉为 4/5，加 1/5 的黑曲 1 号。原料蒸煮要熟，不夹心，使蛋白质适度变性，淀粉质达到糊化程度；曲料水分相对要大，熟料水分一般掌握在 47%～50% 为好；熟料入曲池后，要及时控制品温 30℃左右；制曲过程中，要及时通入新鲜空气，并保持室内的相对湿度。

e. 保温发酵　将黏稠的浸提液及盐水（盐水拌入量为总原料的 1.5 倍）拌和均匀入发酵池发酵。入池后 3d 内严格控制酱醅温度在 42～45℃，以利于蛋白酶和淀粉酶在较适宜的温度下进行酶解。采用固态低盐发酵，发酵周期为 20d，发酵中期可倒池 1 次，以便酱醅上下发酵均匀，成熟酱醅为枣红色。

f. 浸泡淋油　酱醅成熟后移入淋池，加入 95℃以上的二淋油浸泡 8h 后放淋为头油。头油放完后加 90℃以上的三淋油浸泡 4h 后放淋为二淋油，再加 80℃以上的清水浸泡 2h 后放淋为三油。

g. 配制　浸泡头油时勾兑八角、茴香、花椒等调味料，头油经加热灭菌、沉淀，检验合格后为成品。海带保健酱油的品质要求：红棕色，有光泽不发乌，有特殊的酱香味和酯香味，无其他不良气味，滋味鲜美，澄清，浓度适当，无沉淀物，无霉花浮膜。

h. 灭菌　加热灭菌，以杀灭产品中的微生物，延长保质期。

③ 质量要求　色泽为棕褐色或红褐色；酱香气浓，口感鲜美，稍有甜味，味醇厚；不浑浊，无沉淀，无霉花，符合国家酱油酿造标准。

2. 即食海苔（紫菜）加工

（1）工艺流程

```
                          涂料混合
                            ↓
干紫菜→第一次烘焙→涂料→第二次烘焙→冷却→包装→成品保藏
```

（2）操作要点

① 原料　选择空洞小、片张整齐的干紫菜。因空洞较大或片张破损的干紫菜易造成机器光电感应失灵，因此，不适于做调味紫菜（调味海苔）或烤紫菜（烤海苔）。

② 涂料混合　涂料由辣油和混合调料组成，将两者混合均匀可得涂料，以涂 10 张正反面为例，配方如下：

a. 辣油（5mL）→煮热→单甘酯溶解；

b. 水→加入琼脂煮沸→搅拌→加入其他调料→混合均匀。

其他调味料：盐 7g，糖 20g，$5'$-肌苷酸钠＋$5'$-鸟苷酸钠（I＋G）0.6g，水 18g，明胶 1g。

③ 第一次烘焙　第一次烘焙时间为 38s，烘焙温度为 145～155℃。烘焙后的产品稍有红斑、色绿、有熟味，平整度好。根据需要海苔分为调味和不调味两种，调味后再烤制的海苔称为调味海苔，一般为即食产品；不调味的海苔称为烤海苔，一般用于卷寿司等。

④ 第二次烘焙　把刚涂过味的紫菜放在传送带上，进行第二次烘焙，烘焙的温度同第一次烘焙，时间为 69～79s，烘至海苔干燥、质地有良好脆性。

⑤ 冷却、包装　冷却的调味即食海苔应立即包装，防止返潮而使成品失去脆性。根据包装进度，可放置在保温干燥箱中暂放。

3. 裙带菜酒的加工

（1）工艺流程

原料选择处理→提取→加糖和酵母→发酵→成熟→检验包装

（2）操作要点

① 原料选择处理　选择裙带菜干，切碎后浸泡在水里，去除盐分和杂物等，经沥水后进行提取。

② 提取　将处理后的裙带菜放入 pH4.0（乳酸调节）的热水中，加热至 90℃，维持 8h，其间不断搅拌、冷却、过滤。经过提取后，提取液中含有丰富的钙、钾、碘等无机成分和各种多糖类。

③ 发酵　调节提取液的 pH 使之大于 8.0，加入 1kg 葡萄糖和 20g 左右的清酒酵母以及微量元素，在 15℃ 发酵，发酵不足时可以补加糖类及酵母继续发酵，发酵近完成时，加入糖类，以提高成品的含糖量，待澄清后进行过滤。

④ 成熟　发酵液放在 5℃ 的环境中，贮藏 8 个月使其成熟。

⑤ 检验包装　检验成品的卫生指标，对合格产品进行包装。产品质量要求酒精含量为 11%，糖含量 8%，具有浓郁的果酒芳香味。

4. 螺旋藻挂面加工

(1) 工艺流程

添加剂、水
↓
面粉、螺旋藻→和面→熟化→压延→切条→干燥→切断→包装→成品

(2) 操作要点

① 原料　特二粉100kg，干燥粉状螺旋藻1kg，水32kg，纯碱150g，盐2kg，β-环糊精0.8kg，没食子酸丙酯5g。

② 和面　定量称取面粉和螺旋藻粉，先在和面机里混合均匀。将添加剂溶于水中，应加入面粉中去。加水量为32%，水温以25～30℃为宜，和面时间约为12min。使面团吸水充足，成小颗粒豆腐渣状。湿度均匀，色泽一致，手捏成团，搓动时能松散成颗粒状。

③ 熟化　和好的面团要静止放置或低速搅拌，熟化15min，使面团内水分分布均匀，使面筋蛋白质充分吸水，形成网络状结构，把淀粉颗粒包在里面。螺旋藻粉内的蛋白质也会吸收一部分水分，但不能形成网络性结构。

④ 压延、切条　压延的主要目的是把颗粒面团轧成面片，把疏松的面筋压展成为细紧的网络组织，在面片中均匀分布，并把淀粉离子包围起来。操作的关键是调节好各道轧辊之间的面带流量，使其均衡且张紧度适当。面带轧好后进行切条。切条时面刀槽宽度1.5mm，纵向切断。

⑤ 干燥（烘干）　这是面条（挂面）生产中非常重要的一个工序。螺旋藻挂面生产中采用中温中速。因为温度太高容易使挂面中的螺旋藻产生一种煮熟味，影响口味。螺旋藻挂面干燥过程可以分为预干燥、干燥前期、主干燥和干燥后期四个阶段，四个干燥阶段湿度和温度为：预干燥阶段温度控制在20～30℃，时间25～30min，为冷风定条阶段；主干燥阶段前期温度在30～45℃，相对湿度75%左右，时间约为45min；主干燥阶段后期温度为45～50℃，相对湿度由75%～85%下降至55%左右，时间约在45～50min。干燥后期，时间约为50min，降温速度宜慢不宜快，2～3min降低1℃。避免降温过快使面条表面和中心的温度差过大而出现"龟裂"。

⑥ 切断　挂面出烘房后冷却至15～25℃，切成180～260mm的长度。

⑦ 称量、包装　挂面切断后进行称量，包装，每包250g。

(3) 产品质量指标　感官指标：色泽绿色，气味正常，无毒味、酸味及其他异味，稍带有螺旋藻之藻腥味。烹调性：煮熟后不糊，不浑汤，口感不黏，不牙碜，柔软爽口，熟断条不超过10%，不整齐度不高于15%，其中自然断条率不超过10%。理化指标：水分12%～14%，脂肪酸值（湿基）不超过80，弯曲折断率不超过40%。

5. 紫菜红枣复合饮料的加工

(1) 工艺流程

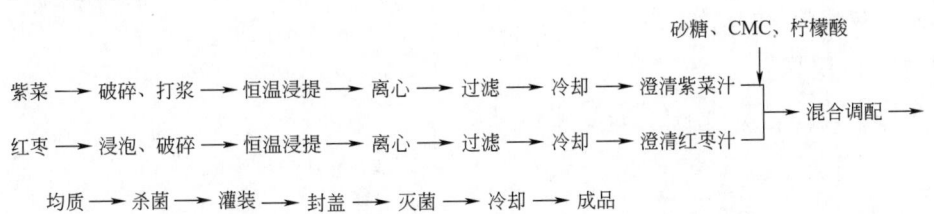

（2）操作要点

① 紫菜汁提取　选取紫菜，加水浸泡，让其充分吸水膨胀，复鲜，然后反复用清水将泥沙及浸泡时加的少量食盐清洗干净；清洗后进行破碎打浆，用破碎机将洗净的紫菜破碎；将破碎后的紫菜装入容器中，料水比为 1：20，在 70℃下恒温浸提 4h，并不断搅拌，以充分提取紫菜中的碘；采用卧式离心机将煮沸的料液离心、除去残渣、分离出的料液装入罐中以备用。

② 红枣汁提取　选择新鲜、色泽自然、无腐败、无蛀虫的红枣，用热水浸泡 20min，至变软后打浆；将破碎后的红枣按料水比 1：5 加水，在 70℃下恒温浸提 4h；将提取后的料液离心，将分离出来的上清液装入罐中以备用。

③ 混合调配　调配配方为：紫菜汁 30%、红枣汁 8%、砂糖 4%、柠檬酸 2%、CMC 0.01%。将各成分按配方加入配料罐中，然后不断搅拌，直至混合均匀。

④ 均质　将混匀的配料加入高压均质机中经 30～40MPa 压力均质，使组织达到均一细嫩，避免产生分层沉淀。

⑤ 杀菌、灌装　采用无菌灌装，将均质后的复合饮料立即送入高温短时杀菌器在 95～100℃下杀菌 25～30s，并装入已洗净并消毒的玻璃瓶中封盖。

⑥ 冷却　将灌装封盖后的复合饮料迅速分段冷却至 40℃以下，检验产品。

6. 羊栖菜调味酱加工

（1）工艺流程

白砂糖、食盐、增稠剂、海鲜料、香菇

羊栖菜→预处理→浸泡→磨碎→混合→加热→灌装→灭菌→成品

（2）操作要点

① 羊栖菜预处理　新鲜羊栖菜采收后经挑选、晒干、去异物和杂质得到干燥羊栖菜。

② 磨碎　浸泡后的羊栖菜用砂轮磨磨碎，磨碎时不宜过细。

③ 混合　将白砂糖先制成浓度 65% 的糖浆，增稠剂预先溶解后使用。海鲜料选用干粉，干香菇浸泡 5h 后沥干，磨碎后使用。原辅料混合时进行搅拌，使其混合均匀。

④ 加热　采用常压下加热，煮熟浓缩，使口感均匀，口味增强，加热时间为 0.5～1h。

⑤ 灌装　选用灌装机填充到玻璃瓶中，排气后封口。

⑥ 灭菌　沸水浴常压灭菌 8min。灭菌后分段冷却，防止玻璃瓶爆裂。

📖 实训项目 ━━━━ **调味海带丝的制作** ━━━

【实训目的】

掌握调味海带丝的制作工艺及其操作要点。

【实训材料与用具】

干海带、刀、菜板、炉灶、食盐等。

【实训方法与步骤】

1. 工艺流程

选料→整理→水洗→切丝→蒸煮→调味料浸渍→烘干→包装→杀菌→成品

2. 操作要点

(1) 选料　选用符合国家标准的淡干一级、二级海带，水分含量在20%以下，无霉烂变质。

(2) 整理　去除附着于海带表面的泥沙等杂物，并剪去颈部、黄白边梢和菜体较薄的梢部。

(3) 水洗　将整理好的海带用水洗净，该工艺应严格控制水分含量，避免海带吸附太多的水分和营养成分的流失。

(4) 切丝　将海带切成宽约5mm、长约10cm的丝，一般采用横切法。

(5) 蒸煮　将海带丝用蒸汽干煮30min，取出备用。

(6) 调味料浸渍

① 配方　调味液配方：干海带1kg，精盐20g，酱油40g，白糖100g，白醋40g，味精40g，辣椒粉15g，生姜、芝麻各适量。

② 操作　按配方调好调味料，并加热煮沸30min，然后将煮过的海带丝倒入调味液浸泡，浸泡时间为1h左右。

(7) 烘干　将调味液浸泡过的海带取出沥干，并置于干燥箱中80℃烘干，烘干过程中应避免杂物混入。烘干时间为2～3h，烘到水分含量减少到不挂水为宜。

(8) 包装、杀菌　计量包装，然后加热杀菌。若是实验室制造，可以采用食用塑料袋热封包装，用开水加热25～30min杀菌，杀菌终了时，立即用冷水冷至室温。产品不可放置太久。

【编写实训报告书】

要求写出具体的调味海带丝的制作工艺操作过程报告。

复习思考题

1. 常食海藻食品的好处有哪些？
2. 简述紫菜饼的加工工艺，并简述其技术要点。
3. 影响紫菜制饼质量的因素有哪些？
4. 影响海带干燥的因素有哪些？
5. 简述淡干海带产品的加工工艺，并说明其技术要点。
6. 简述调味快餐海带丝的加工工艺，并说明其技术要点。
7. 简述即食海苔的加工工艺，并说明其技术要点。
8. 卡拉胶有何用途？与琼胶的主要区别在何处？
9. 简述石花菜中琼胶提取工艺流程，并说明技术要点。
10. 为什么说螺旋藻所含蛋白质是优质蛋白质？

学习项目十　水产品综合利用

【学习目标】

1. 了解常见海洋生物加工产品、海洋生物活性物质发展趋势;
2. 掌握常见的水产品综合利用加工方法。

【职业素养目标】

深刻认识到水产品加工副产物蕴含的巨大价值，树立珍惜资源、变废为宝的理念，增强对环境保护的责任感，在未来工作中积极践行可持续发展，减少资源浪费和环境污染。

 基础知识

一、水产品综合利用概述

水产品加工综合利用是渔业生产的延续，随着水产品捕捞和水产养殖的发展，逐步成为我国渔业内部的三大支柱产业之一。

水产品加工综合利用不仅可以提高资源利用的附加值，降低企业的生产成本，提升我国水产品加工业的国际竞争力，而且还能带动相关行业发展，充分利用水产品加工资源，将加工副产物转化为高附加值产品，实现"变废为宝""零排放"，是科技兴渔的重点和目前渔业生存发展中急需解决的关键技术问题之一。

水产品综合利用的主要对象是被视为低值的水产原料或者原来没有开发的水产原料和水产品加工过程中产生的副产物。其主要目的是提高水产品的附加值，降低主导产品的成本，取得较高的经济效益、生态效益和社会效益。人们在加工或食用水产品时，往往将其下脚料等加工副产品抛弃。例如，鱼类加工过程中产生的大量副产物（包括鱼头、鱼皮、鱼鳍、鱼尾、鱼骨及其残留鱼肉），其重量占原料鱼的 $40\% \sim 55\%$，这些副产物如果不进行有效处理，不仅会造成环境污染，而且会浪费大量的宝贵资源。

水产品综合利用涉及的领域很广，包括食品、饲料、医药、化工等多种行业。水产综合利用的各种产品已渗透到各行各业，起着不可低估的作用。

水产蛋白源的开发利用，一直是水产品综合利用的重点。其中，鱼粉加工是开发低值鱼或加工副产物一种采用最为广泛的途径。自从 1946 年联合国粮农组织决定开发未利用及利用不充分的鱼类资源制造鱼粉以来，世界各国又相继研究开发了各种浓缩鱼蛋白产品。

从虾壳和蟹壳中提取的甲壳素在工业、农业等领域有广阔的应用前景，在制造人造皮肤、隐形眼镜、化妆品、纸张、食品等方面起着其他材料所无法替代的作用。以甲壳素为原料制成包装材料，可以替代 PVC 塑料薄膜，在自然环境中可降解，可减少塑料薄膜对环境造成的污染，具有广阔的应用前景。

二、常见海洋生物活性物质开发利用

水产品营养丰富，其特点有：蛋白质含量高，组成好，属于优质蛋白质；不饱和脂肪酸含量高，富含 n-3 多不饱和脂肪酸；矿物质丰富，如含有微量元素 Zn、Se、Cu、Fe 等；维生素含量高，脂溶性维生素及其前体物质和水溶性维生素含量都较高；膳食纤维含量丰富，如海藻淀粉、褐藻酸、纤维素等。海洋中生活着约 40 万种生物，它们占了地球上整个生物物种的 80%。和陆地生物相比，这些水产品不仅营养丰富，还有许多特有的功能因子，因此海洋生物资源是医药、食品和化工产品开发的天然宝库。

海洋生物生活在水体环境中，其生物体成分构成、生理活性与陆地生物有很大的差异，因此在生物进化过程中产生了与陆生生物不同的代谢系统和机体防御系统。近年来，科学家们加强对海洋生物的研究，期待从中开发出具有特异、新颖、多样化的化学结构新物质，用于防治人们的常见病、多发病和疑难杂症。

从海洋生物中提取的活性物质主要有以下几大类。

① 活性多糖类　如海藻多糖、海参多糖、甲壳多糖等。

② 多肽类　如芋螺毒素、蜈蚣藻肽等。

③ 不饱和脂肪酸类　如亚油酸、亚麻酸、DHA、EPA 等。

④ 甾醇类　如岩甾醇等。

⑤ 萜类　如海鞘氨醇、海兔素等。

⑥ 皂苷类　如刺参皂苷等。

⑦ 糖蛋白类　如海兔蛋白等。

⑧ 天然色素类　如 β-胡萝卜素、藻蛋白等。

⑨ 酶类　如超氧化物歧化酶（SOD）等。

⑩ 氨基糖类　如氨基葡萄糖等。

⑪ 氨基酸类　如牛磺酸、红藻氨酸等。

⑫ 生物碱类　如河鲀毒素等。

海洋生物活性物质是指海洋生物体内含有的对生命现象具有影响的物质。海洋中的生物为了生存繁衍，在竞争中取胜并使自身适应海洋的独特环境，如高压、低营养、低温（特别是深海）、无光照，以及局部的高温、高盐等所谓生命极限环境，在漫长的进化中各自形成了特殊的结构和奇妙的生理功能，为人类提供了众多结构新颖、功能独特和生理活性很强的活性物质，包括萜类、甾醇类、生物碱、苷类、多糖、肽类、核酸等。例如，由于适应海洋环境，海洋微生物有了新的特异性，因而产生相应的陆栖微生物所不能产生的新颖生物活性物质，这些天然产物有许多是陆地生物所没有的，它们是人类保健和药品的天然宝库。

三、海洋生物活性物质发展趋势

目前研究开发的重点是具有抗病毒、抗肿瘤、抗心脑血管病、延缓衰老和免疫调节等生理功能的海洋生物活性物质。至今已发现 5000 余种海洋生物活性物质，大多数还在研究中，其中不少正用作新药分子修饰或半合成的先导化合物或原料，有些已开发为药物。

（1）海洋生物活性物质开发利用现状

①　海洋药物　国外学者已经发现海洋生物具有不少陆地生物中罕见的特殊化学结构及生理活性的化合物，如从海洋微生物中分离得到多种新型抗生素和具有多种生物活性的海洋生物毒素50多种。日本自20世纪80年代开始在较短的时间内已从海藻、海绵、软珊瑚、海鞘、海洋微生物中分离到近百种结构新颖的活性物质。1987年报道从一种单细胞藻类中筛选出一种新的活性物质，其抗癌作用比目前广泛使用的抗癌丝裂菌素高1400倍，还从500多种海洋生物中研制出用于心血管和消化系统疾病的新药，如从海带中分离出治疗肥胖症和抗凝血的成分，从海星中分离出类似胰岛素的化合物，从七鳃鳗身上提取出可治疗心律失调的物质。日本学者发现，有一部分海洋微生物所产生的生物活性物质，以多糖类物质居多，这些多糖类物质在动物体中显示了明显抑制肿瘤的作用，如曾发现一株黄杆菌属海洋细菌，其所产生的一种胞外释放且含果糖、甘露糖和葡萄糖的杂多糖抑制肿瘤细胞的活性特别强，抑瘤率达到75%～95%，这种抗肿瘤物质已经在日本作为治疗肿瘤的佐剂上市。美国每年从海洋生物中提取分离得到1500个新化合物，其中1%具有抗癌活性，鲨鱼软骨制剂就是具有新的作用机制的抗癌药物；美国学者从海洋生物中筛选强效抗炎剂和心血管药，如N-甲基组氨酸类。美国国立肿瘤研究所每年筛选3万个新的抗肿瘤化合物，约有5%来自海洋生物，已证实有10%的海洋动物提取物中有抗P388白血病细胞的活性，有3.5%的海洋植物提取物有抗肿瘤或细胞毒活性。

我国是世界上最早认识和应用海洋药物的国家。成书于先秦时期的《山海经》就记录了8种殷商时期（公元前1600—前1046年）使用的海洋药物。随着科学技术的发展，越来越多的可被药用的海洋生物被发现，如2009年出版的《中华海洋本草》收录海洋药物613味、潜在药用海洋生物1479种。有些生物活性物质已被开发成高效低毒农业杀虫剂。已开发成功的海洋药物包括从海绵中提取的阿糖腺苷，可用于治疗肺癌、消化道癌和角膜炎、脑炎等；从红藻中提取的海人藻酸，用于杀虫；从沙蚕中提取的巴丹，用于农用杀虫；从河豚中提取的河鲀毒素，用于癌症晚期镇痛或吗啡、海洛因等毒品的戒断综合征；从顶头孢霉菌中提取的头孢菌素，是一种广谱抗生素；从海藻中提取藻酸双酯钠、甘糖酯、甘露糖烟酸酯、止血海绵等，用于降血脂、治疗心脑血管病和止血；利用甲壳质做人工皮肤，用于治疗烧创伤；从鱼油中提取不饱和脂肪酸（DHA、EPA），用于降血脂和胆固醇、防止动脉硬化；从盐藻中提取β-胡萝卜素，用于延缓衰老和作为维生素A的前体等。此外，还有用海带制作海带茶，可降血压；用海星制作海星胶代血浆；用鱼鳔制作鱼鳔生精液；用海龙和海马制作"深海龙"（中成药）用于健脑；用海螵蛸等制作"快胃片"（中成药）治疗胃病等。

海洋活性物质药物研究开发的技术方法主要有：基于分子生物技术和基因工程技术的大规模筛选；利用生物表达系统解决海洋生物活性物质的生产问题；海洋生物活性物质的分离、纯化及制备新方法的应用；建立海洋生物资源中心及样品库；开展海洋生物活性物质的化学研究；开发高通量药物筛选技术。

②　海洋生物保健品　海洋生物保健品是泛指功能食品和保健用品的一类。鱼、虾、贝和藻类都是人类食用的资源，它们不仅含有丰富的蛋白质、人体必需的氨基酸，还含有激素、维生素、多糖、不饱和脂肪酸、微量元素和一些有调节代谢功效的生物活性物质，所以它们既是美味的营养食品，又是强身健体的保健食品。目前已经开发上市的产品有利用牡蛎

水溶性物质制作的"金牡蛎"，可用于滋补健身防病；以及以螺旋藻为原料制造的营养食品"海藻保健片"。近些年来，对于螺旋藻在药用价值上的研究获得很多成果，其内容涉及降低血液中胆固醇含量、防癌抗癌、增强免疫功能、增加肠道乳酸杆菌群、降低重金属和药物的肾毒性以及放射防护等诸多方面；以海藻为原料制作的"海藻精""海藻减肥宝"，用于降压减肥；以海参为原料制作的"刺参玉液"和用海胆为原料制作的"海胆王"、以海星为原料制作的"海珍粉"、以贻贝、海马为原料制作的"贻贝粉""海马粉"等用于滋补强身。除此，还有用海洋生物制作多种营养调味品的。

（2）海洋生物若干活性物质的发展趋势　海洋生物资源，是开发医药、食品等产品的巨大宝库。现就国内外开发海洋生物资源的几个热点，结合中国海域资源，简述其发展趋势。

① 海洋生物毒素的开发　海洋生物毒素具有其独特点，首先是化学结构的多样性，其多样性远超过细菌毒素和陆生动物毒素；其次是具有高生理活性，表现为它们有极强的神经系统、心血管系统或细胞系统活性，如聚醚类毒素中发现一系列高毒性毒素，如岩沙海葵毒素（PTX）、西加毒素（CTX）、刺尾鱼毒素（MTX）等，其中刺尾鱼毒素的毒性比河鲀毒素高 200 倍，与已知毒性最大的天然毒素——肉毒毒素相比，仅低 25 倍；最后，它们具有特殊的作用机制，其强毒性取决于它们高选择性的特殊作用机制，海洋生物毒素常作用于控制生物生命过程的关键靶位，如神经受体、离子通道、生物膜等。

目前，已经研究的一些毒素类型有：胍胺类海洋生物毒素，其代表是河鲀毒素（TTX），它是珍贵的药物，每千克近 2 亿美元，服用微量可使精神病患者在一瞬间恢复"正常意识"，对脑伤、脑神经疾病、心血管疾病治愈率也很高；聚醚类海洋生物毒素，从甲藻、海绵、腔肠动物、软体动物、被囊动物和鱼类中发现；肽类海洋生物毒素，目前研究最多的是海葵、芋螺、海蛇及微囊藻的毒素。

多数生物毒素经过改造，可以变成高效低毒的药物。最毒的非蛋白毒素——石房蛤毒素可经改造成为良好的镇痛药，它比普鲁卡因和可卡因镇痛效果强 10 万倍。还有溶血性糖脂类毒素、记忆性丧失性氨基酸贝毒和一些含磷化合物等。人们对以这些毒素为基础寻找高活性药物寄予了极大的期望，从大量海洋毒素研究结果看来，海洋毒素是未来可能发现重要药物的主要领域。

② 抗肿瘤活性物质的开发　海洋生物具有许多陆地生物所没有或奇特的结构，这些成分很可能是对肿瘤细胞有特殊功效的成分，值得注意。根据文献报道，海藻是富含这类物质的生物，如从巨大鞘丝藻中分离出两种新颖的高效活性免疫抑制肽，在体外有明显抗小鼠 P388 白血病细胞活性的作用；蓝藻的甲醇提取物具有抗淋巴细胞白血病作用；马尾藻水提取物对鼠接种 S180 腹水瘤和 S180 实体有抑制作用。从海绵中提取的物质已包括三肽内酯化合物、倍半萜苯醌化合物，它们对白细胞、黑色素瘤、卵巢癌等均显示出活性；从中国南海西沙群岛采集的软珊瑚中分离到 5 种不饱和内酯环的二萜化合物，其中有两种能抑制艾氏腹水瘤细胞；从海葵中提取多肽类毒素，对肿瘤也有抑制作用。目前已分离的几十种海葵毒素都具有广泛的生物学效应，包括细胞毒、心脏毒及溶血活性；从海兔的消化腺中分离得到细胞毒活性的萜类化合物对淋巴细胞白血病有治疗作用；从黑兔卵中分离到一种糖蛋白，它具有抗菌和抗肿瘤的双重活性。还从黑斑海兔的紫色液体中分离到糖蛋白类的细胞溶解因子，其溶解肿瘤细胞的效率更高；从海鞘中发现一种环肽类化合物，具有显著抗肿瘤活性，又有抗病毒和免疫调节作用；从红海紫色海鞘中分离到含四环吡啶环的生物碱化合物，能抑制肿

瘤细胞的增殖；从鲨鱼软骨中发现一种能抑制肿瘤新生血管形成的多肽类物质；还从海参、海星、苔藓虫和海胆中发现了多种活性物质，它们显示出抗肿瘤、抗病毒、抗真菌等药理活性。

③ 抗氧化类物质的开发　已经发现海洋生物中含有丰富的大分子抗氧化酶，其中包括多种鱼体内的超氧化物歧化酶（SOD）。Roeha 等研究过鱼类 Cu/Zn-SOD，并认为海洋中进行光合放氧的海洋生物蓝绿藻可能是最早拥有 SOD 的生物；有人从海洋贝类近江牡蛎肉、贻贝和鲨鱼肝中纯化到 Cu/Zn-SOD。海洋生物中 Mn-SOD 研究较少，据 Misra 报道发现真核生物的红藻含 Mn-SOD。Fe-SOD 首先从两种蓝绿藻和两种海洋细菌中提取到，另外，Asada 从织线藻、芸苔中提取 Fe-SOD。除此，海洋动物还含有丰富的过氧化氢酶（CAT，可催化过剩过氧化氢分解）和过氧化物酶（POD），在细胞体内，上述三者形成抗氧化防御体系。

已发现的海洋资源中小分子抗氧化剂包括：抗坏血酸（海藻体内）、甘露醇（17 种底栖海藻体内）、海洋甾醇（已在海洋生物中发现 160 种）、类胡萝卜素（广泛存在于海洋生物中，从海洋细菌、海藻、软体动物、节肢动物、原索动物、棘皮动物、鱼类中获得）、牛磺酸（富含于牡蛎、鱿鱼、章鱼、海蜇、蛤、海胆、鳗鱼等）、多糖类、鱼油等都是很有开发价值的生理活性成分。中国科学家早已开始对抗衰老海洋生物活性物质进行了研究，如对多种海洋生物的抗衰老研究，结果表明海马分泌的生物活性物质能增加小鼠的耐缺氧性，降低单胺氧化酶（MAO-B）的活性，降低过氧化脂质在体内的水平，显示抗衰老活性。对海星类生物经稀碱液水解，其提取液可抑制小鼠肝脏氧化脂质反应，使脂质过氧化物丙二醛（MDA）含量减少，可明显延长小鼠常压缺氧状态下的生存时间。还有研究发现海藻、牡蛎、海参、海龙、海马以及其他某些鱼类均有增强免疫功能和抗衰老作用，且能提高机体 SOD 含量。此外利用扇贝副产物的水解液研究其对皮肤衰老的延缓作用，发现海产扇贝副产物能明显增加皮肤组织羟脯氨酸含量，此含量反映了皮肤中胶原蛋白的质量和皮肤的嫩度。

开拓海洋生物抗氧化、抗衰老方面，中成药、保健药品在国内已有不少成果。"金牡蛎胶囊"是以牡蛎为原料，精制而成的富含牛磺酸、谷胱甘肽（GSH）、多种维生素和微量元素的产品，药效学实验证明其具有对抗自由基和抗衰老功效。以鲜活贻贝为原料制备的"金贻贝"胶囊，富含牛磺酸、不饱和脂肪酸、糖原、多种维生素和微量元素等海洋生物特有的生理活性物质，对保肝、抗氧化有一定的疗效。以文蛤、牡蛎、鲍鱼和海参等海珍品为原料制备的"海珍精"胶囊，富含牛磺酸，具有抗衰老作用。"虫草鲍鱼精"以鲍鱼、冬虫夏草为原料，具有延缓衰老作用。"金海马养生液"由海马和枸杞子等加工而成，富含牛磺酸、多种维生素等，有抗氧化作用。类似上述的开发尚有"海力康""鲸鲨脑保健饮品"等，充分反映出抗氧化功效药物的开发前景。

④ 其他开发热点　澳大利亚利用食用新鲜肥鱼，预防儿童哮喘，治愈率 75%；挪威将鳕鱼制成浓缩鱼精片，用鱼骨作优质钙源，防治妇女和老年人骨质疏松症；美国和中国用鱼油生产胶囊，对大脑发育和心血管系统疾病有效；还从鱼精巢中制取鱼精蛋白、DNA 以及提取碘元素；利用河鲀毒素治疗癫痫，或作止痛局麻药；从鱼垂体神经部分提取血管催产素；从海带、海藻中提取甘露醇；从藻类中提取甘糖酯；利用海带和褐藻经提取碘、醇后的废弃液提取褐藻多糖，用于降血清胆固醇；夏威夷大学从蓝绿藻中分离出隐藻素，对乳癌和结肠癌有效；从鹿角藻中提取藻多糖，具有类似于抗肿瘤糖肽 PSK 的抗肿瘤和免疫增强作

用；从海藻中提取岩藻糖，能抑制艾滋病病毒复制；从海藻中提取琼脂作培养基、食品增稠剂、药物稳定剂，用于抗放射反应、抗环磷酸酰胺致白细胞减少；从昆布和藻类中提取 β-胡萝卜素，提取海藻凝集素，提取对骨骼造血具有刺激作用、治疗各种血液疾病的藻蓝蛋白；日本人从冲绳多刺裂江珧中提取两性大环化合物——江珧毒素 A，作为钙离子通道激活剂；从鱿鱼中分离墨鱼黑素，然后加入薄荷脑、香料、乙醇和蒸馏水制成毛发强壮剂；从鲨鱼肝中提取角鲨烯，用于提高各器官细胞及血液中的氧含量，缓解心脑缺氧症，提高机体免疫功能；用海带制取海藻酸钙，作止血海绵；用海鞘为原料，用有机与无机溶剂提取有效成分，制成乙型肝炎病毒口服液等。

目前对于海洋生物活性物质的研究已成为热点，21 世纪将是人类研究、开发、利用海洋生物资源的黄金时代。《中华人民共和国国民经济和社会发展第十四个五年规划和 2035 年远景目标纲要》提出，要围绕海洋工程、海洋资源、海洋环境等领域突破一批关键核心技术，培育壮大海洋工程装备、海洋生物医药产业。我国沿海各省市也相继出台政策，支持和鼓励海洋生物医药行业的发展，如《福建省"十四五"海洋强省建设专项规划》中提出，着力开发海洋靶点药物、医学组织工程材料、体外诊断试剂、医用敷料、生化分离介质、现代化海洋中药等医药产品；加快发展基于海洋脂类、色素、肽类、多糖等成分的特殊医学用途食品和功能性食品。

四、常见海洋生物产品开发情况介绍

1. 氨基酸

水产品的蛋白质含有人体必需的氨基酸。人体的蛋白质是由 20 余种氨基酸组成，其中有 8 种氨基酸在体内不能合成，必须由食物供给，称为必需氨基酸，在所有的水产品中均含有这 8 种氨基酸。人体对这 8 种必需氨基酸的要求有一定适当比例，如果食物不符合这种比例，就会造成蛋白质吸收率不高而浪费。据测定，水产品的 8 种必需氨基酸的含量比较接近这种比例，因此，人体对水产品蛋白质可以充分吸收、利用。

氨基酸是人类机体的基本要素。氨基酸由蛋白质水解而来，蛋白质水解后降解为多肽、三肽，继而变成二肽，最终分解成游离氨基酸。有些氨基酸在消炎、抗菌、抗病毒、抗辐射方面都有一定的疗效。其中"水解蛋白"和从鱼、贝类提取的复合氨基酸中有许多种氨基酸是肿瘤病人很好的营养补充康复剂和治疗剂。L-精氨酸和蛋氨酸可以治疗肝病（特别是肝昏迷），L-谷氨酰胺可治溃疡病。

鱼蛋白质是鱼体内的重要组成成分，它是由 20 多种氨基酸以肽键相互连接而成的复杂的高分子化合物，在酸、碱、酶的作用下，被水解产生一些分子大小不一的中间产物，如胨、肽、氨基酸等。在水解过程中，α-氨基和 β-羧基等的比例增加，当肽链全部断裂后，氨基和羧基的数目不再增加，最终产物为氨基酸。

蛋白质的水解方法有三种，即酸水解、碱水解和酶水解。

(1) 酸水解 蛋白质加酸水解，通常是用 $6\sim8mol/L$ 盐酸或 $4mol/L$ 硫酸，在 $110\sim120℃$ 下，水解 $12\sim24h$，然后除去酸，得到各种氨基酸的混合物。

酸水解的优点是：水解迅速而比较彻底，几乎能使蛋白质全部水解成氨基酸，可以避免氨基酸的消旋作用，获得的氨基酸全为 L-型，所使用的盐酸可以蒸发除去，如果使用硫酸，可以用硫酸钙沉淀法除去硫酸。缺点是营养价值较高的色氨酸在水解过程中全部被破坏，并与糖在酸中生成的醛类作用生成腐黑质，使水解液呈黑色，过滤也困难，另外，含羟基的丝氨酸和酪氨酸也部分遭到破坏，所使用的设备需耐酸。影响酸水解的几个因素如下所述。

① 酸的浓度　蛋白质水解，酸在其中起催化作用。因此，酸的浓度越大，水解速度越快，反之，水解速度就慢。

② 水解时间　水解蛋白质提取氨基酸，正确判断水解终点，严格控制水解时间极为重要。时间短，水解不彻底，水解时间长，氨基酸将继续水解，影响氨基酸的得率。

不同蛋白质有各自不同的水解终点，因此，必须通过实验判断各种蛋白质的水解终点。其方法是：在投料沸腾后，每隔 1h 取一次水解液，连续取 10～12 次，然后将取出的试样进行氨基酸定量，可采用甲醛滴定氨基氮法。以水解时间为横坐标，氨基酸为纵坐标，绘制水解曲线。

③ 水解温度　温度对水解速度的影响很大。温度越高，则水解速度越快。但温度过高，氨基酸也遭到破坏，因此水解温度不能无限制地提高，应通过实验确定最适温度。

（2）碱水解　碱水解通常是用稀碱或氢氧化钡进行。其水解速度较酸水解慢，可以避免色氨酸的破坏，无腐黑质产生。缺点是许多氨基酸在强碱性的环境中可失去光学活性，产生外消旋作用，并且由于脱氨作用，精氨酸、胱氨酸全部被破坏，氨基酸得率低。该法在工业生产中无法得到应用。

（3）酶水解　酶是生物体中具有催化功能的特殊蛋白质，因此，也叫生物催化剂。它与一般催化剂的最主要区别是具有高度的专一性，即一种酶只能对一种化合物或一类化合物起一定的催化作用，而不能对别的物质发生催化反应。例如：盐酸可以促进蛋白质、脂肪和淀粉等的水解。酶则完全不同，蛋白酶只能水解蛋白质而不能水解脂肪或淀粉。酶的催化效率极高，可比一般催化剂高 $10^7 \sim 10^{13}$ 倍，远远超过一般催化剂的催化能力。

酶法水解生产氨基酸，具有高效且对蛋白质营养价值破坏小，无异味，产品安全性极高，并且生产条件温和、成本低等优点。但酶又是一种蛋白质，它极易受外界条件的影响而改变自身的结构和性质。酶对温度、pH 和导致蛋白质变性的因素非常敏感，极易受到这些因素的影响而变性，甚至失去活性。

2. 牛磺酸

牛磺酸即 α-氨基乙基亚磺酸。最早从牛黄中分离出来，故得名，其分子式为 $C_2H_5NO_3S$，相对分子质量 125，熔点为 305～310℃，纯品为无色或白色斜状结晶，无臭，化学性质稳定，溶于水和酒精以及极性溶剂，是一种含硫的非蛋白氨基酸，在体内以游离状态存在，不参与体内蛋白的生物合成。

（1）牛磺酸的生理功能　牛磺酸虽然不参与蛋白合成，但它却与胱氨酸、半胱氨酸的代谢密切相关。人体合成牛磺酸的半胱氨酸亚硫羧酶（CSAD）活性较低，主要依靠摄取食物中的牛磺酸来满足机体需要。牛磺酸对维持人体正常生理功能的主要作用如下所述。

① 促进婴幼儿脑组织和智力发育　人及哺乳类动物初乳中牛磺酸含量高于成熟乳，幼小动物脑中牛磺酸含量远高于成年动物，提示牛磺酸可能在新生儿大脑发育中起重要作用，同时新生儿体内合成牛磺酸的酶 CSAD 尚不成熟，活性较成人低得多，更有赖于从食物中获取牛磺酸。牛磺酸与幼儿、胎儿的中枢神经系统及视网膜等的发育有着密切的关系，长期单纯的牛乳喂养，易造成牛磺酸缺乏。

② 提高神经传导和视觉机能 婴幼儿如果缺乏牛磺酸，会发生视网膜功能紊乱与生长、智力发育迟缓。长期的全静脉营养输液的病人，若输液中没有牛磺酸，会使病人的视网膜电流图发生变化，只有补充大剂量的牛磺酸才能纠正这一变化。

③ 防止心血管病 牛磺酸在循环系统中可抑制血小板凝集，降低血脂，保持人体正常血压和防止动脉硬化；对降低血液中胆固醇含量有特殊疗效，可防治胆结石。

④ 改善内分泌状态，增强人体免疫力 牛磺酸能促进垂体激素分泌，活化胰腺功能，从而改善机体内分泌系统的状态，对机体代谢给予有益的调节；并具有增强机体免疫力的作用。

⑤ 其他 牛磺酸还是人体肠道内双歧杆菌的促生长因子，优化肠道内菌群结构；还具有抗氧化作用。实验表明它能在细胞内预防次氯酸及其他氧化剂对细胞成分的氧破坏，降低许多药物的毒副作用，如抗肿瘤药物、阿霉素、异丙肾上腺素等。

(2) 牛磺酸在海洋生物中的分布 牛磺酸几乎存在于所有的生物之中，哺乳动物的主要脏器，如心脏、脑、肝脏中含量较高；含量最丰富的是海鱼、贝类，如贝类的牡蛎、海螺、蛤蜊等。鱼类中的青花鱼、竹荚鱼、沙丁鱼等牛磺酸含量很丰富。在鱼类中，鱼背发黑的部位牛磺酸含量较高，是白色部分的 5~10 倍。因此，多摄取此类食物，可以较多地获取牛磺酸。牛磺酸易溶于水，进餐时同时饮用鱼贝类煮的汤是很重要的。

有研究测定了多类食品中牛磺酸的含量，其中，海产品牛磺酸含量普遍高于畜禽类。表 10-1 为常见食品中牛磺酸的含量，可以看出干贝和牡蛎中的牛磺酸含量明显高于一般动物性食品。

表 10-1 常见食品中牛磺酸的含量

种类	含量/(mmol/kg)	种类	含量/(mmol/kg)
干贝	55.9	鸡腿肉	6.6
牡蛎	50.2	猪腿肉	4.0
海蟹	26.4	牛腿肉	3.7
带鱼	4.5	牛乳	0.01

注：表中牛磺酸含量以食品的湿重计算。

牛磺酸在海洋贝类、鱼类中含量丰富。表 10-2 列出了鱼贝类的牛磺酸含量。

表 10-2 鱼贝类的牛磺酸含量

种类	含量/(mg/g)	种类	含量/(mg/g)
竹荚鱼	2.06	紫贻贝	4.40
鲔鱼	1.06	蝶螺	9.45
真鲷	2.3	扇贝	1.16
章鱼	5.93	牡蛎	8.00~12.00
枪乌贼	3.42	马氏珠母贝	13.83
魁蚶	4.27	翡翠贻贝	8.02
蛤蜊	2.11	日本对虾	1.99

(3) 牛磺酸的制备 由于天然牛磺酸较分散、量少，远不能满足人们的需要。像牛胆汁虽然含有很高的牛磺酸，但是不宜食用。工业获取牛磺酸有以下两种途径。

① 从生物中提取 天然牛磺酸可由鱼、贝类软体动物的肉中提取，加工扇贝时剩余的

扇贝边就可作为提取牛磺酸的良好材料。

天然牛磺酸生产工艺要点：先将扇贝边清洗干净，冻存，用时直接解冻，勿洗，以防解冻时引起汁液损失；将扇贝边粗碎后，以水抽提其中的氨基酸，粗滤后备用；将扇贝边进一步破碎，过滤，除去固形物，得滤液；在滤液中加入 1%～2% 活性炭脱色，过滤，得无色透明液；将脱色液经过离子交换柱后，真空浓缩，冷却结晶，即得较纯的牛磺酸。

天然牛磺酸的产量虽然不高，但其价格在市面上要比合成品高出 10 倍以上，因此利用牛磺酸含量丰富的贝类制取天然牛磺酸具有广阔前景。

② 化工合成　由于牛磺酸在天然生物中较分散、量少，从天然生物品中提取的量也有限，所以人类工业获取牛磺酸主要还是靠化工合成。

牛磺酸的制备目前以酶法和合成法较多。牛磺酸来自半胱氨酸的代谢，它以游离状态存在，且不参与蛋白质的合成。已知毛发中含 14% 胱氨酸，毛发经酸解后可得到 2.5%～9% 的胱氨酸，经过还原即得半胱氨酸。合成法是将二溴乙烷或二氯乙烷与亚硫酸钠反应后再与氨作用而成，或 2-氨基乙醇与硫酸酯化后加亚硫酸钠还原而成。

3. 多不饱和脂肪酸

(1) n-3 多不饱和脂肪酸的作用　1957 年丹麦医生发现因纽特人的心血管疾病、心脏病以及糖尿病的发病率特别低，提出是与其食物中海产动物的脂肪有关。日本的流行病学调查也显示海边生活的渔民心血管疾病发病率低，作为 n-3 多不饱和脂肪酸主要来源的海产鱼油引起广泛关注。

n-3 多不饱和脂肪酸的第一个双键位于从碳链甲基端数起的第三个碳原子上，该类脂肪酸前体物质是 α-亚麻酸，其在动物体内不能合成，而且长链 n-3 多不饱和脂肪酸在体内合成的量不能满足机体需求，必须由外源途径供给。

n-3 多不饱和脂肪酸中的二十碳五烯酸（EPA）和二十二碳六烯酸（DHA）具有抑制血小板凝聚、抗血栓、舒张血管、调整血脂、增高高密度蛋白中胆固醇含量、降低低密度蛋白胆固醇含量以及提高生物膜流动性等功能，在治疗与防治心血管疾病、糖尿病、皮炎、大肠溃疡以及抑制肿瘤等方面都有较好的疗效。此外，EPA 和 DHA 还有抗炎、抗癌、增强免疫功能及促进儿童生长发育的功能，因此被人们誉称"脑黄金"。DHA 具有促进脑细胞生长发育、改善大脑机能、提高记忆力和学习能力、增强视网膜反射能力以及防止阿尔茨海默病等功能。而鱼油是 EPA 和 DHA 含量最高、资源最丰富、价格也便宜的原料，国内外都用鱼油生产各种类型的富含 EPA 和 DHA 的产品，包括药品、食品添加剂、饲料添加剂等。

鱼油是指以鱼类为原料制取的油，其中包括鱼体油和鱼肝油，它是食品、医药和化学工业的重要原料。中国生产鱼油制品的原料主要是从湿法鱼粉工艺中分离的粗鱼油，经过脱胶、脱酸、脱色、脱臭等精制工艺处理后成为天然鱼油。

(2) n-3 多不饱和脂肪酸的分布　EPA、DHA 是由海水中的浮游生物、海藻类等合成，经食物链进入鱼、贝类体内形成甘油三酯而蓄积的。EPA、DHA 在低温下呈液状，故一般冷水性鱼、贝类中其含量较高，中国主要海产动物油脂中的 EPA 及 DHA 含量如表 10-3 所示，中国主要淡水 EPA 和 DHA 资源见表 10-4。

表 10-3　中国主要海产 EPA 和 DHA 资源　　　单位（相对脂肪酸总量）：%

原料	EPA	DHA	原料	EPA	DHA
远东拟沙丁鱼	8.5	16.0	条虾	11.8	15.6
鲐	7.4	22.8	梭子蟹	15.6	12.2
鲹	13.0	25.1	鳐肝	8.9	18.5
马鲛	8.4	31.1	马面鲀肝	8.7	20.4
带鱼	5.8	14.4	鲐内脏	6.6	21.3
鲷	7.5	15.7	鲨	5.1	22.5
鲳	4.3	13.6	牡蛎	25.8	14.8
鲷	5.0	19.4	缢蛏	15.0	20.6
海鳗	4.1	16.5	扇贝	17.2	19.6
小黄鱼	5.3	16.3	毛蚶	23.1	13.5
白姑	4.6	13.4	文蛤	19.2	15.8
鱿	11.7	33.7	青蛤	18.4	11.3
乌贼	14.0	32.7	螺旋藻	32.8	5.4
对虾	14.6	11.2	小球藻	35.2	8.7

表 10-4　中国主要淡水 EPA 和 DHA 资源　　　单位（对脂肪酸总量）：%

原料	EPA	DHA	原料	EPA	DHA
鳙	10.8	19.5	塘鳢	6.1	14.4
鲢	11.1	11.7	鲶	2.6	5.3
青鱼	2.7	12.2	河鳗	3.3	7.6
草鱼	2.1	10.4	黄鳝	1.5	3.7
鳊	5.8	12.3	泥鳅	4.8	8.6
鲤	1.8	4.7	白虾	17.2	12.0
鲫	3.9	7.1	田螺	12.3	2.4
乌鳢	2.2	12.5	黄蚬	5.2	7.2
鳜	2.7	12.0	白玉蜗牛	3.9	2.1

　　前文已提及，鱼类中除多获性鱼类沙丁鱼油和狭鳕肝油中的 EAP 含量高于 DHA 之外，其他鱼种一般是 DHA 含量高，且洄游性鱼类如金枪鱼类的 DHA 含量高达 20%～40%。贝类中除扇贝和缢蛏之外，均 EPA 含量高于 DHA，而螺旋藻、小球藻 EPA 含量达 30% 以上，远高于 DHA。

（3）鱼油生产工艺

① 工艺流程

制备鱼粉的副产品粗鱼油 ┐
　　　　　　　　　　　　├→ 脱胶 → 脱酸 → 脱色 → 脱臭 → 冬化 → 精制鱼油
鱼内脏 → 加热 → 分离 → 粗制鱼油 ┘

② 操作要点

a. 脱胶　粗制鱼油中杂质很多，脱胶是脱去其中的蛋白质和黏液之类的杂质。一般采用 50%～89% 的磷酸喷进鱼油内约 20min 后即可脱胶，磷酸用量为鱼油的 1%。

b. 脱酸　脱酸的目的是除去鱼油中的游离脂肪酸。一般采用烧碱中和法。所用的烧碱和浓度需根据鱼油量、鱼油中游离脂肪酸的酸价来计算，通常要用比理论计算值过量的烧碱来中和。操作时将油加温至 45～50℃，喷入碱液，搅拌加热 15min，加热至 65℃后，在此温度中保温静置，吸取上清油。

c. 脱色　脱色主要采用吸附法，吸附剂有活性炭、活性白土等。广泛采用的是活性白土（或酸性白土）。将油加热到 60～110℃，加干燥酸性白土（占油重的 1%～5%），搅拌 20～30min，使用压滤机分离油脂。由于高温易氧化，最好在真空条件下脱色。另外，吸附剂能吸附维生素，因此，鱼肝油不宜用吸附剂脱色。

d. 脱臭　鱼油中臭味的来源有两个方面：一是在加工或贮藏中由外界混入的污物及原料蛋白质等的分解产物；二是油脂本身氧化酸败产生许多臭味物如醛类、酮类、低级酸类、过氧化物等。

脱臭的方法有三种：Ⅰ. 气体吹入法，即将惰性气体如 CO_2、N_2、H_2 等吹入油中将挥发性臭味带出；Ⅱ. 真空脱臭法，一方面减低脱臭器内的压力，一方面通入惰性气体；Ⅲ. 蒸汽脱臭法，即在减压和水蒸气蒸馏相结合的基础上进行脱臭，是现今国内外植物油脂脱臭最广泛采用的方法，鱼油的脱臭也可采用此法，只是温度不宜太高，一般加热到 150℃ 并通入水蒸气即可达到较好的脱臭效果。

e. 冬化　所谓"冬化"，即将鱼油冷却处理，以便去除硬脂（蜡）。鱼油低温后析出的一般都是饱和脂肪酸甘油酯为主的固体脂。随着温度的降低，清油中饱和脂肪酸含量越来越低，不饱和脂肪酸含量越来越高。

(4) DHA 和 EPA 生产方法

① 低温结晶法　利用饱和脂肪酸凝固点高于不饱和脂肪酸的特性，将饱和脂肪酸酯和不饱和脂肪酸酯或者是将饱和脂肪酸和不饱和脂肪酸分离。另外，脂肪酸在不同溶剂中的溶解度不同，再结合低温处理，会得到更好的分离效果。但这种方法只起到粗略分离的作用，要想进一步分离还需采用其他方法。

采用丙酮作溶剂，在 −35℃ 下将鱼油冷冻 5h 后过滤，去除饱和脂肪酸，再用减压蒸馏法去除鱼油中的溶剂，则可得到含有 DHA、EPA 的鱼油［丙酮与鱼油之比为 (8～16)∶1］。

② 尿素络合法　饱和脂肪酸能与尿素络合，从溶剂中析出结晶，而不饱和脂肪酸仍留在溶剂中，此法在浓缩 DHA 和 EPA 方面得到有效利用，也常与减压蒸馏法和分子蒸馏法联合，用于制备高浓度的 DHA 和 EPA。

③ 减压蒸馏和分子蒸馏　由于脂肪酸的沸点较高，其在常压下蒸馏会被分解，因此，必须在减压条件下进行蒸馏。通常是将脂肪酸酯化后再进行蒸馏，因为脂肪酸酯的沸点较相应的游离脂肪酸沸点低，而且脂肪酸酯的沸点间隔可以拉开。利用这种特点，可将在低温结晶法和尿素络合法中制取的鱼油进一步处理。将鱼油酯化且在高真空条件下采用分子蒸馏法，可制取含有较高浓度 DHA 和 EPA 的鱼油。如果工艺控制得当，可以制取 DHA 和 EPA 的含量高达 91.7% 的优质产品。

④ 超临界气体萃取法　当流体处于临界状态附近时，会同时具有气体和液体的特性，既具有气体的良好扩散性，而密度及黏度又接近液体，这时的流体就叫超临界流体。利用这种特性可自物料中萃取有用的成分，调节温度与压力可使其与溶剂分离。此种提取工艺已在若干领域得到应用。通常使用的溶剂是二氧化碳，因其能耗低、无极性、不燃、化学性质稳定、价格低。使用超临界的二氧化碳气体通过鱼油可将其中的 DHA 和 EPA 萃取出来，调节压力和温度，将 DHA 和 EPA 从二氧化碳中分离，就能获得高浓度的有效成分。一般在萃取压力为 150Pa、分离压力 25Pa、温度为 50℃ 的条件下，甚至可得到浓度为 98% 的鱼油精品。

⑤ 色谱法 用柱色谱、薄层色谱、气相色谱和高效液相色谱都可以分离出 DHA 和 EPA，但迄今为止这些方法多用于实验室进行脂肪酸的分析和小量制备，尚不能形成工业化生产。

（5）n-3 多不饱和脂肪酸的应用

① 药品 作为药品的 n-3 多不饱和脂肪酸通常有三种形态：鱼油型（或称甘油酯型）、脂肪酸型和酯型（以脂肪酸乙酯为主）。鱼油型由于浓缩程度不高，其中所含 EPA、DHA 之和低于 40％。脂肪酸型产品最适合人体吸收，但缺点是腥味较重。酯型由于采取了尿素络合、分子蒸馏或超临界气体萃取等浓缩手段，因此，其 DHA 和 EPA 浓度之和会超过 70％甚至达 90％以上。

② 保健食品 EPA 和 DHA 在保健食品中最直接的利用例子是鱼制品，即将富含 EPA 和 DHA 的鱼、贝类制成各种鱼糜制品、罐头和方便食品等。另外，将 EPA 和 DHA 制剂以添加剂的方式加入食品中，一种新兴的添加方式是将 EPA 和 DHA 制成微胶囊，添加到饮料、调味品、肉制品、人造奶油和豆制品中，以提高这些食品的营养价值。

③ 饲料添加剂 在水产养殖中，富含 EPA 和 DHA 的鱼油已大量应用于苗种生产和成鱼饲料中。其实，在禽、畜和毛皮动物的饲料中也广泛应用，例如，将富含 EPA 和 DHA 的鱼油添加到饲料中喂鸡可得到 DHA 高含量鸡蛋，DHA 在鸡蛋中比 EPA 更易积蓄，饲料中约有 30％DHA 可转移到鸡蛋中，即 1 个鸡蛋的蛋黄中含有 300～400mg 的 DHA，完全无鱼腥味，以磷脂形式存在，不易氧化，是具有良好稳定性和保存性的高附加值鸡蛋。

4. 鲨鱼软骨素

鲨鱼生活在地球上已经 4 亿多年，却几乎不受疾病侵扰，即使较大的创伤也能很快摆脱感染。其中的奥秘是由于鲨鱼的免疫系统，更重要的是鲨鱼具有特殊的骨架，它完全由软骨组成，软骨具有独特的抗炎、抗癌作用。近 10 年来鲨鱼软骨被广泛应用于治疗癌症、骨关节炎等疾病，并取得较好的效果。鲨鱼软骨是一种无血管组织，它的主要成分是：蛋白质 39％，碳水化合物 12％，矿物质 41％，水分 7％，脂质 0.3％以下，以及其他一些稀有元素，矿物质中 60％是钙、30％为磷，几乎不含重金属，碳水化合物所含的新多糖为硫酸软骨素 A、B、C 和 D。

鲨鱼软骨中富含的鲨鱼软骨素可以活化人体结缔组织，活化细胞，延缓衰老，从而达到提高机体免疫力的作用。鲨鱼软骨中的 ATT（抗新生血管生长因子）可以抑制肿瘤新生血管的生长，断绝癌细胞的营养供应，使其因无法取得养分和氧气而萎缩消失，令肿瘤自然坏死萎缩，从而达到预防癌症的目的。由于许多炎性及自体免疫性疾病都伴随有血管异常增生的情况，如风湿性关节炎、干癣、红斑性狼疮等，所以，鲨鱼软骨中的 ATT 对此类疾病也具有改善效果，并能缓解发炎及剧痛反应。鲨鱼软骨中的软骨素所富含的黏性多糖体，可以重建关节软骨，对软骨退化有较为显著的辅助治疗效果。

（1）鲨鱼软骨素加工工艺流程

鲨鱼 ⟶ 取骨 ⟶ 前处理 ⟶ 碱盐混合液提取 ⟶ 盐解 ⟶ 除酸性蛋白 ⟶ 沉淀 ⟶ 干燥 ⟶ 成品

（2）操作要点

① 原料 将鲨鱼去肉取骨（最好是鱼脊骨），鱼骨洗净后晒干备用。

② 碱盐混合液提取 称取原料，投入 3～3.5mol/L 的氯化钠溶液中浸泡，并用 50％浓

氢氧化钠调节 pH，使浸液 pH 在 12～13，间歇搅拌均匀。浸泡 10～15h 后过滤，滤渣再重复浸泡，最后合并滤液。

③ 盐解　用 2mol/L 的盐酸调节提取液 pH 至 7～8，迅速升温到 80～90℃，保持 20min，然后冷却过滤，得盐解液。

④ 除酸性蛋白　将盐解液调至 pH2～3，搅拌 10min 后静置过滤，再调 pH 至 6.5，加 2 倍量去离子水，使盐解液内氯化钠溶液浓度为 1mol/L 左右。

⑤ 沉淀、干燥　上述溶液加入 95％乙醇，使醇浓度达到 50％～60％，存放至清，取沉淀，脱水干燥，即得鲨鱼软骨素 C、D 成品。

关于鲨鱼软骨全粉的制备目前有两种方法：一是采用真空冷冻干燥的方法，此法的优点是能较好地保留活性成分，但纯度较低；二是用稀碱提取，然后在胰酶中降解，最后用活性炭脱色、去除杂质，再用有机溶剂沉淀，脱水干燥。

✳ 单元生产 ━━ 水产品综合利用工艺与操作 ━

开展水产品加工副产物的综合利用，可变废为宝，生产出农业、医药、环保和食品等行业所需的各种新产品，大大提高水产品的附加值，降低主导产品的成本，取得较高的经济、生态和社会效益。现就生产较普遍、使用价值较大、工艺较成熟的鱼粉、配合饲料、鱼鳞胶、合皮胶、贝类副产品等几种产品介绍如下。

一、鱼粉及液体饲料的加工

1. 鱼粉概述

鱼粉是以全鱼为原料，经过蒸煮、压榨、干燥、粉碎加工之后的粉状物。这种加工工艺所得鱼粉为普通鱼粉，也称半鱼粉。如果把制造鱼粉时产生的蒸煮汁浓缩加工，做出鱼汁，添加到普通鱼粉里，经过干燥粉碎，所得鱼粉为全鱼粉。以鱼下脚料为原料制得的鱼粉叫粗鱼粉。各种鱼粉中，全鱼粉质量最好，普通鱼粉次之，粗鱼粉最差。

(1) 鱼粉原料　鱼粉是饲料的主要原料，是国际市场上畅销的产品，世界每年约有 1/3 的渔获物被用来生产鱼粉。

(2) 鱼粉的营养价值　鱼粉是一种营养物质含量均衡的饲料原料，鱼粉中蛋白质含量的高低是决定于鱼粉价格的主要指标，一般含量为 50％～70％，其消化率在 90％上，鱼粉中含有丰富的必需氨基酸，构成鱼粉蛋白质的某些氨基酸是一般植物蛋白所缺乏的，如赖氨酸、蛋氨酸和胱氨酸，而这些氨基酸都是家禽、家畜和鱼类生长所必需的。

鱼粉中蛋白质、矿物质（如钙、磷）含量比较高，维生素（包括 B 族维生素、维生素 A、维生素 D 和维生素 E）等含量也比较丰富。它是一种与众不同的天然营养物质复合体，尤其是含有丰富的 n-3 长链多不饱和脂肪酸，n-3 多不饱和脂肪酸具有促进幼小动物的孵化率、成活率、生长率和抗病力等功效。鱼粉是目前普遍使用的日粮中含 n-3 多不饱和脂肪酸最丰富的饲料原料。

鱼粉对多种家禽、家畜和水产动物的饲喂效果都是十分显著的，研究表明，在饲料中添加 4％的鱼粉就能改善鸡的受精率、孵化率、产蛋量和饲料转化率；在猪饲料中每天添加

100～450g鱼粉，可增强猪对传染病的免疫力，同时能使猪每天平均增重比普通饲料饲喂的高出100～200g，可增强猪对传染病的免疫力；在牛饲料中添加鱼粉，可提高母牛的产乳量；对毛皮动物来说，饲料中添加鱼粉，除了能促进生产之外，还能显著改善毛的光泽；对水产养殖业的观察也发现，鱼粉有明显促进水产动物体生长的作用。

(3) 鱼粉原料的种类和特点　各国生产鱼粉的原料不同，中国鱼粉的原料主要是经济价值比较低的鱼类、原料鲜度比较差的鱼类以及水产品加工的副产物，包括鱼的头、尾、骨、鳍、内脏等。而智利、秘鲁则是利用鳀鱼全鱼加工成鱼粉，而欧洲国家主要利用沙丁鱼等加工鱼粉，也有一些国家是利用鲐鱼、鲹鱼、鲥鱼、马面鲀等鱼种来进行加工。近年来，由于鱼粉需求量的增加，贝类、海藻、磷虾、海洋浮游生物（轮虫、卤虫、小球藻等）也可作为鱼粉的原料或部分原料加以利用。

根据鱼粉的色泽深浅可将其分为两类：一类为褐色鱼粉，色泽较深，主要是由褐色肉含量较高的鲐、鲹、鲱和沙丁鱼等鱼种加工而成，含脂量相对较高，捕捞后需立即加工，否则脂肪氧化易导致产品质量下降，也不易保藏。由于这类产品经济价值较低，捕捞量大，故生产成本较低。利用内脏副产物生产的鱼粉也属褐色鱼粉，蛋白质含量相对较低。另一类为白色鱼粉，色泽较淡，一般由白色肉原料加工而成，如鳕鱼、带鱼等鱼种，因其含脂量较低，蛋白质含量高，故鱼粉质量好，也易于贮藏。

2. 鱼粉加工

鱼粉生产方法主要分为干法和湿法两种，其中干法又分为直接干燥法和干压榨法，而湿法又分为湿压榨法和离心法，此外，还有萃取法和水解法。不同的加工方法具有不同的工艺特点和优劣，至于具体选择哪一种方法生产鱼粉，一般取决于原料鱼种的差异、对产品质量的不同要求和投资能力的大小等因素。也可将上述方法结合起来生产鱼粉，可取得较好的效果。

目前世界上主要生产鱼粉基本上都采用湿法生产工艺，所以下面重点介绍湿法鱼粉生产工艺，其他工艺略作简述。

(1) 湿压榨法生产工艺　湿压榨法工艺具有生产成本低而产品质量好的优点。

① 工艺流程

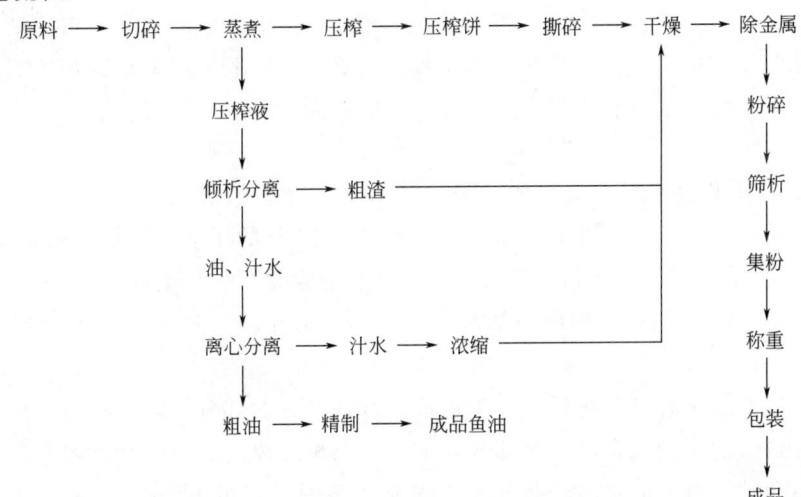

此工艺先将原料鱼切碎，通过螺旋输送器送至蒸煮器蒸煮，由输送机送到压榨机中进行

压榨，使油和水与肌肉分离，压榨饼经撕碎机撕碎后送入干燥机进行干燥，干燥后的粗鱼粉经磁性分离器除去金属等杂质后由粉碎机粉碎至所要求的粒度，然后通过筛析机到自动称重机，按所需要的质量包装。而压榨液经倾析器分离，使沉淀呈泥状的粗渣被送至干燥机中与撕碎的压榨饼一起干燥。液体经油水分离机使油水分离，得到的粗油经精油分离机分离而得到成品油。出来的汁水经多效蒸发器浓缩至一定浓度后送入干燥机与压榨机饼一起干燥，由此得到的鱼粉称为全鱼粉，而浓缩液不回收得到的鱼粉为半鱼粉。

② 操作要点

a. 蒸煮　蒸煮的作用在于使鱼体蛋白质加热凝固，从而破坏其组织细胞，促进油水与肌肉蛋白质的分离，以利于下一步的压榨。同时也可破坏鱼体内的酶和杀灭附着在鱼体上的微生物，达到防腐目的。

蒸煮的程度和效果直接影响到鱼粉和鱼油的质量。而决定蒸煮效果的因素主要是加热温度、时间和pH。加热温度一般选择80~95℃。在此温度下，蒸煮的鱼肉中不溶性蛋白质维持了最高的含量，而分离出的鱼肉也能达到最高的含量。加热时间控制在15~20min，一般蒸煮至鱼肉经轻微振摇易从骨骼上脱落而又没有血迹即可。pH越接近鱼肉蛋白质的等电点，压榨汁产量越高，而这意味着油水与固形物分离的效果好。

b. 压榨　压榨的目的是从蒸煮过的原料中最大限度地压出油和水，缩短压榨饼干燥的时间和降低干燥过程中的能耗。

大规模生产多采用双螺杆压榨机进行压榨，一般压榨温度为近80℃，时间15min，蒸煮后趁热压榨，对油、汁水的分离非常有效。经过压榨工艺后，可压出30%~40%的含油液体，其中除了含有大量的水分和鱼油外，还含有不少可溶性蛋白质等固形物。因此，对压榨液需进一步加以分离回收和利用。

c. 干燥　干燥主要是为了使压榨饼的含水量由40%~50%下降至10%左右，从而抑制微生物的生长，使鱼粉能够长期贮藏。

干燥分为天然干燥和人工干燥，小型鱼粉厂采用经济的天然干燥法，干燥2~3d即可，而大规模的鱼粉厂采用人工干燥，即利用干燥机进行干燥。不论是天然干燥或人工干燥，在干燥之前必须用锤磨机将压榨饼轧碎，以增加对热的接触面，提高干燥效率。

鱼粉在热空气中干燥，除了水分的蒸发外，还会发生油脂的氧化和蛋白质消化率下降等变化。为了降低和防止鱼粉中油脂在干燥过程中的氧化，一般可以采用添加抗氧化剂和真空干燥等方法。为了防止蛋白质消化率的下降，一般可通过降低干燥温度、缩短干燥时间等方法来实现。

d. 粉碎、筛析和包装　干燥后的鱼粉先通过磁力净粉机除去可能夹带的金属等杂质，然后经粉碎机粉碎，便颗粒变得细小而均匀，再通过16目的振动筛筛析而得到饲料用鱼粉。用纸袋或塑料袋以每50kg一袋包装即可，经抽样化验合格后便可出厂。

e. 压榨液处理和利用　压榨液包括油、水和一部分粗渣，这三部分物质经一定处理后均可被利用。

压榨液经倾析式离心机分离后，分为粗渣和含油汁水两部分。粗渣被输送到干燥器中与撕碎后的压榨饼一起干燥。含油汁水部分经油水分离机分离后分成油和汁水两部分。油经精制后得到成品鱼油。剩下的水溶液为汁水，通常为原料重量的60%~70%，含有较多的水溶性蛋白质、氨基酸、维生素、无机盐等固形物成分。这部分汁水经多效蒸发器浓缩后，固形物含量从原来的 6%～7% 提高到 45%～50% 而成为浓缩鱼汁，将其输送到干燥器与磨碎的压榨饼混匀后一起干燥，前已提及，以这种方式生产的鱼粉称为全鱼粉，而不利用浓缩鱼汁生产的鱼粉称为半鱼粉。

（2）直接干燥法生产工艺

① 工艺流程

原料 ⟶ 切碎 ⟶ 蒸煮 ⟶ 干燥 ⟶ 粉碎 ⟶ 筛析 ⟶ 称量 ⟶ 包装 ⟶ 成品

② 操作要点　将原料鱼切碎后送入蒸煮机进行蒸煮，然后送入干燥机中干燥。由于没有压榨工艺，为除去相当鱼粉质量 2 倍的水分，大约需要干燥 3h，这样不仅需要耗费大量燃料，而且长时间高温干燥，又会造成油脂氧化程度增加和蛋白质消化率的下降，从而影响鱼粉的品质。因此，直接干燥法一般只适合于少脂鱼类加工。此方法的特点是设备投资费用低，且原料中的水溶性成分基本上保存于成品鱼粉中。

（3）干压榨法生产工艺

① 工艺流程

原料 ⟶ 切碎 ⟶ 蒸干 ⟶ 粗筛 ⟶ 压榨 ⟶ 粉碎 ⟶ 筛析 ⟶ 称量 ⟶ 包装

粗鱼油 ⟶ 炼制 ⟶ 成品鱼油　　　　　　　成品

② 操作要点　干压榨法是将原料的热处理和鱼粉的干燥合并在压油之前一次完成（称为蒸干）。因此，干压榨法压出的液体主要是鱼油，鱼油经炼制可得成品鱼油，压榨饼经粉碎、筛析、称量和包装后即成为成品。如果原料含油量很高，采用热空气蒸干法将使其中的鱼油质量下降，从而影响到鱼粉的质量。因此，该生产工艺适合于中脂鱼和少脂鱼。

（4）离心法生产工艺　原料经绞碎后进行蒸煮，煮成浆状，送到卧式离心机中被分离成固相、油相和液相三部分，然后固相被送去干燥，油进入精制设备中进一步精制，而液相中仍含有一部分粗渣和油，因此将液相输入到立式离心机中进一步分离，液相又被分成粗渣、油和汁水三部分，它们的回收利用与湿压榨法基本相同。此法的最大特点是可以加工各种原料，甚至对一些不新鲜的原料用压榨法无法分离鱼油时，它也能分离，而且产品的含油量较低，设备的占地面积又小。

（5）萃取法生产工艺　如果要使鱼粉中的含油量降至 1% 以下，压榨法和离心法均达不到要求，此时必须采用有机溶剂萃取法。萃取法脱脂彻底，因此鱼油产量高，鱼粉质量好，但有机溶剂能溶解大量色素，使得萃取油的颜色较深。与压榨法相比较，此法的工艺设备比较复杂，技术条件要求高，生产成本也高。除食用鱼粉外，采用萃取法生产饲料鱼粉并不普遍。

3. 液体饲料加工

液体饲料是将磨碎的鱼或鱼类加工副产物在酸性条件下，用酶或微生物分解消化制成的饲料，也称酸储饲料。如果发酵时采用强酸（如硫酸、盐酸），需要中和之后再喂养动物；如果采用弱酸（甲酸、丙酸等），则不必中和。如果液体饲料本身不需长久贮藏，不需远距离运输，则生产成本大大低于鱼粉。

液体饲料的制备工艺是：先将原料鱼用碎肉机磨碎，加 3.5% 的甲酸（浓度为 85%），与磨碎的原料混匀后输送到液化罐中。液化的时间取决于原料的品种和温度。液化鲱鱼或其废料的适温为 18～20℃，需 24～48h，液化完成后用 16 目筛子分离固体残渣。将液体加热到 50℃，用离心机分离油脂，因为制品中含有油脂易发生腐败，而且饲养动物会影响动物肉质肉味。

关于液体饲料饲养家禽和家畜的效果报道很多，例如，丹麦曾用液体饲料进行过广泛的试验，结果表明：用液体饲料喂猪，一直可以喂到体重 30kg 而不会使猪肉产生味变。母猪每天喂 0.5kg 液体饲料，产乳期能够延长，生育力能够提高。每天以 1.4kg 液体饲料喂牛，牛乳和奶油都不会变味。挪威的研究表明：对母鸡的生长率和产蛋率，液体饲料和鲱鱼粉具有同等效果。中国东海水产研究所用马面鲀废料制成的液体饲料喂养肉鸡、蛋鸡、肉猪和鱼，都取得了良好的效果。

二、配合饲料加工

饲料是饲养动物的物质基础。凡是能提供动物营养或者有利于动物对营养物质的利用或者有利于改善动物产品的品质，在适量采食时，对动物的健康和产品无不良影响的可食物质统称为饲料。

1. 配合饲料的优点

根据饲养标准科学地将几种饲料（原料）按一定比例混合在一起形成的营养全面的饲料称为配合饲料，用配合饲料饲养动物有以下几点好处。

(1) 促进生长 由于配合饲料是根据不同品种类型、不同生长阶段、不同生产目的动物的营养需要而设计的饲料配方，配合成营养平衡的日粮，营养物质利用率高，可促使动物快速生长。

(2) 合理利用各种饲料资源 配合饲料生产时是将几种饲料混合使用，饲料之间营养物质相互补充，可以最合理地利用各种饲料，减少浪费。

(3) 预防营养不足 配合饲料中添加的微量元素、维生素和氨基酸等添加剂，对动物的生长发育极为有利，可防止营养不足、缺乏和中毒现象，可以抑制病原微生物的生长，减少疾病发生。

(4) 降低成本，提高经济效益 配合饲料可直接用于投喂，不需再加工、煮熟，既节省劳力，又节省燃料，降低成本，提高经济效益。

2. 配合饲料的种类

(1) 按饲料工厂产品分类 可分为添加剂预混料、浓缩饲料、全价配合饲料、精料混合料等。

① 预混料 预混料＝活性成分＋载体＋稀释剂，既可作"成品"，又可作"商品"，不能单独饲喂，必须与其他饲料按一定比例混合均匀成为全价料后才能饲用，占全价料的 1%～5%。

② 浓缩饲料 指全价饲料中除去能量饲料的剩余部分。浓缩饲料依其组成成分的不同，与能量饲料的配比并非固定，根据市场要求可以是二八浓缩料（即 2 份浓缩饲料加 8 份能量饲料）、三七浓缩料或四六浓缩料。

③ 全价配合饲料 由浓缩饲料＋能量饲料组成。

④ 精料混合料 通常为草食动物生产，不能单独构成日粮，而是用于补充草食动物饲料中不足的那一部分营养，或视为草食动物的完全型精饲料，是由能量、蛋白质、预混料混合均匀的匀质混合物。

(2) 按其形状分类　可分为粉状饲料、颗粒饲料、微粒饲料、碎粒料等。

① 粉状饲料　商品形式为粉末，而饲喂时的饲料形式为水分含量很高的团块或软颗粒。根据饲喂水产动物的不同种类和生长期采用不同的加水量，一般加水量为粉末饲料重量的 70%～200%。对同种动物而言，生长前期加水量高于生长后期。在加水的同时将油脂加入，必要时还需将部分添加剂及药物等一并加入，也可将打成糜浆的鲜鱼、瓜果、蔬菜等加入粉状饲料中一起混合成团。

粉状饲料使用前加入了大量的水，使养殖动物接触的饲料柔软、适口，易于为动物接受。但使用前须另行加工，麻烦，花费的劳力多，且粉状饲料的价格较高，常用于经济价值较高的水产动物养殖。

② 颗粒饲料

a. 硬颗粒饲料　主要由环模压粒机或平模压粒机压制而成，相对密度大于 1，水分含量小于 13%。与挤压成型水产饲料相比，硬颗粒水产饲料加工设备价格低。如生产能力相同，生产硬颗粒水产饲料的加工设备价格仅为生产挤压成型水产饲料设备价格的 1/4～1/3。中国目前的水产饲料大部分为硬颗粒饲料。

硬颗粒水产饲料以圆柱体形和不规则形为多。圆柱体的直径以 1.5～5.0mm 为多，长度为直径的 2～3 倍，小直径饲料的长径比较大，大颗粒的长径比较小。

b. 挤压颗粒饲料　采用挤压机制造的颗粒水产饲料，按投喂时在水中不同的状态，将其分为浮性饲料、慢沉性饲料和沉性饲料。

c. 软颗粒饲料　含水率在 25%～30%，颗粒密度为 1g/cm^3 左右，其质地松软，水中稳定性差。一般采用螺杆式软颗粒饲料机生产。在常温下成型，营养成分无破坏。一般适合养殖场自产、自用。

d. 膨化颗粒饲料　含水率在 6% 左右，配方要求淀粉含量在 30% 以上、脂肪含量在 6% 以下。原料经充分混合后通蒸汽加水，送入机器主体部分，由于螺杆压力和机器摩擦使温度不断上升，直到 120～180℃，当饲料从孔模中挤压出来后由于压力骤然降低，体积瞬时膨胀，形成结构疏松、结粒牢固的发泡颗粒。颗粒密度低于 1g/cm^3，属于浮性饲料。

③ 微粒饲料　微粒饲料又称微型饲料，一般用于甲壳类幼体、贝类幼体、鱼类仔稚鱼、滤食性鱼等。

④ 碎粒饲料　经过冷却后的大颗粒饲料用有波纹的轴辊碾轧，可筛分成许多大小不等的碎粒或粗屑，以满足饲养各种规格幼鱼、稚鱼的需要。其由于是由大颗粒破碎成小颗粒，而比直接挤压加工成小颗粒容易，且成本低。另外，碎粒和粗屑呈多面体的表面反射光线，对靠视力寻找食物的鱼来讲是一种诱惑，有利于提高饲料效率。

3. 配合饲料加工工艺

(1) 配合饲料加工的主要工序

① 原料清理　清除原料中的杂质，如铁屑和石块等杂物。

② 原料粉碎　原料的粒度直接关系到配合饲料的质量、产量以及电耗和成本。原料经粉碎后，其表面积增大，便于消化吸收，可提高饲料的混合均匀性及颗粒成型的能力，并直接影响配合饲料在水中的稳定性。

用筛分法表示饲料粒度，一般鱼用配合饲料原料要求全部通过 40 目筛，60 目筛上物不大于 20％而对于虾饲料原料的粉料要求全部通过 60 目筛。

③ 配料与混合　要做到均匀混合，微量养分如维生素、矿物质等应经过预混合，制成预混料。在预混时应先添加量大的成分，然后再添加量小的成分，混合时间长短应通过试验确定。混合均匀度是指同一批饲料各组分之间的差异，用变异系数（CV）表示。在目前的要求和标准下，CV 一般在 5％～10％范围内尚属可以，大于 12％应加以注意，规定不得超过 15％。检验饲料混合均匀度的方法一般采用沉淀法或甲基紫法。

④ 制粒　在制粒过程中，水分、温度和压力结合起来使饲料中的淀粉糊化，提高了饲料利用率。制成颗粒后，可减少成品的分离现象。颗粒饲料还可增加饲料的适口性。

⑤ 破碎　以满足各种规格幼鱼、稚鱼的需要，破碎成小颗粒比挤压加工容易。

⑥ 筛分和包装　加工后配合饲料经筛分除去碎渣和粉末，包装后贮藏。碎渣和粉末再返回加工。

⑦ 贮藏　贮存过程中要注意通风、防潮、避光以减少损耗。

（2）配合饲料的加工工艺特点

① 先粉碎后配合的加工工艺特点

a. 优点　单一品种饲料进行粉碎时，粉碎机可按饲料的物理特性充分发挥其粉碎效率，降低电耗、提高产量、降低生产成本，使配合饲料的粒度质量达到较好的程度。

b. 缺点　需较多的配料仓、进出料控制阀门和破碎装置，当要粉碎的饲料种类多于 3 种时，还必须采用多台粉碎机，否则经常调换品种，操作频繁，生产效率低。

多用于生产规模较大、配比要求与混合均匀度高、原料品种多的大型饲料厂。目前国内普遍采用先粉碎后配合的工艺。

② 先配合后粉碎的加工工艺特点

a. 优点　工艺流程简单，结构紧凑、投资少，原料仓就是配料仓，从而省去中间配料仓和中间控制设备。

b. 缺点　自动化控制要求高；粉碎机换筛、换锤片致使后路停止工作；粉碎机周期性空运转。

随着机械电子行业的发展，这些缺点能得以较好的解决；随着饲料原料的开发，油菜籽、葵花籽等富含油又富含蛋白质原料的使用在逐渐增加，因这类含油高的原料单一粉碎比较困难，因此采用先配合后粉碎工艺将会越来越多。

4. 渔用配合饲料的质量评价

渔用配合饲料质量主要包括营养质量、加工质量、卫生质量三个方面，主要通过感官指标、物理指标、营养指标和卫生指标来体现。

（1）感官指标要求　色泽一致，具有该饲料固有气味，无异味，无发霉、变质、结块现象，无鸟、鼠、虫污染，无杂质。颗粒料表面光滑，颗粒大小必须与养殖鱼类的口径相适应，某些特种水产饲料在加水搅拌后应具有良好的伸展性和黏弹性。

（2）物理指标要求

① 粉碎粒度　一般鱼类饲料的粉料粒度 98％通过 40 目（孔径 0.425mm）筛孔，80％通过 60 目（孔径 0.250mm）筛孔。

② 混合均匀度　指同一批饲料各组分之间的差异，用变异系数（CV）表示，变异系数越小，说明饲料混合越均匀。饲料混合不均匀，可影响动物的生长和降低饲料效益，甚至有

使养殖鱼、虾中毒死亡的危险。对虾及一般鱼饲料要求其 CV 10％，鳗鱼饲料要求在 8％以下。

③ 水稳定性　又称耐水性或膨胀性、水中安定性、水中保证性，要求将含水率13％的颗粒在 20℃的清水中经额定时间浸泡后崩解溶失的质量不得超过颗粒总质量的百分比。

对于鱼类一般要求饲料在水中稳定性需达 20～30min，溶散率小于 10％，而对于虾、蟹类（进食速度缓慢），要求饲料在水中稳定性达 2h 以上。

④ 颗粒饲料的粉化率　粉化率是指颗粒饲料在装卸和运输等处理过程中碎成细末的数量占全量的百分比，一般要求小于 3％。

(3) 营养指标要求　饲料的营养指标主要指饲料中的能量、粗蛋白质、必需氨基酸、粗脂肪、粗纤维、钙、磷、粗灰分等的含量。饲料企业都应有自己的企业标准，如有国家标准或地方标准，应按有关标准执行。

(4) 卫生指标要求　参考有关畜禽饲料卫生标准 GB 13078—2017《饲料卫生标准》。

5. 配合饲料的贮存和保管

配合饲料从生产到投喂都有一个过程，少则几天，多则数月，饲料贮藏和保管是这一过程中的重要环节，在贮藏过程中稍有疏忽大意，就会使饲料品质下降、霉烂生虫，造成直接或间接的经济损失或信誉损失。因此，为了保证饲料质量，提高饲料企业和鱼、虾养殖者的经济效益，对配合饲料的贮藏管理必须予以重视。

(1) 良好的仓储条件　存放渔用饲料的仓库至少应做到不漏雨，能防晒、隔热、防太阳辐射，通风条件良好，最好供作饲料仓库的房屋周围有树木等遮阳物。同时，应以少量贮存、少进货、勤发货，以减少贮存时间，增加周转率的方法来保障渔用饲料恰当使用。

(2) 合理堆放的贮存方法　渔用饲料的包装材料大多数是塑料复合袋或者牛皮纸复合袋。气密性好，能达到防潮、防霉之目的。饲料生产中最后一道工序是包装。包装前饲料一定要充分干燥及冷却，要掌握好饲料的湿度，以免封包后返潮。饲料堆放以"工"字形及"井"字形为佳，也可采用"方块"形。每堆之间必须留有过道，尽量不要靠墙。这样既可通风，又可防潮。仓库场地宽敞的可按桩脚堆放，桩上宜挂好标牌，注明品种、规格、生产日期，便于饲料进货、出货。

三、鱼鳞、鱼头的加工

鱼制品在加工利用中会产生鱼鳞、鱼头等下脚料，根据已有的研究情况看：鱼鳞加工成胶原蛋白、明胶等应用于食品以及化妆品工业；鱼鳞中提取鱼银，用于珍珠装饰业和油漆制造业；制备鱼鳞酶解液，用于食品工业；制备羟基磷灰石，用于医药、化工行业。

1. 鱼鳞胶加工

鱼鳞含有丰富的蛋白质和多种矿物质，其中有机物占 41％～55％，鱼鳞的有机物组成中除生胶质外，大部分为鱼类特有的鱼鳞硬蛋白、脂肪、色素、黏液质等。如果能充分利用这些成分，不仅可以提高鱼类加工的附加值，同时可减少环境污染，创造良好的经济与社会效益。

鱼鳞中胶原蛋白的含量是比较高的，所以一般鱼鳞主要作为生产明胶的原料。以鱼鳞为原料生产的明胶称鱼鳞胶。带有无毒鳞片的海水、淡水食用鱼类大多可作为生产鱼鳞胶的原料，如加工时废弃的大小黄鱼、青鱼、草鱼、鲤鱼、鲢鱼、罗非鱼等鱼的鳞片。根据测定，鱼鳞占鱼体质量的 1%～3%，淡水鱼鳞占鱼体质量的比重大于海水鱼。用鱼鳞生产明胶，其成品率一般在 13% 左右。随着淡水养殖业的发展，鱼鳞的来源必将不断增加，这为进一步发展鱼鳞胶生产创造了有利条件。

从鱼鳞中提取鱼鳞胶在食品开发中具有广泛的应用。鱼鳞胶含有除色氨酸以外的全部必需氨基酸，若补充色氨酸，其营养价值更高；鱼鳞胶是强有力的保护胶体，乳化力强，既有利于食物消化，又可抑制牛乳、豆浆等蛋白质因胃酸而引起的凝集作用。鱼鳞胶在食品工业中可以作为增稠剂、乳化剂、稳定剂、澄清剂等，广泛应用于罐头、饮料、乳品加工、肉制品加工、果酒酿造等方面。鱼鳞胶还是不可多得的滋补品，研究也表明其具有生血、养颜、美容、降低血清总胆固醇和甘油三酯等众多功效。日本已经有了专门以鱼鳞胶原蛋白为原料的片剂。

（1）工艺流程

原料处理 ⟶ 浸灰 ⟶ 浸碱 ⟶ 浸酸 ⟶ 熬胶 ⟶ 浓缩 ⟶ 凝胶 ⟶ 切片 ⟶ 干燥

（2）操作要点

① 原料处理　将不同鱼类的鳞片分类，拣出其中的杂质，用清水冲洗，除去污物和部分黏液；对于干鱼鳞则应予以浸水使之恢复柔软状态。气温在 20℃ 左右时，浸水时间为 1～2d，但需经常换水，以免腐败变质。

② 浸灰　将洗净的鱼鳞浸于浓度为 0.2%～0.4% 的石灰水中，在 15℃ 以下浸泡 7～10d。如温度较高，石灰水的浓度可低一些。浸灰的目的是去除球蛋白、黏蛋白，破坏黑色素，皂化脂肪。

③ 浸碱　将浸灰完毕的鱼鳞投入浓度为 5% 的烧碱溶液中，迅速搅拌 5min，立即捞出，用清水洗涤至中性为止。浸碱是为了进一步去除黑色素，以提高产品的透明度。

④ 浸酸　将工业盐酸配成所需要的浓度，然后投入鱼鳞，并不断搅拌，直至滴入溴酚蓝指示剂显蓝色为止。浸酸主要是为了除去原料中的磷酸钙等无机盐。浸酸后的鱼鳞应柔软透明，捞出水洗至 pH5～6 时即可熬胶。鱼鳞胶浸酸时的酸液浓度、用量及时间见表 10-5。

表 10-5　鱼鳞胶浸酸时的酸液浓度、用量及时间

次数	酸液浓度/%	酸液用量（为鱼鳞的倍数）	浸酸时间/min
1	2	2.5	10～15
2	1	2.5	20
3	0.5	3	30～60
4	0.3	3	120

⑤ 熬胶　处理好的原料放入熬胶锅内，添入原料 1 倍量的热水，缓慢加热 1h，温度控制在 60℃ 左右，然后温度每次提高 5℃，时间开始为 1h，以后每次再增加 0.5h 约提高到 80℃，熬胶可长达 11h。每次熬出的胶浓度约为 5%，所得的稀胶液在 60℃ 趁热用板框压滤机压滤，助滤剂可用活性炭、硅藻土等，也可用真空抽滤或离心过滤。

⑥ 浓缩、凝冻　稀胶液在浓缩锅中进行减压或真空浓缩，浓缩到原液的 20% 左右即可冷凝，将浓缩胶趁热倒入金属盘或模具中，冷却至室温，胶液会完全凝冻成有弹性的胶冻。

⑦ 切片、干燥　将胶冻切成适当大小的薄片，先用冷风后用热风干燥至胶片中水分含

量为 10%～12% 时为止，再经粉碎即为成品。

2. 鱼鳞酶解液加工

鱼鳞中的蛋白质经蛋白酶水解，制得的酶解液可用于调味品生产和功能性食品添加剂。其基本工艺流程如下。

原料鱼鳞 ⟶ 预处理 ⟶ 酸处理 ⟶ 清洗 ⟶ 加酶水解 ⟶ 灭酶 ⟶ 分离 ⟶ 浓缩 ⟶ 凝固 ⟶

切片 ⟶ 干燥 ⟶ 成品

加入不同类型的蛋白酶将鱼鳞中的胶原蛋白大分子进行水解，得到聚合度较小的多肽类和游离的氨基酸。首先一些游离氨基酸和短肽本身具有呈味作用，酶解液可以作为调味料的原料。另外，在酶解过程中还会产生具有特定功能的功能肽，已经有实验证明，鱼鳞蛋白水解液具有抗氧化和降低血压、降低血液总胆固醇以及抗衰老等功效。

3. 鱼皮胶加工

以各种鱼皮为原料生产的明胶称为鱼皮胶。鱼皮的组织结构与陆产动物皮相比较，鱼皮的组织较松散，胶原易于水解提取。此外，鱼皮的脂肪及色素等含量较高，所以必须除去脂肪和色素，才能提高鱼皮胶的质量。鱼皮的厚度以及脂肪、色素等的含量因鱼种不同差别很大。因此，在制胶过程中对不同的鱼种，要采取不同的处理方法。

鱼皮占鱼体重的比重，因鱼种不同差别很大。例如，海鲤皮和河豚皮都占体重的 12% 左右，而马面鱼皮则为 9% 左右。其含胶量差别也很大，河豚皮的提胶率为 15% 左右，而马面鱼皮仅有 4.5% 左右。

鱼皮胶的生产技术与鱼鳞胶基本相同。只有原料浸酸、浸灰的顺序应根据原料的种类灵活掌握，例如，马面鱼皮和鳗鱼皮是同一种类型；河豚皮是另一种类型。其生产工艺不再赘述。

4. 鱼头骨粉加工

淡水鱼的鱼头比较大，往往占到鱼体总重量的 24%～34%，因此鱼头的处理不单单关系到产品的价格，也会对环境产生巨大的影响。虽然淡水鱼的鱼肉口感往往比海水鱼要差，但鱼头则有比较好的风味。因此市场上某些淡水鱼鱼头的价格比鱼肉的价格还要高。淡水鱼鱼头作为营养滋补品在我国已有悠久的历史，素有"一个鱼头三钱参"的说法。首先鱼头中含有丰富的卵磷脂和 EPA、DHA，这两类物质对儿童大脑的发育以及预防老年人的反应迟钝都有显著的疗效。以鳙鱼的鱼头来讲，其粗脂肪中 EPA、DHA 含量分别为 6.37% 和 7.29%，而海水鱼中的沙丁鱼、金枪鱼、虹鳟鱼中不饱和脂肪酸的含量分别为 1.7%、1.3%、1.2%。下面介绍将鱼头生产鱼头骨粉和汤料的方法。

(1) 工艺流程

原料鱼头 ⟶ 洗净去鳃 ⟶ 高温蒸煮 ⟶ 粉碎 ⟶ 离心 ⟶ 滤渣 ⟶ 烘干 ⟶ 粉碎 ⟶ 鱼头骨粉

汤料 ⟵ 精滤 ⟵ 脱除脂肪 ⟵ 滤液

(2) 操作要点

① 将去鳃鱼头在高温釜中 120℃ 加热 30min，使鱼头软化。

② 将软化的鱼头用粉碎机打成浆状。

③ 在浆状物中加入等量的盐水，以粗孔尼龙筛为过滤介质，离心过滤，滤渣以等量 1%

盐水洗涤再次过滤，合并液汁。

④ 将过滤残渣加入等量热水，充分搅拌后离心，弃去水洗液，残渣烘干、粉碎即为鱼头骨粉。

⑤ 将步骤③中的滤液置 0～5℃下过夜，取出上层析出的脂肪，加热熔化冻状液过滤或精滤，即可制得汤料。

四、甲壳素、壳聚糖的加工

随着我国淡水及海水虾、蟹养殖产品的增加，每年都产有大量的虾、蟹壳等副产品，尤其是虾头。而其中仅一部分用于饲料添加剂等低值产品，绝大部分被当作垃圾废弃，既污染环境，又造成资源的浪费。若将这些资源回收用于提取甲壳素和壳聚糖，不但能变废为宝，还可获得可观的经济效益。

虾、蟹壳是提取甲壳素的主要原料。甲壳素的含量因壳的种类而不同，虾壳中的含量在 $14\%～25\%$，蟹壳中的含量在 $10\%～25\%$。甲壳素是一种多聚乙酰氨基葡萄糖，属含氮多糖类，其不溶于水、有机溶剂及稀酸、稀碱溶液中，只有经过浓碱处理或其他方法脱去其分子中的乙酰基后，它才能溶解于稀酸中，成为可溶性甲壳素，即壳聚糖（又称甲壳胺）。

1. 工艺流程

虾蟹壳→捣碎→浸碱→水洗→浸酸→氧化脱色→水洗→还原→水洗→甲壳质→浓碱保温→水洗→脱水→壳聚糖

如对某种甲壳素产品的颜色不作严格要求，只需将虾、蟹壳洗净干燥，在浓度 $1\%～5\%$ 的碳酸钠溶液中煮沸，然后用盐酸脱钙即可。有的工艺是先浸酸、后浸碱，也有用碱一次处理，直接制备甲壳胺。

2. 操作要点

（1）原料处理　将新鲜虾、蟹壳中的残肉除去，用清水冲洗干净。

（2）浸碱　主要目的是除去蛋白质及脂肪，一般是在 $8\%～10\%$ 的氢氧化钠溶液中煮沸 $1～2h$，其间一部分色素也遭到破坏。

（3）浸酸　主要目的是除去碳酸钙等，一般用浓度 $5\%～15\%$ 的盐酸浸泡约 5d，浸泡期间要经常翻动，待虾、蟹壳中的钙全部溶出，盐酸溶液不再产生气泡时，即可停止浸酸。

（4）氧化脱色　将上述虾、蟹壳投入 1% 高锰酸钾中浸泡 $1～2h$，即可制得白色的不溶性甲壳质。

（5）还原　用清水冲洗，压干水分，再投入浓度为 1% 的草酸溶液中浸泡 1h。捞出用清水冲洗，挤干水分，烘干或晒干，即成为洁白的甲壳素。

（6）浓碱保温　将烘干的甲壳素投入浓度为 41% 的工业烧碱溶液中，加热至 $80～90℃$，保温 $24～36h$，直至脱去乙酰基为准，即得可溶性甲壳素，即甲壳胺。检查方法为：取少量试样，用水洗至中性，压干水分，投入浓度为 1% 的冰醋酸溶液中，如在 30min 内完全溶解，表明脱乙酰基已经完成，否则应继续保温。

（7）水洗　脱乙酰基完成后，捞出虾、蟹壳用清水反复冲洗，直至其呈中性为止。

（8）脱水　将虾、蟹壳压干水分晒干或烘干后即为壳聚糖。

3. 甲壳素及其衍生物的用途

大量研究表明，甲壳素及其衍生物具有成膜性、可纺性、抗凝血性、促进伤口愈合等功能。因此，甲壳素及其衍生物在食品、生化、医药、日用化妆品及其污水处理等众多领域得到广泛应用，其主要用途归纳如下。

(1) 食品工业中的应用 由于甲壳素和壳聚糖无味无毒，可被生物降解，在食品工业中作为絮凝剂，以加速固体分离，增加液体的透明度，或自液体中分离出固体微粒，提高固体产品的得率。还用作模拟食品的结构填充剂、增稠剂、乳化剂、保鲜剂和包装薄膜等。

(2) 生化方面的应用 甲壳素和壳聚糖是性能优良的固定化细胞、酶的载体，具有机械性能好、化学性质稳定、耐热性及价廉等优点，可作为酶固定剂、生物反应器、生物技术用材料等。

(3) 医药工业中的应用 壳聚糖是盐基性多糖，动物实验表明其能抑制胃酸和胃溃疡，降低血液中的胆固醇和甘油三酸酯。甲壳素的硫酸衍生物有抗凝血作用，能抑制肾上腺皮质激素的分泌和促进钠离子排泄。还可用于制备手术缝线、药物包膜、人工肾脏、人工皮肤、伤口愈合剂等。

(4) 日用化妆品中的应用 其吸水吸油性能好，可使用于婴儿尿布、妇女卫生巾；具有滋润补养头发的功能，可用于头发定型剂、洗发剂、清洁剂等中。

(5) 水质净化处理中的应用 除了作凝聚剂用于水质净化之外，由于它能和 Cu、Hg、Cd、Fe、Ni、Zn、Pb、Ag 等重金属形成螯合物，可用来有效地除去水中重金属，包括放射性元素。

此外，甲壳素及其衍生物也应用在纺织、印染、离子交换剂、摄影胶片等方面。

五、贝类副产品加工

以贝类加工副产物或副产物为原料，利用多种不同的酶对贝类副产品进行分段酶解，利用超滤膜分离和反渗透等高新技术手段，可制造出富含活性多肽、短肽、游离氨基酸等营养活性成分的水解动物蛋白、保健品、海洋药物等。

我国的扇贝养殖发展很快，目前已成为主要养殖品种之一，但加工技术落后，特别是扇贝边，造成大量的裙边废弃，至今尚未得到很好利用，导致资源浪费和环境污染。扇贝的副产品是指其内脏团、外套膜（即扇贝边）、贝壳及扇贝汁而言。目前其利用情况简介如下。

1. 外套膜的利用

扇贝在加工干贝、冻扇贝柱以及扇贝罐头时，其外套膜就成了下脚料，它约占鲜贝重量的 20%，其产量比鲜贝柱高出 1 倍。扇贝边裙富含氨基酸、无机盐、维生素等营养元素。将扇贝边裙酸解或蒸煮，再浓缩调配可加工成调味品，其味道鲜美，营养丰富，是极佳的调味料。另外，扇贝边裙也可加工成软罐头食品。扇贝边裙软罐头的工艺较为复杂严格，首先是收集新鲜边裙，然后经清除杂质及内脏→清洗→煮沸→漂洗→沥水→装袋→加入原汁→真空封口→杀菌冷却→擦袋检袋→保温检验等环节，即可出厂销售。下面简要介绍其他的加工利用方式。

(1) 冷冻扇贝边的加工工艺 在加工扇贝时将剩下的部分再去掉内脏，只留下外套膜，用洁净的海水洗净，放在 100℃ 的开水中漂烫 0.5min，再放到凉透的熟开水中洗净，然后捞于筐中沥水 10min，定量装盘（包）进行速冻，而后入冷库即可。

（2）珍味贝丝加工工艺　珍味贝丝形状美观，色泽嫩黄透明，口感软嫩，味鲜美，商品档次较高，常温下保质期在 6 个月以上。

① 工艺流程

扇贝边裙→清洗→去杂→漂烫→干燥→酸处理→调味→焙烤→冷却→检验→包装→成品

② 操作要点

a. 扇贝边原料　使用加工扇贝当天废弃的无污染扇贝边裙，大量收获时不能当天加工成半成品的，冻结贮藏。

b. 清洗　用扇贝边清洗机，或人工水中清洗，除去胃袋鳃丝等，同时洗掉边裙表面褐色膜至洁白。

c. 去杂　人工拣去足丝等杂物。

d. 漂烫　90℃ 以上热水旺火漂烫至边裙完全收缩、变色，捞出立即投入冷水中，充分冷却后捞出沥干。

e. 干燥　65℃ 左右热风干燥或天然干燥，至边裙干透呈半透明，但不宜太干以免破碎。冷却后的半成品装入内衬塑料袋的编织袋，放置于干燥、阴凉的仓库中。半成品贮藏期一般不超过 4 个月。

f. 酸处理　将半成品干丝浸入 1% 冰醋酸溶液中 15s，捞出沥干放置 2h 左右。

g. 调味　将酸处理后表面尚湿润的贝丝拌上粉碎成末的白糖、精盐、鲜味剂等，充分拌匀，放置渗透。

h. 焙烤　远红外 150℃ 焙烤 6min。

i. 检验、包装　制品水分含量检测和感官指标合格后，装入包装袋，封口，装箱，入库。

（3）饵用扇贝边加工工艺　扇贝边裙是制造甲鱼、鳗鱼、对虾等名优水产品配合饵料的优质原料，市场上供不应求。加工工艺流程如下述。

收集边裙→精拣杂质→煮熟→晒干→粉碎→包装

一般 7kg 扇贝边裙能加工成品 1kg。蒸煮边裙的汤汁浓缩后，可用作饲料添加剂等，价值不菲。另外，也可将边裙速冻后冷藏，作为对虾、鳗鱼等的生鲜饵料直接投喂。

2. 内脏团的利用

扇贝脱壳后，取出扇贝柱和外套膜，余下的就是扇贝的内在部分。目前的利用形式，只是将它装盘速冻入冷库，作鱼虾的鲜饵料用。

3. 扇贝汁的利用

所谓扇贝汁，是指在加工扇贝干时，经蒸煮多次鲜柱的原汤。目前，山东、辽宁等地有些厂家将其收集起来，经多次提炼制成高档调味剂——扇贝油。

4. 扇贝壳的利用

① 将贝壳洗净、消毒后，串起来作贝类育苗的附着基用。

② 将贝壳洗净后，用球磨机粉碎后制成贝壳粉作饲料的添加剂用。

③ 选择性状完整、壳表干净、色泽鲜艳的贝壳作为贝雕的原料。

加工实例 ━━ **湿法生产鱼粉** ━

一、工艺流程

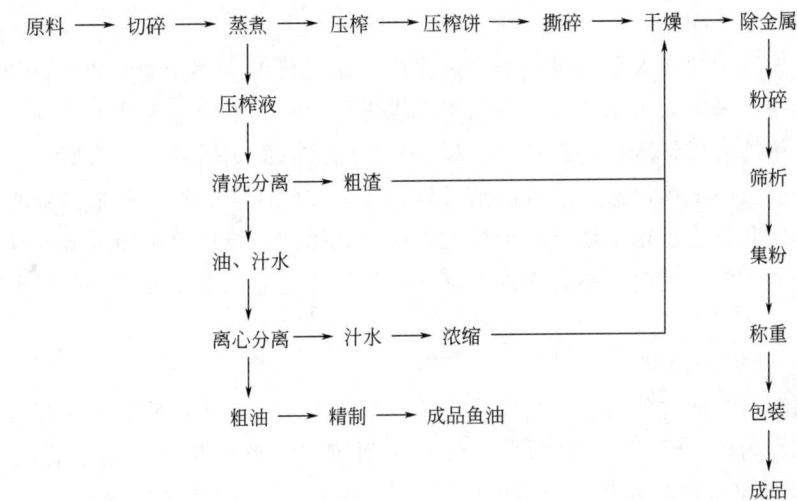

此工艺先将原料鱼切碎，通过螺旋输送器送至蒸煮器蒸煮，由输送机送到压榨机中进行压榨，使油和水与肌肉分离，压榨饼经撕碎机撕碎后送入干燥机进行干燥，干燥后的粗鱼粉经磁性分离器除去金属等杂质后由粉碎机粉碎至所要求的粒度，然后通过筛析机到自动称重机，按所需要的质量包装。而压榨液经倾析器分离，使沉淀呈泥状的粗渣被送至干燥机中与撕碎的压榨饼一起干燥。液体经油水分离机使油水分离，得到的粗油经精制而得到成品油，而汁水经多效蒸发器浓缩至一定浓度后送入干燥机与压榨机饼一起干燥，由此得到的鱼粉称为全鱼粉，而浓缩液不回收得到的鱼粉为半鱼粉。

二、湿压榨法生产鱼粉的操作要点

1. 蒸煮

蒸煮的作用在于使鱼体蛋白质加热凝固，从而破坏其组织细胞，促进油水与肌肉蛋白质的分离，以利于下一步的压榨。同时也可破坏鱼体肉的酶和杀灭附着在鱼体上的微生物，达到防腐目的。

蒸煮的程度和效果直接影响到鱼粉和鱼油的质量。而决定蒸煮效果的因素主要是加热温度、时间和pH。加热温度一般选择在 $80\sim95℃$ 之间。在此温度下，蒸煮的鱼肉中不溶性蛋白质维持了最高的含量，而分离出的鱼肉也能达到最高的含量。加热时间控制在 $15\sim20min$ 之间，一般蒸煮至鱼肉经轻微振摇易从骨骼上脱落而又没有血迹即可。pH越接近鱼肉蛋白质的等电点，压榨汁产量越高，而这意味着油水与固形物分离的效果好。

2. 压榨

压榨的目的是从蒸煮过的原料中最大限度地压出油和水，缩短压榨饼干燥的时间和降低干燥过程中的能耗。

大规模生产多采用双螺杆压榨机进行压榨，一般压榨温度为近 80℃ 时间 15min，蒸煮后趁热压榨，对油、汁水的分离非常有效。经过压榨工艺后，可压出约 30%～40% 的含油液体，其中除了含有大量的水分和鱼油外，还含有不少可溶性蛋白质等固形物。因此，对压榨液需进一步加以分离回收和利用。

3. 干燥

干燥主要是为了使压榨饼的含水量由 40%～50% 下降至 10% 左右，从而抑制微生物的生长，使鱼粉能够长期储藏。

干燥分为天然干燥和人工干燥，小型鱼粉厂采用经济的天然干燥法，干燥 2～3d 即可，而大规模的鱼粉厂采用人工干燥，即利用干燥机进行干燥。不论是天然干燥或人工干燥，在干燥之前必须用锤磨机将压榨饼轧碎，以增加对热的接触面，提高干燥效率。

鱼粉在热空气中干燥，除了水分的蒸发外，还会发生油脂的氧化和蛋白质消化率下降等变化。为了降低和防止鱼粉中油脂在干燥过程中的氧化，一般可以采用添加抗氧化剂和真空干燥等方法。为了防止蛋白质消化率的下降，一般可通过降低干燥温度、缩短干燥时间等方法来实现。

4. 粉碎、筛析和包装

干燥后的鱼粉先通过磁力净粉机除去可能夹带的金属等杂质，然后经粉碎机粉碎，便颗粒变得细小而均匀，再通过 16 目的振动筛筛析而得到饲料用鱼粉。用纸袋或塑料袋以每 50kg 一袋包装即可，经抽样化验合格后便可出厂。

5. 压榨液处理和利用

压榨液包括油、水和一部分粗渣，这三部分物质经一定处理后均可被利用。

压榨液经倾析式离心机分离后，分为粗渣和含油汁水两部分。粗渣被输送到干燥器中与撕碎后的压榨饼一起干燥。含油汁水部分经油水分离机分离后分成油和汁水两部分。油经精制后得到成品鱼油。剩下的水溶液为汁水，通常为原料重量的 60%～70%，含有较多的水溶性蛋白质、氨基酸、维生素、无机盐等固形物成分。这部分汁水经多效蒸发器浓缩后，固形物含量从原来的 6%～7% 提高到 45%～50% 而成为浓缩鱼汁，将其输送到干燥器与磨碎的压榨饼混匀后一起干燥，前已提及，以这种方式生产的鱼粉称为全鱼粉。

三、鱼粉生产注意事项

1. 原料贮藏

鱼的鲜度直接影响到鱼粉的产量和质量。鱼体死后，在微生物和酶的作用下，将会发生一系列的生物化学变化，使得蛋白质降解成肽和氨基酸等，这些物质进一步分解便产生各类胺类、硫化合物和吲哚产物，这些产物都能溶于水中，有的还具有挥发性、呈特殊臭味等。鱼油中的不饱和脂肪酸易氧化而生成挥发性的低分子醛酮类物质，有难闻的异味，含脂量高的鱼类容易发生这种情况。在加工过程中，虽然可采用全封闭的管道化生产和除臭装置，但仍有一部分挥发性物质将散发到空气中而污染环境，因此必须对原料进行防腐保鲜处理。一般有以下方法。

(1) 低温贮藏　利用低温抑制微生物生长和自溶酶作用的原理来保藏原料是目前比较理想和有效的方法，特别是对未开腹的整条原料鱼，低温贮藏尤能显示其优越性，因为化学防腐剂往往不能均匀地达到鱼体内部。低温贮藏的方式一般有冻结、微冻、冰藏及冷却海水保鲜。

(2) 甲醛防腐　甲醛溶液是一种防腐剂，能使原料中的蛋白质凝固、自溶酶失活以及抑制原料中微生物的生长而延长保藏期，一般每吨鱼用 40％甲醛溶液 1kg 可保藏 12d 左右。少量的甲醛在加工中会挥发掉，不会残留在饲料中，因此，对家禽、家畜和水产动物是无害的，但甲醛在鱼肉中的含量不能超过 0.4％，否则会使肌肉组织变硬而给压榨工序造成困难。由于目前食品安全意识日益强化，对于甲醛使用要更加慎重，一定要考虑到影响，决不允许超量添加，尽量不用。

(3) 亚硝酸钠防腐　亚硝酸钠也是一种防腐剂，很多国家普遍采用它保藏鱼类和鱼类副产物。1 kg 鱼粉中亚硝酸钠含量不超过 60 mg，作为饲料是无害的。根据处理方法和时间以及保藏要求的不同而选用 1％～10％亚硝酸钠溶液。使用时采用浸渍和喷淋两种方法。需要指出的是，大部分的亚硝酸钠在干燥和压榨液浓缩等高温处理过程中会分解掉。但因亚硝酸钠与胺作用能产生致癌物质亚硝胺，为安全起见，必须严格控制使用量并在最终产品中检测其残留量。

单独使用亚硝酸钠防腐，鱼体因自溶作用而变软；而单独使用甲醛溶液，也将因鱼肉组织坚硬而给压榨带来困难。实验证明，采用 20％甲醛和 2.5％亚硝酸钠混合溶液对原料防腐可取得良好效果。

(4) 酸防腐　用酸使自溶酶活力下降并抑制腐败微生物的生长来达到防腐的目的。所用酸主要有硫酸、盐酸、甲酸或这些酸的混合物。长期贮藏（半年以上）时，用硫酸或盐酸应保持 pH2.0～2.5，用甲酸应保持 pH3.7～4.0。短期贮藏（1～2 个月）时，硫酸或盐酸应保持 pH3.0～3.5，甲酸应保持 pH4.3～4.5。

应该指出，在酸防腐过程中，蛋白质会发生一定程度的水解，维生素也会遭到一定程度的破坏。所以这种方法适用于酸储饲料。如果单独使用强酸，需要在中和之后再喂养动物。

(5) 焦亚硫酸盐防腐　焦亚硫酸盐具有防腐作用，与酸防腐相比，其特点如下：焦亚硫酸盐是一种粉末，使用和贮藏比较方便；这种防腐饲料在应用时不需要中和（但需加热以除去 SO_2）；对贮藏条件无特别要求。

将新鲜或冷冻的原料磨碎，盛于搅拌机中，在不断搅拌过程中加入 2％的焦亚硫酸钠（或钾），全部混合过程为 10～15min，然后将其贮藏于密闭容器中，一般在 4 个月之内质量不会发生变化。

2. 鱼粉的包装和贮运

鱼粉在贮藏运输过程中会发生自发热（油脂氧化）和吸湿。自发热现象发生于多脂鱼粉，有时在制造后立刻发生，有时在贮藏和运输过程中发生。油脂氧化本身是放热反应，当这种热不能被及时排除时，鱼粉温度便会升高，甚至达到自燃温度。另外，鱼粉吸湿后易使微生物繁殖，也可引起温度上升。鱼粉中油脂氧化会使鱼粉发臭、变质、自燃，氧化产物（过氧化物、醛类）具有毒性；鱼粉吸湿后，给微生物繁殖创造条件，使蛋白质被分解，有时也会因霉和细菌作用使鱼粉结块变质。

(1) 鱼粉的包装　鱼粉自干燥机出来后，需在空气中冷却，不能立即装袋，堆放不宜过厚，包装前必须添加抗氧化剂防止油脂氧化。常用抗氧化剂有二丁基羟基甲苯（BHT）或没食子酸丙酯等。添加量一般控制在 0.01％～0.10％。鱼粉的包装材料常用纸袋，为了更有效地防止鱼粉在储藏中氧化、吸潮以及被虫蛀等的影响，目前很多包装都用塑料袋。

（2）鱼粉的贮运 鱼粉在贮藏过程中，应堆放整齐并预留空隙，以利于通风，这一点非常重要。但只有部分通风被认为是危险的，因为在该种情况下，在氧气供给充分的地方，油脂进行氧化，而空气的量又不足以将氧化过程中所产生的热及时带走，所以，通风不好比不通风更糟。袋内的温度应控制在50℃以内，鱼粉敞开堆放时，应用防水物料覆盖。

实训项目 ━━━━ **鱼粉的生产** ━━━━

【实训目的】

掌握鱼粉的生产技术。

【实训原理】

鱼粉生产是以经济价值比较低的鱼类和原料鲜度比较差的鱼类以及水产品加工的废弃物为原料，先经去铁除杂，绞碎后送至蒸煮器中加热蒸煮、灭菌和熟化。再经压榨使原料分成榨饼和汁液两相。生产过程从这里分为两支，其中一支处理榨饼，榨饼粉碎后送入干燥机干燥；另一支处理汁液，经离心，将其分离为油和汁水两部分，油经精炼成为鱼油，汁水混入榨饼，一起干燥。干燥后的鱼粉经粉碎，称重，包装成成品。

【实训材料与用具】

（1）原料 鳕鱼。

（2）实验用具 砧板、刀具、蒸锅、电磁炉、压榨机、干燥箱、粉碎机等。

【实训方法与步骤】

1. 工艺流程

选料→切碎→蒸煮→压榨→撕碎→干燥→粉碎→称重→包装→成品

2. 操作要点

（1）选料 冷冻鳕鱼。

（2）切碎 将解冻后的鳕鱼切成碎块。

（3）蒸煮 加热温度一般选择80~95℃，加热时间控制在15~20min，pH接近鱼肉蛋白质的等电点。

（4）压榨 一般压榨温度为80℃、时间为15min，蒸煮后趁热压榨，对油、汁水的分离非常有效。

（5）撕碎 用粉碎机将压榨饼轧碎。

（6）干燥 于干燥箱80℃进行干燥。鱼粉在热空气中干燥，除了水分的蒸发外，还会发生油脂的氧化和蛋白质消化率下降等变化。为了降低和防止鱼粉中油脂在干燥过程中的氧化，一般可以采用添加抗氧化剂和真空干燥等方法。

（7）粉碎 经粉碎机粉碎，使颗粒变得细小而均匀。

（8）称重、包装 塑料袋以每500g一袋包装即可，经抽样化验合格后即为成品。

【编写实训报告书】

要求写出具体的鱼粉生产工艺报告。

复习思考题

1. 水产品综合利用的主要对象是什么？
2. 简述水解蛋白干粉的生产工艺。
3. 简述利用扇贝裙边制备牛磺酸的工艺。
4. 简述鱼油的精练过程。
5. DHA 和 EPA 生产方法有几种？分别是什么？
6. 简述鲨鱼软骨素加工工艺。
7. 鱼粉原料的种类和特点是什么？
8. 鱼粉的生产方法共有哪几种？哪一种是最常用的方法？
9. 什么是液体饲料？
10. 什么是配合饲料？配合饲料的优点是什么？
11. 简述鱼鳞胶的生产工艺。
12. 简述甲壳质的生产工艺。

参 考 文 献

[1] 李乃胜，薛长湖，等．中国海洋水产品现代加工技术与质量安全．北京：海洋出版社，2010.

[2] 吴云辉．水产品质量检验技术．北京：科学出版社，2013.

[3] 林洪．水产品的商品化处理与配送．北京：中国劳动社会保障出版社，2012.

[4] 李玉环，徐波．水产品加工技术．2 版．北京：中国轻工业出版社，2024.

[5] 郝涤非．水产品加工技术．北京：科学出版社，2011.

[6] 邓俊锋，宋结合．水产品市场营销一本通．郑州：中原农民出版社，2010.

[7] 彭增起，刘承初，邓尚贵．水产品加工学．北京：中国轻工业出版社，2010.

[8] 邱澄宇．水产品加工新技术与营销．北京：金盾出版社，2011.

[9] 刘红英．水产品加工与贮藏．2 版．北京：化学工业出版社，2012.

[10] 沈月新．水产食品学．北京：中国农业出版社，2001.

[11] 夏松养．水产食品加工学．北京：化学工业出版社，2008.

[12] 汪之和．水产品加工与利用．北京：化学工业出版社，2003.

[13] 纪家笙，等．水产品工业手册．北京：中国轻工业出版社，1999.

[14] 李雅飞．水产食品罐藏工艺学．北京：中国农业出版社，1996.

[15] 天津轻工业学院，无锡轻工业学院合编．食品工艺学．北京：中国轻工业出版社，1990.

[16] 谢宗墉．海洋水产品营养与保健．青岛：青岛海洋出版社，1991.

[17] 屠用利，等．罐头与软罐头生产技术．北京：化学工业出版社，1993.

[18] 马长伟，曾名勇．食品工艺学导论．北京：中国农业大学出版社，2002.

[19] 冯志哲．水产品冷冻工艺学．北京：中国农业出版社，2002.

[20] 王丽哲．水产品实用加工技术．北京：金盾出版社，2000.

[21] 张孔海．食品加工技术概论．北京：中国轻工业出版社，2007.

[22] 赵晋府．食品工艺学．北京：中国轻工业出版社，2005.

[23] 清水潮，横山理雄 [日]．软罐头食品生产的理论与实践．陈在新，等译．北京：中国轻工业出版社，1982.

[24] 叶桐封．水产品深加工技术．北京：中国农业出版社，2007.

[25] 黄志斌．水产品综合利用工艺学．北京：中国农业出版社，1996.

[26] 吴光红，等．水产品加工工艺与配方．北京：科学技术文献出版社，2001.

[27] 曾漪青，费志良．水产品加工 7 日通．北京：中国农业出版社，2004.

[28] 林洪．水产品营养与安全．北京：化学工业出版社，2007.

[29] 李爱杰．水产动物营养与饲料学．北京：中国农业出版社，1996.

[30] 刘玉田．藻类食品新工艺与新配方．济南：山东科学技术出版社，2002.

[31] 易杨华，焦炳华．现代海洋药物学．北京：科学出版社，2006.

[32] 李才根．水产品暂养与活体运输技术．北京：金盾出版社，2004.

[33] 李秀娟．食品加工技术．2 版．北京：化学工业出版社，2018.

[34] GB 14881—2013 食品安全国家标准 食品生产通用卫生规范．

[35] 吴湘生．我国水产食品类罐头的产销现状与出路．内陆水产，2004，(4)：20-22.

[36] 白木，周洁．国内市场将成罐头业发展重点．中国商报，2001，(6)：7.

[37] 吴湘生．水产罐头市场大特色小．中国经济周刊，2004，(12)：28-29.

[38] 汤天曙．嗜热脂肪芽孢杆菌的耐热性能测定．郑州轻工业学院学报，1988，3 (1)：1-15.

[39] 岳青，李昌文．罐头食品杀菌时影响微生物耐热性的因素．食品研究与开发，2007，128 (10)：173-175.

[40] 韩丽娜．罐头食品主要加工工艺进展．黑龙江科技信息，2013，(23)：107-108.

[41] 段振华，王素华．金枪鱼的加工利用技术研究进展．肉类研究，2013，27 (8)：35-36.

[42] 戴志远，顾祥源，洪全国．水产软罐头实用加工技术．今日科技，1990，(9)：10-11.

[43] 向智男．泰国海鱼产品加工工艺及质量控制．中国食品工业，2005，(8)：32-33.

[44] 周玫．水产罐头腐败原因及预防．食品研究与开发，2001，22 (4)：59-60.

［45］　王莉嫦．乳酸链球菌素在鸡汁鲍鱼罐头中的应用．食品与机械，2013，29（4）：174-175.

［46］　李微微，吴祖芳，周秀锦，等．出口金枪鱼罐头中组胺及微生物控制的 HACCP 应用技术研究．食品与生物技术学报，2013，32（1）：75-77.

［47］　付万冬，杨会成，李碧清，等．我国水产品加工综合利用的研究现状与发展趋势［J］.现代渔业信息，2009，24（12）：3-5.

［48］　陈曦，陈秀霞，陈强，等．海洋生物活性物质研究简述．福建农业科技［J］.2012，（2）：83-84.

［49］　朱莎．配合饲料加工工艺对产品质量的影响．中国畜牧兽医文摘［J］.2013，29（6）：176.

［50］　顾杨娟，李杰，李富威，等．鱼鳞有效成分的研究进展．食品工业科技［J］.2012，33（10）：415-417.

［51］　张文兵，解绶启，徐皓，等．我国水产业高质量发展战略研究．中国工程科学［J］.2023，25（4）：137-148.